电子束冷床熔炼钛及钛合金的数值模拟技术

高 磊　李向明　蒋业华　李祖来　著

北 京
冶 金 工 业 出 版 社
2023

内 容 提 要

本书介绍了钛及钛合金在电子束冷床熔炼过程控制领域的研究成果，详细介绍了电子束冷床熔炼技术的发展、数值模型的建立和冷床炉熔池内的传热过程、流体行为、熔铸过程的挥发及微观组织的演变过程等，为电子束冷床熔炼炉在钛及钛合金熔铸领域的推广应用提供理论依据。

本书可供从事先进钛及钛合金熔炼技术研发的工程技术人员使用，也可作为相关专业本科生、研究生的教学参考书。

图书在版编目(CIP)数据

电子束冷床熔炼钛及钛合金的数值模拟技术/高磊等著. —北京：冶金工业出版社，2023. 12

ISBN 978-7-5024-9679-1

Ⅰ. ①电…　Ⅱ. ①高…　Ⅲ. ①电子束熔炼—冷床—钛合金—数值模拟　Ⅳ. ①TF111

中国国家版本馆 CIP 数据核字（2023）第 228980 号

电子束冷床熔炼钛及钛合金的数值模拟技术

出版发行　冶金工业出版社　　**电　　话**　(010)64027926
地　　址　北京市东城区嵩祝院北巷 39 号　　**邮　　编**　100009
网　　址　www. mip1953. com　　**电子信箱**　service@ mip1953. com

责任编辑　郭雅欣　美术编辑　吕欣童　版式设计　郑小利
责任校对　石　静　责任印制　禹　蕊
北京建宏印刷有限公司印刷
2023 年 12 月第 1 版，2023 年 12 月第 1 次印刷
710mm×1000mm　1/16；17. 75 印张；342 千字；267 页
定价 96. 00 元

投稿电话　(010)64027932　投稿信箱　tougao@cnmip. com. cn
营销中心电话　(010)64044283
冶金工业出版社天猫旗舰店　yjgycbs. tmall. com
（本书如有印装质量问题，本社营销中心负责退换）

序

21世纪以来，我国海绵钛、钛材的年产量都从千吨级跨入到了十万吨级，产量都位居世界第一，然而中国生产的钛材无论是在品种还是质量上都与发达国家存在不小的差距，在重要战略领域还不能完全实现自产保供，还有一些高端应用的钛合金材料需要从国外进口。

昆明理工大学联合云南钛业在引进和国产不同炉型的热阴极、冷阴极大型电子束冷床熔炼炉上，围绕最薄200mm、最宽1600mm、最长10000mm的极限大规格锭坯在熔铸中的冷隔、瘤疤、折层、裂纹及缩孔等缺陷产生的机理，开展了十余年的深入研究，获得了稳定批量生产的关键控制技术，满足了EB铸坯直接热轧、冷轧宽幅带材的短流程批量生产，目前纯钛EB铸坯直接热轧成卷技术已成为国内宽幅带材生产的主流工艺。

该书基于昆明理工大学金属先进凝固成形及装备技术国家地方联合工程实验室在钛及钛合金的电子束冷床EB炉熔炼过程控制领域的研究积累，以及与云南钛业共同开发实践获得的工艺技术经验总结，重点讨论了电子束熔炼相关数值模型的建立及应用，研究探明了钛合金在EB炉熔炼过程中熔体的传热、传质、挥发、流动及凝固过程，以及控制这些物理过程间的耦合行为，并利用计算机及数值模拟技术如ProCAST、ANSYS等数值模拟软件揭示了钛合金在大型电子束冷床EB炉熔炼过程的机理，是相关高等院校理论研究与企业生产工艺技术实践相结合的典范。

[signature]

2023年9月

前　言

金属钛是化工、石油、航空航天制造业等重点工业的基础原料。我国于1954年开始从事海绵钛的生产工艺研究，已形成了一条从原材料生产加工到最终产品消费的完整产业链，也一跃成为钛材生产、加工及消耗的大国。在“十四五”规划、“中国制造2025”等重大发展战略实施期间，高端钛合金在飞机、空间站、“嫦娥探月工程”、舰船建造和核电等重大项目中的占比不断增加，国家发展对国产高端钛合金也提出更高要求。

然而，国内钛材加工还主要集中在低、中端板材、棒材和管材，一些产品还处于空白，特别在高端钛材方面，国产航天器所用钛板和钛棒、核电换热器所用的钛板带及高端海绵钛仍需大量进口。为解决高端钛材领域“卡脖子”问题，我国大力倡导军民融合发展钛行业，充分发挥社会主义集中力量办大事的制度优势，在体制创新、产业布局、原料的稳定性、生产制造工艺、装备及产品加工等方面，以联合攻坚为抓手，自上而下，全面统筹，系统布局，形成新能力、新体系、新示范。

目前，大规格高端钛材制备的先进技术之一是将电子束冷床熔炼技术（electron beam cold hearth melting，EBCHM）引入钛合金熔炼过程。熔炼是钛合金制备的重要环节，其过程主要是将海绵钛与合金包经熔炼—浇注成合金锭，只有化学成分和组织均匀、夹杂少的优质熔炼产品，才能后续加工制作成批次性能稳定的各种钛材。目前，传统的钛合金制备工艺采用真空自耗电弧熔炼技术（vacuum arc remelting，VAR），对入炉原料的夹杂物处理能力有限，存在原料要求高、流程长、成本高等问题。而电子束冷床熔炼技术可有效消除真空电弧熔炼难处理的高密度夹杂，并突破 VAR 铸锭长度方面的限制。该技术还可大量回收残料，生产扁锭、空心锭，减少板材与管材生产时的后续加工，对某些用途的钛合金可以一次熔炼成锭，降低生产成本。基于上述优点，该设备可为生产超长钛合金无缝管、高品质大规格宽幅钛带、高性能大尺寸卷焊钛管等的大型装备提供原料。

然而，我国在电子束冷床熔炼技术上起步较晚，现有技术仍落后于工业生产的需求，铸锭产品的表面存在冷隔、瘤疤、折层、裂纹及孔洞等冶金缺陷，铸锭凝固组织的成分出现了偏离合金设计的问题。究其原因是对熔炼—铸造过程缺乏深入的科学认识，未掌握有效的铸锭质量调控机制。乌克兰和美国等国家在电子束冷床熔炼制备钛合金过程控制的经验表明，提高钛合金铸锭产品质量的要点是阐明熔炼过程中熔体的传热、传质、挥发、流动及凝固过程，从而控制这些物理过程间的耦合行为。然而，电子束冷床熔炼长期处于高温、真空环境，直接观测熔铸过程所能获得的熔铸信息较为有限。随着计算机及数值模拟技术的进步和发展，利用 ProCAST、ANSYS 等数值模拟软件揭示钛合金的电子束冷床熔炼过程已成为科研的重点。

本书基于昆明理工大学金属先进凝固成形及装备技术国家地方联合工程实验室在钛合金电子束冷床熔炼过程控制领域的研究成果，重点介绍电子束熔炼相关数值模型的建立及应用。本书共分为 7 章，第 1 章综述了钛材生产技术及电子束冷床熔炼技术的发展，总结了国内外对于电子束冷床炉熔炼过程的研究进展；第 2 章讨论了多个电子束冷床熔炼过程的数值模型建立及验证过程；第 3~7 章则通过数值模拟手段阐述了冷床炉熔池内的传热过程、流体行为、熔铸过程的挥发及元素偏析、铸锭的凝固及微观组织演变过程。

本书的相关研究内容得到国家自然科学基金青年项目（52104351）、云南省基础研究计划青年项目（202101AU070088）、云南省科技计划重大专项（202202AG050007）等基金项目的资助；刘千里、王南术、彭冰冰、翁兆吉、张艳琼、卢佳佳、方浩宇、王云鹏、晏昊立、冀浩航等参与本书的部分研究工作，在此表示一并感谢。

由于作者水平所限，书中不足之处，恳请广大读者批评指正。

作　者

2023年5月

目　　录

1 绪　　论

1.1 钛及钛合金的应用及生产工艺发展

钛工业是石油、化工、航空航天等制造业的基础工业之一，其产业链可大致划分为三大部分：(1) 上游的资源产业，包括钛铁矿、金红石等钛矿资源，以及钛铁矿加工而成的人造金红石、钛渣和四氯化钛；(2) 中游包括海绵钛的还原或熔盐制取、钛锭熔铸和钛加工材（锻件、坯棒板管线丝材等)、钛白粉制取；(3) 下游的钛白粉产业，包括涂料、造纸、塑料、日化等行业，钛材零部件产业包括航空航天、石油化工、海洋能源、核电、汽车、体育医药等。

近年来，我国钛材的需求量迅速增加，已成为继美国和欧洲之后的第三大钛产品消费国，并在下游行业出现了航空航天级海绵钛、深加工钛材的需求蓝海。然而，我国钛资源虽占世界总储量的 60%[1]，但钛产业链大而不强，高端钛材产品相对匮乏，行业正面临由粗加工转为深加工的结构调整。以下介绍钛及钛合金在下游领域的主要应用，重点综述高端钛材熔铸领域的工艺研究进展。

1.1.1 钛及钛合金的应用

1791 年钛被发现，1937 年由卢森堡科学家 Kroll 首次通过镁还原法从 $TiCl_4$ 中生产出海绵钛，并在 20 世纪 40 年代后期用于工业生产钛[2]。由于钛及钛合金具有低密度和低弹性模量、高比强度、耐腐蚀和耐高温的性能，是一种具有良好的低温韧性和生物相容性等一系列优异性能的工程结构材料[3-5]，使其在航空航天、海洋、化工及医疗体育等行业领域得到广泛应用，是工程技术及高科技领域中的关键支撑材料和极为重要的国防战略材料[6-8]。钛及钛合金板带材市场的最大用户是石油化工领域，约占钛板带材消耗总量的 60%，其他依次为航空航天领域约占 15%，体育用品行业占 6%，海水淡化、核电领域占 5%，舰船及海洋工程装备领域占 5%，其他领域约占 9%。

目前，随着航空工业发展对高性能零部件的需要，钛工业以平均每年约 8% 的增长速度发展[9]。航空发动机的零部件一直处在温度高、转速快、压力大的极端工作环境下，要求其材料能够承受住高温和高压。钛及钛合金密度较低，且具有良好的耐热性、较高比强度等特点，是飞机轻量化的不二选择[10]。从 1950

年开始，由工业生产的纯钛所制造的减速板、机尾罩、飞机隔热板等结构件开始在飞机上应用[11]。20 世纪 60 年代，钛及钛合金材料开始被应用于飞机的一些主要受力位置上，如起落架梁、承力隔框、中翼盒形梁、滑轨、舱门和各种紧固件[12-13]，常用牌号为 TC1、TC4[14]；而飞机发动机的风扇和压气机盘[15]的常用牌号为 TC1、TC4、TA7、TA15，厚度为 1mm、2mm、5mm、8mm、10mm 板材，规格较多，主要与发动机型号有关；此外还包括航空火箭的壳体、压力容器及各种类型的紧固件。在飞机发动机中使用钛材替换其他结构材料可以增加飞机发动机的推重比，推重比的增加不仅可以提高战机的飞行速度还可以改善其战斗特性[16]。用钛合金替代 30GrMnSiA 结构钢，可以减轻零件质量约为 30%。因此，在新型歼击机中钛材的用量高达到 40%，其中钛合金的占比就超过 80%[11]。美国 F-22 战机作为第四代战斗机的代表，使用了 6 种钛合金，用钛量达到 41%。

20 世纪 70 年代，钛合金材料的应用普及到民用飞机[17]。1980 年以后，民用飞机领域对于钛及钛合金材料的使用量高速提升，已经超越了军用飞机领域[18]。在美国航空航天制造公司研发的第一架客机中，钛合金的含量仅仅只有机身总体的 0.2%；在最新一代的波音客机中，钛合金所占比重已经高达 15%[19]。而我国在航空方面的钛材消耗量仅占总消耗量的 10%，还存在着巨大的上升空间[20-22]。近几年随着行业的发展，某研究院应用钛合金薄板冷成型而制成的飞机后机身导风罩零件前段，可以承受 550℃ 的高温并抵抗环境腐蚀，抗拉强度可达 1100~1200MPa 以上，减重效果可达 37.6%[23]。

在生物医疗领域，由于钛及钛合金具有密度低、生物相容性好、耐腐蚀及弹性模量低等优点[24]，被作为生物植入体、手术及康复器械和医药设备等，还用于矫形治疗及创伤修复[25-26]。20 世纪 50 年代，英国和美国首先将工业纯钛植入生物体，在口腔种植中使用了金属钛并使用制作钛基人工股骨头[27]。然而，纯钛由于其耐磨损性能差且强度较低，植入人体后容易发生失效现象，应用受到了限制。因此，医用钛材由使用纯钛转变为使用医用钛合金[28]。医用钛合金的发展分为三个阶段，第一阶段是 α 型钛合金，以 TC4 钛合金为代表[29]；第二阶段是 α+β 型钛合金，以 Ti-6Al-7Nb 和 Ti-5Al-2.5Fe 为代表；第三阶段是 β 型钛合金[25]。TC4 相比于纯钛具有更低的弹性模量、更优良的力学相容性及耐生理腐蚀性。然而研究结果表明，V 元素对人体具有一定的生理毒性[30]。因此为了避免 V 元素对人体的危害，研究学者使用 Fe、Nb 元素代替 V 元素，开发 Ti-6Al-7Nb 和 Ti-5Al-2.5Fe 为代表的一系列 α+β 型钛合金[31]。在我国，由 Zheng 等人[32]研制的 Ti-24Nb-4Zr-7.6Sn 新型 β 型钛合金被用来制作脊柱固定系统和骨科用接骨板，这两类植入器件已经完成了多次临床试验，正式进入规模应用阶段。

20 世纪 50 年代末期钛及钛合金开始作为结构性材料在化学工业生产设备中得到应用[33]，1954 年，美国钛金属公司使用钛材制作二氧化氯混合器的衬里，提高防腐和耐磨损性能；1956 年，西德 Krupp 公司使用钛材制作硝酸冷凝器和喷嘴；1957 年，日本开始使用纯钛作为化学工业中的耐腐蚀材料。1960 年，苏联开始使用钛材来制作设备和管道；1970 年以后，钛及钛合金设备在化工领域得到了广泛推广，在石油和制盐两大化工领域中大放异彩。在石油化工领域中，石油钻井设施的工作条件较为苛刻，要长时间与一些具有腐蚀性的物质进行接触，这些腐蚀性物质主要分为以下三个类别：储层流体、酸化液及残酸和封隔液。由于油田井下高温高压并且具有酸性腐蚀物质，一般的金属材料已经无法满足工作要求，具备良好耐腐蚀性能的钛合金成为石油化工领域的首选材料[34]。早在 20 世纪 80 年代，一些西方工业技术发达国家就开始针对钛合金材料如何应用于石油化工领域进行了研究[35-36]。随着对钛合金研究的深入，以美国 RMI 公司为代表的钛合金制造商为了满足石油化工领域对钛合金性能的需求，在 TC4 的基础上，通过添加 Pd 或 Ru 元素来进一步提高钛合金的耐腐蚀性能，改良开发出 Ti-6Al-4V-0.05Pd 等一系列高性能的新型钛合金[37-38]。随着人们对钛材性能认识的逐步深入及对钛材加工技术的逐步掌握，钛被推广应用到真空制盐工业。为了防止真空制盐过程中蒸发罐壁结盐垢，在小型蒸发罐内壁液面波动处，嵌入高 1100mm、厚 0.7mm 的 TA2 板。使用结果表明，由于钛耐腐蚀，对于防止蒸发罐壁结盐垢、延长洗罐周期有良好效果。四川大安盐厂、五通桥盐厂两套年产 30 万吨真空制盐主体设备蒸发罐与料液接触的部分，以及Ⅰ、Ⅱ、Ⅳ效加热室均采用 TA2 换热管及钛钢复合板。仅此两套制盐装置，就使用了钛管 44t、TA2 板约 10t，使真空制盐工业一跃成为使用钛板的大户之一[39]。在制碱行业中，离子膜电解制碱是目前最先进的制碱方式。这种电解槽内采用了大量特制钛板、钛钢复合板、钛网板等。另外，与生产线配套的氯气尾气收集设备，以及换热器、储存罐等设备也都应用了大量钛板。在我国化工领域，钛材的应用始于 20 世纪 60 年代中期，但当时只作为设备的零部件或内件使用；1972 年以后，我国在化工和轻工领域的钛材使用量达到了 70%~80%[40]。目前，钛合金是我国化工行业泵体、叶轮及管道等部件的关键原料。2010 年国内化工行业用钛量达 19718t，占全国总用钛量的 53%。

在海洋工程领域中，由于海洋环境极其复杂，具有高湿热、强辐射、高氯离子及微生物腐蚀的特点，导致金属极易发生腐蚀失效。为了使构件能够在复杂的海洋环境中正常使用，船体构件所使用的材料应该能够承受高温、低温和外部的冲击，以及具有优异的焊接性能。而钛合金材料不仅满足船体构件所需的要求，同时钛合金的比强度较大、密度较小，这些特点对装备性能的提升也有很大帮助[41]。自 20 世纪 70~80 年代以来，西方的一些国家逐渐采用钛合金来制造舰船上的部件，主要包括船体的冷却系统、动力控制系统、声呐系统等部件。规格较大的钛板材在船舶中主要应用在深潜器（长 8~10m、宽 3m、高 3.5m）和载人耐压舱的球壳方面（需要规格大于 120mm×3400mm×3400mm 的板材）[42]。俄罗斯等一些发达国家开始使用钛合金来制造船上的管路系统。将船上的一些部件替换为钛合金后大大减轻了船体质量，同时节约了舰船的维修成本。在我国，钛合金主要被用在舰船的管道、动力系统的部件上，主要使用钛合金的部件包括钛制换热器、抽气器、舷侧阵、导流罩等。但是同一些西方发达国家对比，我国舰船所使用的钛合金所占的比重依然有些小，并且生产这些部件所用到的加工工艺还需要进一步改善[43]。

近几年，随着我国沿海经济的发展，滨海电站的建设也在加快，全钛凝汽器的用量也随之增加，带动了我国钛及钛合金焊管用板带材的发展[44]。海水淡化换热装置中的板式换热器和热交换器板片常用的材料主要有奥氏体不锈钢、钛及钛合金、镍及镍合金等冷轧薄板。钛材对氯离子具有很强的抗腐蚀性，是海水淡化设备换热器的首选材料。事实表明，TA1 和 TA2 等工业纯钛在天然水、海水和各种氯化物中具有特殊的抗应力腐蚀能力。工业纯钛 TA1 用于板式换热器，工业纯钛 TA2 和钛合金 TA10 用于管式换热器。与列管式换热器相比，用 TA1 钛板制造的板式换热器有许多优点，在市场上有很强的竞争力。海水淡化及滨海电站的换热器、凝汽器中的换热管大部分采用薄壁钛焊管，而我国薄壁钛焊管几乎完全依赖国外进口。因此，薄壁钛焊管需求量的增加带动着国内钛板带材生产[45]。

汽车工业中，汽车材料正向着轻量化、环保、节能方向发展，钛及钛合金无疑是最具有潜力的替换材料[46-47]。世界上每年赛车和跑车所使用的气门座圈消耗量超过 25 万个，使用 TC4 钛合金制造比使用传统钢材制造每个能减重 10～12g[48]。如保时捷汽车使用 TC4 钛合金材料制作连杆，可以提高发动机的转速和减少燃料消耗。

然而，与钢、铝、镁等汽车常用金属材料相比，钛/钛合金铸锭及其后端钛材成本较高，因此钛合金在商用汽车轻量化等关键领域的应用非常有限[50-51]。可见，进一步研发钛及钛合金的熔铸工艺，降低钛材的生产成本，有助于拓宽这种高性能材料在军工、航空、商用汽车等领域的应用[52-53]。

除了上述应用以外，钛合金的使用已深入生活的方方面面，如电脑、手机、手表、游戏机、照相机、剃须刀、手提箱等的壳体材料；眼镜、高尔夫球杆的球头、理发剪刀、天线等轻量化材料；耳环、手镯、戒指等工艺品和装饰材料都能见到钛合金的身影。

1.1.2 常用钛合金的性能及缺陷控制

钛合金按退火状态下的相组成可以分为 α 型、β 型和 α+β 型 3 种，α 相为密排六方结构（hcp），β 相为体心立方结构（bcc）。目前我国自主开发了 70 多种新型钛合金，已经被纳入国家标准的钛合金多达 50 种，并形成了结构钛合金系列、高温钛合金系列、船用钛合金系列、耐蚀钛合金系列及医用钛合金系列 5 大系列[54]。经过相关科技人员的不懈努力，我国取得了众多的工程技术成就[55]，特别是 TC4、TA10 等钛合金已获得了较为广泛的应用。

1950 年，人们发现将铝添加到钛中会产生显著的强化效果，引起了 Ti-Al 系合金研发的热潮。1954 年，等轴马氏体型两相合金 Ti-6%Al-4%V（TC4）出现，属于中强 α+β 型钛合金；1998 年，TC4 已占美国钛市场的 50%以上，成为世界上开发最早、应用最广的钛合金[56]。其含 6%的 α 稳定元素 Al 和 4%的 β 稳定元素 V，其中 Al 元素通过固溶强化相可以提高钛合金的室温强度和热强性能，V 元素不仅可以提高强度还可以起到改善塑性的作用，同时 V 元素还可以抑制 α2 超结构相的形成，避免了 TC4 钛合金在长时间使用过程中可能出现的合金脆化。

根据精炼程度的不同 TC4 钛合金又可分为工业级 TC4 钛合金和 ELI 级 TC4 钛合金两种，化学成分见表 1.1。TC4 钛合金密度为 4.44g/cm^3、室温弹性模量为 112GPa、泊松比为 0.34、硬度 HB 为 293～361、相变点为（995～997）℃±5℃、工作温度为－100～500℃、室温下抗拉强度为 960MPa、屈服强度为 892MPa。因 TC4 钛合金具有比强度高，热稳定性、耐腐蚀、韧性、生物相容性好及良好的工艺特性等优异的综合性能而被广泛应用。目前，世界上已有数百种牌号的钛合金产品被研制成功，其中最著名的钛合金也有 20～30 种，但 TC4 钛合金仍是各种钛合金中的王牌合金，是目前世界上产量及用量最大的钛合金。

表 1.1 工业级 TC4 钛合金与 ELI 级 TC4 钛合金化学成分

牌号	主要成分（质量分数）/%						
	Al	V	Fe	C	N	O	Ti
TC4	5.50～6.75	3.50～4.50	≤0.30	≤0.08	≤0.05	≤0.20	余量
TC4（ELI）	5.60～6.30	3.60～4.40	≤0.25	≤0.05	≤0.03	≤0.03	余量

TA10（Ti-0.3Mo-0.8Ni）钛合金是一种具有良好耐腐蚀性能的钛合金，是基于纯钛的基础上为了提高缝隙腐蚀性能而研制的近 α 合金，化学成分见表 1.2。TA10 合金密度为 4.54g/cm^3、熔化温度约为 1660℃、室温弹性模量 103～107GPa、硬度 HB 为 180～215、相变点为 890℃±15℃[57]。TA10 钛合金特点是在保持工业纯钛的低成本及良好综合性能的前提下，其 300℃的抗拉强度比工业纯钛高一倍，对还原性介质的耐蚀性能有明显提高；在 150～200℃的氯化物中不发生缝隙腐蚀，因此常被用于化工、冶金、石油等许多领域。在对 TA10 钛合金的研究和实际应用生产上，西方国家处于领先位置，经过大量研究获得了许多成果，并且都将 TA10 钛合金纳入国家标准。我国在对 TA10 钛合金的研究开始较晚，在 20 世纪 80 年代中期才进行了工业化生产和推广应用，并将该合金纳入国家标准。

表 1.2 TA10 钛合金化学成分

元素	杂质元素					主元素		
	Fe	C	N	H	O	Ni	Mo	Ti
质量分数/%	≤ 0.30	≤ 0.08	≤ 0.03	≤ 0.015	≤ 0.25	0.6~0.9	0.2~0.4	余量

为降低中游钛合金锭的生产成本，缓解下游钛产业压力，常在钛及钛合金锭的熔铸过程中混入一定量的钛材回收废料代替高成本海绵钛。由于废料中带入的污染物及熔铸过程控制不足等原因，易导致钛合金产品出现各种缺陷[58]。常见的表面缺陷主要包括冷隔、瘤疤、折层、边壁裂纹、表面裂纹及孔洞（见图1.1），除此之外，还存在间隙型α稳定偏析（Ⅰ型α偏析或称低密度夹杂 LDI）、富铝型α稳定偏析（Ⅱ型α偏析）及高密度夹杂（HDI）[59]。

图 1.1 钛合金铸锭的表面缺陷

(a) 冷隔、瘤疤、折层；(b)，(d) 表面裂纹及孔洞；(c) 边壁裂纹

Ⅰ型α偏析是由 N、O 等α稳定元素局部富集且与钛形成氮化物和氧化物而引起的[60]，这类化合物的特征是硬而脆。α偏析周围常伴有细小的孔洞、裂纹，严重损害材料的疲劳强度和塑性，是飞机发动机等用材致命性的缺陷[61]。N、O、C 的主要来源是海绵钛及添入的废料，或者是在制作自耗电极过程中焊接带入。其预防措施主要是严格控制海绵钛质量，提高自耗电极焊接过程的真空度和清洁度[62]。

Ⅱ型α偏析是 Al 等α稳定元素局部富集而引起的[63]，又称这类缺陷为软α缺陷，主要发生在铸锭上部，表现为局部的 Al 含量升高。这类缺陷的硬度通常与基体硬度相差无几，具有延伸性，不会因加工带来裂纹，且较小的缺陷不会对力学性能产生影响。Ⅱ型α偏析不是由于凝固偏析形成的，用传统的凝固理论不能圆满的解释，其形成原因可归因于铸锭中缩孔和空洞。由于高温下钛合金铸锭中的缩孔及空洞内气体压力较低，Al 等蒸气压较高的元素易挥发并冷凝在缩孔及空洞表面，形成局部的元素富集，引发Ⅱ型α偏析。Ⅱ型α偏析的预防措施是延长补缩时间，但补缩时间的增加会加剧易挥发元素的损耗。为了解决上述矛盾，可在补缩位置增加元素含量以补偿挥发损失或适当地减少补缩时间。

高密度夹杂（HDI）是由 Mo、W、Nb、Ta 等高熔点金属及其化合物的混入所引起的[59]。这些杂质可能来自焊接电极的碳化钨钻头或重熔的钛合金废料。由于高密度夹杂的熔点和密度都远高于 Ti，在常用的真空自耗电弧熔炼（VAR）过程中难以溶解消除，HDI 会下沉至熔池的低温区参与凝固过程，最终成为铸锭中较为严重的冶金缺陷，显著降低材料的疲劳性能，限制材料的变形能力[64]。

1.1.3 钛及钛合金的熔炼工艺发展

熔炼是钛合金制备的重要环节，其过程主要是将海绵钛与合金包“熔炼—浇注”成合金锭，只有化学成分和组织均匀、夹杂少的优质熔炼产品才能后续加工制作成批次性能稳定的各种钛材。目前主要的钛锭生产工艺可分为真空电弧重熔（VAR）、冷炉床熔炼（CHM）、真空感应熔炼法（VIM）及电渣重熔法（ESR）。CHM 工艺因熔炼热源不同可细分为电子束冷炉床熔炼（或称电子束冷床熔炼）和等离子弧重熔（PAM）[65]。与 VAR 相比，CHM 工艺的优点在于将熔化、精炼及铸造过程物理分离，能够更好地脱除原料中由废料带入的杂质，避免Ⅰ型α偏析及 HDI 等冶金缺陷[66-67]。

1.1.3.1 真空电弧重熔

真空电弧重熔（VAR）出现在 20 世纪 40 年代左右，是最早的钛及钛合金锭生产技术，主要特点是熔化速度高、功率消耗低及良好的质量重现性，自应用以来发展极其迅速，成为钛合金熔炼的主要方法。其设备实物及内部结构如图 1.2（a）所示[68]。VAR 工艺的原料是将海绵钛和合金包经过室温机械压块、惰性气体保护焊接后所制备的电极棒，其具体工艺流程如图 1.2（b）所示，电极棒在 VAR 炉内沿纵向电磁自耗熔化，熔体在电磁搅拌及水冷坩埚壁的共同影响下凝固。真空自耗电弧炉熔炼技术的优势在于熔炼和铸造过程同时进行，并且因为整个过程在真空中进行，金属不与外界物质发生反应，杜绝了熔炼过程中杂质的产生，同时其结晶条件与其他熔炼工艺不同，所得的 VAR 锭具有优异的化学均匀性和微观结构[69-70]。

然而，为控制杂质含量和缺陷，凝固后的产品需作为新的熔体电极倒置后进行再次或多次重熔，对于发动机转子级重要钛合金材料一般采用 3 次 VAR 熔

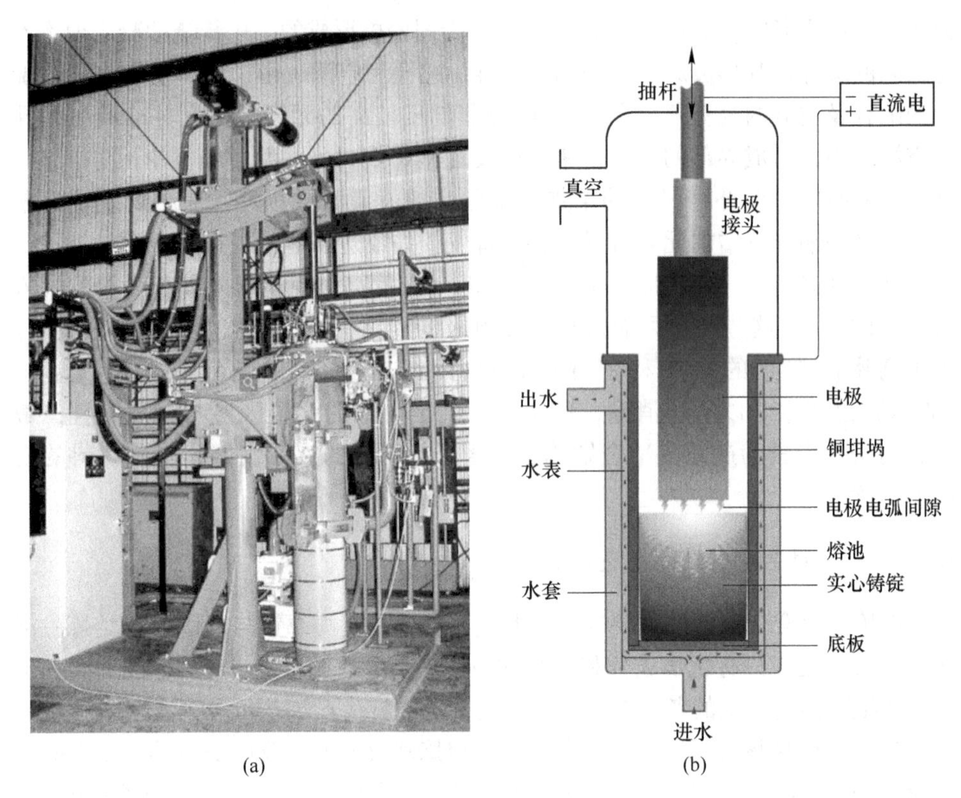

(a) (b)

图 1.2 VAR 结构图
(a) VAR 外部照片；(b) VAR 内部示意图

炼[67,71]，增加了时间及能耗成本。并且，VAR 工艺往往由于熔炼温度不足而难以使高密度夹杂溶解消除，不可能去除存在的高密度夹杂。而且熔化的电极自下向上凝固，导致密度较高的夹杂物在熔体中快速下沉，然后在熔池低温区凝固并保留下来，最终成为铸锭中较为严重的冶金缺陷。若用 VAR 工艺生产航空航天材料，需严格控制材料杂质的带入问题[71]。此外，VAR 过程中熔体在熔池中的停留时间有限，限制了处理 TiN 等低密度夹杂物的能力[73-74]。由于 VAR 的这些缺陷，所生产的 TC4 等钛合金产品导致了多起严重事故。据美国联邦航空管理局报道，1962~1990 年 28 年的时间里，由于钛合金冶金缺陷导致了美国 25 起飞行事故的发生，其中由硬 α 缺陷引起的就多达 19 起[75]。比如美国爱荷华州的大撞车，碰撞起因是由于一辆 DC-10 汽车的发动机压缩机盘失效，这与其所使用的 TC4 钛合金内的 TiN 缺陷有关。

目前，我国 TC4 钛合金铸锭的熔炼方法主要还是采用传统真空自耗电弧炉进行熔炼。真空自耗电弧熔炼法生产的钛合金铸锭能够满足一般的工业要求，有时为了满足致密度、无缺陷、成分均匀性等要求需对铸锭进行重熔。

1.1.3.2 冷炉床熔炼

由于 VAR 在钛合金夹杂控制方面的局限性，冷炉床熔炼（CHM）逐渐成为高品质钛合金熔铸的核心技术[76-77]。CHM 中，等离子电弧炉（PAM）在接近环境压力的惰性气体（通常为氦气）下操作，热源为朝向熔化和精炼炉膛及模具的一个或多个等离子焰[78]。等离子焰的运动速度相对较慢，易在熔池表面引起较大的温度梯度[79]。相比之下，电子束冷床熔炼炉在真空下工作，由能量可控的电子枪通过电磁偏转线圈发射可在熔池表面精确、高速移动的电子束，熔炼过程的可控性更佳。20 世纪 50 年代中期电子束作为理想熔化热源开始了商业化发展[80]。1957 年，美国 H. R. Smith 等人[81]使用 Temescal 公司的电子束熔炼设备熔炼出规格为 ϕ80mm×500mm 的钛合金铸锭；1963 年，加州的 Temescal 公司在电子束熔炼设备中引入了水冷铜床技术，把熔炼、精炼和铸造三个过程分开，制造了世界上第一台电子束冷床炉。很好地解决了当时电子束熔炼镍、铌合金时杂质难以去除的问题[82]。1999 年，美国 Allavc 公司配备了当时世界上最大的电子束冷床炉，能够生产出重达 22.7t 的铸锭，并且可生产出可以直接轧制成板材不需要后续锻造的扁锭，由电子束冷床熔炼生产出的钛合金板材逐渐取代了 VAR 炉工艺熔炼出的钛合金板材，在军用及民用领域的应用越来越广泛。德国 DTG 公司从 ALD 公司引进了 1 台电子束冷床炉，能够生产出 15t 规格的钛合金铸锭。特别随着近年计算机技术、电子光学技术和真空技术的不断进步，为电子束冷床熔炼技术的发展奠定了坚实的基础。钛及钛合金的大量使用又有利地推动了电子束冷床熔炼技术的发展与应用。目前，电子束冷床熔炼技术已成为商用高性能钛合金的核心生产技术，其设备外部实物及内部熔铸过程如图 1.3 所示[83-84]。电子束冷床熔炼可有效消除真空电弧熔炼难处理的高密度和低密度夹杂，并突破真空电弧熔炼铸锭长度方面的限制；电子束冷床熔炼还可大量回收残料，生产扁

(a)

(b)

图 1.3 UE-5812EB 炉外部照片(a)和超大规格圆锭的 EB 炉熔铸(b)

锭、空锭，减少板材与管材生产时的后续加工；对某些用途可以一次熔铸成锭，缩短钛材生产流程[85]。在通用电气等领先发动机制造商所提出的钛合金生产质量规范中，TC4 等钛合金锭须经过单次 EB-VAR 双联工艺生产。目前，世界主要钛材生产商的设备情况见表 1.3[86]，可见 EB 炉在钛及钛合金的生产过程中占据着较高的地位。

表 1.3 世界主要钛材生产企业所使用的设备情况

公 司	炉 型	地 点
宝钢	EB	中国
宝鸡钛业	EB	中国
Eramet/Aubert and Duvak	PAM	法国
Thyssen Krupp VDM	EB	德国
TiFast	VAR	意大利
Nippon Steel	EB	日本
TOHO	EB	日本
UKTMP	EB	哈萨克斯坦
VSMPO	VAR、PAM	俄罗斯
ATI	EB、PAM	美国
Perryman Co. Ltd.	EB	美国
RTI	EB、PAM	美国
TIMET	EB、PAM	美国

1.1.3.3 真空感应熔炼法

真空感应熔炼法（VIM）是在真空环境下利用电磁感应原理使原料金属内部产生电流进行加热从而熔炼的方法。在 1914 年，德国海拉斯公司（Heraeus GmbH）首先制造出了真空感应熔炼装置。真空感应电炉主要应用于精密合金及高温合金的熔炼，既可以用来熔炼铸锭也可以用来生产铸件，还可以为真空电弧炉等提供重熔锭坯，并经常用来重熔回收废钛。目前 1t 以上的真空感应炉可在保持真空的条件下连续进行熔炼。20 世纪 40~50 年代，英国和美国开始将真空感应熔炼技术运用到高温合金的生产中。

1.1.3.4 电渣重熔

电渣重熔（ESR）技术是通过电流流过熔渣时产生的电阻热来对金属进行熔化的一种熔炼工艺，具有技术和设备简单、生产过程较为稳定并且可以控制及操作方便等优点。电渣重熔技术是由美国人 Hopkins 在 20 世纪 30 年代发明的。1958 年，苏联将其应用于工业生产；1959 年，美国 Firth Sterling 公司建造了 3600kg 工业电渣炉；近年来，随着 ESR 新技术和设备的不断完善及对高性能、低成本钛合金的迫切需求，使钛合金 ESR 熔炼技术的研究得到进一步发展。

中国钛工业历经了 60 多年的探索和发展，取得了许多成果，钛材的加工和原料钛的产量都已处于世界领先水平，并且将研发与生产紧密地结合在了一起[87]。我国每年钛及钛合金板带材产量增长率远高于整个钛加工材的产量增长率。究其原因是军工、海洋、航天航空等新兴领域对宽幅高品质钛及钛合金板带材的用量持续快速增大[88-90]。然而，钛带卷的传统生产流程是以海绵钛为原料通过真空熔炼凝固成铸锭，再通过轧机轧制成宽超过 1000mm 的带卷。整体流程包括了电极压制、多次 VAR 熔炼、开坯锻造、组织控制锻造等步骤（见图 1.4），存在着能耗高、效率低等问题，也不利于充分利用现有轧钢设备扩大产能。为了实现宽幅薄钛板和带卷产业的规模生产，获得表面光洁、组织细小均匀、力学性能优异的钛带卷[91-92]，满足航空航天、石油化工和国防核电等行业的对钛材质量的高规格要求，钛合金熔炼工艺的发展方向是将电子束冷床熔炼引入铸锭制备流程，实现一次熔炼轧制流程。

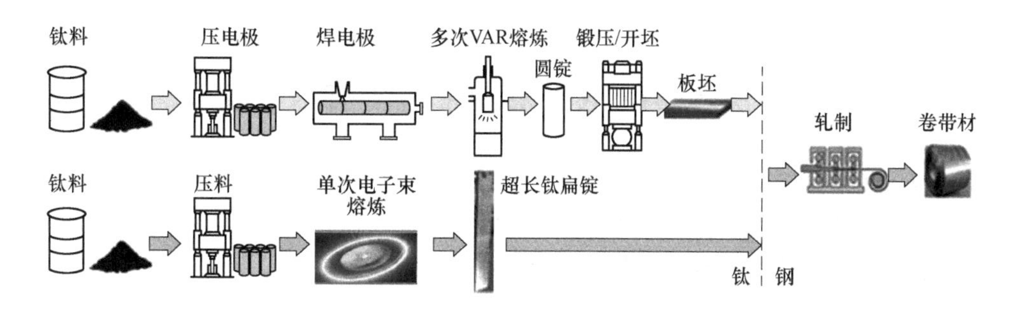

图 1.4 传统钛带制造工艺和无锻造短流程制造工艺流程对比

表 1.4 将钛及钛合金铸锭的电子束冷床炉熔炼法和真空自耗电弧熔炼法的各方面进行比较。综合来看，电子束冷床熔炼这一技术可以很好地解决钛及钛合金熔炼过程中的高低密度夹杂等问题，是实现钛及钛合金材料纯净化技术的重要途径，在航空航天等高端领域，电子束冷床熔炼法存在极大的优势，可以提供高质量、高标准的钛及钛合金铸锭。

表 1.4 钛及钛合金铸锭的电子束冷床炉熔炼法与真空自耗电弧熔炼法的方法比较

熔炼方法	电子束冷床炉熔炼	真空自耗电弧熔炼
使用原材料状态	散装料或棒料	制备自耗电极
铸锭规格	大、中、小	大、中、小
比电能消耗	较大	小
铸锭端面形状	圆形、矩形和空心锭	一般只限于圆形

续表 1.4

熔炼方法	电子束冷床炉熔炼	真空自耗电弧熔炼
脱气效果	最优	有限
去除杂质精炼效果	最优	有限
熔炼室压力/mmHg	$10^{-3}\sim10^{-5}$	$7.5\times10^{-2}\sim7.5\times10^{-4}$
化学成分控制	成分烧损，难	良好，易
表面质量	良好	一般
熔炼速率/kg·h^{-1}	500~1800	800~2000
回炉料使用	较大	有限
操作	难	容易
设备投资	高	较高
应用范围	铸锭	铸锭

注：1mmHg=133Pa。

1.2 钛合金的电子束冷床熔铸技术的发展

电子束冷床熔铸技术可以有效去除熔体中的高、低密度夹杂物和可挥发杂质，有能力使用散料、废料及海绵钛制备大规格钛及钛合金锭，近年来已成为钛及钛合金熔铸的关键技术。本节重点介绍其结构、常规熔铸过程及存在的问题。

1.2.1 电子束冷床熔炼炉的结构

电子束冷床熔炼系统主要包括：供电系统、进料系统、冷炉床、结晶器、拉锭机构、电子枪及其控制系统、抽真空系统、水冷系统和观察装置等几大核心部件[93]。电子束冷床熔炼作为一种新型冶金技术，集合了电子束与冷床的优势。电子束提供的能量可以熔化难熔金属，冷床能有效净化金属，这使得电子束冷床炉可以对难熔金属进行熔炼和提纯。电子束冷床炉的工作原理是在高真空度环境下，电子枪在高压电场作用下发射高能、高速电子并汇聚成电子束，利用高速电子束能量作为热源，使材料自身产生热量来进行熔化和精炼，熔融态的金属液流入水冷铜坩埚，并在坩埚内逐渐凝固，随着凝固过程的进行，在拉锭装置作用下凝固部分不断从坩埚中拉出形成铸锭。图 1.5 为电子束冷床熔炼炉的基本结构示意图[94]。

1.2.1.1 电子枪

现代熔炼电子枪是一种功率可达到 1200kW、能量密度达 103~106W/cm^2、在一定的真空度条件下（小于 10^{-3}Pa）运行的高电高压真空设备，可以发射轴

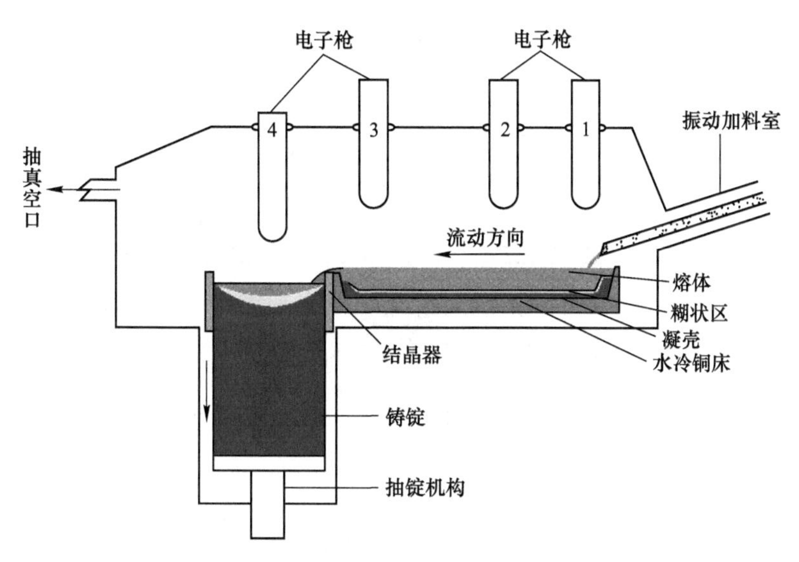

图 1.5 电子束冷床熔炼炉的结构示意图

向对称的电子束，有效地去除多种杂质，适用于活性金属（V、Ti、Hf、Zr）、难熔的高熔点金属（Mo、W、Ta、Nb）及合金的熔炼[65]。熔炼电子枪主要由电子光学系统、绝缘系统和冷却系统组成[95]。

在熔炼室中，电子枪负责熔化通过进料系统加入的原料。虽然有预设的扫描花样，但是由于熔炼过程的复杂性，为确保原料的均匀熔化常需要进行人工干预、手动定位，将未熔化区域进行扫描强化。电子枪还负责保持冷床表面熔体温度并确保熔体的流动性，使 HDI 及 LDI 有足够的时间下沉或溶解。此外，在金属液流入结晶器的位置（即溢流口）也需要施加电子束扫描加热，避免因溢流口凝固而导致的断流。电子束还被用于扫描结晶器表面，保持熔铸温度，并在熔铸结束前进行补缩操作。由于很多企业缺少数控编程电子枪及相配套的测温系统，因此，目前电子枪的扫描工作常需要依靠工人的经验以抑制熔池表面的温度梯度。

目前国内外使用的小型电子束冷床炉一般配备 2 把电子枪，而大型电子束冷床炉最多配备 6~8 把电子枪，单把电子枪的功率可达 800kW。图 1.6 为 7 枪电子束冷床熔炼炉的电子枪分布示意图，1~4 号电子枪用于原料熔化，5 号电子枪用于冷床内精炼，6 号、7 号电子枪用于维持结晶器内金属液的表面温度均匀恒定，其目的就是为了防止金属液因凝固时间不同而导致铸锭产生质量缺陷；进料方式为双边进料。

以皮尔斯型多室式远聚焦枪为例说明电子束枪的原理和使用方式。为了使阴极加热，一般采用直接加热和间接加热两种方式。直接加热是将阴极螺旋状直接

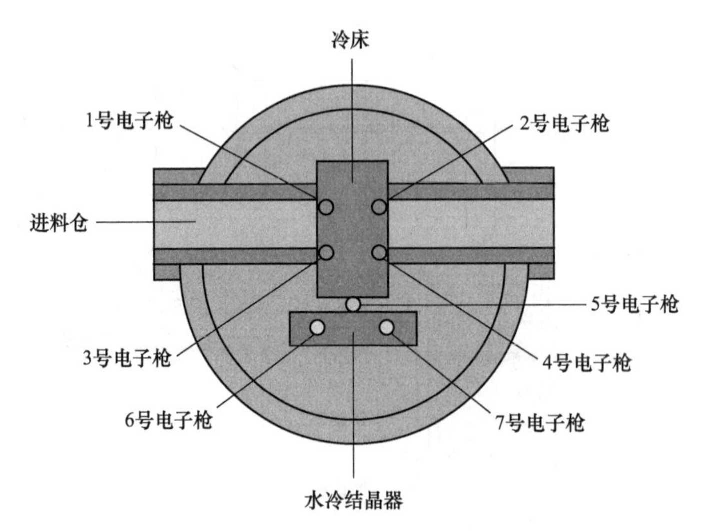

图 1.6 7 枪电子束冷床熔炼炉的电子枪分布

通入电流升温，这种加热方式通常用于小功率电子束冷床炉。间接加热则将阴极做成块状，而阴极块上方设有灯丝（用钨丝或钽丝做成）。灯丝与阴极块之间加直流电，灯丝为负极，阴极块为正极，灯丝本身直接通入交流电升温达 2600~2800℃，在上述直流电场的作用下，灯丝向阴极块发射出热电子，轰击阴极块，使阴极块升温直到发射电子束。间接加热的优点在于阴极可做成块状，有利于提高阴极寿命，同时不需要在阴极通入较大的加热电流，从而避免了其产生附加电场干扰电子的正常发射。

另外为保证电子枪室的真空度，防止电子与残余气体分子碰撞而发生辉光放电，电子枪的枪室另设有一套真空系统，通过排气口进行抽空，以保证枪室真空度为 0.5~0.001Pa 之间，电子枪才能始终正常工作。因这种电子枪枪室单独配备一套真空系统，故又被称为多室式。多室式远聚焦电子枪的特点是枪的寿命长，可达 100~150h；枪的装备方便，控制灵敏，可通过聚焦和偏转系统很容易任意改变电子束截面大小及电子束的位置。由于枪室独有一套真空系统，故不受炉室真空度影响。

加热过程中，电子束是由被加热的块状阴极所发射，然后电子束通过阳极加速和聚焦，汇集成电子束形成热源，最后通过偏转线圈按照一定的方向轰击海绵钛等原料，将自身的动能瞬间转化为热能，温度急剧升高从而可以使海绵钛等原料熔化进行熔炼。电子束熔炼的功率可用式（1.1）计算[96]：

$$P_0 = (K_1 + K_2)v\frac{4.187}{60}(c\Delta T + L) \tag{1.1}$$

式中，P_0 为熔炼功率，kW；K_1 为工艺系数，与材料的流动性、表面张力等有关；K_2 为电子束损失系数，K_1+K_2 一般取 1.5~1.7；v 为熔化速度，kg/min；c 为材料的平均质量热容，J/(g·℃)；L 为材料的熔化潜热，J/(g·℃)；ΔT 为熔炼温度与室温的温度差,℃。

电子枪聚焦系统包括两个线圈，位于电子枪的导管上方，上边的线圈称为一次聚焦，下边的线圈称为二次聚焦。一次聚焦的作用是控制电子束能顺利地通过导管，二次聚焦的作用是控制电子束打在物料上的断面大小。

电子枪的偏转系统对熔炼有极大的影响，电子束冷床炉内熔池的温度分布很大程度取决于偏转系统。如果电子束均匀打在熔池上，熔池边缘必然散掉的热量多而导致熔池温度不均匀，造成熔池中间温度高，边缘温度低。为避免这种情况，采用电子束偏转系统控制电子束能量的分布，尽可能使熔池边缘适当增加一定的能量输入，这样熔池中的温度分布就比较均匀。

1.2.1.2 熔炼室

熔炼室是整个设备的主体骨架，真空室等其他部位都与熔炼室相连，其内部的空间为熔炼场所。熔炼室的设计和大小由熔炼过程、采用电子枪的类型及熔炼区域的原料进给方式综合决定。熔炼室的墙壁一般由 15~20mm 厚的钢板构成，以提供足够的结构强度，并隔绝 EB 炉熔铸过程中的 X 射线辐射。为确保电子束冷床炉操作人员的安全，真空室需在熔铸过程中保持水冷条件。

1.2.1.3 冷床与结晶器

冷床采用无氧紫铜经锻打车削而成，在熔炼时，冷床接受原料熔化后滴落的金属，金属在冷床中完成夹杂物和杂质的净化后由溢流口流入结晶器。结晶器是铸锭成型的关键熔铸部件，主要由导热性良好的铜构成，熔铸过程中处于水冷条件下（冷却水水压为 3×10^5 ~ 6×10^5 Pa）[97-98]。根据不同的铸锭尺寸需求（见图 1.7），钛合金企业往往配备不同形状的结晶器。为便于调整，结晶器需设计为可拆卸。结晶器的形状及尺寸对于铸锭最终的铸锭表面质量、铸锭内的合金化程度及微观结构等均有影响。

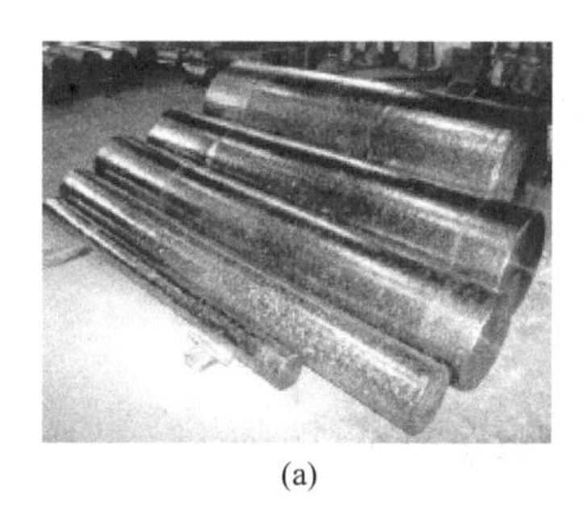
(a)

(b)

(c)

图 1.7 不同型号的钛及钛合金铸锭

(a) 直径为 100~600mm 的钛圆锭；(b) 直径为 850mm 的钛合金锭；(c) 钛合金扁锭

1.2.1.4 熔铸原料的进给机构

熔铸原料的进给机构多采用液压推进系统，其设计取决于原料的类型和进给方式。原料的类型主要包括 VAR 熔炼后的重熔料、通过机械压实的散料合金包等。相较于重熔料，使用散料合金包进行单次 EB 熔铸的优点是成本较低，但缺少 VAR 进行预先的合金均匀化。散料合金包的给进方式需根据熔铸过程中的挥发及传质过程实时调整，以避免 Al 等元素挥发引起的铸锭成分宏观偏析。由于熔铸过程的复杂性，对于给进方式的探索是困难的。基本来说，进料方式根据不同的原料形态分为水平进料和垂直进料两种。如果是使用的棒状原料，则使用棒状加料器系统水平进料；若使用的是海绵钛等散料，需先加入旋转式原料桶，随着桶的旋转将散料送至进给加料器，通过散料振动加料器使原料投入冷床内。为了保证原料的连续供给及进入熔炼室具有一定的真空度，通常需要两个原料桶交替使用，一个边喂料一个边抽真空备料。有时为了保持熔炼的高真空度，需要对原料室调整、维修和保养，因此必须将原料室和熔炼室用阀门隔离。

1.2.1.5 抽锭机构

抽锭机构由引锭头和拉锭杆组成，主要作用是从结晶器中抽取铸锭。熔铸开始前，将预先制备好的引锭头置于结晶器中作为散料基底，其上铺放的散料在电子束的加热下会形成最初的熔池。当初始熔池的凝壳稳定后，拉锭杆会持续向下从结晶器中抽出铸锭，维持结晶器内的液面位置。该过程中，由于凝固的铸锭与结晶器间的摩擦、凝固坯壳的厚度等因素，拉锭控制不当易导致铸锭侧面的裂纹等铸造缺陷。因此，抽锭系统的设计需在凝固理论的指导下完成，确保所制备铸锭的表面质量。

1.2.1.6 真空系统

由于钛在高温下的活度较高，EB 炉的真空条件需控制为 0.1~11.0Pa。真空系统一般由三级真空泵（机械泵、罗茨泵及油扩散泵）及相应的真空管道、真空阀门、真空测量仪表组成。真空系统一方面维持熔炼室内的压力处于稳定范围，另一方面，真空环境有助于清理熔铸过程中挥发出的合金气体及杂质元素。

1.2.1.7 观测系统

为观察熔铸过程中原料的熔化和熔池的形成，实时调整电子束扫描的区域，需在熔炼室内安装观察窗及配套的电子摄像观测系统，确保熔铸过程顺利进行。然而，熔炼室内大量挥发的金属雾气会在观察窗内侧冷凝，为不阻碍观测需在熔炼室内设计相应的冷凝物清理设备。

1.2.1.8 供电系统

EB 炉内电子束枪的电源系统主要由高压变压器、整流器和阴极灯丝电源等组成。为避免放电短路，电子枪所使用的直流高压电源需配备由反应器、节流阀的特殊变压器组成的电流限制器。此外，电源应该配有一个快速反应的电子短路保护系统。

1.2.1.9 冷凝屏

冷凝屏主要由焊接钢网构成，其作用是收集电子束冷床熔炼过程的挥发杂质。有时，结挂的冷凝物超出钢网的承载负荷，会有挥发物再次落入初级熔炼冷床及精炼冷床，从而引起铸锭成分偏析。受熔炼室真空度变化等条件影响，电子束会发生偏转并将冷凝屏部分钢制材料熔化，致使熔化后的钢溶液进入熔池与钛溶液混合，造成铸锭铁含量超标。经过多次分析及实验，改进冷凝屏结构及使用钛网代替钢网可以避免跑偏的电子束接触冷凝屏；将钛网的安装改为用T形螺栓连接可增大承载负荷，挥发物不容易掉落进入冷床和结晶器内，对铸锭的成分控制及组织均匀化有了很大的改进。增加冷凝屏的承载负荷，使之可以附着更多的冷凝物，这样原来每炉熔炼6~7根钛锭就可以增加至12~15根，可有效提高生产效率和铸锭质量。

1.2.2 电子束冷床熔炼炉的熔铸过程及炉型演变

电子束冷床熔炼的熔铸过程主要包括三个阶段，即初始启动、稳态操作和补缩阶段，简要操作流程如图1.8所示。在初始启动期间，液压臂将原料以特定速度从给进系统推入炉膛，并在电子束的扫描加热下熔化。液态钛及钛合金流过精炼冷床并进入水冷结晶器区域，该结晶器区域装配引锭头。一旦结晶器被熔体充满，引锭头开始向下抽出，一定时间后熔铸过程进入稳定状态。在稳态操作期间，熔铸速率可通过原料熔化速率控制。通过保持拉锭速度及熔化速度间的平衡，可形成稳定的液态熔池，熔池形状由各种工艺参数共同决定。此外，稳态期间多把电子束枪连续地在原料、冷床及结晶器表面按照特定的电子束花样进行扫描，一旦铸锭达到所需长度，就逐步减小原料表面及冷床表面的电子束热源输出功率，直至停止。对于一次EB锭，熔铸完成前需进行补缩操作：稳态阶段后，电子束枪仍以较低功率在结晶器表面扫描，维持结晶器内的熔池，以减少缩孔等冶金缺陷在铸锭中的深度。补缩10~15min后电子束枪关闭，铸锭中剩余的熔体凝固。为减少铸锭内的缺陷，在其完全凝固和冷却后，铸锭顶部存在缩孔的部分需进行切除操作。

在电子束冷床熔炼钛合金铸锭的过程中夹杂物通过以下机理消除：钛合金液流经冷床时，H、Mg等易挥发杂质在高真空和高温作用下通过挥发机制消除；TiO_2、TiN等低密度夹杂物（LDI）则通过上浮、挥发、溶解等机制彻底去除；原料中常混有的W、Mo、Ta等高密度夹杂（HDI）则通过自身重力作用沉积到冷床底部形成凝壳消除，其消除机理如图1.9所示[99]。另外，在熔炼过程中为了使杂质去除得更彻底，可以通过调节电子枪功率、熔炼速率等工艺参数改变炉内温度和熔体在冷床内停留时间来实现。

国外的冷床熔炼技术已经相当成熟，但仍一直致力于电子束冷床熔炼技术的

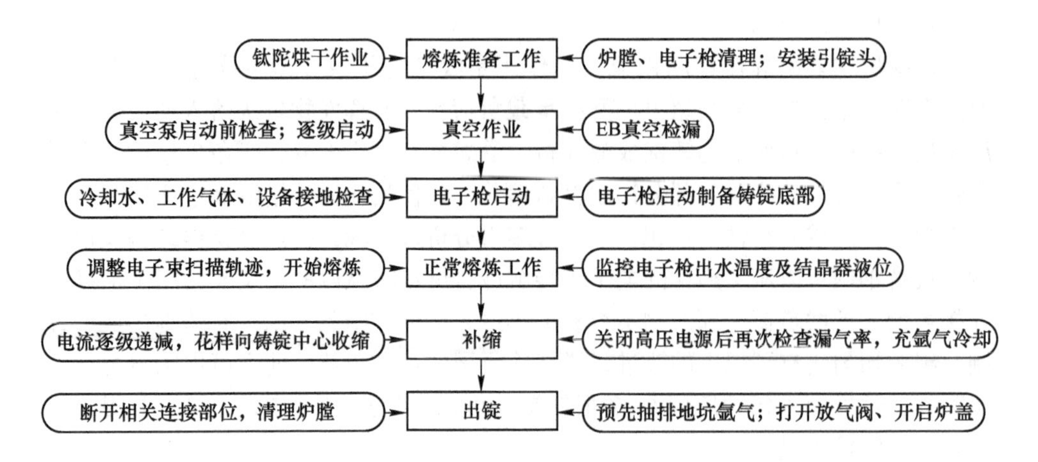

图 1.8　EB 炉熔铸简要操作流程

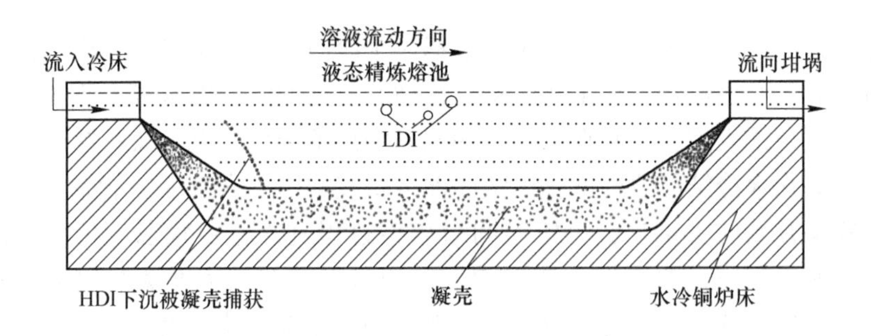

图 1.9　冷床内高密度杂质去除原理示意图

研究与改进工作。1966 年，美国钛炉床技术（THT）公司在 B 形炉的基础上改进并设计了第一台 C 形炉，使得精炼过程进行得更加充分。1982 年，美国 AJMI 公司建立了 1 台具有 4 把电子枪额定功率为 2000kW 的大型 B 形电子束冷床炉。美国 THT 公司采用电子束冷床熔炼技术实现了单次电子束冷床熔炼去除高低密度夹杂并生产出高品质的钛合金铸锭，且具有每年生产 13500t 的产能，在该领域具有绝对的优势[100]。目前，在电子束冷床熔炼钛及钛合金方面，美国的技术最为成熟，生产能力最大，电子束冷床熔炼的产能约占钛总产能的 45%。乌克兰研制的冷阴极辉光放电电子枪，实现了低真空度熔炼，不仅可以明显降低 Al、Mn 等易挥发元素的损失，还可以在保证生产质量的同时，使生产效率提高一倍以上[101]。同时，乌克兰巴顿研究所还掌握了空心锭熔炼、电子束表面熔修等先进技术[102]。世界上能够自主研发生产电子束冷床炉的公司主要有以下 4 家，即美国的 Consarc 公司、Retech 公司、乌克兰的巴顿焊接研究所及德国的 ALD 公司。

中国引入电子束冷床炉设备的时间较晚，第一台电子束冷床炉于 2003 年由西北有色金属研究院引进并用于科学研究，总功率为 500kW。2007 年，宝钛集团从德国 ALD 公司购买了我国第一台大型电子束冷床炉，同时也是当时全亚洲最大的电子束冷床炉，总功率为 2400kW 用于工业生产，最大质量可达 11t。2008 年，宝钢特钢引进了我国第二台具有 4 把电子枪的单结晶室双坩埚电子束冷床炉，总功率达到 3200kW，能够生产出直径达 ϕ860mm 的圆锭，重达 12t；生产的扁锭截面尺寸为 400mm×1200mm，最大质量达 10t。随后，青海聚能钛业从乌克兰购置的 3150kW 电子束冷床炉、中船舶 725 所从德国购置的 3200kW 电子束冷床炉、洛阳双瑞精铸钛业购买的 3200kW 的大型电子束冷床炉均投入使用。2012 年，云南钛业从美国购买了一台具有 4 把电子枪、总功率为 3200kW 的大型电子束冷床炉（可生产出的最大扁锭尺寸为 210mm×1380mm×8200mm，重达 10.556t）及从乌克兰引进的 3150kW 的电子束冷床炉均已安装调试完成，投入使用。青海聚能钛业从美国引进了 4800kW 双工位电子束冷床炉，这是目前国内使用的功率最大的电子束冷床炉，每年可至少生产 5000t 钛及钛合金铸锭[103]。

近几年随着我国制造强国战略的逐步实施，在高端装备制造领域掀起了自主创新、自主研发的热潮。电子束冷床炉作为高端熔炼设备，其生产制造一直是我国“卡脖子”的技术难题，受到各界广泛的关注。2016 年，云南钛业股份有限公司、昆明理工大学和昆明钢铁控股有限公司共同完成的“高品质大规格钛扁锭无锻造短流程轧制成卷关键技术开发及产业化”成果通过鉴定，标志着我国成为继美国、德国、俄罗斯、乌克兰之后第 5 个能自主生产电子束冷床炉的国家。2016 年 9 月，我国自主研制的第 1 台大型电子束冷床炉在攀枝花建成并成功投产。2019 年 12 月，我国自主研制的第 2 台大型电子束冷床炉在四川盐边钒钛产业开发区建成并成功投产，生产了规格为 210mm×1550mm×6000mm、重达 10t 的钛扁锭。这意味着我国已经成功攻克了这一“卡脖子”的技术难题，打破国外技术壁垒，极大地促进了我国钛工业的发展。

目前，国内的电子束冷床炉多采用 C 形及 T 形两种结构，如图 1.10 所示。图 1.11 所示为具有 4 把电子枪的 C 形电子束冷床熔炼过程工作示意图[104]。熔炼前开启真空系统对加料室和炉体进行抽真空，进料系统真空度为 0.4~0.8Pa、主熔炼冷床真空度为 0.05~0.8Pa。原料首先进入熔化区，在 1 号电子枪的作用下发生熔化；熔化后的金属液流经精炼区，在 2 号电子枪作用下进行一次精炼，在 3 号电子枪作用下进行二次精炼，从而使存在于原料中的夹杂物彻底消除，保证流入结晶器的金属液纯净。4 号电子枪的作用则是为了维持结晶器内熔体液面温度均匀恒定，其目的就是为了防止熔体因凝固时间不同而导致铸锭产生微观和宏观上的缺陷。冷凝板的作用不仅可以防止熔化区内熔液飞溅对铸锭造成污染，还可以为易挥发物质提供附着基底。

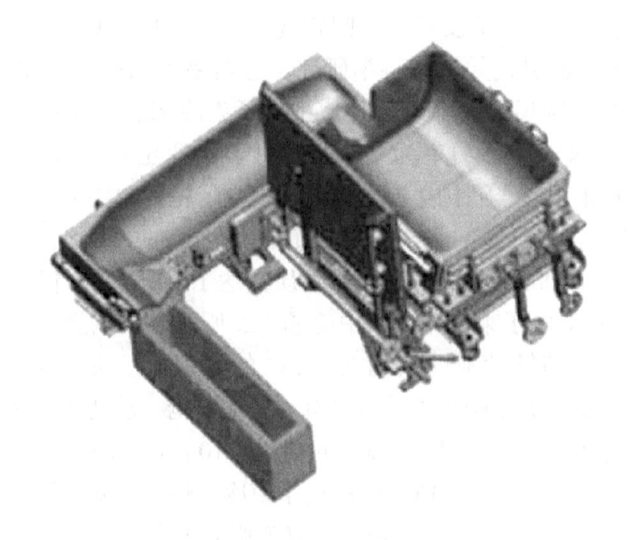

图 1.10 电子束冷床炉内部结构图

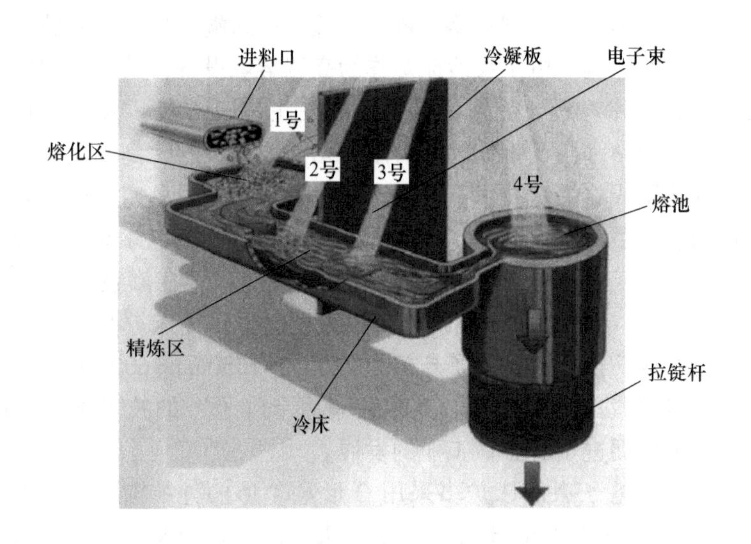

图 1.11 C 形电子束冷床熔炼工作示意图

图 1.12 为 T 形电子束冷床熔炼炉工作示意图[105]，电子束冷床炉的炉体结构主要由电子枪系统、熔炼系统、进料系统、冷却系统、真空系统组成[106]。

炉室主要有两个作用：第一，炉室不仅是金属熔炼发生的场所，还与真空系统相连接使炉室内的气体排出，从而在炉室内形成一定的真空度，为高活性金属的熔炼提供基本条件；第二，炉室是整个设备的主体骨架支撑，其他系统结构都与它相连接。

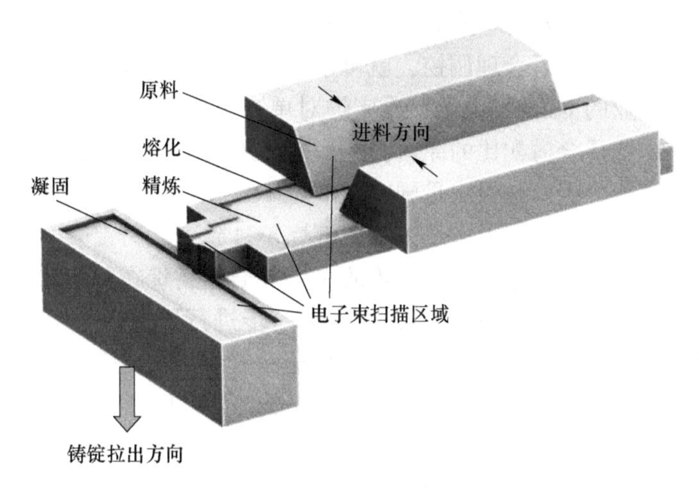

图 1.12 T 形电子束冷床熔炼炉工作示意图

1.2.3 电子束冷床熔炼炉存在的问题

尽管与传统的 VAR 熔铸相比，电子束冷床熔炼技术在熔铸大规格钛及钛合金铸锭方面具有无可比拟的优点，但在实际熔炼过程中仍然存在许多由于熔炼和凝固过程控制不足所导致的冶金缺陷，严重影响了该技术的普及应用。其中，铸锭的元素宏观偏析控制是电子束冷床熔炼生产大规格钛合金锭亟待解决的关键问题[93]。高温环境下，铝等合金元素的饱和蒸气压随温度急速增加，高真空下 TC4 由钛合金熔体表面不断挥发损耗[107]。TC4 钛合金铸锭在电子束冷床熔炼过程中，铝元素的挥发损耗约占合金添加量的 30%，操作不当极易引起铸锭在横向和纵向上元素偏离设计成分，出现宏观偏析[103,108]。为获得成分和组织均匀、夹杂缺陷少的优质大规格钛合金锭，需要对大规格钛合金锭的电子束冷床熔炼与凝固过程进行深入研究，明确进料速度（或熔化速度）、真空度、电子束流扫描的方式和频率、熔池温度、拉锭速度等工艺窗口之间的关联机制，阐明钛合金电子束冷床熔炼熔铸过程交互理论，获得高温高真空条件下钛合金的元素损耗控制及均质化过程协同控制机制，实现对钛合金铸锭的冶金缺陷调控[109-110]。

鉴于上述问题，近年来我国对电子束冷床熔炼 TC4 钛合金铸锭进行了大量研究。为了防止在长时间高温下铝元素严重挥发，张英明等人[111]对电子束冷床（500kW）熔炼 TC4 钛合金圆锭进行了研究，发现熔炼过程中铝元素的挥发最为严重，达到 12%~22%，当原料中铝元素的质量分数控制为 7%~7.5%时，能得到成分合格的 TC4 钛合金铸锭。所生产的铸锭经锻造加工后，棒材力学性能符合国家标准要求。李育贤等人[84]通过改变原料中铝元素含量配比，熔炼出了满足国际标准要求的 TC4 钛合金铸锭，该铸锭表面质量好且性能稳定。刘如斌等人[112]研究了不同进料方式对铸锭质量的影响，发现采用棒状方式进料时，只要对原料中铝元素含量进行合理调控，就可以获得最佳熔炼效果。唐增辉等人[113]使用青海聚能钛业的 BMO 型电子束冷床炉对单次熔炼工业 TC4 钛合金扁锭进行了研究，实验中选择合适配比的原料，经一次熔炼成铸锭，并通过多点取样法对铸锭合金成分进行分析，结果满足国家标准对 TC4 钛合金铸锭成分含量和均匀性的要求，表明我国已经掌握了电子束冷床熔炼 TC4 钛合金铸锭凝固过程中铝元素挥发控制的关键技术。但采用该法熔炼的 TC4 钛合金铸锭在后期加工和性能上与 VAR 法熔炼的铸锭存在一定的差异，尚需进一步进行研究。采用电子束冷床熔炼大规格钛及钛合金扁锭时，扁锭常会发生弯曲变形。常化强等人[114]就这一问题对铸锭的冷却速度、结晶器卡阻和结晶器安装等影响因素进行了分析，发现设备是造成扁锭变形的直接原因，冷却时间对铸锭平直度影响不大。所以，缩短冷却时间可以提高铸锭生产效率。西北有色金属研究院针对小型纯钛及 TC4 钛合金圆锭电子束冷床炉熔炼进行温度场模拟和热平衡分析，阐述了夹杂物去除和元素挥发机制[115-116]。具体还研究了 TiN 粒子的溶解速度随熔池温度的变化[117]，在纯钛熔液中溶解相同粒度的 TiN 粒子时，随着熔池温度从 1700℃提高到 1900℃，TiN 粒子的溶解速度与正常熔化温度相比提高了 10 倍。同时还研究了熔化速度和熔池表面温度对小型 TC4 钛合金中铝元素挥发损失量的影响[118]。

虽然我国对电子束冷床熔炼 TC4 钛合金铸锭进行了大量研究，并取得了巨大的进步，但对于大规格 TC4 钛合金扁锭的研究还比较少，缺乏相应的理论支持。所以在实际生产中，大规格 TC4 钛合金扁锭仍然存在表面质量差、组织不均匀、内部出现孔洞等冶金缺陷，严重影响后续钛材加工产品的质量。美国在用电子束冷床炉生产航空转动件用钛材只需经过单次冷床熔炼，而生产转子级合金时，用电子束冷床炉生产出的铸锭最后还需要 VAR 工艺处理[119]。通常电子束冷床炉熔炼的铸锭宏观组织比其他熔炼方法粗大，但国外通过控制主要工艺参数（电子枪功率和熔炼速率）可以熔炼出晶粒大小在毫米级别的细小铸锭组织[120-121]。因此，如何掌握核心技术，利用电子束冷床炉生产出质量合格的高品质大规格 TC4 钛合金铸锭，仍是我国钛工业发展面临的极为迫切的任务。特别掌握一步法熔炼可直接轧制用大规格 TC4 钛合金扁锭仍是如今研究的热点问题。

1.3 数值模拟解析钛合金熔铸多场交互机制的进展

为精确控制电子束冷床熔炼铸锭的质量，首先需阐明高温高真空下温度场-流场-固液相场-浓度场多场间的交互机制[122]。由于熔炼室内的压力及温度梯度、高温下钛的高活性、熔池表面的金属雾等影响因素，使电子束冷床熔炼的熔铸过程难以直接测量[123-125]。因此，使用数值模拟的方式对电子束冷床熔炼过程进行建模，研究钛合金在多场交互下的传热、流体流动及传质，明确传递现象间的交互理论，受到了国内外研究者的一致认可[117]。由于多物理场耦合的复杂性及其对计算性能的要求，早期工作仅由热模型组成。此后随着计算机技术的进步，逐步开发了热-流耦合模型，同步预测熔体的温度和流场。本节重点介绍电子束冷床熔炼熔铸过程交互理论的发展情况。

1.3.1 数值模拟的原理及其在熔铸领域的发展

铸造过程数值模拟是对铸造系统进行几何模型—合理简化—模型离散化—近似求解的过程[126]。随着计算机技术和计算方法的发展，数值模拟技术已进入工程实用化阶段，铸造生产正在由凭经验走向科学理论指导。常见的离散化方法包括[127]有限差分法（FDM）、有限元法（FEM）、有限体积法（BIEM）3 种。

1.3.1.1 有限差分法

有限差分法的思想是把随时间和空间连续分布的各种场转化为求解在空间和时间领域内有限个离散点的问题，根据初始条件建立偏微分方程，再利用离散点的求解值去逼近各种场的连续值，是数值法中最经典的一种。其求解基础是采用差商方法来代替微商，使用不同的方法定义差商可以得到不同的差分格式，不同的差分格式又会对计算稳定性和结果产生影响。所以，在进行差分计算时选择合理的差分格式，不仅可以减小计算误差，还可以提高计算精度。

1.3.1.2 有限元法

有限元法最早提出是为了解决应力场问题，经过多年的发展，现已可对一系列连续介质中的各种场（流场、温度场）进行求解[128]。其思想是将连续求解域分割成有限个任意形状的微小单元，利用变分原理构造方程组，最后求解全域方程组构成的矩阵。利用求解出的未知量构造插值函数就可求解出各单元内场的近似值，从而得到整个场的近似解。该方法划分的单元可以是任意形状，所以对求解复杂模型具有一定的优势，而且可以对模型关键部分进行网格细分，非关键部分进行网格粗化处理。这样可以保证总网格数不变，既在不影响计算速度的情况下还可以提高计算精度。虽然这种方法起源于对应力的分析，但现在已经可以用来很好地求解熔铸过程中的热传导和流场等所有有关连续介质和场的问题[128]。有限元法与有限差分法相比，有限元法对于连续介质的离散采用不规则单元，节点配置的方式比较任意。因此，在处理具有复杂形状和复杂边界条件方面，有限元法有很大的灵活性和实用性。有限差分法中划分单元的交点作为离散的节点，传热过程中节点的温度代表了周围区域的平均温度，只注重了节点的作用，而对于把节点联系起来的单元的贡献显然存在一定的局限性。另外，有限元法可根据实际需要来调整节点的疏密程度，在复杂物体的边角处及需要重点研究的特征区域可以把节点设置较密集一些，而在其他部分可以设置较为稀疏一些，这样在不增加计算量的前提下又提高了计算精度，而有限差分法就很难通过调控节点的疏密程度来提高计算精度。

1.3.1.3　有限体积法

有限体积法基于的是积分形式的守恒方程，将计算域划分为有限个不重复的控制体积并以节点作为代表，以积分的形式构造这些节点上的能量守恒方程，求解方程组，就可得出节点上的因变量。该方法网格适应性好，可用于求解复杂工程问题，但目前多用于流体力学方面的计算。

不管采用何种数值计算方法，数值方程的求解条件都包括了初始条件、边界条件、热物性参数及潜热[129]。对于数值模拟软件则可分为前处理、求解计算和后处理过程。前处理部分主要包括模型建立、网格划分、物性参数及边界条件设置，中间计算部分主要是计算机依据数学模型进行计算，后处理部分主要是将数值计算的结果以各种直观形式显示出来。

20 世纪 60 年代，丹麦的 Forsound 和 Dusinberre 等人[130-131]提出有限差分近似法，并首次对铸造工程中的凝固传热过程进行了模拟计算。1966 年，美国铸造学会制定了一项对铸件凝固模拟研究的长期计划，并于 1968 年开始了对铸件凝固过程温度场的模拟研究工作[132]。自美国之后，英国、德国、日本、法国等工业发达国家相继开展了金属凝固过程温度场的模拟研究工作。20 世纪 80 年代开始了熔体流场及铸件应力场的模拟研究，90 年代开始了凝固组织的模拟研究[133-135]。1989 年，在德国国际铸造博览会上第一个以温度场为核心的商业化 CAE 软件 MAGMA 问世。随着计算机性能的提高，一系列铸造模拟软件相继诞生，如德国的 MAGMASOFT、法国 ESI 的 PROCAST、美国的 ANSYS、比利时的 VIEW CAST、中国的华铸 CAE 等。

近年来，随着计算机性能的提升、各种经典数学模型的建立及各种判据的提出，凝固数值模拟仿真技术得到飞速发展。数值模拟仿真技术作为铸造工艺计算机辅助设计被大量应用于实际生产，在工业发达国家，15%～20%的铸造企业在生产中使用凝固数值模拟分析技术。使用数值模拟仿真技术可以精确预测铸件可能产生的缺陷，大幅度提高铸件成品率，缩短产品研发周期[136]。1996 年，美国制定的“下一代制造”计划提出的 10 项关键基础技术中，其中就有建模与仿真。同时，各国对未来材料成形方面的认识也高度一致：一是向着近净成形技术方向发展；二是利用模拟仿真技术替代传统的试错法等经验性研究方法[137]。

2017 年，铸件年产量已超过 4935 万吨，位居世界第一。20 世纪 70 年代末，我国开始了对铸件凝固过程的温度场模拟研究工作。1978 年，沈阳铸造研究所张毅[138]利用有限差分法对大型水轮机叶片凝固过程进行了数值模拟研究。同期，大连理工大学郭可讱等人[139]对大型铜螺旋桨进行了凝固过程数值模拟研究。经过 30 多年的发展，我国铸造数值模拟技术已经比较成熟，2001 年，由德阳二重铸造厂生产的大型三峡水轮机叶片只经一次就试制成功，其铸造工艺方案就采用了数值模拟技术进行了工艺优化处理。马鞍山钢铁公司生产的冷热轧机机架铸件经数值模拟改善工艺后，仅用 10 个月就完成了生产任务，为公司节省了数千万元的生产研发费用。虽然数值模拟技术能够提高企业生产效率、节约成本。但由于我国铸造企业大小不一，数值模拟软件及配套设备价格高昂等原因也造成数值模拟在我国的应用主要局限于一些大型企业、高校和科研机构，这也导致了我国铸造行业普遍存在产品质量不易控制、废品率高、试制周期长及生产成本高等问题，与工业发达国家相比还存在一定的差距。推广普及先进的数值模拟技术对解决这些问题和提高我国铸造产品在国际中的竞争力具有非常重要的意义。

1.3.2 电子束冷床熔炼炉中的传热及流动

电子束冷床炉熔铸过程是一个比较复杂的物理化学过程，若用解析解法来求解凝固和传热的非稳态过程，由于运算复杂冗长，对于实际凝固过程不仅获得解析解十分困难甚至无法实现，而且在计算求解过程中要进行许多假设，需要对复杂边界条件进行简化，才可能得到这些闭合方程的解析解，因此一般采取有限差分法、有限元法、蒙特卡罗法和数值积分法等计算机数值解法来对这些微分方程进行求解得到一定程度的近似值[126]。不同的数值模拟方法对应的边界处理、计算域的离散方法及计算精度也不同。在电子束冷床炉熔铸钛及钛合金的凝固过程，铸锭温度是随凝固时间不断发生变化的，是由非稳态到稳态转变且内部具有热源的傅里叶导热微分方程。在一定的初始条件和边界条件下，求解铸件内部的热传导过程通常采用的数值解法有限差分法（FDM）和有限元法（FEM）[127]。

具体来说，1970 年早期，热模型已被应用于研究 VAR 重熔钛合金过程中熔池形貌演变[140-142]。借鉴该模型的基础理论，1997 年出现了钛、铝、铜等金属在 7.5~100kW 能量输入条件下的 EB 炉熔铸二维热模型，在简化电子束加热、忽视熔池流动现象的条件下，预测了能量输入和热物理性质变化时的熔池温度分布趋势[143-145]。该模型所使用的温度分布计算方程见式（1.2）：

$$\frac{1}{r}\frac{\partial}{\partial r}\left(r\frac{\partial T}{\partial r}\right)+\frac{\partial^2 T}{\partial z^2}+\frac{v}{\alpha}\frac{\partial T}{\partial z}=0 \tag{1.2}$$

式中，r、z 为柱坐标；v 为牵拉速度；α 为热扩散系数，$\alpha=\frac{\lambda}{c_p\rho}$（其中，$c_p$ 为平均比热容；λ 为材料热导率；ρ 为密度）。

为考虑流动对温度分布的影响，加拿大英属哥伦比亚大学使用数学近似的方法建立了热-流耦合二维模型，研究电子束加热条件下 TC4 合金微熔池内的温度演变过程[121]。通过式（1.3）中的系数 FF（$FF=7\sim10$）对材料的热传导系数 k

进行修正，该模型近似描述自然对流及表面张力对温度场的影响。

$$k' = FFk \tag{1.3}$$

然而，由于电子束熔炼条件下熔池内的传递现象复杂，无论是二维热模型还是近似逼近的热-流耦合模型并不能精确计算出流体与温度分布间的交互作用。此外，对于熔铸过程热-流耦合过程的讨论，不能忽视熔池形状的作用[146]。为研究热-流-凝固间的交互关系，美国麻省理工学院利用有限元理论，通过自编程的方法，引入式（1.4）~式（1.6）的流体传输方程，建立了电子束加热 CP 钛及 TC4 的三维热-流耦合模型。

$$\frac{\partial \rho}{\partial t} + \nabla \cdot (\rho \boldsymbol{u}) = 0 \tag{1.4}$$

$$\frac{\partial \rho \boldsymbol{u}}{\partial t} + (\boldsymbol{u} \cdot \nabla)\rho \boldsymbol{u} = \mu \nabla^2 \boldsymbol{u} - \nabla P + S_{\mathrm{M}} \tag{1.5}$$

$$\frac{\partial \rho c_p T}{\partial t} + \rho c_p \boldsymbol{u} \cdot \nabla T = \nabla \cdot (\lambda \nabla T) \tag{1.6}$$

式中，$\boldsymbol{u}$ 为速度矢量；μ 为黏度系数；S_{M} 为源项。

美国佛罗里达大学利用有限体积法考虑了湍流在 TC4 电子束冷床熔炼过程中所起到的作用[147-148]。该研究在描述熔体流动的 Navier-Stokes 方程中包括了针对低雷诺数条件下的 k-ε 湍流修正公式，并考虑了达西（Darcy）流动阻力、热浮力和马兰戈尼（Marangoni）流动对熔池形状及温度分布的影响；模拟了拉速为 2×10^{-4}m/s 及 4×10^{-4}m/s 两个熔铸条件下的熔池固-液相线移动趋势，并通过 1.8×10^{-4}m/s 拉速下的试验结果进行了验证。结果显示，所使用的 k-ε 湍流修正模型有利于准确预测高拉速条件下的糊状区厚度，从而提高对流场、温度场预测的准确性。然而，该模型使用的对称边界条件难以预测由单侧浇注的熔铸过程。

目前，加拿大英属哥伦比亚大学利用商业软件 ANSYS CFX 开发的热-流耦合三维模型所描述的物理过程最为丰富，包含了热-流-凝固过程，可用于模拟电子束冷床熔炼的稳态熔铸过程及最终的补缩过程，预报熔池形状及收缩空隙在凝固锭中的位置[149]。国内清华大学、哈尔滨工业大学、华中科技大学等研究单位做了有关钛合金铸造充填及凝固缺陷方面的模拟[150-159]。西北有色金属研究院的雷文光、于兰兰、毛小南等人基于大型商业有限元软件 ProCAST 模拟了 TC4 钛合金电子束冷床熔铸的凝固过程，阐明了不同工艺条件下的温度场分布并应用确定性方法预测了铸锭平均晶粒尺寸的分布[116-117,160-164]。

1.3.3 高能束扫描下的熔铸过程

上述多场耦合模型大多忽视或简化了实际电子束扫描条件对钛合金熔铸过程的影响。实际上，随着电子束在焊接、增材制备等领域的广泛应用，越来越多的研究证明 TC4 合金熔池的形态变化及温度分布与高能束加热条件息息相关，如图 1.13 所示[165]。阐明高能电子束扫描在熔铸过程中的具体影响，明晰其在熔铸过程控制中的作用已成为高性能材料制备技术发展的关键。

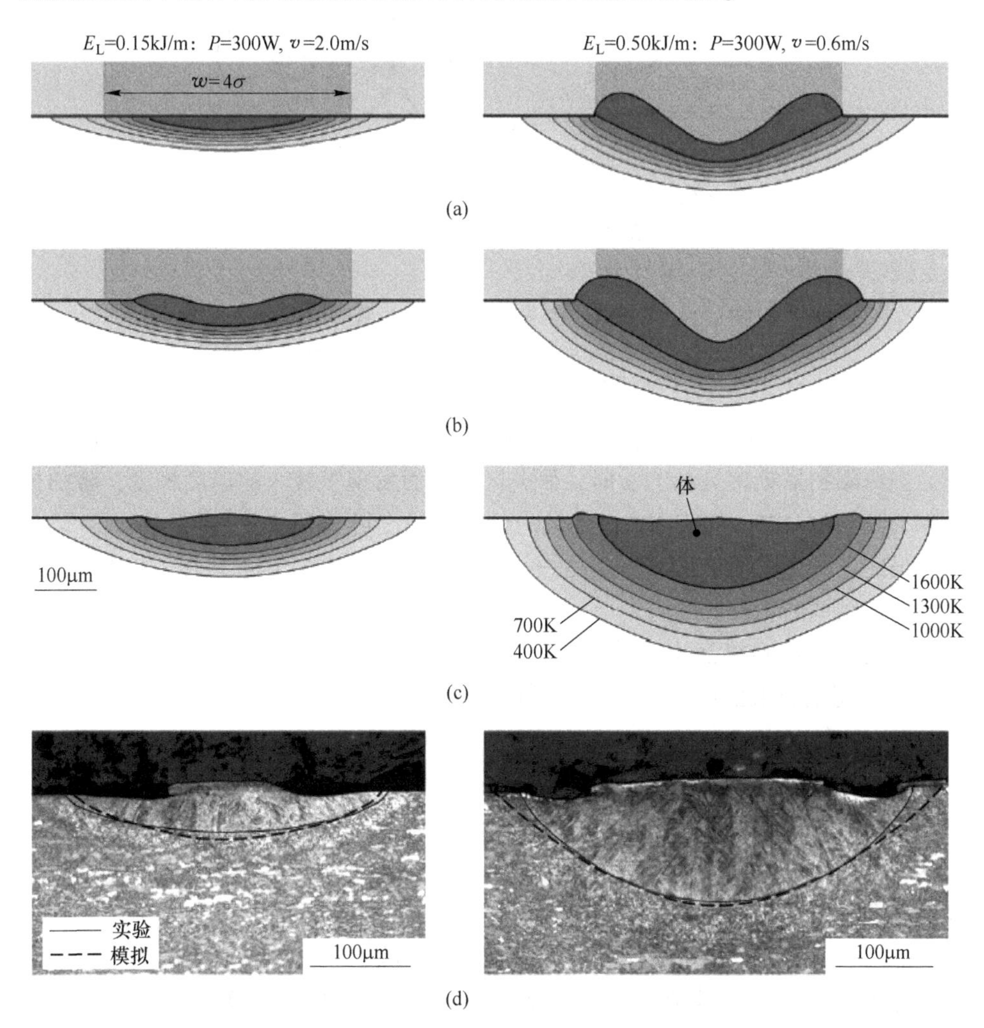

图 1.13 不同电子束加热条件下的微熔池演变过程

（a）束中心；（b）$\alpha_t=1\times\sigma$；（c）$\alpha_t>2\times\sigma$；（d）显微照片

电子束加热条件下的物料熔化过程较为复杂（见图 1.14）[166]。因此，现有研究的主要研究对象是电子束加热条件下的凝固区，讨论电子束扫描过程中可能存在的温度梯度，及其对于熔池温度、熔池形貌及挥发过程的影响。

1989 年，英属哥伦比亚大学[167]在其所建立的二维热流耦合模型中将电子束能量的 80%作为集中点热源，研究了直径 $\phi=9$cm、高度 $h=1.5$cm 的假想区域内电子束扫描下的钛合金熔池温度分布情况。所设定的电子束点热源半径分别为

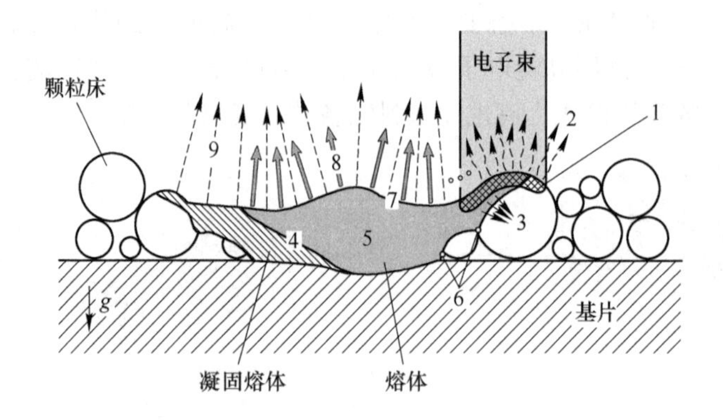

图 1.14 电子束加热散料时的熔化过程理论示意图

1—电子束吸收；2—电子束散射；3—热传导；4—熔炼/凝固；5—热对流；
6—润湿/反润湿；7—拉普拉斯压力；8—挥发；9—辐射

2.7cm 和 3.6cm，该点热源沿圆锭中心区域以半径为 1.5cm 的圆形花样进行扫描。当单圈扫描频率为 0.1Hz 时，研究区域表面发现了较大的温度梯度；将扫描频率提高到 1~10Hz 的范围内，熔池内的温度梯度可获得有效抑制。然而，以点热源描述电子束的能量输入方式是一种简化处理，上述对于电子束的表述中也忽视了脉冲频率的影响。

为进一步精确描述电子束的加热过程，1997 年美国麻省理工学院在文献［168］中将电子束描述为式（1.7）所示的高斯热源：

$$q = \frac{P}{\pi R^2}\exp\left(-\frac{r^2}{R^2}\right) \tag{1.7}$$

式中，q 为高斯热源；P 为功率；R 为电子束半径。

将该热量源项添加至模型中，计算了以 5cm/s 速度沿直线移动的高能束对熔体流场及温度分布的影响。

此后，英属哥伦比亚大学也引入麻省理工学院所使用的高斯热源表达式用于描述电子束，完善其建立的三维热流耦合模型。2006 年，该课题组提出了式（1.8）所示的环形电子束扫描热源通式，讨论了超大型扁锭在稳态阶段及补缩阶段熔池内的温度场和流场演变情况，以及空腔移动的位置[169]。

$$q = f_{\text{abs}} \cdot P_{\text{EB}} \cdot \frac{1}{s\sqrt{2\pi}} \cdot \sum_{i=1}^{N}\left\{\frac{t_i}{t_N}\exp\left[-\frac{(x-x_i)^2+(y-y_i)^2}{2s^2}\right]\right\} \tag{1.8}$$

式中，q 为高斯热源；f_{abs} 为频率；P_{EB} 为功率；s 为电子束半径；x、y 为电子束的初始位置；x_i、y_i 为当前计算步时电子束的位置；t_i、t_N 为当前时间步长和最终时间步长。

为加快计算时间，2009 年，该课题组进一步提出了一种时均分布的电子束热源描述：

$$q = \frac{t_i}{t} A P_{\mathrm{w}} \mathrm{e}^{-\frac{r^2}{2r_\sigma^2}} \tag{1.9}$$

式中，q 为高斯热源；P_{w} 为功率；r、r_σ 为电子束的初始和结束半径；A 为电子束的扫描面积；t_i、t 为当前时间步长和最终时间步长。

利用该热源描述方式，分别分析了固定高斯热源、移动高斯热源和时均分布热源的能量密度，如图 1.15（a）~（c）所示，并对比了移动高斯热源和时均分布热源下电子束对 TC4 微熔池表面的加热效果，如图 1.15（d）所示。结果显示，时均分布热源仅适用于移动电子束热源具备较高扫描速度的条件，低速下两者对熔池温度分布的影响显著不同。

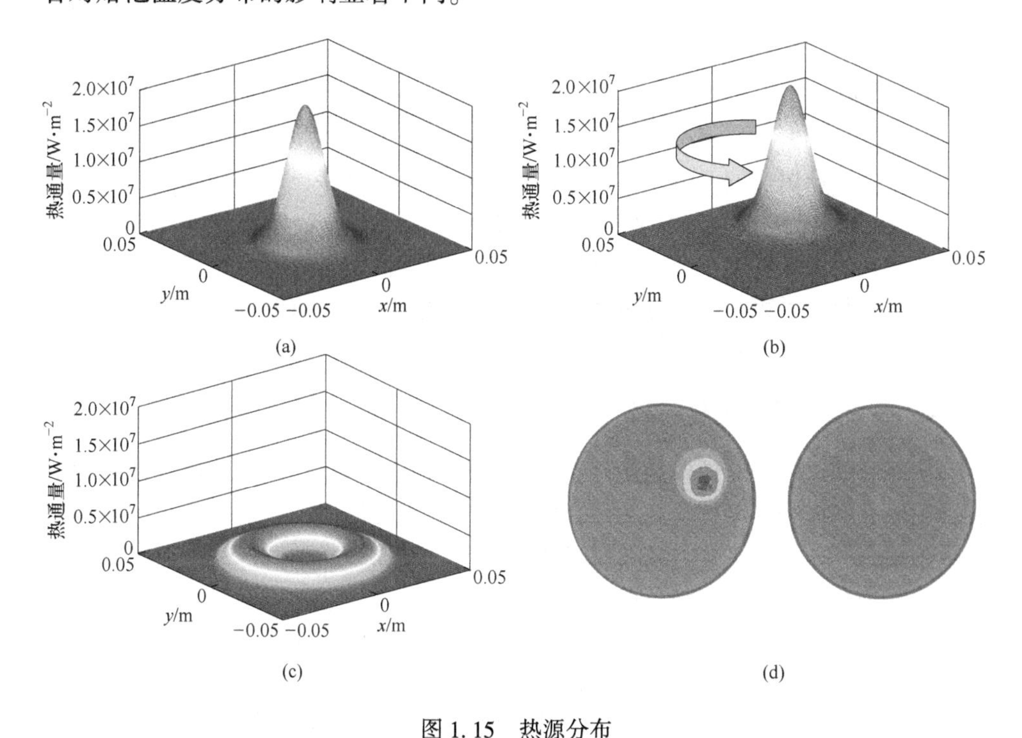

图 1.15 热源分布

（a）固定高斯热源能量分布；（b）移动高斯热源能量分布；（c）时均分布热源能量分布；（d）移动高斯热源和时均分布热源下的温度分布

2013 年，式（1.8）所表述的电子束移动高斯热源被用于研究 TC4 圆锭在双环形电子束扫描下的熔池温度场及流场演变，熔池表面的能量输入如图 1.16（a）所示，所获得的熔池温度场如图 1.16（b）所示[170]。该研究有助于进一步完善大规格 TC4 铸锭的 EB 熔铸过程交互理论。

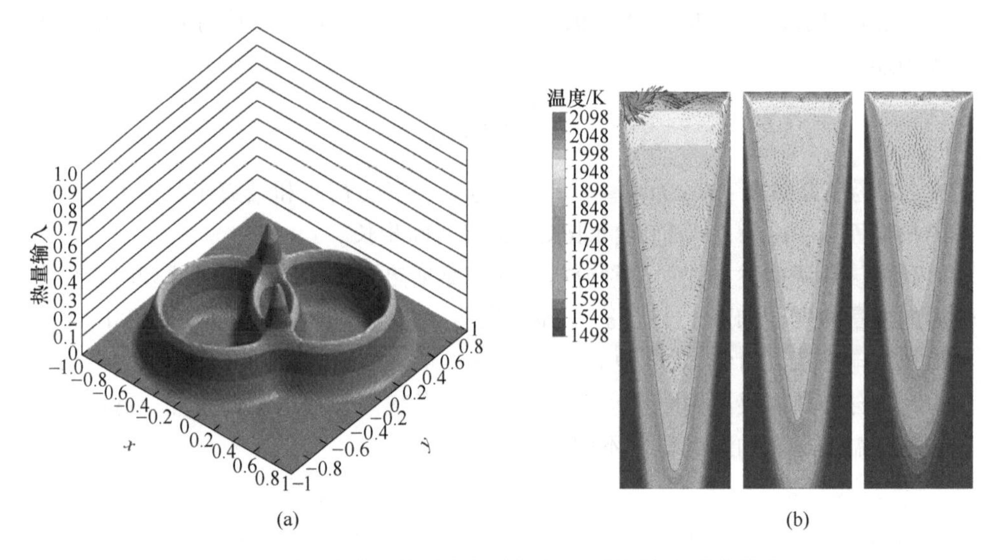

图 1.16 双电子束扫描下的能量输入(a)和圆锭内温度分布(b)

上述研究结果表明，电子束的能量输入强度、扫描花样、扫描频率、扫描速度等是 EB 炉熔铸过程的重要控制参数，不当的电子束扫描操作将会导致熔池表面出现较大的温度梯度，交互影响熔池表面的元素挥发、熔池内的流动状态及传质过程。优化电子束冷床熔炼过程中的熔铸环境，需考虑传热-流动-传质间的交互关系，选择合适的扫描花样及扫描工艺条件。

1.3.4 多场交互下的凝固过程

从凝固理论可知，铸锭的微观组织形成及演变与熔池形貌、熔池内的传热和流动现象存在极为紧密的交互关系。铸锭的质量与熔池内凝固前沿的位置及形状直接相关[171]。然而，由于微观与宏观现象耦合过程的复杂性，少有研究者分析熔铸交互关系中凝固组织演变的影响因素。

随着铸件凝固过程中宏观模拟的逐步成熟及计算机性能的飞速发展，凝固组织模拟逐渐成为当前铸件凝固过程模拟的研究热点[172-175]。各国学者在总结对金属铸造业产生重大影响的先进技术时高度评价了凝固模型的建立与模拟工作[176-179]。英国铸造业明确提出了有模拟就有销售的原则，以此为企业提高国际竞争力[180]。因为凝固模拟不仅在优化铸造工艺和缩短试制周期方面具有较突出的优势，还在铸件质量方面起到很重要的保障作用。目前，凝固模拟的发展方向已由宏观模拟向微观模拟、微观耦合宏观模拟发展。总之，凝固组织模拟技术架起了工艺设计与性能控制之间的桥梁，对于实现工艺、组织与性能一体化研究具有十分重要的意义[180-184]。

钛及钛合金的研究通常始于凝固，而凝固的最终结果是组织的形成。对于组织优化的研究，最传统的方法是制备不同工艺条件的试样然后进行金相检验，以获得其组织形成的规律性，这样不仅耗资耗力还带有一定的盲目性[185-187]。然而由于实际凝固过程中组织形成的复杂性，仅凭借实验难以获得准确的演化规律且不能预测并控制组织的形成，因此利用现有成熟的宏观模拟背景，并依据基本的形核和生长等物理理论基础对凝固组织的形成进行模拟与可视化是当前凝固组织研究的一大趋势[188-189]。

目前常用的微观组织数值模拟方法主要有3类：确定性模型方法、随机性方法和相场法。确定性模型方法是指在给定时刻，一定体积熔体内晶粒的形核密度和生长速度是确定的函数，它一般用于计算固相分数、形核率、枝晶尖端长大速率及枝晶生长过程中溶质变化等原始计算[190-191]。随机性方法（又称概率性方法）是采用概率理论来研究晶粒的形核和长大，包括形核位置的随机分布和晶粒晶向的随机选择，主要分为元胞自动机法（CA）和蒙特卡罗法（MC）。概率性方法的提出可以弥补确定性方法的不足，并被广泛应用[192]。它具有如下优点：考虑了形核和生长的物理机制；宏观传递现象如传热、传质和对流与微观形核及生长相耦合；可以再现柱状晶区的竞争生长现象和柱状晶向等轴晶的转变；模拟过程中无论是模拟柱状晶生长还是模拟等轴晶生长均采用相同的形核模型和生长动力学[193-195]。而相场法则是以金兹堡-朗道理论（Ginzburg-Landau）为基础，通过微分方程反映了扩散、有序化势及热力学驱动力的综合作用。确定性模型方法的不足在于忽略了凝固中晶粒的形核和生长的随机取向，同时只能模拟晶粒尺寸的平均分布不能直观地观察晶粒组织形貌。相场法尽管可以描述枝晶内部结构，而且可以对固液界面处的凝固行为进行详细分析，但此种方法只适合研究小计算域中的凝固情况，同时模拟中做了大量假设，与实际结果对比起来往往很难实现[196-197]。而随机性方法具有其他两种方法无可比拟的优势，它吸取了确定性方法的优点同时又包含了概率理论，既有理论基础又与实际过程接近，模拟中与宏观场相耦合，可以最大限度地考虑凝固过程中所涉及的复杂的物理现象，研究对象通常为实际生产的大型铸件。随机性方法具有利用简单、局部和离散的方法描述复杂、全局和连续系统的能力[198-201]。

其中随机性方法中的MC方法首先由Spittle和Brown引入合金凝固过程晶粒组织形成的计算机模拟中，后来又对其进一步发展研究了工艺参数对单相二元合金的柱状晶和等轴晶转化等定性预测结果[181,202]。然而，模型中不仅忽略了宏观和微观之间传输等物理背景，而且MC法由于需要大量的数据导致运算量大、运算速度较慢，为模拟超长超薄铸件带来了不便[199]。因此目前应用最多的是元胞自动机法。1993年，Rappaz和Gandin[203]首先建立了二维CA模型来研究凝固组织的形成过程，组织模拟中用连续形核模型处理形核位置的随机性和晶粒生长取向的择优性。但该模型没有考虑结晶潜热的释放和热传输，只适用于模拟温度均匀的铸件凝固组织。1994 年，Gandin 和 Rappaz[204]提出了 2D 长方形算法，使用该算法模拟非均匀温度场的组织模拟。该模型将计算宏观热传输的有限元方法（FE）与计算微观形核长大的元胞自动机模型（CA）耦合起来，扩大了模型的应用范围，并结合商业软件 3-Mos 在定向凝固、连铸杆件和激光表面重熔等多种凝固过程中模拟了晶粒组织形成过程及柱状晶向等轴晶转变过程（CET 转变）[205]。之后 Gandin 和 Rappaz[206]于 1997 年提出了“偏心八面体”的算法，在此基础上于 1999 年提出了三维 CAFE 算法[207]，该算法采用动态内存分配的途径解决了三维组织模拟中计算量大的问题，从而使得 CAFE 法日趋成熟并得以应用推广。另外，沈阳理工大学相关研究者也应用 CA 法模拟了激光熔覆 TC4 钛合金凝固过程中的微观组织[195]。A. Burbelko 等人[208]采用 ProCAST 软件中的 CAFE 模块研究了连续轧钢过程中的微观组织形成并与实际生产组织进行了对比。西北工业大学的寇宏超等人模拟了 VAR 熔炼 TC4 钛合金的凝固组织，结果与实验组织相吻合[209-212]。但是目前应用 CAFE 法对电子束冷床炉熔铸超长超薄 TA1 及 TC4 扁锭的凝固组织模拟国内外还少有报道[65,93,213-216]，因此对超长超薄 TA1 及 TC4 扁锭的凝固组织模拟进行系统的研究并预测不同工艺条件的组织演变，能够为生产出有利于后续轧制方向的扁锭凝固组织提供一定的依据。

综上所述，通过数值模拟方法可以研究电子束冷床炉熔铸钛及钛合金扁锭的凝固过程，根据宏观温度场模拟获得固-液界面形貌的变化规律进而来优化扁锭质量，也可以通过组织模拟来预测不同工艺参数的凝固组织演变。该研究方法不仅有利于工艺的优化和过程参数的合理匹配，同时还可以减少大量的人力物力，在一定程度上为生产优质钛材节约了成本。

2017 年，昆明理工大学使用计算软件 ProCAST 将有限元算法（FE）与元胞自动算法（CA）耦合，研究了大型钛扁锭凝固前沿的形成及移动，结果如图 1.17（a）所示。在此基础上，模拟了凝固过程中的晶体生长行为[217]，结果如图 1.17（b）所示。将模拟结果与实际钛扁锭横截面处的晶体分布对比，如图 1.17（c）所示，发现该模型可以较好地预测铸锭在凝固过程中微观组织与工艺参数间的交互关系，为实际生产提供理论指导[218-219]。

1.3.5 钛合金电子束冷床熔炼挥发及组织偏析研究

TC4 等 Ti-Al 基合金在钛合金铸锭的 EB 炉生产亟待解决的重要问题是铝等元素的宏观偏析控制。在电子束冷床熔炼的高温高真空条件下，铝的蒸气压比钛高出 4 个数量级，所造成的元素损耗是造成合金成分宏观偏析的主要原因。本节重点介绍前人针对该问题的研究成果，主要包括高温高真空下的钛合金挥发实验研究，以及基于 Langmuir 方程的挥发理论模型等。为明确电子束冷床熔炼过程中的挥发量，前人通过 EDX、ICP 等测试方法测量了铸锭、凝壳、炉壁冷凝物的成

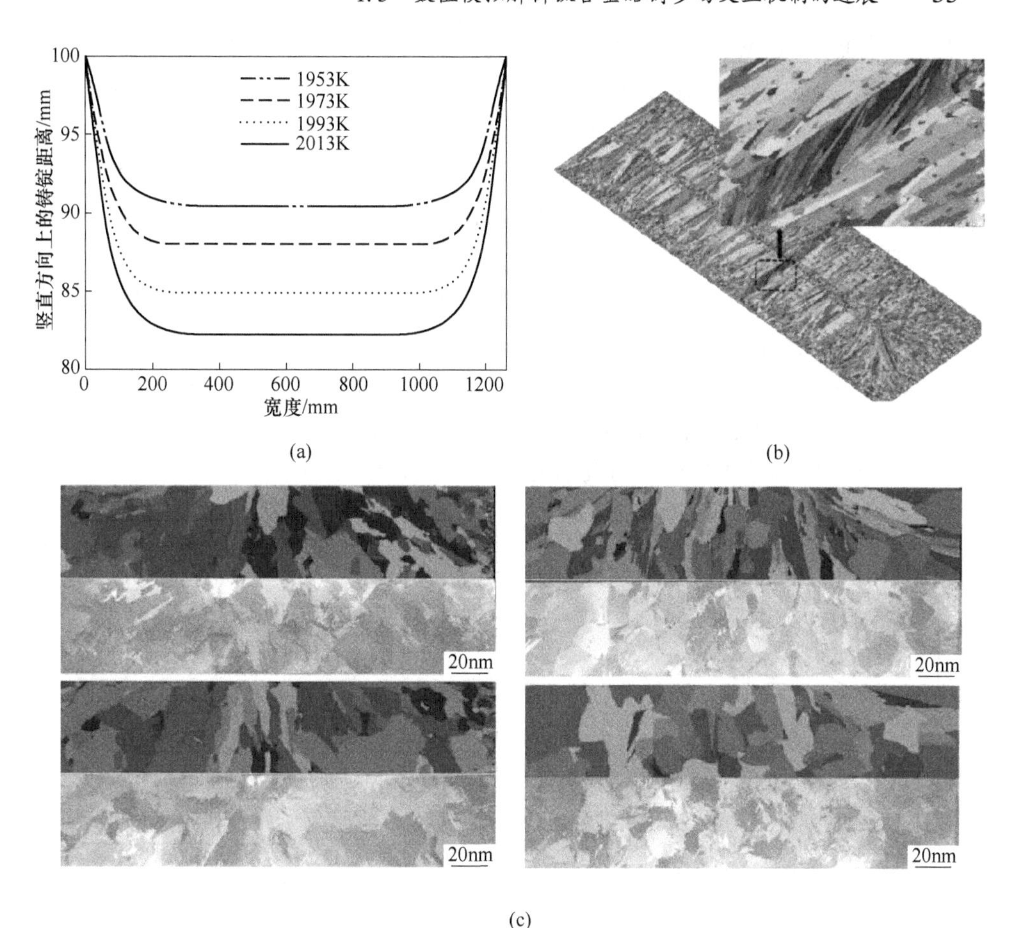

(a) (b)

(c)

图 1.17 大规格钛扁锭微观结构演变数值模拟

（a）熔池形貌；（b）横截面微观结构模拟结果；（c）模拟结果与实验验证

分，并与原料成分进行对比[220-221]。这些方法简单有效，但难以用于电子束冷床熔炼过程中的成分随炉监控。因此，前人开发了在线测量气相中元素浓度的方法，其基本原理是根据合金元素原子和分子的发射光谱，通过测量气相中元素的种类和浓度来判断元素的挥发损失[222]。测定时，在冷床上方金属汽化区安装一个挡板状传感器，传感器中的灯丝电子激发出金属原子，原子跃入低能级时会释放出一定量的光子。这种波长的光通过一个滤光器后发生偏转，过滤后，光信号变为电信号并放大。用这种方法可以实现铝元素挥发强度的在线监测，为实时调整熔炼工艺参数提供了理论依据。

利用上述监测方法，日本 NKK 公司的 Isawa 等人研究了 250kW 功率的 EB 炉熔铸 TC4（Ti-6%Al-4%V）、Ti-811（Ti-8%Al-1%V-1%Mo）、SP700（Ti-4.5%Al-3%V-2%Fe-2%Mo）等铝基钛合金过程中的元素挥发损耗[223]。实验中，电子束

的强度为105～110kW，熔铸的圆锭直径为136mm，拉速为5～17mm/min。结果显示铝的挥发量与熔铸速度间存在着直接关系，将拉速由7mm/min提升至17mm/min，SP700铸锭内的铝含量与设计含量之间的百分比由63%提升至90%。由于冷床中的混合条件充分，铝的挥发行为不受加料方式的影响，铝元素在电子束冷床熔炼过程中的损耗主要集中在冷床而不是结晶器。Nakamura等人[121]则通过实验证实电子束冷床熔炼过程中元素的挥发主要发生在熔体表面，并与电子束扫描工艺参数息息相关。较低的扫描频率会导致熔体表面的局部过热，从而引起局部的成分宏观偏析。

Westerberg等人[224]则通过实验发现，TC4中元素的挥发量与电子束的输入强度间存在线性关系，如图1.18（a）所示；而在拉速及熔池形貌稳定的情况下，铝的元素含量仍然存在着较大的波动趋势，如图1.18（b）所示[222]。

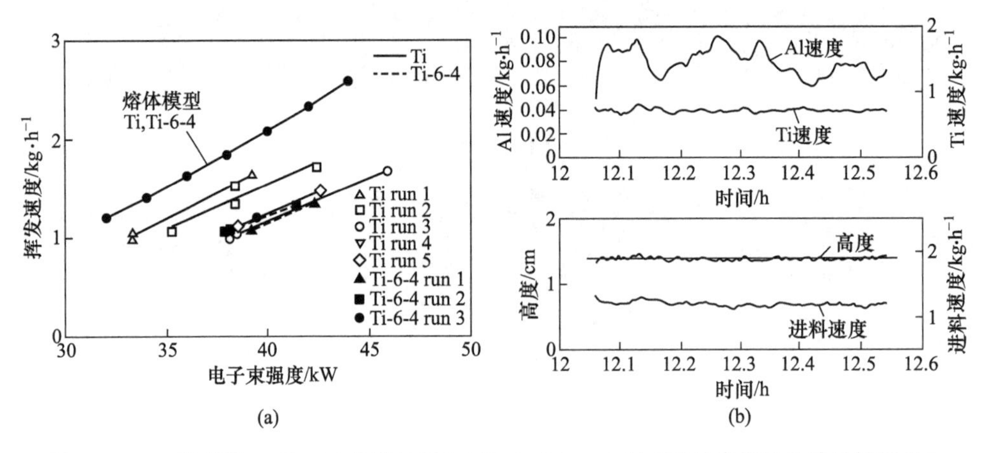

图1.18 EB炉熔铸Ti及TC4实验结果(a)和Ti-6-4 run3对应的元素挥发及熔池情况(b)

上述实验结果表明，电子束冷床熔炼过程中铝挥发的主要影响因素是熔池的表面温度，可由改变扫描工艺参数进行调整。此外，针对不同的熔铸对象需制定合理的原料添加和熔铸拉速方案，及时补充元素挥发损耗。目前，元素补充方案的建立主要依靠Langmuir方程对EB炉熔铸过程中的元素挥发损耗进行预测。

1913年，Irving Langmuir[225]研究了液态金属蒸气压与真空环境中蒸发速率之间的关系，其所建立的Langmuir方程已成为Ti-6Al-4V系统中铝蒸发建模相关研究工作的基础。Langmuir方程假设挥发反应是单向的，挥发至真空室的元素不会返回熔体，挥发过程的动力学限制性环节是界面反应速率。Fukumoto等人证实Langmuir方程能够在电子束冷床熔炼条件下估算Ti-6Al-4V中铝的蒸发。Powell等人[214]利用Langmuir方程研究了不同扫描频率对CP Ti和Ti-6Al-4V成分变化的影响。

Akhonin等人以Langmuir方程为基础，建立了EB炉内的挥发热、动力学模型，描述了各种钛合金熔铸过程中的挥发现象，解释了铝从熔体向表面的扩散、表面的挥发反应和随后的挥发过程[226]。该模型假设低流体速度下熔池内存在高效扩散。为节约计算时间，该模型并未计算整个区域，而是将计算区域定义为熔体表面附近的薄边界层。边界层内扩散是主要的质量传递机制。铝的挥发损耗由Langmuir 方程计算，总的质量传递系数由不同阶段质量传递系数共同计算获得。

在 Langmuir 方程计算铝的理想挥发速率时，需获得 Ti-6Al-4V 中合金元素的活度系数。相较于使用试验测得的活度系数，Ivanchenko 等人[227]通过热力学理论对活度系数进行了理论计算。以该数据为基础的挥发理论预测结果与 Akhonin 等人的结果相符，发现铝与钛的蒸发比在定量上与 Powell 提出的实验结果一致。此外，为描述熔体内部的实际扩散过程，预测挥发对于熔池内部成分偏析的影响，Semiatin 等人[228]研究了熔体内的扩散系数计算公式，开发了有限和半无限域扩散模型，并与 Akhonin 及 Powell 所报道的浓度梯度进行了对比。

基于上述工作，Zhang 等人[229]开发了 Ti-6Al-4V 在电子束冷床熔炼熔铸过程中铝挥发机理的数学模型，将流程分为以下三个步骤：

（1）在平流辅助下，熔池中的铝扩散到液体/气体界面；

（2）使用 Langmuir 方程模拟液/气界面处的挥发反应；

（3）将气相从液态金属表面输送到真空室中。

该模型选用了 Semiatin 等人提出的扩散模型，并假设靠近液/气界面的边界层内的传质由扩散主导，远端熔体内则处于充分混匀状态。在中试规模的电子束冷床熔炼炉中进行了验证实验，计算出的总蒸发速率与模型结果处于同一数量级，原料铝含量（质量分数）为 7.3%，最终铸锭组成为 6.2%。结果表明，挥发过程是由扩散和挥发双重控制。

近年来，使用 Langmuir 方程建立钛合金挥发理论模型在国内也多有应用。2011 年，西北有色院使用 Langmuir 方程建立了 TC4 合金电子束冷床熔炼过程熔体中各元素饱和蒸气压的数学计算模型。利用该模型计算了 TC4 合金熔体中各元素的饱和蒸气压及其挥发速率[230-231]。宝鸡钛业用近似的理论计算方法，获得了电子束冷床炉单次熔炼 TA10 钛合金的元素挥发机制[232]。

2014 年，哈尔滨工业大学研究了激光束/电子束熔化 TC4 合金微熔池内的合金元素挥发，如图 1.14 所示[233]。热力学方面，利用 Miedema 二元溶液生成热模型和 Kolher 三元溶液模型计算出了 TC4 合金中各组元的活度系数和饱和蒸气压，结合 Langmuir 方程推导出了挥发刚开始时靠近合金熔体表面处挥发组元的浓度值；以此为基础，根据气体分子运动理论和分子自由程的思想建立了挥发组元在真空室内扩散的物理模型，并利用有限差分法建立了挥发组元扩散的差分方程，计算了不同温度、真空室压力及熔炼时间下真空室内挥发组元的浓度分布、挥发速率、挥发损失量、传质系数、质量分数曲线及扩散达到平衡状态所需的时间。其理论计算结果与图 1. 19 所示的 TC4 合金真空条件下的电子束熔炼实验结果相吻合，证明了挥发组元在真空室内的扩散满足菲克第二定律。

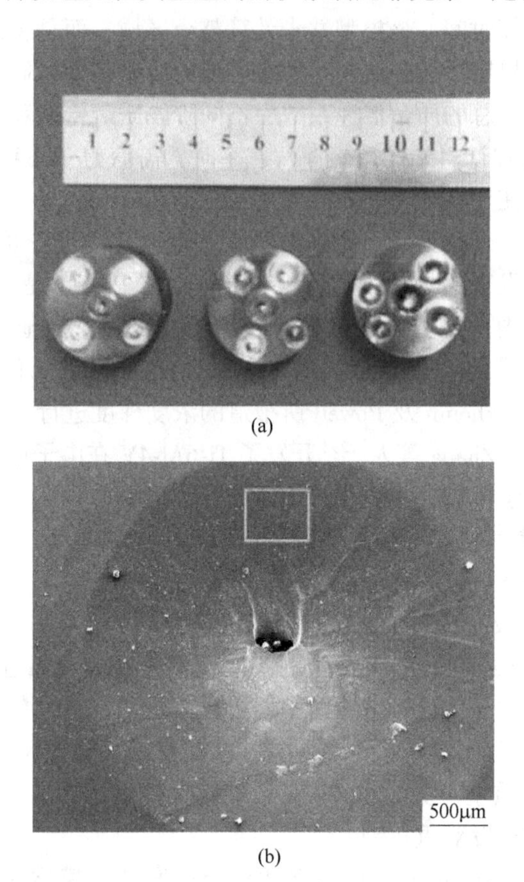

图 1. 19 电子束持续加热下的微熔池挥发实验
（a）试样及微熔池尺寸；（b）电子束击打部位的微观照片

目前，高温高真空条件下合金元素的挥发及成分均质化控制是高能束加热微熔池、增材制备及高能束焊接等领域的共性科学问题。数值模拟在上述领域的相关应用已经取得了一定成果。2014 年，加拿大英属哥伦比亚大学通过数值模拟的方式研究了高温高真空下 TC4 微熔池内的挥发对熔池传质的影响，预报了挥发影响下熔池内的合金元素分布情况，如图 1. 20（a）所示[234]。2017 年，德国 FAU 大学使用 Lattice Boltzmann 法建立了三维数值模型，研究了 Ti-48Al-2Cr-2Nb 合金在高能束增材制备过程中的熔池流体力学、热力学及多组元挥发过程[166]，如图 1. 20（b）所示。

然而，耦合浓度场的计算会极大增加方程迭代成本，目前少有大几何尺寸流-热-凝固/熔化-挥发多场耦合数值模型的相关报道。以实际冷床及结晶器为对象，建立 1∶1 的热流-凝固-挥发多场模型，将会极大推动大规格钛合金铸锭电子束冷床熔炼过程中的元素挥发及成分均匀化过程研究，为铸锭偏析抑制提供理论指导。

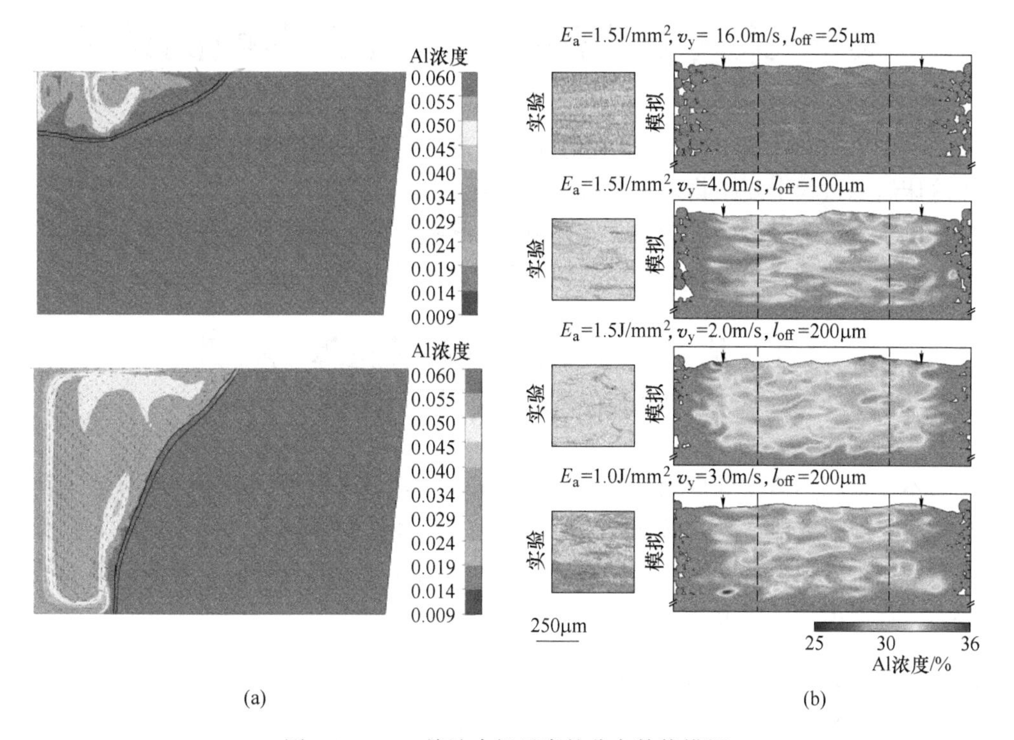

图 1.20 TC4 熔池中铝元素的分布数值模拟

（a）加拿大英属哥伦比亚大学微熔池；（b）德国 FAU 大学高能束增材制备

2 电子束冷床熔炼多场耦合模型的建立

利用 ProCAST 及 ANSYS 等数值软件所建立的多场耦合数值模型是揭示电子束冷床熔炼过程中复杂物理化学现象的重要工具。为阐明 TA1、TC4、TA10 等钛材在电子束熔炼过程中的传热、熔体流动、铸锭凝固、偏析形成等现象，本章建立了数个多场耦合模型，并对这些模型建立过程作介绍。

2.1 基于 ProCAST 的超长超薄 TA1 及 TC4 扁锭凝固过程模型

本节采用热焓法处理结晶潜热来建立宏观传热数学模型，对超长超薄 TA1 及 TC4 扁锭凝固过程的温度场进行数值求解。在凝固组织模拟中，为了能将宏观和微观模型很好地结合起来，采用 CAFE 耦合方法处理结晶过程中所释放的结晶潜热对宏观温度场的影响。

2.1.1 凝固过程宏观传热模型

电子束冷床熔铸钛及钛合金铸锭的半连铸凝固过程示意图如图 2.1 所示。铸锭凝固成型时的热量传输过程采用 Fourier-Kirchhoff 方程表示[25]：

$$c_p(T)\rho(T)\frac{\partial T}{\partial t} = \nabla\cdot(\lambda(T)\ \nabla T) + \dot{q} \tag{2.1}$$

$$\nabla = \frac{\partial}{\partial x}\boldsymbol{i} + \frac{\partial}{\partial y}\boldsymbol{j} + \frac{\partial}{\partial z}\boldsymbol{k}$$

式中，$\boldsymbol{i}$、$\boldsymbol{j}$、$\boldsymbol{k}$ 分别为 x、y、z 三坐标轴的单位矢量；c_p 为比定压热容；ρ 为 TA1 或 TC4 的钛合金密度；λ 为热导率，三者均为温度 T 的函数；$\dot{q}$ 为内热源（凝固潜热）。

当温度处于固-液两相区时[26]：

$$\dot{q} = \rho L\frac{\partial F_S}{\partial t} \tag{2.2}$$

式中，L 为凝固潜热；F_S 为钛及钛合金铸锭的固相率。

当温度高于液相线温度或低于固相线温度时，$\dot{q} = 0$。

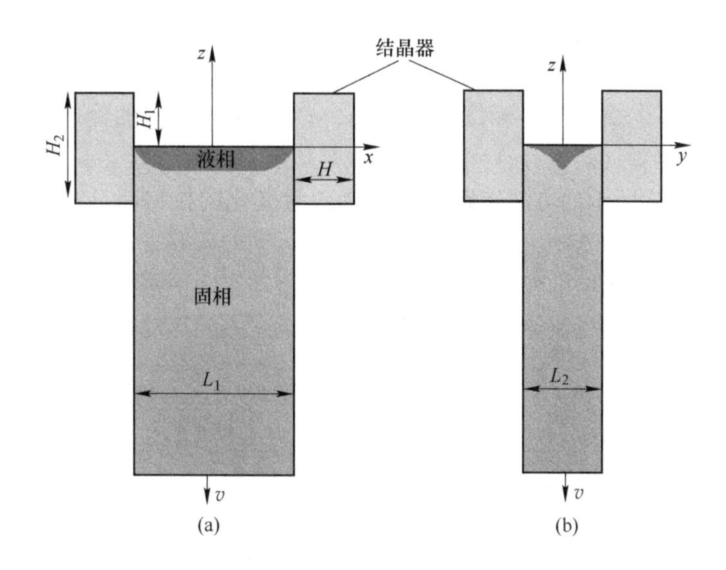

图 2.1 钛合金扁锭连铸凝固过程示意图
（a）扁锭宽面方向的纵截面；（b）扁锭窄面方向的纵截面

钛及钛合金铸锭凝固时的热焓满足如下方程[27]：

$$H(T) = \int_0^T c_p(T)\,\mathrm{d}t + L(1 - F_S) \tag{2.3}$$

对式（2.3）方程两边关于温度 T 进行求导后得到：

$$\frac{\partial H}{\partial T} = c_p(T) - L\frac{\partial F_S}{\partial T} \tag{2.4}$$

将方程式（2.4）和方程式（2.2）代入方程式（2.1）可得：

$$\rho(T)\frac{\partial H}{\partial t} = \nabla\cdot(\lambda(T)\ \nabla T) \tag{2.5}$$

除了钛及钛合金扁锭，在凝固过程中结晶器也发生了复杂的不稳定热传递，同样结晶器的热量传输过程采用非稳态导热偏微分方程表示：

$$c_{p_M}\rho_M\frac{\partial T_M}{\partial t} = \nabla\cdot(\lambda_M\ \nabla T_M) \tag{2.6}$$

式中，下标 M 为结晶器，各符号意义与方程式（2.1）中相同，c_{pM}、λ_M 分别为温度 T_M 的函数。

2.1.2 MiLE 非稳态算法及几何模型

为了能够模拟实现钛熔液实际初始凝固阶段，从而更直观有效地观察整个半连铸过程，采用混合拉格朗日和欧拉算法模拟 TA1 及 TC4 扁锭的凝固温度场。该非稳态算法又称为 MiLE 算法，是实现连续铸造过程的算法，通过在计算过程中生成一个可以随着时间推移而发展的域，从而实现连铸过程。

拉格朗日法和欧拉法是描述流体运动（连续介质变形）的两种方法。从某一起始时刻，每个质点的坐标位置（a、b、c）作为该质点的标志。任何时刻任意点在空间的位置（x、y、z）都可以看成是该质点坐标位置（a、b、c）和时间 t 的函数。图 2.2 所示的方式追踪该质点物理量变化的拉格朗日法是以研究单个流体质点运动过程为基础，然后综合所有质点运动的研究方法。而欧拉法是研究各个时刻质点在流场中的变化规律，通过观察流动空间中每个空间点上运动物理量随时间的变化，是以流体质点流经流场中各空间点的运动作为描述对象来研究流动的方法，如图 2.3 所示。

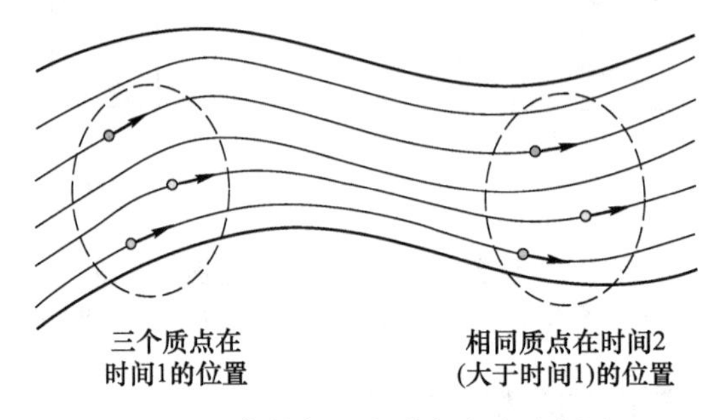

图 2.2　拉格朗日法质点追踪示意图

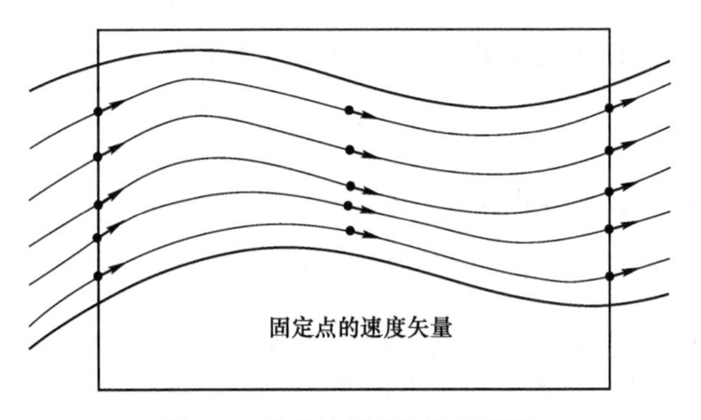

图 2.3　欧拉法质点追踪示意图

MiLE 方法是模型半连铸凝固过程最直观有效的方法，该方法将铸锭网格划分为上下两个部分，称为上游区和下游区，在连铸过程中，上游区保持不动，下游区随着拉锭头不断向下移动，从而实现中间折叠层网格的延伸，最后形成一个整体铸锭。如图 2.4 所示，铸件首先被分为两个部分（部分 1 和部分 2），连铸开始后，随着凝固的进行，铸件的下部分 2 向下移动（1 保持不变），为了保持部分 1 和部分 2 之间物理量的连续，必须要在部分 1 和部分 2 之间加入部分 3，而该部分在模型初始设置中用零折叠层来代替，具体设置由用户自定义来设定折叠层的层数及每层的厚度。在铸造过程中零折叠层不断在部分 1、部分 2 之间产生新的单元层，从而形成铸件的中间部分 3。随着凝固时间的完成，最终形成各物理量均连续的完整铸锭，从而实现了拉格朗日法和欧拉法的结合。图 2.5 所示为基于 MiLE 算法模拟半连铸过程的温度场变化，中间网格部分为所设置的折叠层拉伸部分。

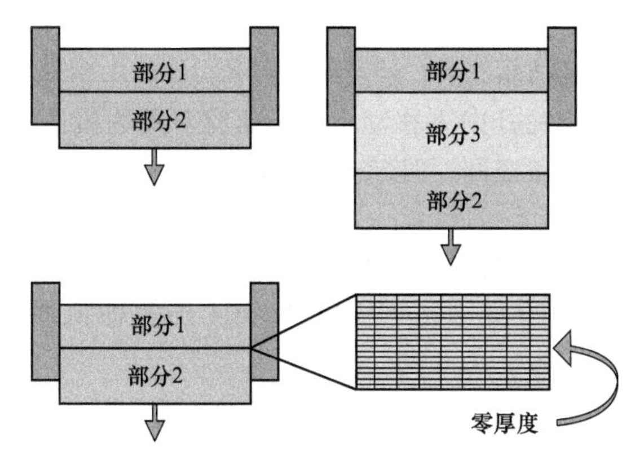

图 2.4 MiLE 算法的物理模型示意图

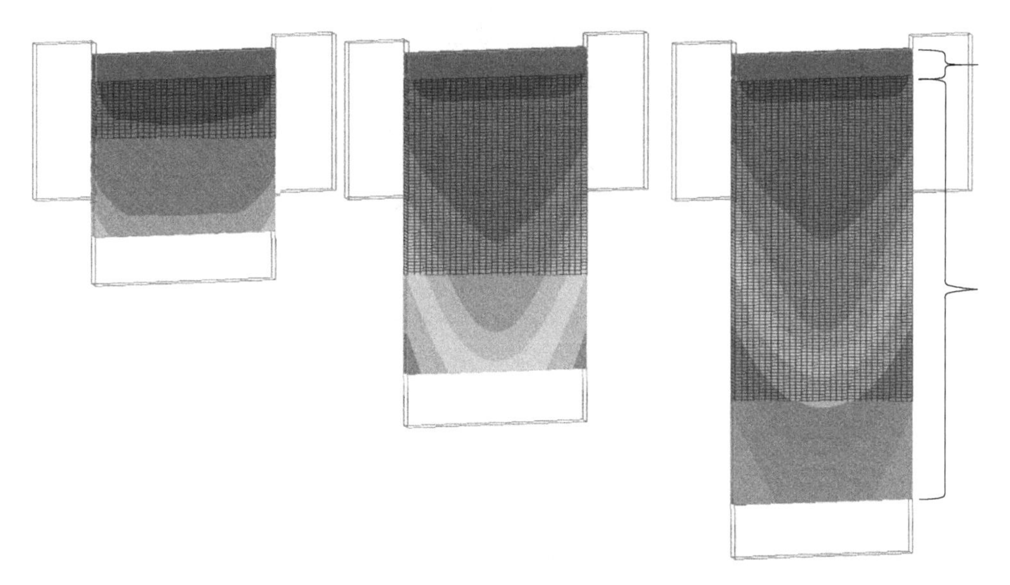

图 2.5 MiLE 算法模拟半连铸温度场分布

在一定的工艺条件下，TA1 及 TC4 电子束冷床炉熔铸扁锭的凝固过程是从非稳态到达稳态的变化过程，而最终达到稳态的温度场分布结果是唯一确定的。在本书中电子束冷床炉熔铸超长超薄 TA1 及 TC4 扁锭的凝固温度场模拟结果均采用 MiLE 数学模型进行求解，应用有限元数值计算方法将铸锭和结晶器的导热过程在空间和时间上进行离散化处理。在连续铸造凝固过程中保持小曲率的固-液界面和窄的糊状区是消除或降低大尺寸钛合金铸锭宏观偏析等缺陷的关键所在，也是联结宏观现象与微观组织结构关系的纽带[17,28]。因此在温度场求解结果分析中研究了固-液界面形貌随工艺参数的变化规律从而来优化实际生产工艺参数。

图 2.6 为 MiLE 算法模拟 TA1 及 TC4 扁锭温度场的三维几何模型与有限元网格划分。当钛液浇注到结晶器后，经过结晶器和拉锭杆中冷却水的作用形成一层稳定的坯壳，然后由拉锭杆向下移动。由于研究对象为凝固前沿的固-液界面，为了减小模拟时间及存储空间，对结晶器内部的 300mm 扁锭进行网格细化，而铸锭其余部分的网格划分较为粗大。其中结晶器的厚度为 75mm，根据实际生产可知，液面与溢流口距离保持在 10mm，那么铸锭液面距离结晶器上表面为 100mm。该规格的结晶器凝固出的 TA1 及 TC4 扁锭横截面尺寸为 1250mm × 210mm。

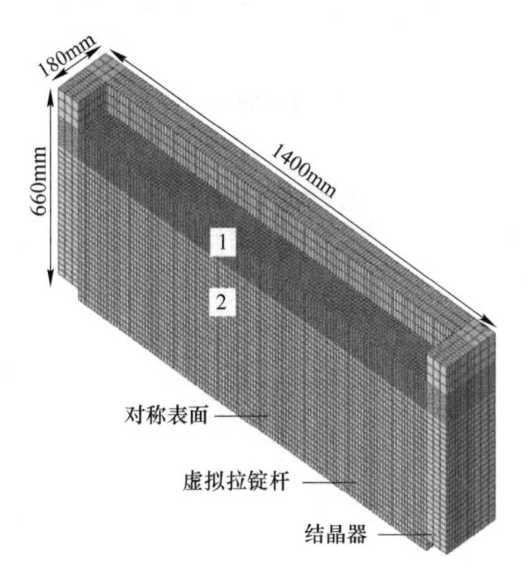

图 2.6　三维几何模型及其网格划分

1—图 2.4 中的部分 1；2—图 2.4 中的部分 2

2.1.3　凝固组织形成的 CA 模拟方法

在第 1 章中已经详细介绍了目前用于铸件凝固组织模拟的几种基本方法。其中确定性模型忽略了与结晶学相关的所有影响因素，没有考虑发生在型壁表面附近能够引起柱状晶生长的晶粒取向，因此该模型无法再现凝固过程中的枝晶生长及具体形貌。而随机性方法的另一种蒙特卡罗法（Monte Carlo）也没有考虑结晶学取向，缺乏生长动力学基础。对于相场法，虽然能定量的研究动力学效应、固-液界面曲率效应及各向异性对凝固组织形成的影响，但是，采用相场法模拟凝固组织通常只能模拟一个树枝晶的生长且计算量非常大，对于模拟本实验条件下的超长超薄钛扁锭，相场法数值模型求解方法的计算效率非常低。因此综合考虑下采用了 CA 法（cellular automaton）对凝固晶粒组织演变进行动态模拟，使晶粒形貌可视化。CA 法不仅以随机概念为基础，并且将现有的随机性和确定性方法的优点相结合，可以更准确地模拟凝固过程中的晶粒组织演化。

CA 法的基本思想是：在一个元胞自动机模型中，计算区域被自动均匀划分成一定数量的细小元胞，同时把计算时间离散化为一定间隔的步长。在微观时间步长前后，每个元胞的状态转变按一定的演变规则来决定，这种转变是随时间在体系各胞中同步进行的。因此一个胞的状态受其邻胞状态的影响，同时也影响着相邻元胞的状态，局部之间相互作用相互影响。通过这一规则变化而整合成一总体行为，以细小离散的元胞来考察复杂体系。

元胞自动机法模拟凝固组织的形成包括晶体的形核和生长两部分。形核过程是游动原子团在一定的过冷度下形成能够稳定存在的原子团簇的过程。液态金属形核以后，液体中的原子形成稳定的原子团簇，晶体不断长大，实现晶体生长。因此晶体的生长从原子角度讲是液相原子向晶体表面堆砌的过程，宏观上讲是固-液界面不断向液相推进的过程。

2.1.3.1 形核模型

在均质形核和非均质形核两种形核机理中，实际金属凝固主要是通过外来质点作为衬底所发生的非均质形核。在凝固组织模拟中非均质形核分为瞬时形核和连续形核两种。连续形核模型假设晶核密度连续地依赖于过冷度，形核过程在一定的温度范围连续完成。Rappaz 等人根据 Oldfield 理论提出的连续形核模型采用统计方法，认为形核率的变化与过冷度之间满足概率连续分布，强调形核行为发生在一系列连续分布（如高斯分布）的形核位置上。

在某给定的过冷度下，晶粒密度可以通过分布积分求得。因此，在一个时间步长 δT 内，随着温度的下降，过冷度增加 $\delta(\Delta T)(\delta(\Delta T) > 0)$，型壁和液体内部晶粒形核的密度 δn 可以用式（2.7）表示：

$$\begin{aligned}\delta n &= n[\Delta T + \delta(\Delta T)] - n(\Delta T) \\ &= \int_0^{\Delta T+\delta(\Delta T)} \frac{\mathrm{d}n}{\mathrm{d}(\Delta T)}\mathrm{d}(\Delta T)\end{aligned} \tag{2.7}$$

由于晶粒的生长减少了晶粒的形核位置，在宏观与微观全耦合的情况下考虑了固相率的影响，因此晶粒形核的密度修正为：

$$\delta n = \int_0^{\Delta T+\delta(\Delta T)} \frac{\mathrm{d}n}{\mathrm{d}(\Delta T)}[1 - f_s(\Delta T)]\mathrm{d}(\Delta T) \tag{2.8}$$

式中，f_s 为固相分数，被积分函数 $\mathrm{d}n/\mathrm{d}(\Delta T)$ 采用高斯分布函数来描述：

$$\frac{\mathrm{d}n}{\mathrm{d}(\Delta T)} = \frac{n_{\max}}{\sqrt{2\pi}\,\Delta T_{\sigma}}\exp\left[-\frac{1}{2}\left(\frac{\Delta T - \Delta T_{\max}}{\Delta T_{\sigma}}\right)^2\right] \tag{2.9}$$

式中，$\Delta T_{\max}$ 为平均形核过冷度；ΔT_{σ} 为标准方差；$n_{\max}$ 为这个分布从 0 到 ∞ 积分得到最大的形核密度。

在该模型中忽略了形核所需的时间，型壁或液体内部的过冷度一旦达到设定的面形核或体形核过冷度，晶核即瞬间出现。$\mathrm{d}n/\mathrm{d}(\Delta T)$ 相对于过冷度呈正态分布，因此晶粒密度随着过冷度的增大以“慢—快—慢”的趋势连续增大。当过冷度足够大时，晶粒密度可达到最大形核密度 $n_{\max}$。图 2.7 所示为型壁和熔体内的晶粒非均匀形核分布曲线（其中，下标 s 和 v 分别表示在型壁和熔体内的形核参数）。

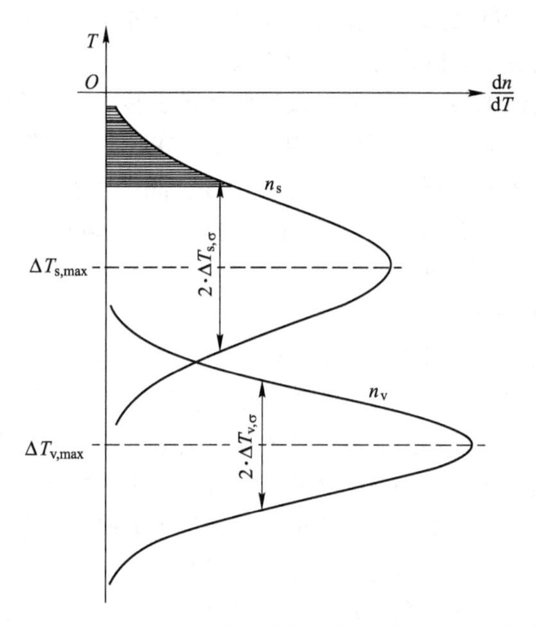

图 2.7　型壁和熔体内的晶粒非均匀形核分布曲线

当过冷度低于形核所需的过冷度时，可以通过式（2.10）和式（2.11）分别计算出型壁和熔体内部形核概率 p_s 与 p_v。这时每个有可能成为核心的元胞被分配一个随机数 $r(0 \leqslant r < 1)$，如果在型壁上或在熔体内某些元胞满足 $r \leqslant p_s$ 或 $r \leqslant p_v$，这些元胞将在型壁表面或熔体内部成核。成为核心的元胞将随机赋予一结晶取向，且由液态转变成固态。

$$p_s = \left[\int_{\Delta T}^{\Delta T+\delta(\Delta T)} \frac{\mathrm{d}n_s}{\mathrm{d}(\Delta T)}\mathrm{d}(\Delta T)\right] \times S \tag{2.10}$$

$$p_v = \left[\int_{\Delta T}^{\Delta T+\delta(\Delta T)} \frac{\mathrm{d}n_v}{\mathrm{d}(\Delta T)}\mathrm{d}(\Delta T)\right] \times V \tag{2.11}$$

式中，S、V 分别为型壁表面积和熔体体积。

2.1.3.2 生长模型

新形成的晶核在整个 CA 元胞内随机分布。CA 元胞的划分是在有限元网格内自动细分了 $n \times n$ 个正方形网格。CA 元胞形核后，会按照一定的规律生长，已凝固元胞会捕捉近邻元胞，即上下左右 4 个最邻近元胞[239-242]。元胞自动机算法的某元胞生长示意图如图 2.8 所示。

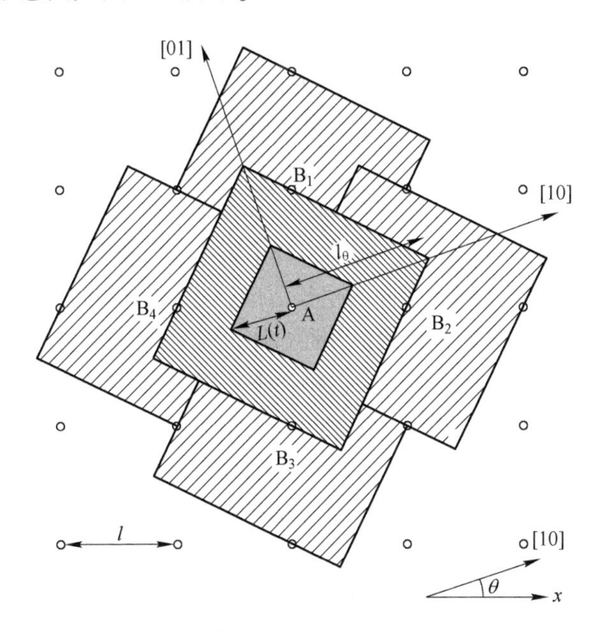

图 2.8 元胞自动机算法的某元胞生长示意图

图中 A 是网格单元的一个形核节点，它在某一时刻 t_N 结晶形核。晶粒的最大生长方向与 x 轴的夹角为 θ 。在 t 时刻，晶粒的半径即图中的黑色阴影部分的半对角线长 $L(t)$ 为枝晶尖端长大速度 v 在整个时间段上的积分，即：

$$L(t) = \int_{t_N}^{t} v \cdot [\Delta T(t')] \mathrm{d}t' \tag{2.12}$$

式（2.12）中凝固过程枝晶尖端过冷度 ΔT 由 4 部分组成：

$$\Delta T = \Delta T_c + \Delta T_t + \Delta T_r + \Delta T_k \tag{2.13}$$

式中，ΔT_c、ΔT_t、ΔT_r 和 ΔT_k 分别为溶质扩散引起的成分过冷度、热力学过冷度、固液界面引起的曲率过冷度和动力学过冷度。

在枝晶生长过程中，由于枝晶尖端液相溶质的富集，成分过冷发生变化，导致枝晶尖端生长速率也随之改变。过冷度主要取决于枝晶尖端的溶质过冷程度。除非是快速凝固，在通常凝固条件下，与成分过冷相比其他三项过冷都非常小，常被忽略不计。因此可以近似有 $\Delta T = \Delta T_c$ ，而 ΔT_c 可由式（2.14）计算：

$$\Delta T_c = m(c_0 - c_1^*) \tag{2.14}$$

式中，m 为液相线斜率；c_0 为合金初始浓度；c_1^* 为枝晶尖端处液相浓度。

CA 元胞有液态、生长和固态三种状态。一个固态元胞将捕获其周围温度小于液相线温度的液态元胞，并将其状态从液态变为生长。为此生长元胞取一随机数 $r(0 \leqslant r < 1)$，如果该随机数小于该固态元胞向近邻元胞捕获概率，则这个元胞将被捕获，同时转化为固态。因此需要计算元胞被捕获概率。由图 2.8 可以看出，在 t_B 时刻，由固态元胞 A 节点形核长大的四方形晶粒接触到 4 个相邻单元 B_1、B_2、B_3、B_4。这时晶粒半对角线长为 $l_\theta = l(\cos\theta + |\sin\theta|)$（其中，$l$ 为 CA 网格单元间距）。那么 A 节点捕获近邻元胞的捕获概率为：

$$p_v = \frac{L(t)}{l(\cos\theta + |\sin\theta|)} \tag{2.15}$$

CA 模型规定此时单元 $B_1 \sim B_4$ 凝固，其中索引值 r 被赋予一个与捕获的原始节点 A 相同的整数，因为具有相同的生长取向，这个整数就代表了形核晶粒的优先生长方向。这样晶核就开始长大，并通过不断捕获周围的液态单元而成为最终的晶粒。B 的 4 个单元节点继续长大，将在下一时刻捕获 C 的 8 个节点，以此类推。但在晶粒长大过程中，这种晶粒生长的模拟方法在模拟每一次生长时只考虑了某一元胞生长捕获最邻近元胞的方向，很明显这种方法会使模拟的晶粒失去原有的择优方向，这就要求在每一步模拟中还要对枝晶长大方向进行校正，在每个时间步长和每个枝晶尖端都要实时补上一个三角形，从而使模拟结果不会因所选择的元胞形状改变而改变，还可以保持不同晶粒不同的择优生长方向[243]。由式（2.12）可知，元胞向近邻元胞的生长长度根据枝晶尖端长大的速率 $v(\Delta T)$ 来计算。被积分函数 $v(\Delta T)$ 在本节采用 KGT 模型来计算枝晶尖端生长速率。宏观计算中无论是只考虑热量传递还是求解连续性方程，最后都会归结到以温度的改变来控制组织的形成，即模拟过程中形核时所需的过冷为液相线温度与单元温度的差值，而用 KGT 模型计算生长时，不需要直接求解枝晶尖端溶质扩散方程，在已知枝晶尖端温度的基础上，就可以计算生长速度[159]。

Kurz、Giovanola、Trived[244]三人基于界面稳定性理论研究枝晶尖端的溶质平衡，建立了以之命名的 KGT 模型，给出溶质过饱和度 Ω 和枝晶尖端半径 R 及枝晶尖端生长速度 $v(\Delta T)$ 与界面前沿过冷度 ΔT 的关系，见式（2.16）~式（2.20）：

$$\Omega = \frac{c^* - c_0}{c^*(1-k)} = Iv(Pe) = Pe \cdot \exp(Pe) \cdot \int_{Pe}^{\infty} \frac{\exp(-Z)}{Z} \mathrm{d}Z \tag{2.16}$$

$$R = 2\pi \sqrt{\frac{\Gamma}{mG_c\xi_c - G}} \tag{2.17}$$

其中：
$$Pe = \frac{Rv}{2D} \tag{2.18}$$

$$G_c = \frac{vc_0(1-k)}{D_L[1-(1-k)\Omega]} \tag{2.19}$$

$$\xi_c = 1 - \frac{2k}{[1+(2\pi/Pe)]^{1/2} - 1 + 2k} \tag{2.20}$$

式中，c^*为溶质的质量分数；c_0为初始浓度；Γ为Gibbs-Thompson系数；R为枝晶尖端半径；G_c为枝晶前沿液相中的溶质浓度梯度；G为温度梯度；$Iv(Pe)$为Peclet数的Ivantsov函数；Pe为Peclet数；ξ_c为Pe的函数，低生长速度时$\xi_c=1$；D为液相内的溶质扩散系数；v为枝晶尖端生长速度；k为溶质分配系数。

过冷度ΔT_c与溶质过饱和度Ω之间存在如下关系：

$$\Delta T = \Delta T_c = mc_0\left[1 - \frac{1}{1-\Omega(1-k)}\right] \tag{2.21}$$

联立以上各式，可得枝晶尖端生长速度$v(\Delta T)$与过冷度ΔT之间的关系式为：

$$v(\Delta T) = \alpha\Delta T^2 + \beta\Delta T^3 \tag{2.22}$$

$$\left.\begin{aligned} \alpha &= \frac{2k\Gamma(1-k) - \rho D^2}{2kmc_0\pi^2\Gamma(1-k)^2} \\ \beta &= \frac{D}{\pi\Gamma(mc_0)^2(1-k)} \end{aligned}\right\} \tag{2.23}$$

式中，α、β为生长动力学系数，是与合金相关的常数。

2.1.3.3 宏观与微观耦合计算模型

对于超长超薄铸锭来说，整体计算微观组织需要大量的存储空间。本节采用动态存储的方法耦合宏微观算法，减少模拟计算量，提高凝固组织模拟的计算效率。其中较大的有限元网格来计算宏观热传输，细小均匀的元胞来计算晶粒生长。为了使宏微观计算能够很好地耦合，用有限元法计算温度场后需要进行温度插值求出各元胞节点的温度，然后根据插值得到的温度进行晶粒形核和生长的计算，同时将形核和生长过程中释放的结晶潜热再反馈回有限元宏观温度场计算。

如图2.9所示，首先采用较为粗大的有限元大网格单元（粉色四面体网格）、较大的时间步数来进行宏观温度场的模拟，再在温度场的基础上，将大网格单元进行均匀细分，每个大网格又被分成了若干小网格（黑色六面体网格），用来模拟计算晶粒生长，其中黑色实线网格是为了使有限元单元与元胞建立关系自动分配的区块，黑色虚线方框为用户自定义的微观组织计算域。

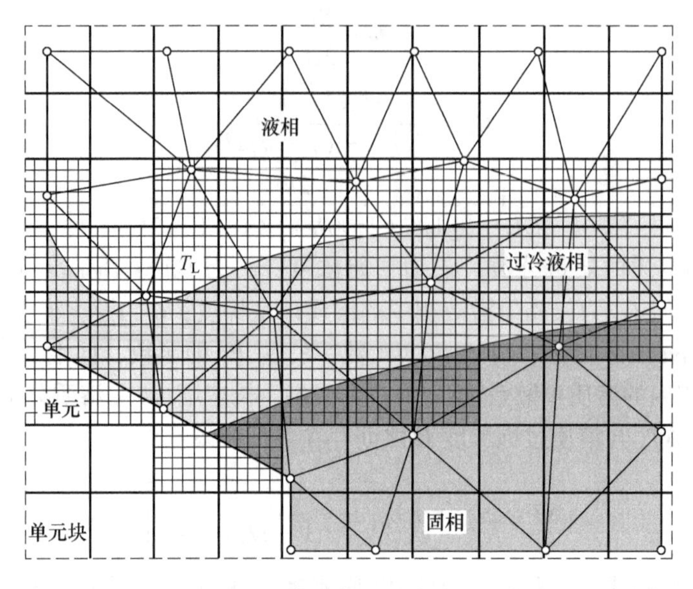

图 2.9　CAFE 耦合模型动态分配示意图

为了能将宏观和微观计算模型很好地结合起来，需要找到宏微观两者之间联系的纽带。而在凝固过程中固相分数的变化与宏微观变化都有着重要的联系，在晶粒不断形核长大过程中，固相分数不断增加，并且固相分数的增加又会释放出结晶潜热，从而影响到温度场的变化。因此该模型中需要对元胞的固相分数变化进行计算。

在微观计算时元胞固相分数的计算方法需要从不同情况考虑：

(1) 当一个元胞刚凝固完成，在一个微观时间步长内元胞仍保持在液相或元胞的初始温度在固相线以下，那么 $\delta f_{s,v} = 0$。

(2) 当元胞状态转变为糊状的时候，在微观时间步长内液态元胞的状态指数转变为非零整数，即开始形核或生长，固相分数的增长由式 (2.24) 计算：

$$\delta f_{s,v} = 1 - \left(\frac{T_v^t - T_m}{T_L - T_m}\right)^{1/k-1} \tag{2.24}$$

式中，T_v^t 为元胞实际温度；T_L、T_m 分别为钛及钛合金的液相线温度和熔点；k 为溶质分配系数。

(3) 当糊状元胞继续凝固的时候，即该元胞状态指数为非零整数，固相分数 $f_{s,v}^t$ 根据 Scheil 方程计算：

$$\delta f_{s,v} = \frac{-\delta H_v}{\rho c_p(T_L - T_m)(k-2)(1-f_{s,v}^t)^{k-2} + L} \tag{2.25}$$

式中，ρc_p 为体积热容；L 为熔化潜热；δH_v 为元胞的焓变，可由有限元节点的焓变插值计算。

（4）当元胞温度达到共晶温度 T_E 时，维持在该温度一直到凝固结束，那么固相分数的增长为：

$$\delta f_{s,\ v} = \frac{-\delta H_v}{L} \tag{2.26}$$

计算了微观元胞固相分数的增加就可实现宏观和微观的耦合。在宏观计算中有限元方法基于线性隐式热焓法求解热流。具体的宏观和微观耦合计算方法如下：

（1）在任意时间 t 内，已知有限元节点 n 的温度 T_n^t，可以通过线性化方法计算在一个宏观时间步长 Δt 内热焓的变化 ΔH_n。

（2）宏观时间步长 Δt 被分为若干微观时间步长 δt，那么有限元节点 n 在一个微观时间步长 δt 内的焓变 δH_n 可以线性表示为：

$$\delta H_n = \frac{\delta t}{\Delta t} \Delta H_n \tag{2.27}$$

（3）对于温度在液相线以上或固相线以下的有限元节点，更新后的温度为 $T_n^{t+\Delta t}$，新的热焓为 $H_n^{t+\Delta t} = H_n^t + \Delta H_n$。

（4）对于温度在凝固区间的有限元节点，在一个微观时间步长内，应用能量平衡焓变满足式（2.28）~式（2.30）：

$$\delta H_n = \rho c_p \delta T_n - L\delta f_{s,\ n} \tag{2.28}$$

$$\delta T_n = T_n^{t+\delta t} - T_n^t \tag{2.29}$$

$$\delta f_{s,\ n} = \frac{\sum_v \phi_n(x_v)\delta f_{s,\ v}}{\sum_v \phi_n(x_v)} \tag{2.30}$$

式中，$\phi_n(x_v)$ 为元胞中心位置 x_v 的形状函数。

将固相分数的增长 $\delta f_{s,\ n}$ 代入式（2.28）和式（2.29）即可计算出每个微观时间步长内有限元新的温度值为 $T_n^{t_m+\delta t} = T_n^{t_m} + \delta T_n$。

（5）更新了宏观时间 Δt 尾端的温度值 $T_n^{t+\Delta t}$ 以及固相分数 $f_{s,n}^{t+\Delta t}$ 重新返回上述步骤，开始下一个宏观时间 Δt 的计算，依次类推反复进行。

采用这种动态耦合算法可以大大减小宏微观耦合模拟过程的计算量，比较适用于大尺寸铸锭的模拟计算，因此，本书采用有限元法（FE）和元胞自动机法（CA）相耦合的 CAFE 法对超长超薄 TA1 及 TC4 扁锭的凝固过程进行微观组织模拟。

2.1.3.4 CAFE 法有限元网格划分

图 2.10 所示为 CAFE 计算微观组织的几何模型及试样的选取位置。考虑到模型的对称性，仅选取扁锭几何体的一半作为研究对象（625mm×210mm×

8000mm)。为了提高计算精度而又不增加计算量，钛及钛合金扁锭的面网格尺寸为 10mm，结晶器的面网格划分为 15mm，然后由面网格拖拽拉伸生成体网格。最终有限元体网格的数量为 1315867。由于拉格朗日非稳态算法既可以应用于 FE 运算也可以应用于 CA 运算[205]，因此结晶器与扁锭的换热条件需要沿着固定的扁锭外侧转变。在钛及钛合金电子束冷床炉熔铸的半连铸凝固过程中，微观组织的模拟是非稳态过程模拟，本书采用边界移动法，其整体思想为：整个半连铸过程的实现是以结晶器和空冷区的相对移动来实现的，即保持扁锭不动，而结晶器以拉锭速度向上移动，从而实现了扁锭相对向下拉出过程的模拟。

如图 2.10 所示，结晶器的初始位置在扁锭的底部，v 是向上移动的速度即与实际拉锭速度一致。选取试样的位置定义为微观组织的计算区域。选取了不同横截面的试样进行 CAFE 模拟计算，分别为距离扁锭底部 100mm、200mm、600mm、800mm 和 1000mm 位置的横截面，并与相同位置处的实验结果进行对比。试样横截面尺寸为 40mm×210mm。如果模拟扁锭的整个横截面，为了防止计算内存溢出，计算区域仅选取距离扁锭底部不同位置的三层网格。微观组织模拟计算区域有限元网格自动划分为细小规整的正方形元胞，边距为 200μm。

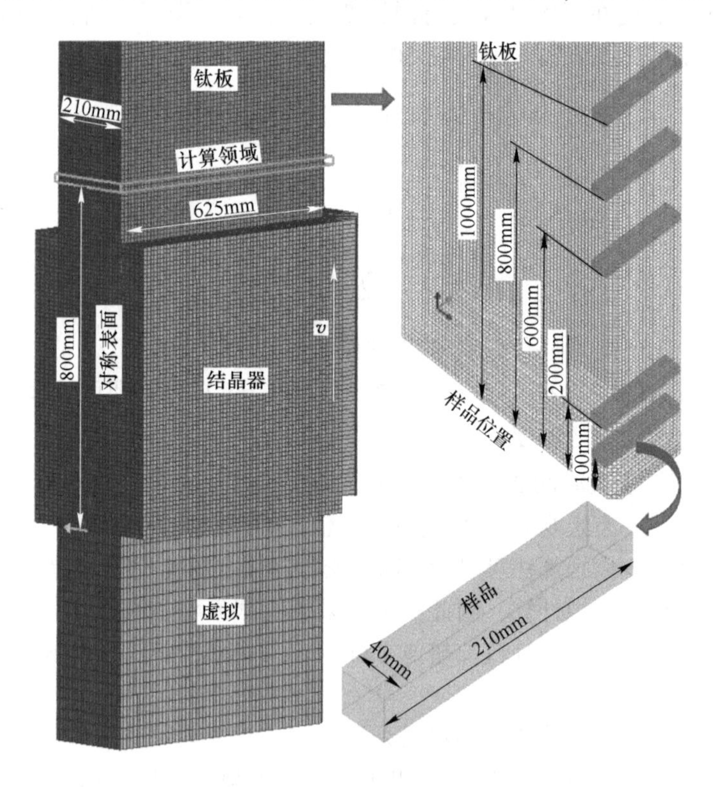

图 2.10　有限元模型及试样选取位置

2.1.4 模型的边界条件

为了对以上模型进行求解，不仅需要几何模型还需要设定初始条件和边界条件。UBC 大学在建立电子束冷床炉熔铸 TC4 铸锭数学模型的研究表明，在凝固过程中结晶器上方的电子束输入能量几乎与液面上表面辐射的能量保持平衡[227]。因此 4 号电子枪的能量输入仅是维持液面温度不变并不增加液体的温度。那么钛液在结晶器内开始凝固的温度即为溢流口流入的初始温度，在本书中称为电子束冷床炉凝固 TA1 及 TC4 扁锭的浇注温度。

在电子束冷床的半连续凝固过程中主要涉及的传热方式有：不同材料之间的热传导、被拉出铸锭部分与气体之间的热传导、坯壳与气隙之间的热辐射和冷却水与结晶器和拉锭杆之间的热对流。根据图 2.1 所示，扁锭的不同位置边界条件设置如下：

（1）当在结晶器外侧进行水冷时，即 $H_1 - H_2 < z < H_1$、$x = \pm(L_1/2 + H)$ 或 $y = \pm(L_2/2 + H)$ 时：

$$-\lambda_M \boldsymbol{n} \cdot \nabla T_M = h_0(T_M - T_0) \tag{2.31}$$

式中，$\boldsymbol{n}$ 为边界处外法线单位向量；h_0 为换热系数，$h_0 = 5000\text{W}/(\text{m}^2 \cdot \text{K})$；另外扁锭底部与拉锭杆的换热系数为 $5000\text{W}/(\text{m}^2 \cdot \text{K})$；$T_0$ 为水流温度，$T_0 = 288\text{K}$，其中水冷结晶器和拉锭杆的初始温度设定为 293K。

（2）当在结晶器内与扁锭的界面处时，即 $H_1 - H_2 \leqslant z \leqslant 0$，$x = \pm L_1/2$ 或 $y = \pm L_2/2$ 时：

$$-\boldsymbol{n} \cdot (\lambda \nabla T - \lambda_M \nabla T_M) = h_t(T - T_M) \tag{2.32}$$

式中，T 为需要计算的扁锭的温度；h_t 为扁锭与水冷结晶器和拉锭杆的热交换系数。

由于扁锭的凝固收缩使得扁锭与结晶器之间的接触不是完全的，相互间的接触情况也在不断地变化。研究发现，钛扁锭在固相线温度为 50K 左右时，扁锭与结晶器之间会形成气隙[245]。因此扁锭与结晶器之间的换热系数设定为与扁锭表面温度有关的函数，以此来实现在实际凝固中结晶器内部热流传输机制的变化情况。对于超长超薄 TA1 扁锭，在 ProCAST 软件材料数据库中计算得到的液相线温度 T_l 和固相线温度 T_s 分别为 1941K 和 1921K。

当 $T > T_l$ 时，即在凝固弯月面区域，钛扁锭的熔液与结晶器内表面很好的接触即为常见介质的金属与金属间的换热，$h_t = 1500\text{W}/(\text{m}^2 \cdot \text{K})$；

随着熔体温度的降低钛扁锭开始凝固，当 $T_l > T > T_s$ 时，假定换热系数 h_t 随着钛扁锭的温度线性降低，如从液相线温度到固相线温度由 $1500\text{W}/(\text{m}^2 \cdot \text{K})$ 降低到 $1000\text{W}/(\text{m}^2 \cdot \text{K})$，这是由于扁锭外表面与结晶器的接触导热在逐渐减少，一旦固体薄壳形成，钛扁锭的外侧开始从结晶器内壁上分离；当 $T_s > T > T_s - 50K$ 时，即扁锭温度降低到固相线温度 50K 以下时，气隙就在界面间逐渐形成，假定换热系数 h_t 从 1000W/(m² · K) 到 220W/(m² · K) 线性降低；当 $T < T_s - 50K$ 时，结晶器与钛扁锭之间的气隙已完全形成，这时在传热模型中辐射换热占主导作用，换热系数 h_t 近似为 $h_t = \sigma\varepsilon(T^2 + T_M^2)(T + T_M)$，其中，有效发射率 $\varepsilon = 0.4$，Stefan-Boltzman 常数 $\sigma = 5.67 \times 10^{-8} W/(m^2 \cdot K^4)$。对于 TC4 钛合金扁锭，液相线和固相线温度分别为 1923K 和 1873K，气隙形成温度区间改变，其余边界条件设置与 TA1 钛扁锭一致。

实现以上具体边界条件的自定义函数编程思路如下：在前处理设置中，需要对整个扁锭外表面设置 Heat，Heat 则通过该自定义函数来实现。在凝固起始的前 600s（即实际熔铸开始拉锭前 10min），结晶器位置在扁锭底部不移动，此时与扁锭接触的冷却换热为结晶器部分，结晶器高度为 0.66m，而后续拉锭过程中与扁锭接触的冷却换热为空冷部分，该长度为 Z_air_cooling，整个半连续铸造的扁锭长度为 Z_cast=Z_air_cooling+0.66。定义冷却边界条件变换的前沿位置为 Z_air_cooling，该参数与时间有关，即 Z_air_cooling = pulling_speed *（time-600）。处于哪个冷却区间是根据前沿位置 Z_air_cooling 来确定的，然后就可以定义结晶器内部和结晶器外部空冷部分两个不同区间的换热系数 h。函数中 z_coor 为本身扁锭处于 z 轴的位置，其中 z 轴坐标原点在扁锭底部，如图 2.10 所示。当 z_coor<Z_cast 且 z_coor<Z_air_cooling 时，换热方式即为扁锭与结晶器外部的环境接触并且与环境温度进行辐射换热；当 z_coor<Z_cast 且 z_coor>Z_air_cooling 时，换热方式为扁锭与结晶器内部接触，即根据熔体的温度分为不同的阶段，如图 2.11 所示。通过这样就实现了对冷却边界区间换热系数的定义。随着

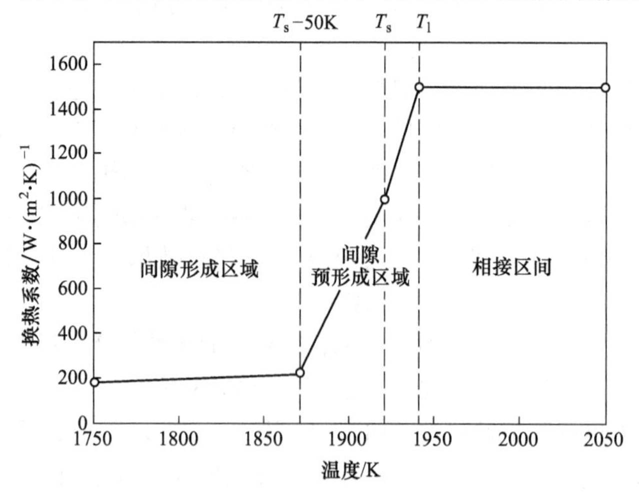

图 2.11 结晶器冷却区域传热系数随着温度的变化

冷却边界条件的推移，以前的结晶器区域会逐渐赋予空冷部分的换热条件，因此整个铸锭的冷却过程是叠加的，是非稳态过程，最终将会达到稳态。

（3）在结晶器外的钛及钛合金扁锭的侧表面处为空冷，即当 $z < H_1 - H_2$，$x = \pm L_1/2$，或 $y = \pm L_2/2$ 时：

$$-\lambda \boldsymbol{n} \cdot \nabla T = h_1(T - T_1) \tag{2.33}$$

高温外表面辐射换热是主要换热方式，周围环境温度 $T_1 = 1073\mathrm{K}$。

对于 TA1 及 TC4 的物性参数随温度变化如图 2.12 和图 2.13 所示。在结晶过程中，扁锭通过水冷结晶器不断带走热量，本计算模拟中结晶器的材料为铜，密度 $\rho_M = 8360.5\mathrm{kg/m^3}$，水冷铜结晶器的比等压热容和热导率随时间的变化如图 2.14 所示。

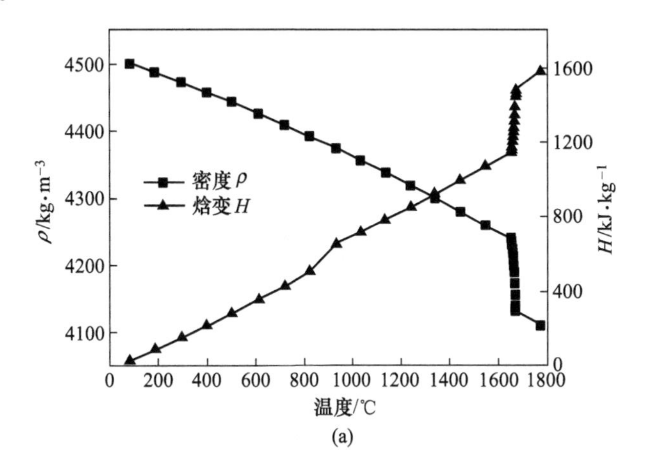

(a)

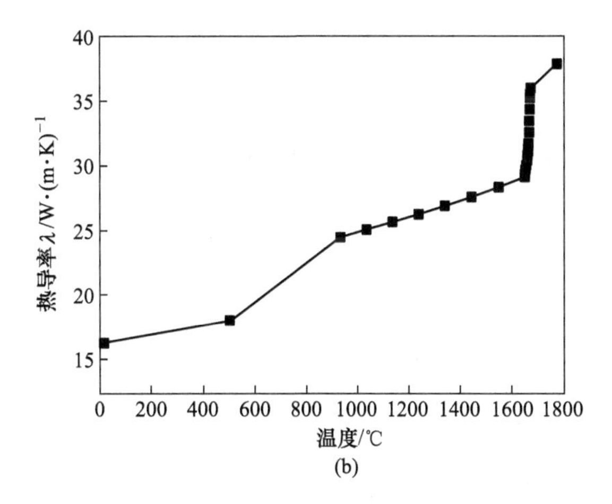

(b)

图 2.12 TA1 纯钛的物性参数随温度的变化关系

（a）密度和焓变；（b）热导率

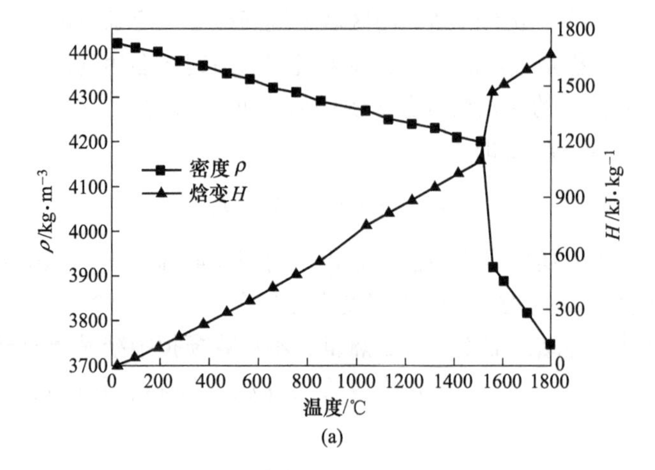

(a)

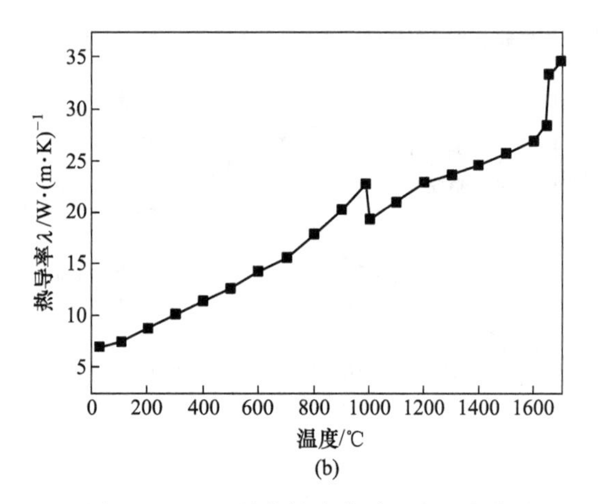

(b)

图 2.13　TC4 的物性参数随温度的变化关系

(a) 密度和焓变；(b) 热导率

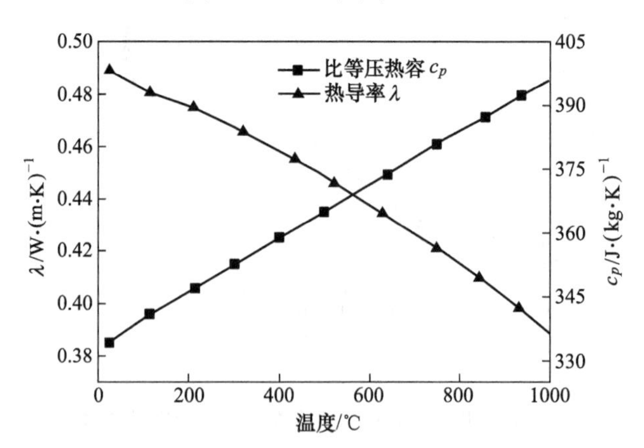

图 2.14　铜的物性参数随温度的变化关系

2.1.5 模型的验证实验

2.1.5.1 实验过程

为验证所介绍的模型，通过多次不同的电子束冷床炉熔铸实验，摸索、研究出一套适合电子束冷床炉熔铸大型铸锭的典型熔炼工艺，其中包含了预热、熔炼、补缩、冷却四大部分内容。预热是做电子束冷床炉熔铸前的准备工作，将电子束冷床炉调整到满足正常熔炼的状态；熔炼是将电子枪功率、扫描图形、熔炼速度、真空度等参数设置到工艺要求的范围，进行铸锭的熔化、再结晶；补缩是熔炼的收尾，主要起到消除铸锭尾部缺陷的作用；冷却是将熔炼后的铸锭进行完全凝固的工作。四个部分缺一不可，相互组成一套完整的电子束冷床炉熔炼体系。

A 组料

根据所需熔炼的钛锭牌号和质量，从各批次海绵钛中依据原料质保书，挑选成分相近的批次进行组料，应按进厂先后顺序组料。原则上挑选同一厂家、同一批次、同一级别的海绵钛，氧、铁、氮、碳含量应尽可能一致，最大偏差不大于0.02%，尾料、余料保存期超过3个月时，必须取样进行分析，再次判定海绵钛等级。如果生产合金锭，需要根据所需熔炼的合金成分设定熔炼名义成分，将海绵钛和各合金料装进布料系统各料箱中，然后称量压块。实验生产TA1钛扁锭的原材料只需要海绵钛，使用的海绵钛产品等级为2级和3级。常用各级别海绵钛的化学成分要求见表2.1。

表2.1 海绵钛的化学成分 (%)

产品等级	产品牌号	化学成分									
		Ti	杂质								
			Fe	Si	Cl	C	N	O	Mn	Mg	H
0_A级	MHT-95	≥99.8	≤0.03	≤0.01	≤0.06	≤0.01	≤0.01	≤0.05	≤0.01	≤0.01	≤0.003
0级	MHT-100	≥99.7	≤0.05	≤0.02	≤0.06	≤0.02	≤0.01	≤0.06	≤0.01	≤0.02	≤0.003
1级	MHT-110	≥99.6	≤0.08	≤0.02	≤0.08	≤0.02	≤0.02	≤0.08	≤0.01	≤0.03	≤0.005
2级	MHT-125	≥99.5	≤0.12	≤0.03	≤0.10	≤0.03	≤0.03	≤0.10	≤0.02	≤0.04	≤0.005
3级	MHT-140	≥99.3	≤0.20	≤0.03	≤0.15	≤0.03	≤0.04	≤0.15	≤0.02	≤0.06	≤0.010
4级	MHT-160	≥99.1	≤0.30	≤0.04	≤0.15	≤0.04	≤0.05	≤0.20	≤0.03	≤0.09	≤0.012
5级	MHT-200	≥98.5	≤0.40	≤0.06	≤0.30	≤0.05	≤0.10	≤0.30	≤0.08	≤0.15	≤0.030

在熔铸要求较高的钛锭（如板式换热器用钛锭）时不同批号的海绵钛须经混料设备混匀后，在150℃保温2h烘烤后才可进行加料。对于不同批号的海绵钛

应采用交替形式加入，如 A 批号加入一桶→再加 B 批号一桶→再加 C 批号一桶→再次加入 A 批号一桶如此循环，然后再利用阿基米德螺旋筒内置螺旋线在进料的时候搅拌，并通过振动加料器进行送料，如此便可保障整体物料的均匀分布。

B　预热

依次开启真空系统的机械泵、罗茨泵和主熔炼室的扩散泵进行初抽，当熔炼室的真空度达 0.9Pa 以下时，开启 1 号、2 号、3 号、4 号电子枪的分子旋叶泵对枪腔进行初抽，初抽过程中对电子枪上的上下扩散泵分别预热 10min 和 12min，预热结束后，开启扩散泵对电子枪进行二次抽空，使电子枪达到高真空状态（真空度达 0.01Pa 以下），确保电子枪后续正常稳定工作。

从低功率（50kW）和低电压（25kV）开始起步设定电子枪的功率及电压，并打开氩气供气开关和电子枪进气控制开关调节进气量，使电子束成形良好；当确认所有电子束扫描范围均处于安全范围内，关闭氩气总开关进行预热，预热过程中采用单枪间隙预热，只将该枪负责位置上的海绵钛或冷凝壳完全熔化即可。在建壳过程中，采用先化中间后两边的形式，以保证可以清晰看到熔炼冷床与精炼冷床的电子束是否一直居中，方便建壳及初步判断电子束稳定性能。

C　熔炼

打开电子枪控制软件，开启 1 号、2 号、3 号电子枪，待电子束扫描冷凝壳的位置完全熔化直至熔炼冷床与精炼冷床连成流通道后，将振动进料器口伸至主熔炼冷床采用小批量、多批次的进料方式，避免大堆原料在熔炼冷床堆积。

当原料加入熔炼冷床时，1 号、2 号电子枪功率与拉锭速度即时匹配；当钛液流经精炼冷床与拉晶坩埚间的溢流口并开始流入拉晶坩埚时，开启 3 号电子枪的溢流图形并调整至最佳位置，正常熔炼过程中，3 号电子枪功率为(420±10)kW，在熔炼过程中可以测量该电子枪功率下溢流口处的熔体温度。

当钛液流进拉晶坩埚时，开启 4 号电子枪的保温图形，确保铸锭头部质量，当钛液完全铺满拉晶坩埚底部时，开启 4 号电子枪的枪溢流图形并贴近溢流侧。正常熔炼过程中（锭长 100~8400mm），4 号电子枪功率为 280~330kW，该电子枪功率的设定使得结晶器内液面温度保持恒定。

当拉晶坩埚的液面为 3~10mm，调节好拉锭速度并将拉锭开关拨至自动模式，拉锭速度与熔炼速度有关。而电子束冷床炉的熔炼速度主要取决于熔炼功率、被熔金属的熔点和进料速度。表 2.2 中列出一些稀有金属熔炼时的比电能值，当熔炼功率一定时，可以选择合适的比电能来计算熔速：

$$v = P/q \tag{2.34}$$

式中，v 为熔炼速度，kg/h；P 为熔炼功率，kW；q 为比电能，kW · h/kg。

表 2.2 某些稀有金属熔炼时的比电能

金 属	W	Mo	Ta	Nb	Ti	Zr	Hf
比电能/kW · h · kg^{-1}	12~32	3~10	10~15	6~10	2~3	2~5	3~10

在电子束冷床炉熔炼超长超薄 TA1 扁锭生产实验中采用的熔炼速度为 1000kg/h，验证实验生产出的超长超薄 TA1 的横截面为 1250mm×210mm，根据质量守恒可以计算出拉锭速度为 2.35×10^{-4}m/s。

当熔铸结束时，依次关闭 1 号、2 号、3 号电子枪，保留 4 号电子枪进行补缩。

D 冷却出锭

补缩完成后，铸锭在熔炼室条件下进行冷却，冷却时间为 90min；将铸锭降至拉锭室阀位后，关闭熔炼室隔离阀，打开拉锭室充氩冷却阀，对铸锭进行充氩冷却 90min；然后使用两组真空泵组对拉锭室进行独立抽空，抽空 20min 后停止；再次打开拉锭室充氩冷却阀，对铸锭进行二次充氩，冷却时间为 100min；最终将铸锭完全拉至拉锭室底部。图 2.15 所示为电子束冷床炉熔铸的超长超薄 TA1 纯钛扁锭毛坯，毛坯尺寸为 8000mm(长)×1250mm(宽)×210mm(厚)。

图 2.15 电子束冷床炉熔铸 TA1 纯钛扁锭毛坯

2.1.5.2 扁锭成分分析

熔铸完成后，将熔铸的 TA1 纯钛扁锭毛坯用铣床将表面的氧化皮去除，在扁锭浇注侧头部、中部、尾部进行取试样进行成分分析，具体步骤如下。

（1）用工业酒精或丙酮清除凿子、钛坯上的污染物；

（2）用凿子沿钛坯棱边凿去一层表面，然后再开始凿取试样；

（3）凿取的碎屑样其粒度应大于 3mm，每一个成分样的质量须大于 2g；

（4）将所取碎削样装入试样袋并注明试样的牌号、部位、试验项目、取样日期等信息；

(5) 样品经过机加工和清洗后，采用 Optima 8000 型 ICP 光谱仪对扁锭 Fe 含量进行分析与检测，采用 ONH-2000 分析仪对 O、N、H 元素进行分析；采用 HCS-140 分析仪对 C 元素进行分析。

在电子束冷床炉熔铸中，金属原料经过高温高真空熔炼，其杂质成分都得到有效去除，到最终凝固成锭时，其杂质含量已大大减少，但仍有微量的杂质存在铸锭中。对于这些微量元素在国标中对应不同的牌号都有要求，因为这些杂质元素中的某个元素超限，都可能影响铸锭的力学性能，特别是气体杂质 O、N、H 元素的超限，对力学性能影响最大。实验生产的超长超薄 TA1 扁锭化学成分分析见表 2.3，可以看出，该扁锭化学成分分布较均匀，且杂质元素均不大于 TA1 牌号的国标，因此实验生产的 TA1 扁锭满足国标的要求。

表 2.3 电子束冷床炉熔铸 TA1 扁锭化学成分 (%)

牌 号	取样点	化 学 成 分				
		Fe	C	N	H	O
国家标准	—	0.20	0.08	0.03	0.015	0.18
TA1	头部	0.096	0.012	0.014	0.001	0.027
	中部	0.098	0.015	0.012	0.002	0.035
	尾部	0.093	0.013	0.008	0.003	0.031
	平均值	0.096	0.013	0.011	0.002	0.03

2.1.5.3 试样的制取

研究铸锭凝固过程的组织形成规律，准确预测不同工艺条件下超长超薄钛扁锭凝固过程的微观组织，对于熔铸生产中合理制定半连铸工艺，改善铸坯质量具有十分重要的意义。因此，为了确定超长超薄 TA1 扁锭的模拟形核参数，在实验中选取不同的横截面，观察其组织结构与模拟结果进行实验验证。为了清晰明确地观察不同位置的凝固组织形貌，选取 5 处 40mm×210mm 的横截面进行抛光腐蚀观察其组织结构并与计算模拟结果进行对比。如图 2.16 (a) 所示，选取溢流口对面的一侧，分别距离扁锭底面 100mm、200mm、600mm、800mm 和 1000mm 处的横截面。另外，进一步验证所确定的形核参数的准确性，又选取超长超薄 TA1 扁锭的整个横截面进行对比，如图 2.16 (b) 所示，将 1000mm 长的 TA1 锭头均匀切割为 10 等份 (100mm×1250mm×210mm)，分别选取距离扁锭底面 200mm、400mm 和 800mm 三处大小为 1250mm×210mm 的整个横截面作为研究对象进行宏观组织形貌分析。

对于 TA1 工业纯钛的金相制样方法，经过大量实验对比了机械抛光和电解抛光两种方法的抛光效果，探索出了工业纯钛 TA1 金相制样的最佳参数条件，采用

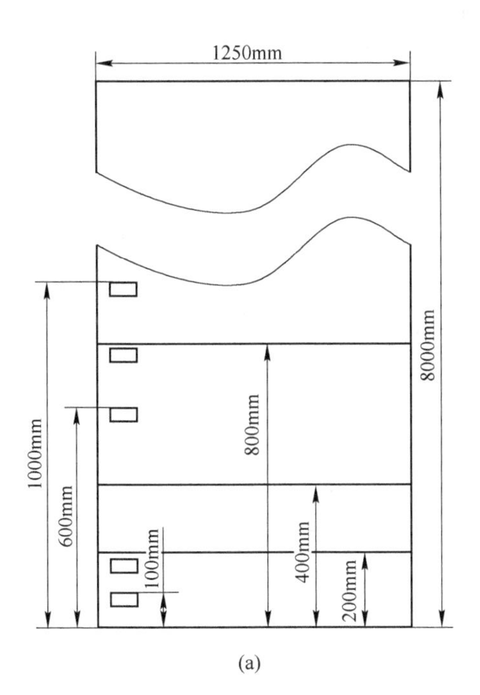

(a)

(b)

图2.16 TA1扁锭组织分析取样位置示意图(a)和扁锭整个横截面试样图(b)

机械抛光与电解抛光结合的方法，得到了质量较高的组织形貌图（见图2.17），该横截面大小为40mm×210mm，截面位置距离扁锭底面1000mm。

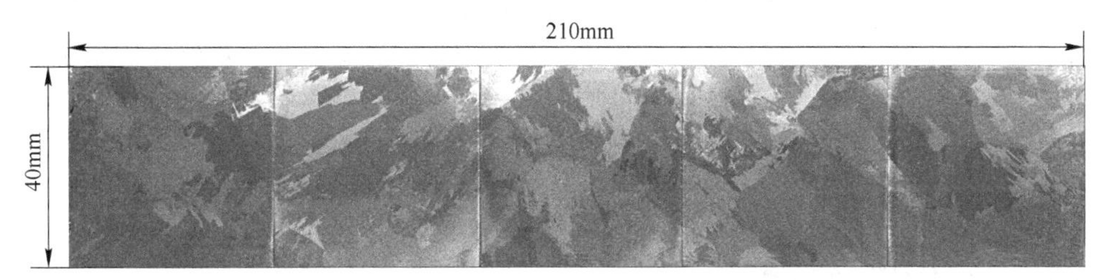

图2.17 横截面为40mm×210mm的试样金相图

该金相试样制备流程为线切割试样、除油、研磨、机械抛光、电解抛光、超声波清洗和化学侵蚀。详细制样方法如下：

（1）研磨。将试样在400号、800号、1000号、1200号、2000号的SiC水砂纸上逐级研磨，每级砂纸朝同一方向磨制，下一级将试样转动90°磨制相同时间，直至将上一级划痕去除。

（2）电解抛光。试样研磨后，尽管机械抛光可以完全去除在研磨过程中产生的变形层，但耗时太长、劳动强度较大，因此先进行电解抛光。电解抛光参数见表2.4。

表 2.4　TA1 工业纯钛电解抛光参数

电解液组成	阴极	电压/V	温度/℃	时间/s
高氯酸 60mL（质量分数为 70%）+冰醋酸 940mL（质量分数为 99%）	不锈钢	60	25	15~20

（3）机械抛光。采用 0.04μm 的 SiO_2 悬浮液（OPS）与 30%的双氧水混合而成的悬浮液，将电解抛光后的试样在 MPD-1 单金台式金相抛光机上进行机械抛光，抛光布使用呢绒抛光布，转速为 200r/min 左右、抛光时间为 20min。由于抛光液中添加了双氧水，可以明显看到试样表面如镜面明亮，这时抛光效果最佳。

（4）化学侵蚀。抛光后进行化学侵蚀，侵蚀剂为质量分数为 30%的过氧化氢溶液+质量分数为 40%的氢氧化钾溶液+蒸馏水，其体积分数比为 1∶2∶4，并将配好的腐蚀剂溶液放入水浴炉中加热至 70~80℃，最后将抛光后的试样浸入溶液进行化学腐蚀，腐蚀时间为 60~100s。

2.2　基于 ProCAST 的 TC4 圆锭/TA10 扁锭凝固-流场-应力计算

钛合金铸锭连铸凝固过程中除了有热量传递外还伴随着流体流动，涉及能量传输、质量传输和动量传输现象。扁锭凝固过程的工艺参数如浇注温度、拉锭速度、过冷度、形核率及晶体生长速率等，将决定凝固界面形貌、最终凝固组织的特征及应力分布。因此，控制金属的凝固过程和微观组织，对保证铸锭质量、提高钛带卷的力学性能和使用性能有着重要的理论和实际意义。本节介绍了如何利用 ProCAST 软件模拟连铸过程中的凝固界面、流场行为及应力分布情况。

2.2.1　ProCAST 流场模型

连铸凝固过程必定遵循着质量守恒定律、能量守恒定律和动量守恒定律。质量守恒定律是指在孤立系统中，不管系统发生何种变化和过程，总质量保持不变，其在流体力学中的数学表达式为连续性方程，连续性方程不仅适用于理想流体同时也适用于黏性流体。由于 TC4 钛合金液为不可压缩性流体，因此连续性方程数学表达式为[246]：

$$\frac{\partial u}{\partial x}+\frac{\partial v}{\partial y}+\frac{\partial w}{\partial z}=0 \tag{2.35}$$

动量守恒方程（N-S）的数学表达式如下[238, 247]：

$$\left.\begin{aligned}\rho\left(\frac{\partial u}{\partial t}+u\frac{\partial u}{\partial x}+v\frac{\partial u}{\partial y}+w\frac{\partial u}{\partial z}\right)&=-\frac{\partial p}{\partial y}+\eta\left(\frac{\partial^2 u}{\partial x^2}+\frac{\partial^2 u}{\partial y^2}+\frac{\partial^2 u}{\partial z^2}\right)+\rho g_{\mathrm{x}}\\\rho\left(\frac{\partial v}{\partial t}+u\frac{\partial v}{\partial x}+v\frac{\partial v}{\partial y}+w\frac{\partial v}{\partial z}\right)&=-\frac{\partial p}{\partial y}+\eta\left(\frac{\partial^2 v}{\partial x^2}+\frac{\partial^2 v}{\partial y^2}+\frac{\partial^2 v}{\partial z^2}\right)+\rho g_{\mathrm{y}}\\\rho\left(\frac{\partial w}{\partial t}+u\frac{\partial w}{\partial x}+v\frac{\partial w}{\partial y}+w\frac{\partial w}{\partial z}\right)&=-\frac{\partial p}{\partial z}+\eta\left(\frac{\partial^2 w}{\partial x^2}+\frac{\partial^2 w}{\partial y^2}+\frac{\partial^2 w}{\partial z^2}\right)+\rho g_{\mathrm{z}}\end{aligned}\right\}\quad(2.36)$$

式中，u、v、w 分别为速度在 x、y、z 三个方向上的分量；g_{x}、g_{y}、g_{z} 分别为 x、y、z 三个方向上的加速度；η 为流体运动黏度；t 为时间；p 为压力。

2.2.2 应力模型

连铸过程中，对铸坯变形行为的描述 ProCAST 提供了三种力学模型：线弹性模型、弹塑性模型和弹黏塑性模型，如图 2.18 所示。其中，弹塑性模型被广泛采用，该模型认为材料在屈服以前表现为弹性，屈服以后则表现为塑性，弹性模量与屈服应力均为与温度相关的函数，材料在熔点附近时，屈服应力和弹性模量

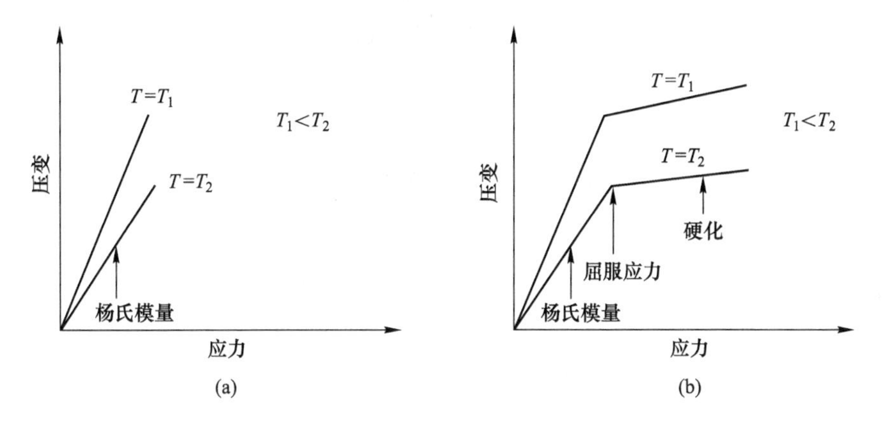

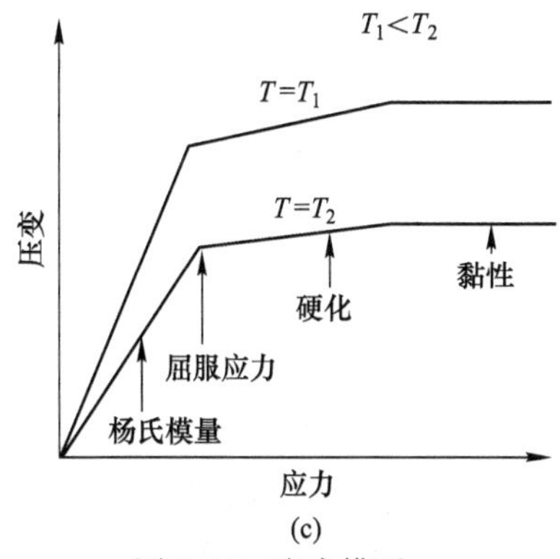

图 2.18　应力模型

（a）线弹性模型；（b）弹塑性模型；（c）弹黏塑性模型

均等于零[189]。在采用弹塑性模型对 TC4 钛合金扁锭进行模拟时，对扁锭进行如下假设：(1) 假设扁锭为连续介质，且具有均匀的各向同性；(2) 假设扁锭变形为小变形；(3) 假设扁锭开始凝固前为无应力状态。根据应力应变关系来建立增量理论，采用增量理论来描述材料塑性行为的基本准则，包括屈服准则、流动准则和强化准则。

弹性阶段本构方程为[94]：

$$
\begin{aligned}
\varepsilon_x &= \frac{1}{E}[\sigma_x - \nu(\sigma_y + \sigma_z)] + \alpha T;\ \gamma_{yz} = \frac{\tau_{yz}}{2G} \\
\varepsilon_y &= \frac{1}{E}[\sigma_y - \nu(\sigma_x + \sigma_z)] + \alpha T;\ \gamma_{xz} = \frac{\tau_{xz}}{2G} \\
\varepsilon_z &= \frac{1}{E}[\sigma_z - \nu(\sigma_x + \sigma_y)] + \alpha T;\ \gamma_{xy} = \frac{\tau_{xy}}{2G}
\end{aligned}
\tag{2.37}
$$

式中，E 为弹性模量，MPa；ν 为泊松比；G 为切变模量，MPa；α 为热膨胀系数；T 为温度变化；σ_x、σ_y、σ_z 分别为 x、y、z 三个方向上的正应力分量；τ_x、τ_y、τ_z 分别为 x、y、z 三个方向上的剪切应力分量；ε_x、ε_y、ε_z 分别为 x、y、z 三个方向上的线应力分量。

塑性阶段本构方程为：

$$
\varepsilon = \varepsilon_e + \varepsilon_p + \varepsilon_T \tag{2.38}
$$

式中，ε 为总应变；ε_e 为弹性应变；ε_p 为塑性应变；ε_T 为热应变。

物理方程为[248]：

$$
\begin{aligned}
\varepsilon_x &= \frac{\sigma_0}{K} + \lambda s_x + \alpha T,\ \varepsilon_{xy} = 2\lambda\tau_{xy} \\
\varepsilon_y &= \frac{\sigma_0}{K} + \lambda s_y + \alpha T,\ \varepsilon_{yz} = 2\lambda\tau_{yz} \\
\varepsilon_z &= \frac{\sigma_0}{K} + \lambda s_z + \alpha T,\ \varepsilon_{zx} = 2\lambda\tau_{zx}
\end{aligned}
\tag{2.39}
$$

式中，ε_x、ε_y、ε_z 分别为 x、y、z 三个方向上的线应变分量；s_x、s_y、s_z 分别为 x、y、z 三个方向上的应力法向偏量；σ_0 为平均应力；K 为体积模量，MPa；λ 为比例因子。

2.2.3 模型的边界条件

图 2.19 所示为电子束冷床熔炼 TC4 钛合金圆锭凝固过程示意图。图中原料进入水冷铜床，在水冷铜床内熔化和精炼，最后流入水冷铜坩埚，并在坩埚内进行凝固，随拉锭杆（材料为纯铜）拉出制得圆锭。本节主要研究 TC4 钛合金圆锭凝固过程的温度场分布及圆锭的凝固组织结构，所以选取圆锭的最后凝固阶段（即铸锭在结晶器内凝固，并被拉出结晶器阶段）进行几何模型建立，并采用边

界移动法（即圆锭不动结晶器以拉锭速度向上移动，从而实现圆锭相对于结晶器向下拉出的过程）进行模拟。

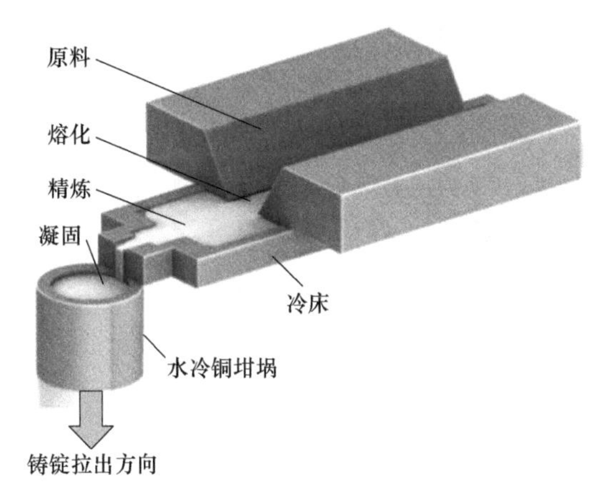

图 2.19　电子束冷床熔炼 TC4 钛合金圆锭工作示意图

根据实际设备和铸锭尺寸由 Pro/E 建立结晶器、拉锭杆及铸锭的三维几何模型。模型具体尺寸为：铸坯直径为 220mm、长度为 900mm；结晶器有效高度为 180mm、壁厚为 10mm；拉锭杆直径为 220mm、长度为 100mm。把建立好的几何模型导入 ProCAST，利用 Mesh 模块进行网格划分，网格设置为六面体，最大尺寸为 4mm，网格划分完毕后总网格数为 987792，其中面网格数为 26812，体网格数为 960980。在铸锭上选取微观凝固组织计算区域（即 CAFE 计算域），试样选取位置为距离铸锭底部 250mm 处。图 2.20 所示为 TC4 钛合金圆锭三维有限元几何模型及其试样选取位置。图中结晶器的最初起始位置位于铸锭底部，v 为结晶器向上移动速度并等于实际拉锭速度。

在对 TC4 钛合金圆锭进行温度场和凝固组织模拟时，需要确定材料的热物性参数和 TC4 钛合金的动力学生长系数及形核参数。热物性参数由 ProCAST 热力学数据库计算并经实验修正得到，TC4 钛合金的液相线为 1650℃、固相线为 1600℃，其余热物性参数随温度变化关系如图 2.21 所示。结晶过程中，圆锭的热量主要通过水冷铜坩埚不断散失，水冷铜坩埚密度为 $\rho=8360.5\mathrm{kg/m^3}$，热导率和潜热随温度变化关系如图 2.22 所示。TC4 钛合金凝固过程中动力学生长系数及形核生长参数[211,219]分别为 $\alpha=5.58\times10^{-6}$、$\beta=0$，体形核密度 $n_{\mathrm{v,max}}=2\times10^{-9}\mathrm{m^{-3}}$、面形核密度 $n_{\mathrm{s,max}}=5\times10^{7}\mathrm{m^{-2}}$、体形核过冷度 $\Delta T_{\mathrm{v,max}}=7\mathrm{K}$、面形核过冷度 $\Delta T_{\mathrm{s,max}}=0.5\mathrm{K}$、体过冷度标准方差 $\Delta T_{\mathrm{v},\sigma}=0.5\mathrm{K}$、面过冷度标准方差 $\Delta T_{\mathrm{s},\sigma}=0.5\mathrm{K}$。铸锭与结晶器、拉锭杆之间的界面换热系数设置为 1000W/(m^2·K)，结晶器与拉锭杆外表面换热系数设置为 5000W/(m^2·K)。结晶器移动速度通过

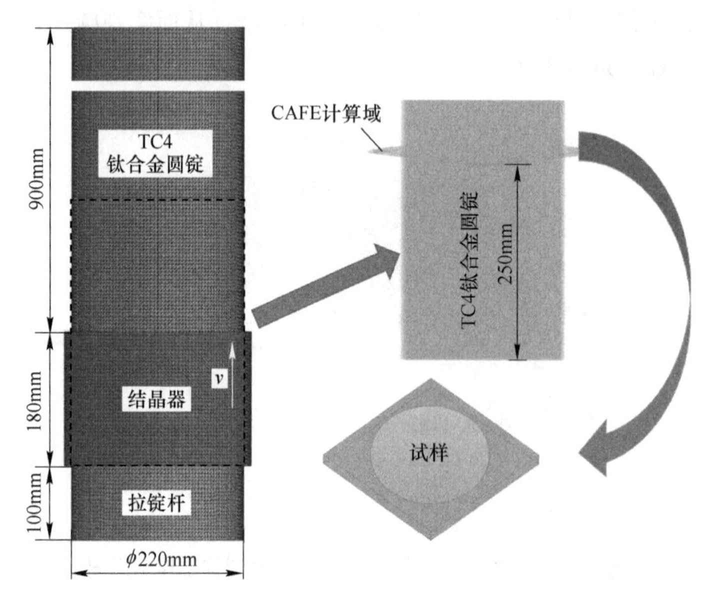

图 2.20 三维有限元几何模型及试样选取位置

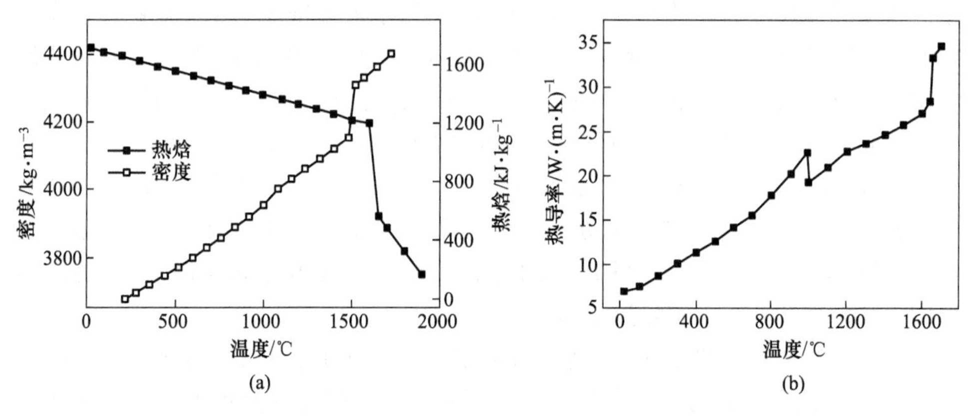

图 2.21 TC4 钛合金物性参数与温度变化关系
(a) 密度和热焓；(b) 热导率

由 ProCAST 二次开发的 C 程序语言控制实现。在电子束冷床熔炼过程中电子枪扫描功率及频率与浇注温度、结晶器内冷却水流量与换热系数之间存在一定比例关系。所以，结晶器上方电子枪的扫描功率及频率采用浇注温度来表示，结晶器内冷却水流量采用换热系数表示。本书研究了主要工艺参数（浇注温度、拉锭速度）对 TC4 钛合金圆锭温度场和凝固组织的影响规律，分别设置如下两种工况条件：工况一为控制拉锭速度为 1.66×10^{-4}m/s，浇注温度分别设置为 1700℃、1760℃、1860℃、1960℃；工况二为控制浇注温度为 1760℃，拉锭速度分别设置

为 1×10^{-4}m/s、1.66×10^{-4}m/s、2×10^{-4}m/s、3×10^{-4}m/s、4×10^{-4}m/s、6×10^{-4}m/s。

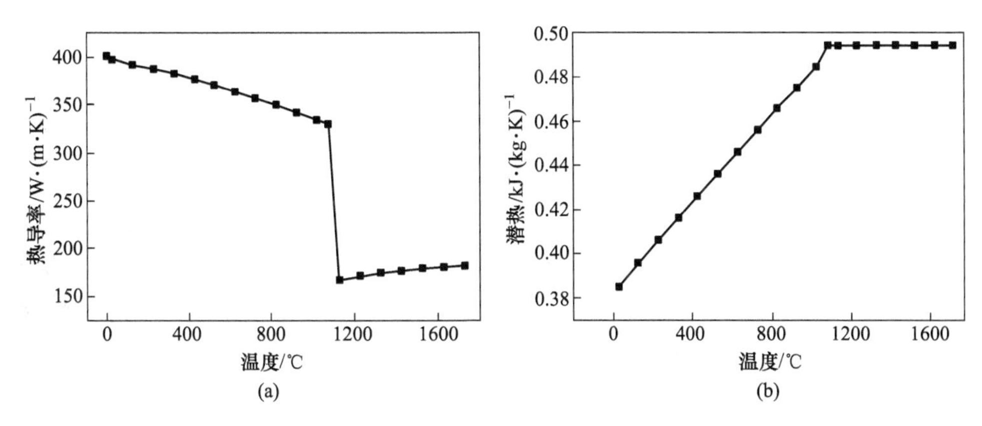

图 2.22 纯铜的物性参数与温度变化关系
(a) 热导率；(b) 潜热

在对 TA10 钛合金扁锭进行温度场、凝固组织模拟、流场及浓度场研究时，需要确定材料的热物性参数和 TA10 钛合金的动力学生长系数及形核参数。热物性参数由模拟软件中的热力学数据库计算并经实验修正得到，TA10 钛合金的液相线为 1657℃，固相线为 1587℃，密度、热焓及热导率随温度变化关系如图 2.23 所示。当金属液在结晶器内凝固时，TA10 钛合金扁锭的热量主要通过结晶器铜坩埚中的流动冷却水不断带走，水冷铜坩埚密度为 $\rho=8360.5\text{kg/m}^3$。TA10 钛合金凝固过程中晶体的动力学生长系数及形核生长参数[84,112]分别为 $\alpha=5.58\times10^{-6}$、$\beta=0$，体形核密度 $n_{\text{v,max}}=2\times10^{-9}\text{m}^{-3}$、面形核密度 $n_{\text{s,max}}=5\times10^{7}\ \text{m}^{-2}$、体形核过冷度 $\Delta T_{\text{v,max}}=5\text{K}$、面形核过冷度 $\Delta T_{\text{s,max}}=0.5\text{K}$、体过冷度标准方差 $\Delta T_{\text{v},\sigma}=1\text{K}$、面过冷度标准方差 $\Delta T_{\text{s},\sigma}=0.1\text{K}$。铸锭与结晶器、拉锭杆之间的界面换热系数设置为 1000W/(m^2 · K)，结晶器与拉锭杆外表面换热系数设置为 5000W/(m^2 · K)。结晶器移动速度通过由 C 语言程序控制实现。

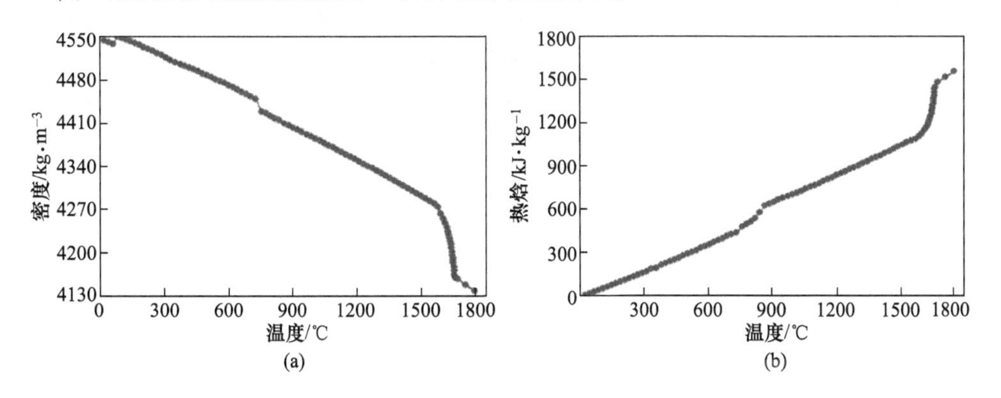

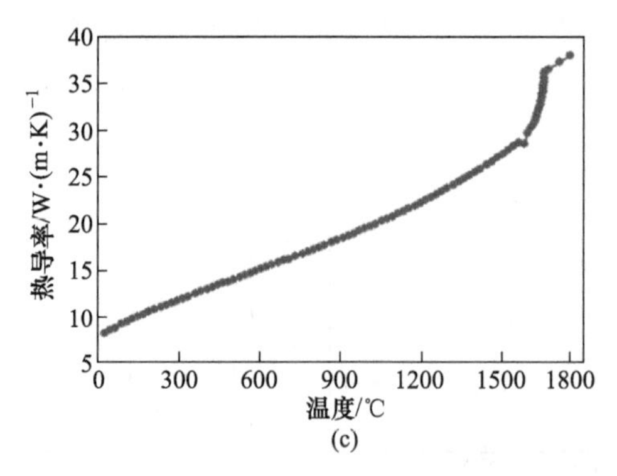

扫描二维码
查看彩图

图 2.23　TA10 钛合金物性参数与温度变化关系
(a) 密度；(b) 热焓；(c) 热导率

2.3　基于 ANSYS Fluent 的 TC4 圆/扁锭多物理场耦合模型

TC4 钛合金中的铝元素在熔铸过程中的偏析控制是业内痛点，其解决关键是研究 TC4 钛合金熔体高温高真空条件下的元素损耗控制及均质化行为。本节利用 ANSYS Fluent 软件分析了电子束冷床熔炼熔铸过程中的物质流，计算了基于 Langmuir 方程的理论挥发量，讨论了熔铸过程中的物理现象，建立并验证了基于多场耦合理论的热流-凝固-挥发多场耦合模型。

2.3.1　电子束冷床熔炼的物质流分析及理论挥发速率

图 2.24 为电子束冷床炉凝固区的熔铸过程物质流示意图，包括熔池区、糊状区及凝固区三部分。凝固区的最终浓度 J_s 与熔池初始合金元素浓度 J_0、溢流口进入熔池的元素补充 J_1 及熔池表面合金元素损耗 J_2 密切相关，理想条件下存在 $J_s = J_0 + J_1 - J_2$ 的关联机制。合金元素挥发及熔池成分均匀化控制技术的关键在于如何补充合金损耗（即补充 J_1），控制电子束冷床熔铸过程中熔池表面合金元素的挥发（即控制 J_2），增强熔池内的成分均匀化过程（即均匀 J_0）。

由于高温高真空下合金元素的损耗 J_2 难以避免，其损耗量可通过 Langmuir 方程求解，并设定相应的补充机制，完成 J_1 与 J_2 间的平衡。Langmuir 方程见式（2.40）：

$$J_{\mathrm{Al}} = X_{\mathrm{Al}} \gamma_{\mathrm{Al}} p_{\mathrm{Al}}^{\ominus} \sqrt{\frac{M_{\mathrm{Al}}}{2\pi RT}} \tag{2.40}$$

其中，Al 在不同温度下的标准分压可由式（2.41）所示的 Clausius-Clapeyron 公式求解：

$$p_{\mathrm{i}}^{\ominus} = 133 \times 10^{-\frac{A}{T}+B} \cdot T^{C} \tag{2.41}$$

式中，A、B、C 为常数，由前人实验获得，其取值见表 2.5。

表 2.5 TC4 合金 Clausius-Clapeyron 公式计算参数

元　素	A	B	C
Al（l）	16450	12.36	-1.023
Ti（β）	24400	13.18	-0.91
Ti（l）	23200	11.74	-0.66
V（s）	26900	10.12	0.33

将表 2.5 中的数值代入式（2.40）和式（2.41），可以获得 TC4 熔池中不同合金添加条件下元素的理论挥发速率。利用该方法可理论计算出 7%Al 添加条件下的元素挥发量，结果如图 2.25 所示。在 1950~2250K 的温度范围内，Al 的挥发量随温度升高迅速提升，其挥发速率与国内外前人研究成果[123,227]基本一致。

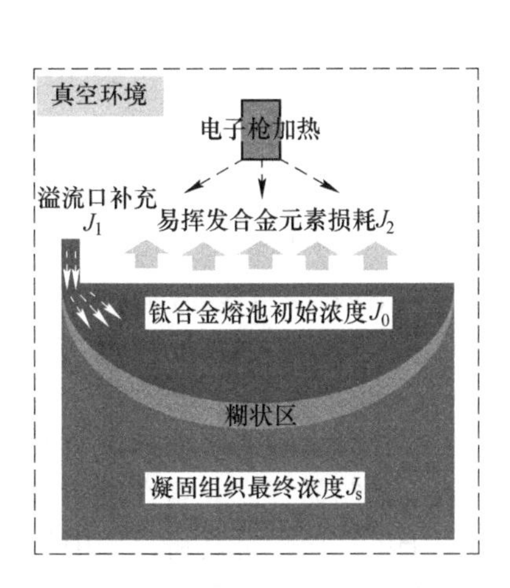

图 2.24 电子束冷床熔炼熔铸过程凝固区示意图

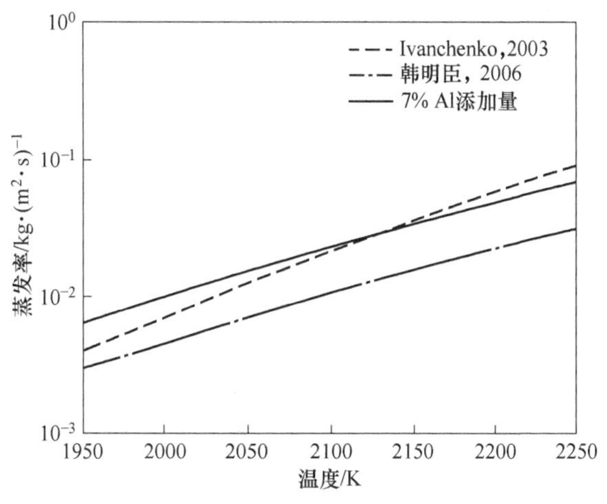

图 2.25 Langmuir 方程计算铝的挥发速率

以图 2.25 中的结果为基础，在已知熔池暴露在真空中的表面积的基础上，可以估算电子束冷床熔炼过程中的铝损耗，并以此为基础推算在不同熔铸条件下（熔铸温度、拉速等），配料时所需添加的合金元素含量。

以直径 ϕ260mm 的圆锭熔铸过程挥发计算为例：

（1）假设结晶器中的熔池深度为 10mm，熔池内的元素始终处于强传质条件下，成分均匀。

（2）结晶器表面温度均匀，拉速为 10mm/min，冷床进入结晶器内的铝含量（质量分数）始终保持为 7%。

根据上述假设条件及 Langmuir 方程对 ϕ260mm 圆锭的理论挥发速率进行了

估计，结果如图 2. 26 所示。当熔池表面的铝损耗速率为 0. 017kg/(m^2 · s) 时，熔池中铝的质量分数下降了 3%左右。相应地，合金元素的增补可以通过提高拉速来实现。

为明确不同温度下满足元素补充所需的拉速，在考虑冷床与结晶器表面同时挥发的条件下利用 Langmuir 方程进行了理论计算，结果如图 2. 27 所示。由于挥发面积的增加，熔池内元素补充需求随温度有了更显著的提升。如果将熔池温度控制为 1940K 以下，拉锭速度为 20mm/min 以上就可以保证元素的宏观平衡。

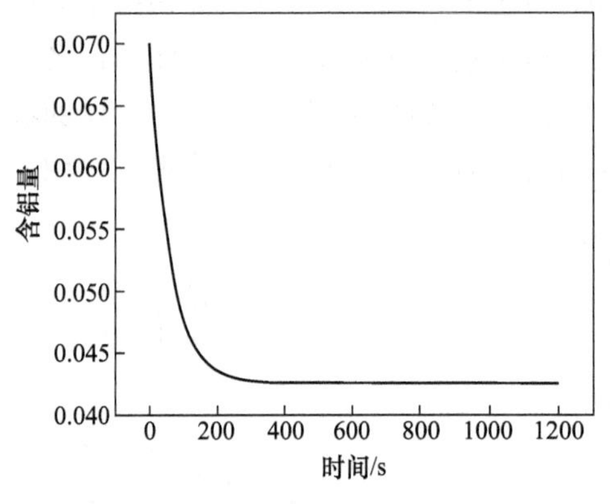

图 2. 26　ϕ260mm 圆锭在特定条件下的理论挥发量

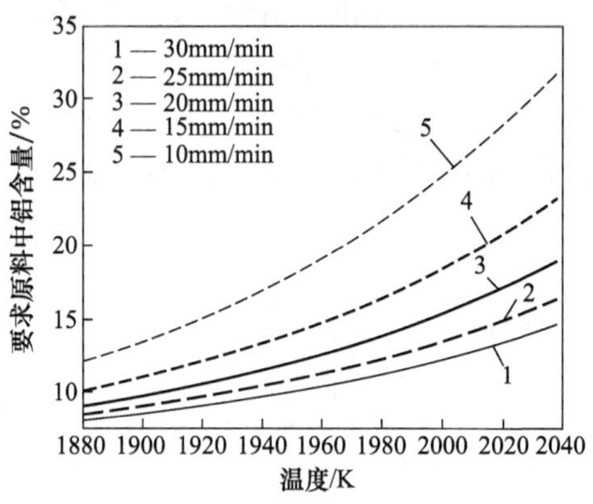

图 2. 27　ϕ260mm 圆锭在不同拉速下的理论补充需求

然而，从合作企业所获得的元素分布结果显示，仅补充合金元素而缺少对于熔池内多场交互条件下的均质化过程的研究，仍然难以控制易挥发元素在熔池内的偏析。为实现铸锭合金元素的精确控制，需阐明电子束冷床熔炼熔铸过程中的物理现象，并以此为基础建立多场耦合模型，研究多场交互条件下的传质增强机制。

2. 3. 2　电子束能量源项

前人的研究结果阐明了电子束扫描工艺参数的控制和扫描花样的设计对于电子束冷床熔炼熔铸过程的重要影响。为获得电子束加热条件下的熔池情况，除了使用均温热源外，也通过 UDF 源项编译在多场耦合模型中添加不同方式移动的电子束热源，其能量源项方程见式（2. 42）。

$$q_{eb}(x,\ y) = \eta_{eb} P_{eb} \frac{1}{2\pi\sigma^2} e^{-\frac{(x-x_0)^2+(y-y_0)^2}{2\sigma^2}} \tag{2.42}$$

式中，η_{eb} 为能量的有效吸收系数；P_{eb} 为电子束发射源的输出功率；σ 为与电子束斑点的有效半径相关。

电子束能量源项在静止条件下对于温度分布的影响如图 2. 28（a）所示，其能量输入形式符合高斯分布。当电子束沿直线移动时，其移动路径上的温度分布情况如图 2. 28（b）所示。由于输入能量的分布较为集中，电子束中心与周围区域存在显著的温度梯度。不同功率电子束扫描下计算区域中心位置的温度变化情况如图 2. 28（c）所示，电子束输入功率的提升对于温度的增加影响显著。实际的 EB 炉加热过程中，电子束按照所设计的扫描花样移动。常见的花样包括冷床及扁锭结晶器所使用的方形波、圆锭结晶器所使用的内缩圆环等。为贴合实际，使用 Visual Studio 编译了沿内缩圆环往复扫描的电子束移动程序，搭载在 Fluent 软件中进行多场耦合计算。该条件下移动电子束对于圆形铸锭表面的瞬时加热效果如图 2. 28（d）所示，其每隔 0. 1s 的行径分布如图 2. 28（e）所示。为便于后续进行研究拓展，也编译了沿方形波移动的电子束移动程序，其搭载后的移动路径如图 2. 28（f）所示。

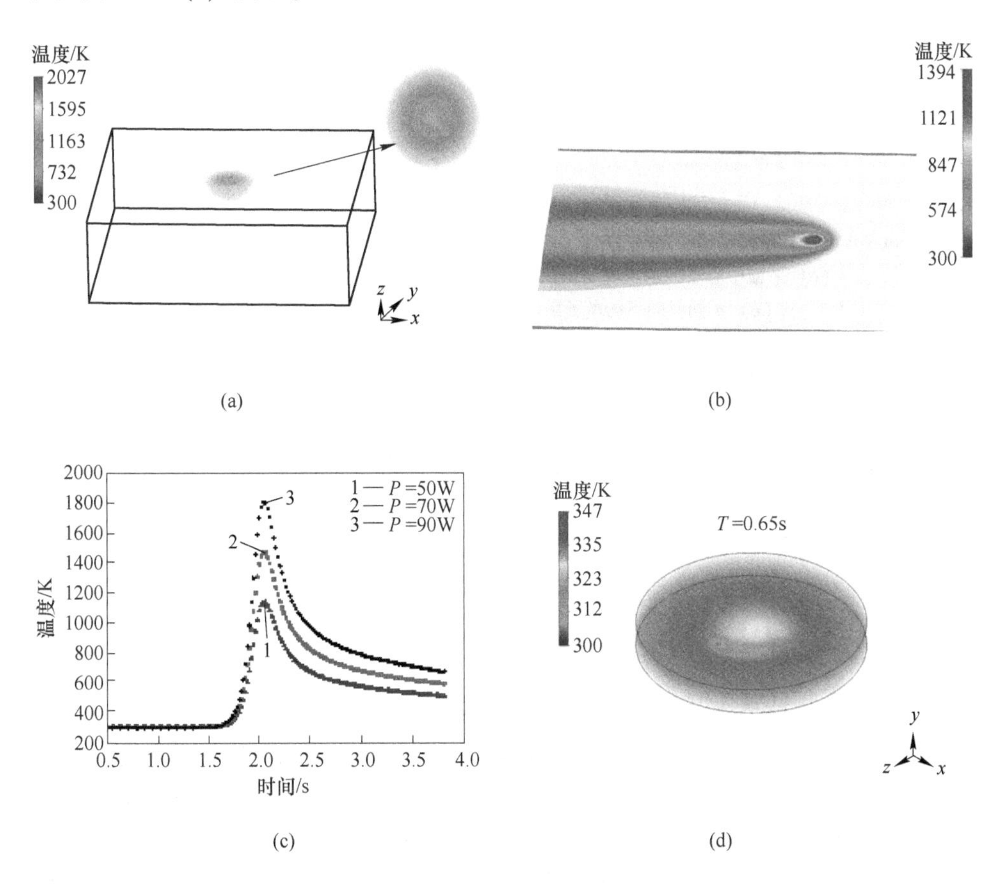

(a) (b)

(c) (d)

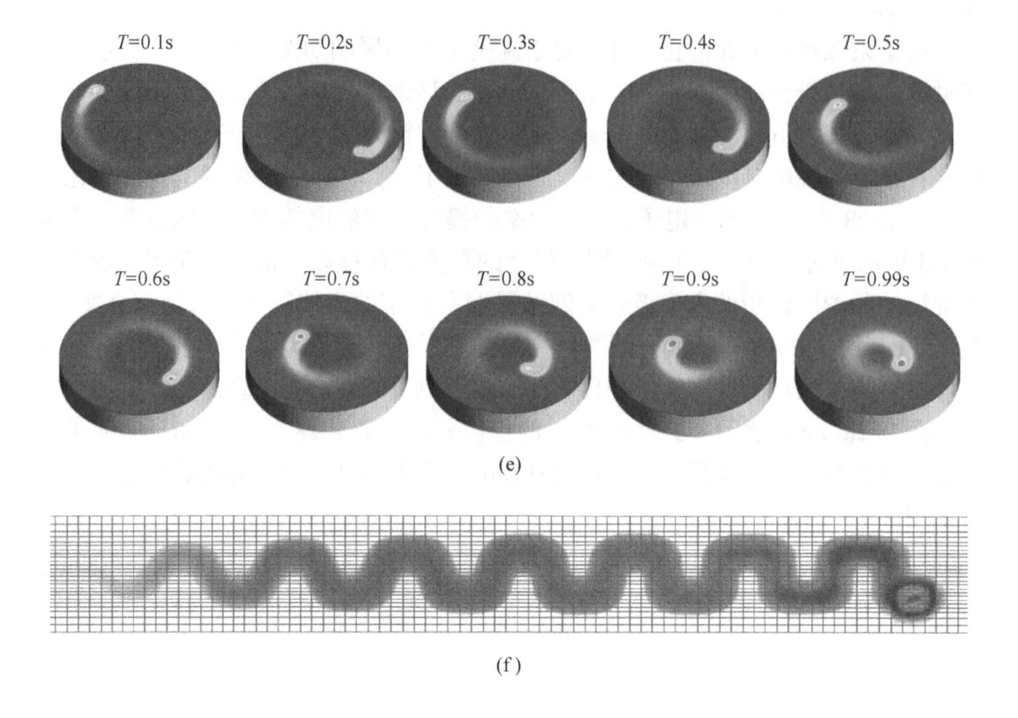

图 2.28　电子束加热过程的数值模拟

（a）电子束能量源项所描述的高斯分布点热源；（b）沿直线扫描对 TC4 平板表面温度分布的影响；（c）平板中心点处的温度变化；（d）沿内缩圆环行进的电子束能量源项；（e）不同时间下的电子束位置；（f）沿方形波行走的电子束

除了移动方式上的变化，也需考虑电子束是否以脉冲形式输入。脉冲电子束的源项方程见式（2.43），当存在脉冲时，电子束对计算区域内温度变化的影响如图 2.29 所示，可见其温度分布与图 2.28（e）有显著区别。

$$S_{\mathrm{E}} = \cos\left\{\frac{\pi}{2}\cdot\left[t-\left(\frac{t}{t_{\mathrm{p}}}\right)_{\mathrm{floor}}\cdot t_{\mathrm{p}}\right]_{\mathrm{ceil}}\right\}\cdot q_{\mathrm{eb}}(x,\ y) \tag{2.43}$$

式中，t 为时间变量；t_{p} 为脉冲间隔时间。

2.3.3　热流-凝固-挥发多场耦合理论

电子束冷床熔炼中的物理现象主要包括电子束加热条件下的熔化/凝固、流动影响下的传质及传热、熔池表面的元素不断挥发等。准确描述上述物理现象是所建立的多场耦合数值模型的首要目标。因此，本节在 FLUENT 软件所提供的流动、传热、传质方程的基础上建立了热流-凝固-挥发多场耦合模型。主要的贡献在于：通过 User Defined Function 自编程模块，在能量方程中添加了电子束加热源项，可模拟实际电子束扫描下的熔池温度场变化；激活了 Solidification/melting

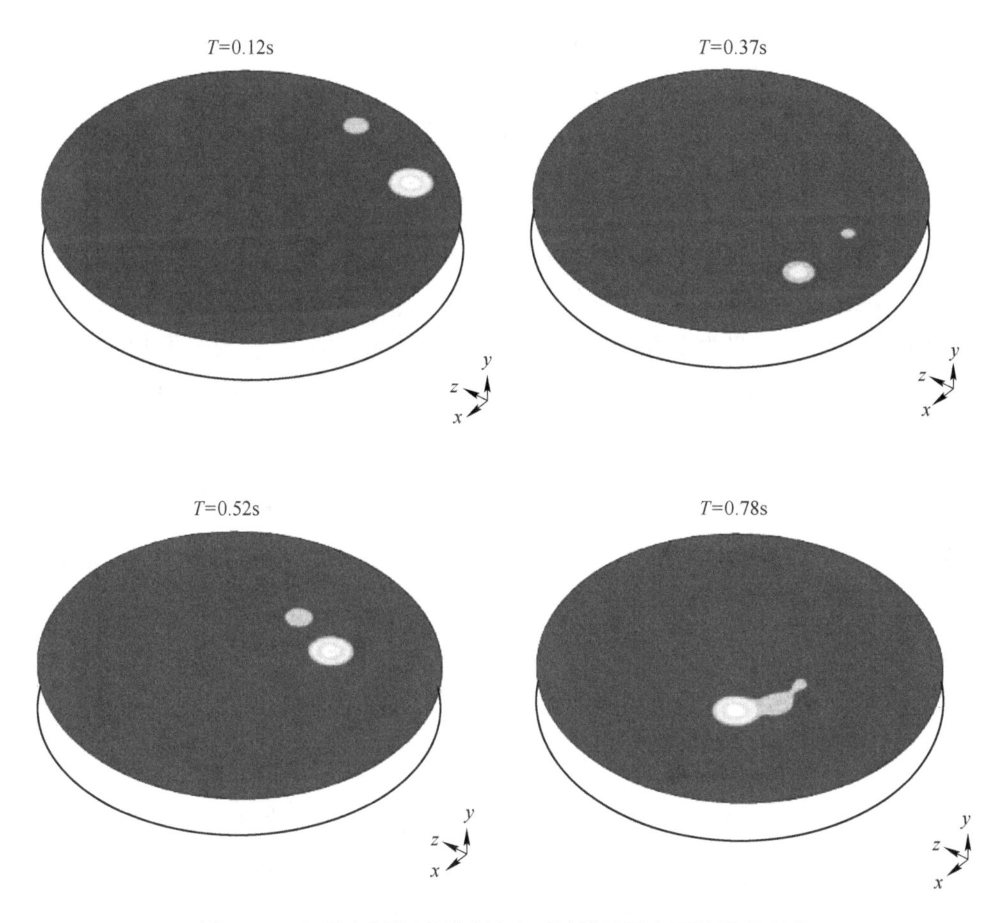

图 2.29 电子束以脉冲形式输入时计算区域表面的温度变化

模块及 Species transport 模块计算连铸过程中的凝固及传质现象；在熔体表面激活 Surface reaction，研究了挥发对于熔池及凝固部分成分分布的影响。模型所采用的理论方程如下。

2.3.3.1 动量传递方程

熔体及糊状区内的动量传递方程见式（2.44）：

$$\frac{\partial(\rho u_{\mathrm{i}})}{\partial t}+\frac{\partial(\rho u_{\mathrm{i}}u_{\mathrm{j}})}{\partial x_{\mathrm{j}}}=\frac{\partial p}{\partial x_{\mathrm{i}}}+\frac{\partial}{\partial x_{\mathrm{i}}}\left(\mu_{\mathrm{eff}}\frac{\partial u_{\mathrm{i}}}{\partial x_{\mathrm{j}}}\right)+\frac{\partial}{\partial x_{\mathrm{i}}}\left(\mu_{\mathrm{eff}}\frac{\partial u_{\mathrm{j}}}{\partial x_{\mathrm{i}}}\right)+\rho g+S_{\mathrm{i,m}}+S_{\mathrm{i,p}} \tag{2.44}$$

式中，ρ 为熔体的密度，$\mathrm{kg/m^3}$；u_{i} 为 i 组元的流速，m/s；p 为压力，Pa；μ_{eff} 为熔体的有效黏度，Pa · s；g 为重力加速度，$\mathrm{m^2/s}$；$S_{\mathrm{i,m}}$ 和 $S_{\mathrm{i,p}}$ 为源项，代表了凝固及传质引起的动量变化。

$$\mu_{\mathrm{eff}} = \mu + c_{\mu}\rho\frac{k^2}{\varepsilon} \tag{2.45}$$

$$S_{\mathrm{i,m}} = \frac{(1-f_{\mathrm{L}})^2}{f_{\mathrm{L}}^3 + 0.001}A_{\mathrm{mushy}}(u_{\mathrm{i}} - v_{\mathrm{i,c}}) \tag{2.46}$$

$$S_{\mathrm{i,p}} = \rho g\beta_{\mathrm{T}}(T - T_{\mathrm{L}}) + \sum_{\mathrm{m}}\rho g\beta_{\mathrm{c,m}}(c_{\mathrm{L,m}} - c_{\mathrm{m,0}}) \tag{2.47}$$

式中，k 为湍动能，$\mathrm{m^2/s^2}$；ε 为湍动能耗散率，$\mathrm{m^2/s^3}$；f_{L} 为液相系数；A_{mushy} 为糊状区常数；u_{i} 为组元 i 在熔体中的速度，m/s；$v_{\mathrm{i,c}}$ 为组元 i 的拉速，m/s；β_{T} 为热膨胀系数，1/K；T 为温度，K；T_{L} 为液相线温度，K；$\beta_{\mathrm{c,m}}$ 为浓度膨胀系数，1/%；$c_{\mathrm{L,m}}$ 组元 m 在液相中的平均浓度，%；$c_{\mathrm{m,0}}$ 为组元 m 的初始浓度，%。

在高流速下可能存在的湍流效应由 Realizable k-ε 模型计算：

$$\frac{\partial}{\partial t}(\rho k) + \frac{\partial}{\partial x_{\mathrm{j}}}(\rho k u_{\mathrm{j}}) = \frac{\partial}{\partial x_{\mathrm{j}}}\left[\left(\mu + \frac{\mu_{\mathrm{t}}}{\sigma_{\mathrm{k}}}\right)\frac{\partial k}{\partial x_{\mathrm{j}}}\right] + G_{\mathrm{k}} + G_{\mathrm{b}} - \rho\varepsilon - Y_{\mathrm{M}} + S_{\mathrm{k}} \tag{2.48}$$

$$\frac{\partial}{\partial t}(\rho\varepsilon) + \frac{\partial}{\partial x_{\mathrm{j}}}(\rho\varepsilon u_{\mathrm{j}}) = \frac{\partial}{\partial x_{\mathrm{j}}}\left[\left(\mu + \frac{\mu_{\mathrm{t}}}{\sigma_{\varepsilon}}\right)\frac{\partial \varepsilon}{\partial x_{\mathrm{j}}}\right] + \rho C_1 S\varepsilon - \rho C_2\frac{\varepsilon^2}{K + \sqrt{v\varepsilon}} + C_{1\varepsilon}\frac{\varepsilon}{k}C_{3\varepsilon}G_{\mathrm{b}} + S_{\varepsilon} \tag{2.49}$$

其中

$$C_1 = \max\left[0.43, \frac{\eta}{\eta + 5}\right],\ \eta = S\frac{k}{\varepsilon},\ S = \sqrt{2S_{\mathrm{ij}}S_{\mathrm{ij}}} \tag{2.50}$$

式中，G_{k} 为平均速度梯度下的湍动能，$\mathrm{m^2/s^2}$；G_{b} 为浮力所引起的湍动能，$\mathrm{m^2/s^2}$；Y_{M} 为可压缩湍流内的波动扩张对于耗散率的贡献；C_2 和 $C_{1\varepsilon}$ 为常数；σ_{k} 和 σ_{ε} 为湍动能 k 和湍动能耗散率 ε 对应的湍流普朗特数；S_{k} 和 S_{ε} 为源项方程。

$$S_{\mathrm{k}} = \frac{(1-f_{\mathrm{L}})^2}{f_{\mathrm{L}}^3 + 0.001}A_{\mathrm{mushy}}k \tag{2.51}$$

$$S_{\varepsilon} = \frac{(1-f_{\mathrm{L}})^2}{f_{\mathrm{L}}^3 + 0.001}A_{\mathrm{mushy}}\varepsilon \tag{2.52}$$

2.3.3.2　能量方程

熔铸过程中的温度变化由式（2.53）所示的能量方程描述：

$$\frac{\partial(\rho H)}{\partial t} + \frac{\partial(\rho u_{\mathrm{i}} H)}{\partial x_{\mathrm{i}}} = \frac{\partial}{\partial x_{\mathrm{i}}}\left[\left(\lambda + \frac{c_p\mu_{\mathrm{t}}}{Pr_{\mathrm{t}}}\right)\frac{\partial T}{\partial x_{\mathrm{i}}}\right] + S_{\mathrm{E}} \tag{2.53}$$

$$H = h + \Delta H = h_{\mathrm{ref}} + \int_{T_{\mathrm{ref}}}^{T} c_p \mathrm{d}T + f_{\mathrm{L}}\Delta H_{\mathrm{f}} \tag{2.54}$$

对于多组元混合物，固-液相线温度可由下式求得：

$$T_S = T_{melt} - \sum_m g_m c_m / k_m \tag{2.55}$$

$$T_L = T_{melt} - \sum_m g_m c_m \tag{2.56}$$

式中，g_m 为液相线斜率；c_m 为组元 m 的浓度；k_m 为组元 m 的溶质再分配系数。

2.3.3.3 采用 Scheil rule 的凝固方程

为模拟结晶器内的连铸过程及凝固现象，所建立的 EB 熔铸多场耦合数值模型采用了 enthalpy porosity technique，该技术将糊状区作为一种近似多孔结构进行处理。当流体到达糊状区时，其相对速度由式（2.40）的动量源项进行校正。不激活 Species Transport 模块的条件下，液相分数 f_L 可由下式求得：

$$\begin{cases} f_L = 0 \quad (T < T_S) \\ f_L = 1 \quad (T > T_L) \\ f_L = \dfrac{T - T_S}{T_L - T_S} \quad (T_L < T < T_S) \end{cases} \tag{2.57}$$

当激活 Species Transport 模块后，液相分数 f_L 可由式（2.58）求得：

$$f_L^{n+1} = f_L^n - \beta \frac{a_p (T_c - T^*) \Delta t}{\rho V \Delta H_f - a_p \Delta t \Delta H_f \dfrac{\partial T^*}{\partial f_L}} \tag{2.58}$$

式中，n 为迭代次数；β 为松弛因子常数，$\beta = 0.9$；a_p 为单元矩阵系数；Δt 为时间步长；V 为单元体积。

所获得的液相系数 f_L 与固相系数 f_S 间存在如下的关系：

$$f_S = 1 - f_L \tag{2.59}$$

2.3.3.4 传质与表面挥发方程

TC4 熔体内的扩散由传质方程式（2.60）进行描述：

$$D_{AB} = 10^{-8} e^{\frac{250000}{R}\left(\frac{1}{T_L} - \frac{1}{T}\right)} \quad (T > T_L) \tag{2.60}$$

TC4 内 Al 元素在凝固过程中的溶质再分配系数为 1.167[250]。

在固相内 FLUENT 使用两种经典模型计算溶质扩散：（1）假设固相内存在无限制扩散的 Lever rule 模型；（2）假设固相内不存在扩散的 Scheil rule 模型。

本书所建立的多场耦合模型采用 Scheil rule，式（2.58）中的 T^* 由式（2.61）计算：

$$T^* = T_{melt} + \sum_{i=0}^{N_s - 1} g_m c_m f_L^{k_m - 1} \tag{2.61}$$

FLUENT 软件提供了多组元条件下的表面挥发过程计算模块，EB 炉熔铸过程中表面的挥发和熔池内的混匀过程可由式（2.61）进行描述。

$$\frac{\partial}{\partial t}(\rho c_{\mathrm{m,L}}) + \nabla\cdot\{\rho[f_{\mathrm{L}}\boldsymbol{v}_{\mathrm{L}}c_{\mathrm{m,L}} + (1-f_{\mathrm{L}})\boldsymbol{v}_{\mathrm{p}}c_{\mathrm{m,S}}]\} = R_{\mathrm{i}} + \nabla\cdot (\rho f_{\mathrm{L}}\ \nabla C_{\mathrm{m,L}}D_{\mathrm{i,m,L}}) - g_{\mathrm{m}}c_{\mathrm{m,L}}\frac{\partial}{\partial t}[\rho(1-f_{\mathrm{L}})] \tag{2.62}$$

其中表面挥发速率 R_{i} 可由式（2.63）和式（2.64）计算

$$R_{\mathrm{i}} = k_{\mathrm{f,r}}\left(\prod_{i=1}^{N_{\mathrm{g}}}[C_{\mathrm{i}}]_{\mathrm{suf}}^{\eta'_{\mathrm{i,g,r}}}\right)\left(\prod_{j=1}^{N_{\mathrm{s}}}[S_{\mathrm{i}}]_{\mathrm{suf}}^{\eta'_{\mathrm{j,s,r}}}\right) \tag{2.63}$$

$$k_{\mathrm{f,r}} = A_{\mathrm{r}}T^{\beta_{\mathrm{r}}}\mathrm{e}^{-E_{\mathrm{r}}/RT} \tag{2.64}$$

2.3.4　耦合模型的实验验证

大规格冷床熔铸过程操控复杂，受限于计算条件，模拟结果仅可对应熔铸过程的某一个阶段。因此本书中的耦合模型需在多尺度下进行验证：（1）使用在合作企业进行的大规格电子束冷床熔炼熔铸实验结果对模拟结果进行定性验证；（2）使用文献所报道的边界条件及数据，以精确控制的电子束微熔池实验和 TC4 元素挥发实验为模板进行定量的实验验证。

2.3.4.1　大规格冷床熔铸定性实验验证

实际电子束冷床熔炼 TC4 钛合金的时间较长，精确控制拉速、温度及真空度难度较高。然而，熔铸过程各参数间客观存在的定性关系，所采集的数据可用于侧面推测模型的准确性。图 2.30（a）为在合作企业采集的熔铸过程结束后的冷床凝壳形貌。在钛合金熔体流经冷床的过程中，在拉速、冷床表面温度、冷却水温度及供给量的影响下，冷床内的流动状态并非处处相同。在靠近溢流口的冷床角落，流动死区处的流体受冷却条件的影响会预先凝固，导致熔池形貌变化。在凝壳冷却后，该熔池形貌可以较为清晰地被观察到。对于不同合金配比和拉锭条件，存在不同的冷床熔池形貌。为定性验证耦合模型的准确性，利用所建立的多场耦合模型计算了冷床熔池内的熔体流动状态，将获得的结果与实际大规格冷床熔铸完成后的冷床熔池形状进行了对比，结果如图 2.30（b）所示。模型所描绘的 TC4 冷床熔池中的流动情况与实际相符，为后续模型奠定了良好的基础。

为验证多场耦合模型所获得的成分分布趋势是否符合实际浓度分布定性趋势，在图 2.31 所示取样位置截取了 ϕ260mm TC4 圆锭横切片进行成分分析，结果如图 2.32 所示。成分分析结果显示，圆锭截面处的浓度存在中心偏析的定性趋势，由中心向锭边缘浓度逐渐降低，浓度梯度最高可以达到 0.027 左右（截面Ⅲ）。

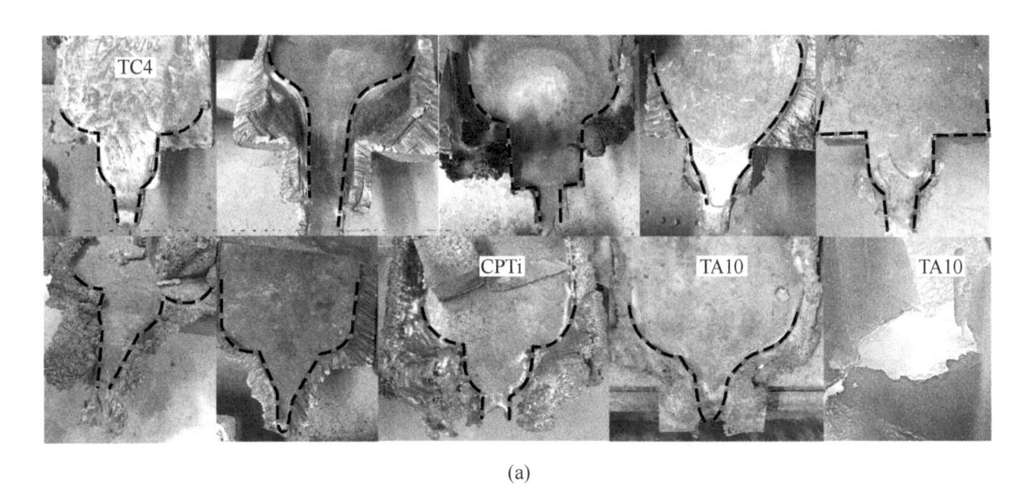

(a)

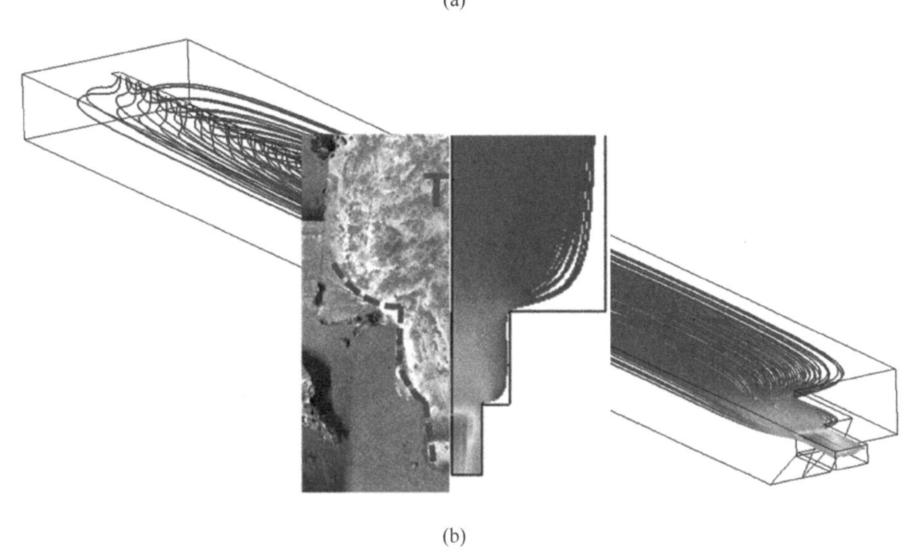

(b)

图 2.30 EB 炉冷床凝壳形状演变趋势(a)和数值模拟结果与实际流动趋势对比图(b)

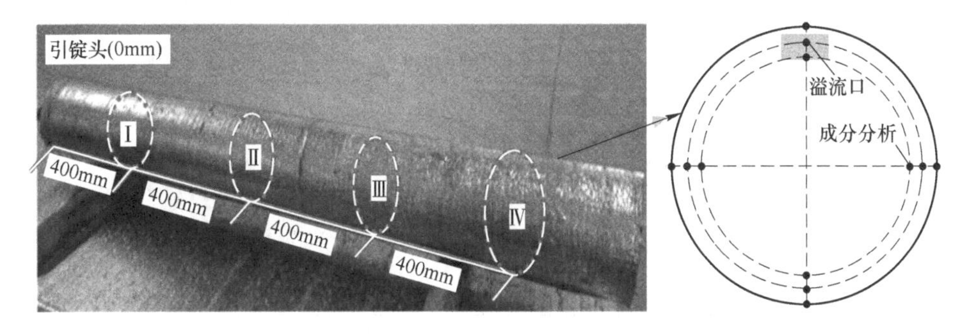

图 2.31 试验所获得的 ϕ260mm TC4 的圆锭截面取样位置

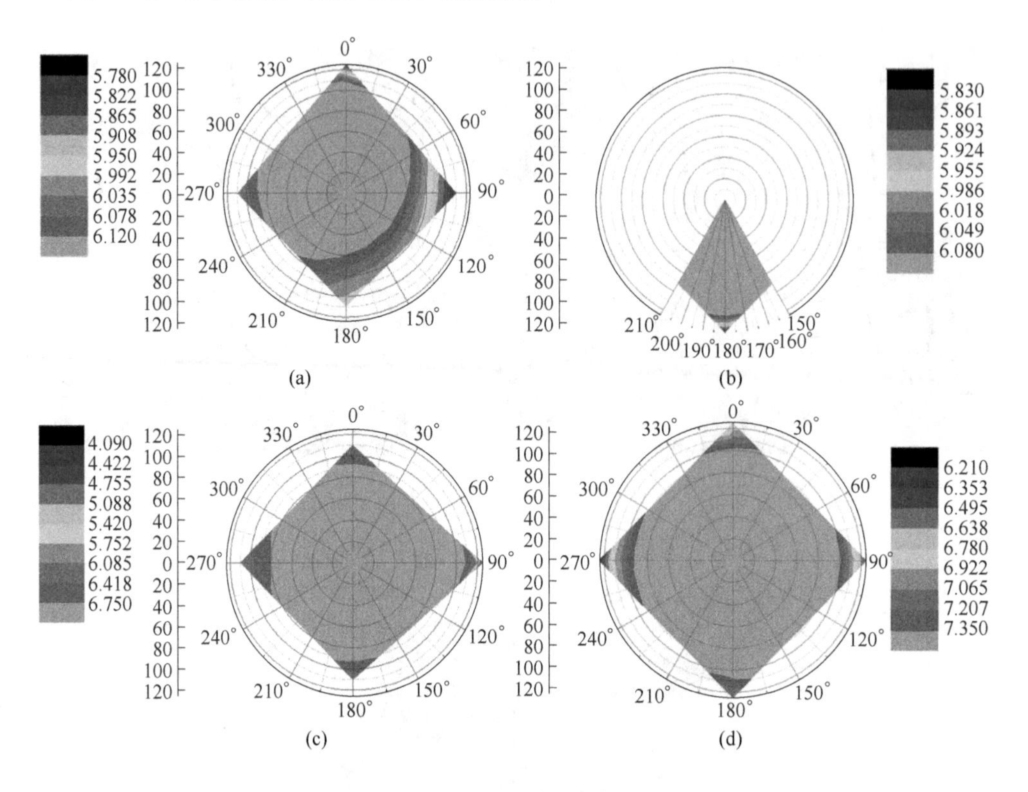

(a)　(b)　(c)　(d)

图 2.32 铝元素分布

(截面的方位以极坐标表示，其中0°位置为溢流口对应方位)

(a) 截面Ⅰ；(b) 截面Ⅱ；(c) 截面Ⅲ；(d) 截面Ⅳ

ϕ260mm 圆锭的 EB 炉熔铸模拟结果如图 2.33 所示，不同拉锭速度下，都存

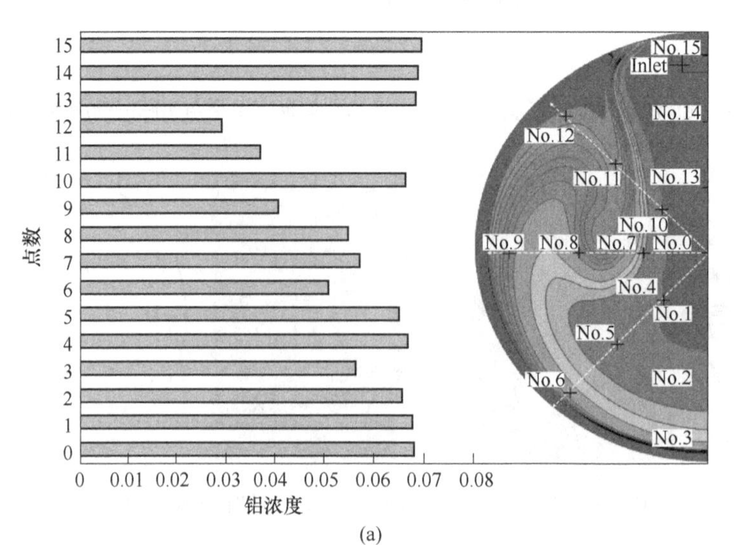

(a)

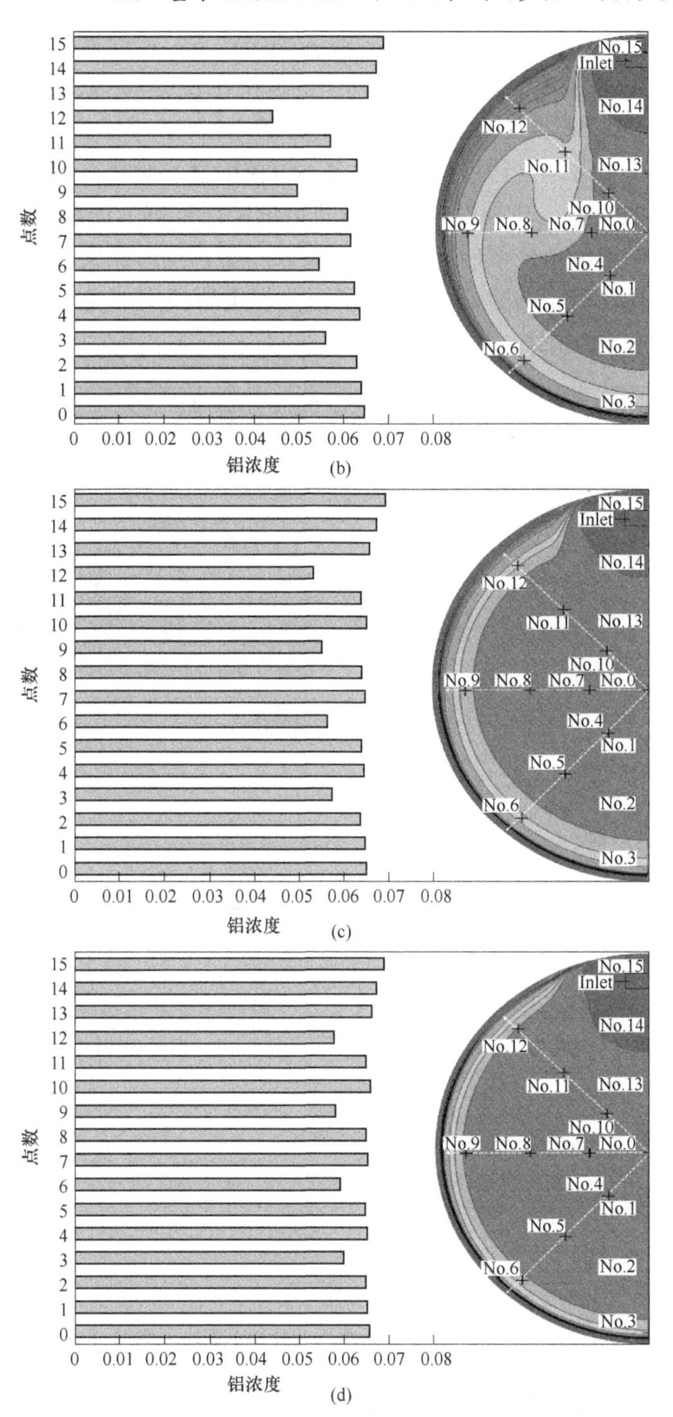

图 2.33 浇注温度 2273K 条件下 ϕ260mm TC4 圆锭截面处的铝元素分布模拟结果

(a) 拉锭速度为 10mm/min；(b) 拉锭速度为 15mm/min；

(c) 拉锭速度为 20mm/min；(d) 拉锭速度为 25mm/min

在元素的成分中心偏析这一普遍现象。低拉速条件下，铸锭横截面上的偏析最大达到 0.04；高拉速条件下，铸锭横截面上的偏析在 0.03 以内，与实验结果接近。

2.3.4.2 电子束微熔池条件下的定量验证

大规格电子束冷床熔铸过程存在太多不可控因素，所获得的铸锭横截面可以作为趋势验证的参考，却难以作为精确的定量验证依据。因此，以文献［234］报道的电子束微熔池条件下的熔池形貌演变及小型真空挥发实验数据为依据，进一步完成多场耦合模型的验证。文献［234］报道所使用的电子束微熔池设备及其示意图如图 2.34 所示。

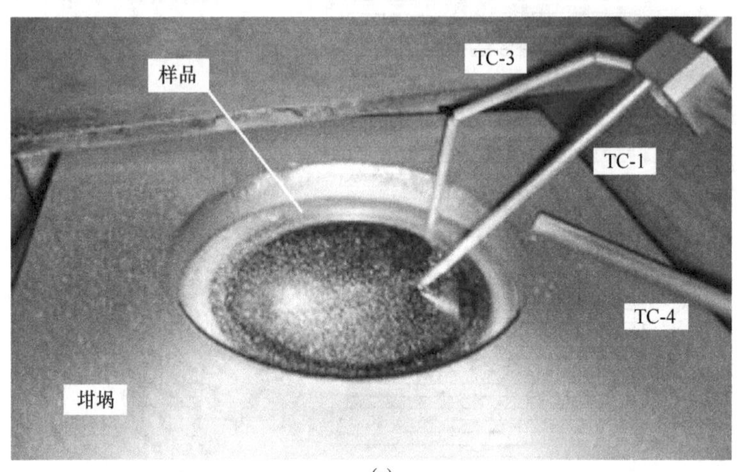

(a)

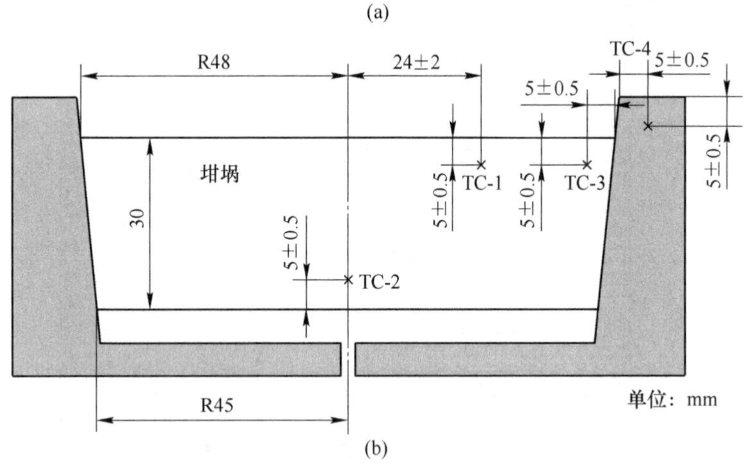

(b)

图 2.34 电子束微熔池实物照片(a)及其示意图(b)

该设备的特点是优异的工艺窗口控制精度，可揭示电子束加热条件下钛及钛合金熔铸过程的普遍现象，为真空高能束加热下的数值模型提供验证依据。单圈电子束持续加热下，实验所获得的重熔纽扣锭如图 2.35 所示。其经过切片—抛光—金相腐蚀后的微观组织结构，阐明了熔池在冷却时的形貌。

图 2.35 单圈电子束加热下获得的 TC4 纽扣锭及其切片

以文献［234］所报道的微熔池几何形状及边界参数为对象，建立了与实验条件相对应的多场耦合数值模型，模拟电子束加热条件下 TC4 微熔池的形貌演变。模拟结果与实验结果的对比如图 2.36 所示。可见，所建立的模型预测熔池形貌及深度与文献［234］报道的实际相吻合，结果可信。

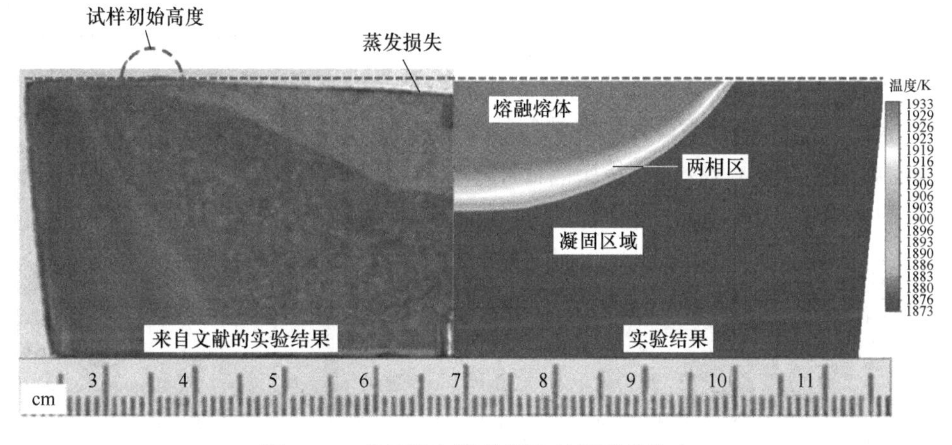

图 2.36 多场耦合模型验证-熔池形貌演变

此外，根据文献［251］和［252］报道的 TC4 高温实验，建立了相应的多场耦合模型，模拟了铝元素在真空下的挥发损耗，并与实验数据进行了对比。在电磁搅拌及真空环境下熔炼 1kg TC4 合金，熔炼温度为 1973K、压力为 10Pa、熔炼时间为 600s，结果如图 2.37 所示。所获数值模拟结果在 t=200s、400s 及 600s 时与实验结果基本接近，证明了多场耦合模型中挥发及传质模块的准确性。

2.3.4.3 模型边界条件

根据上述多场耦合理论，利用 Solidwork、ANSYS Mesh 等软件，以云南某钛

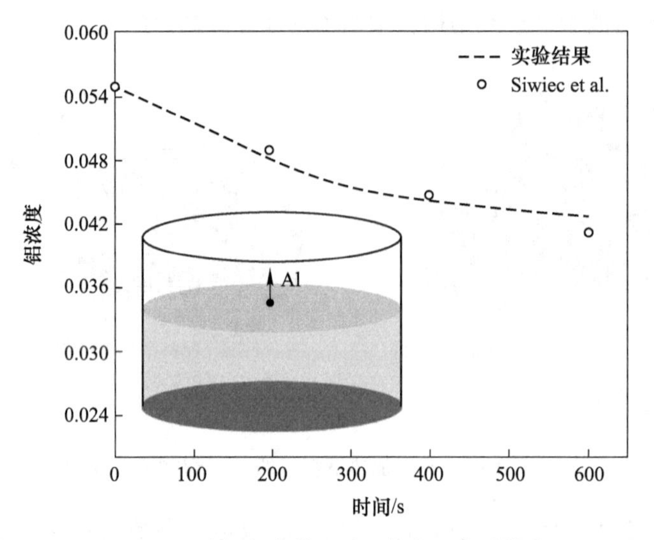

图 2.37 多场耦合模型验证挥发及传质模块

合金生产企业所使用的冷床、ϕ260mm 圆锭结晶器、大规格扁锭结晶器、ϕ620mm 大规格圆锭结晶器为对象进行几何建模及网格划分；使用 ANSYS Fluent、Visual Studio 等软件建立了热流-凝固-挥发多场耦合模型，并编译了所需搭载的 UDF 源程序。由于电子束加热、凝固及挥发等方程需要较小的时间步长进行瞬态计算方可收敛，而电子束冷床炉物理体积较大，划分的网格多达上百万，模型的运算对于计算资源有较高的要求。因此，本书涉及的热流耦合计算、凝固/熔化耦合计算及反应/传质耦合计算均使用昆明理工大学超算中心所搭建的计算机集群（见图 2.38）完成，进行最高 Fluent 64 CPU 并行计算。

图 2.38 昆明理工大学超级计算机集群

多场耦合模型的计算步骤如图 2.39（a）所示，计算完成后的数据获取及可视化后的处理由 ANSYS Results、ParaView、Tecplot Chorus 等软件共同完成。针对 TC4 的高温熔铸过程，计算中所采用的物理参数如图 2.39（b）所示，主要包括比热容、热导率、密度及不同温度下的液相系数。

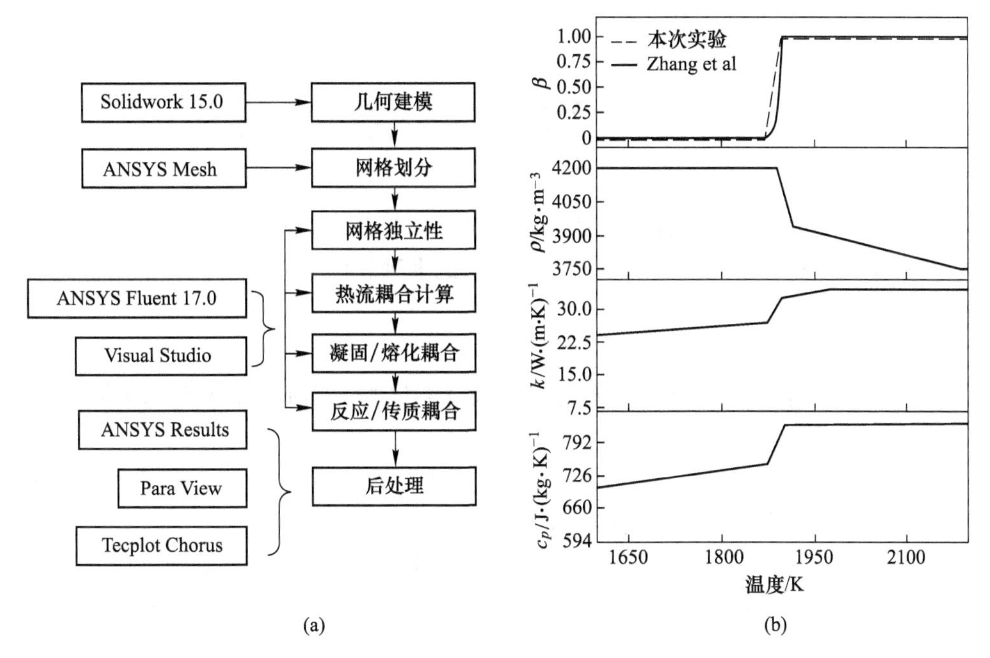

图 2.39 多场耦合模型的计算流程(a)和计算所需 TC4 高温熔铸物理参数(b)

3 熔炼过程的传热数值解析

熔池的形成、元素的挥发、铸锭微观组织的分布均受控于熔铸过程中的热现象。因此，传热是熔铸过程的基础。本章借助多种软件和分析手段，对熔炼过程的传热现象进行了数值解析。

3.1 超长超薄 TA1 及 TC4 扁锭凝固过程的温度场

本节基于第 2.1 节所建立的 MiLE 非稳态模型数值模拟方法，分析超长超薄 TA1 及 TC4 扁锭电子束冷床熔铸的最后阶段，即半连续凝固过程，求解不同工艺参数下的温度场分布。由于上述模型不涉及熔体对流的影响，金属半连铸过程中的温度场计算可以借助不同的数值计算方法，本节应用有限元法对上述实体进行网格划分并对数学模型进行离散求解。应用 MiLE 热分析计算模块求解微分方程，以一定的网格大小（长宽与厚度的比值来表征）和时间步长来保证数值计算的收敛性，具体计算流程如图 3.1 所示。计算条件与实际生产相对应，设定 600s 后开始往下拉坯。此外，基于该模型计算了不同有限元网格尺寸和不同时间步长对熔池深度的影响，模拟结果发现这些参数的变化对预测熔池形貌的精准度影响不大。因此主要研究电子束功率（对应模拟中的浇注温度）及原料熔化速度（对应模拟中的拉锭速度）等实际工艺控制参数对熔铸过程的影响。

随着时间的进行，扁锭的液态温度场分布与结晶器中温度场分布均会达到稳定状态。因此，当牵拉速度、液面温度和合金成分等工艺条件确定后，温度场的分布在半连铸过程达到稳态时是唯一确定的。本节进行了温度场结果分析，研究了结晶器内扁锭部分达到稳态后的固液界面曲率、固相线和液相线位置及 TC4 钛合金扁锭凝固过程中糊状区宽度的变化规律。为了确定实际生产中应切除的锭头长度，预测了不同工艺参数与超长超薄 TA1 及 TC4 扁锭非稳态过渡区长度的关系。并且根据温度场分布情况分析了超长超薄 TA1 扁锭表面缺陷的形成机理，为实际生产出优质的轧制用 TA1 及 TC4 方坯提供了一定的理论依据。

3.1.1 超长超薄 TA1 钛扁锭的温度场模拟

图 3.2 所示为 TA1 钛扁锭凝固过程最终达到稳态时的熔池形貌。凝固的主要工艺条件如下：浇注温度为 2123K、拉锭速度为 2.35×10^{-4}m/s（对应实际原料

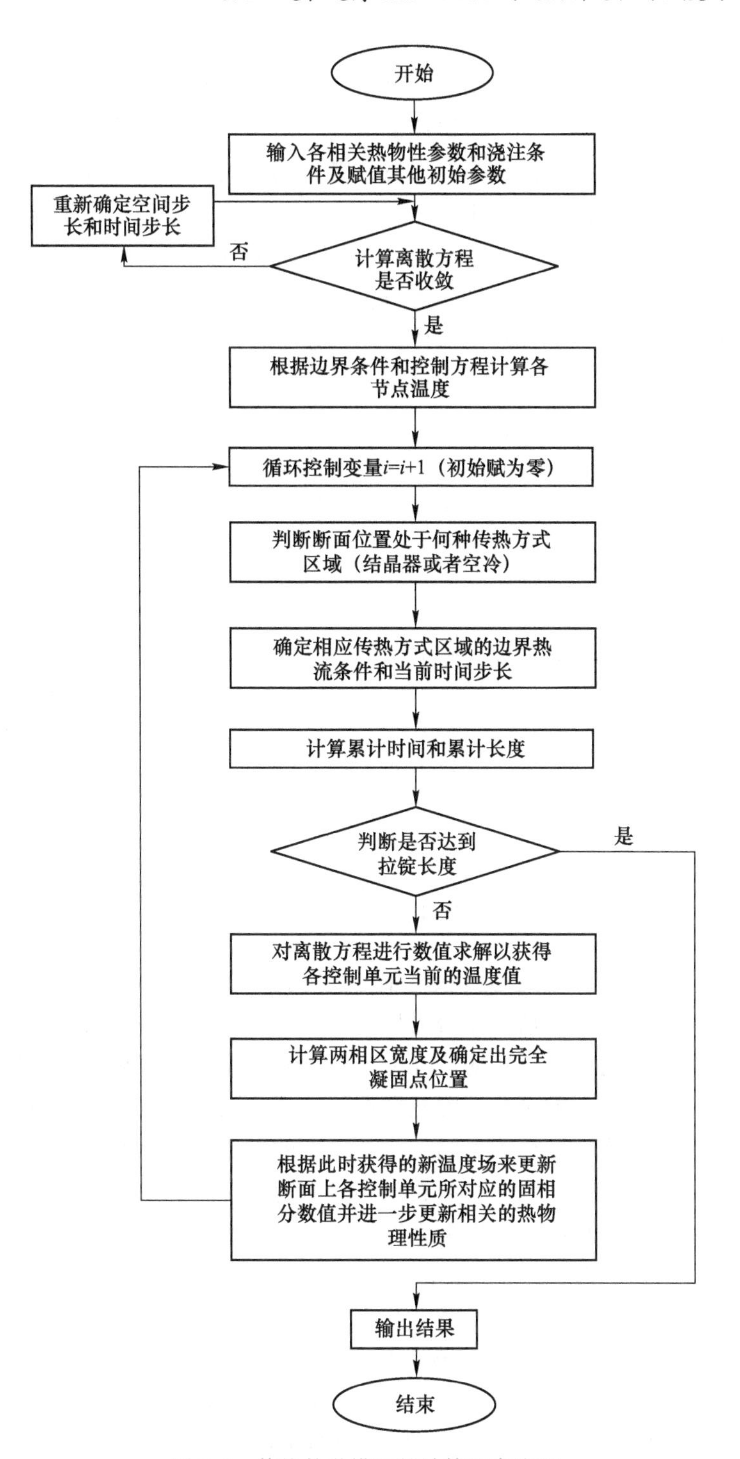

图 3.1 传热数学模型的计算程序流程

熔铸速度为 1000kg/h）。从宏观熔池形貌可以看出，水冷结晶器的冷却条件是电子束冷床炉熔铸超长超薄 TA1 扁锭凝固过程的核心，铸锭熔池在靠近结晶器的两端温度急剧下降，从而形成一定厚度的凝壳。但在结晶器尺寸和冷却水通量固定的条件下，单位面积的水冷结晶器对钛锭散热的有效作用距离是一定的，也就是说结晶器的有效冷却能力是恒定的，那么在最终达到稳定的熔池形貌时，不同工艺条件的熔池形貌几乎都是相同的，中间部分都是平缓的直线。由于水冷结晶器的冷却有效距离有限，随着熔铸的进行，不断有熔体流入结晶器内部，熔铸进入稳定阶段时，结晶器内部逐渐形成比较深的熔池，并且熔体的温度上升很快，此时熔体中心的温度基本接近于溢流口流入的钛液浇注温度。

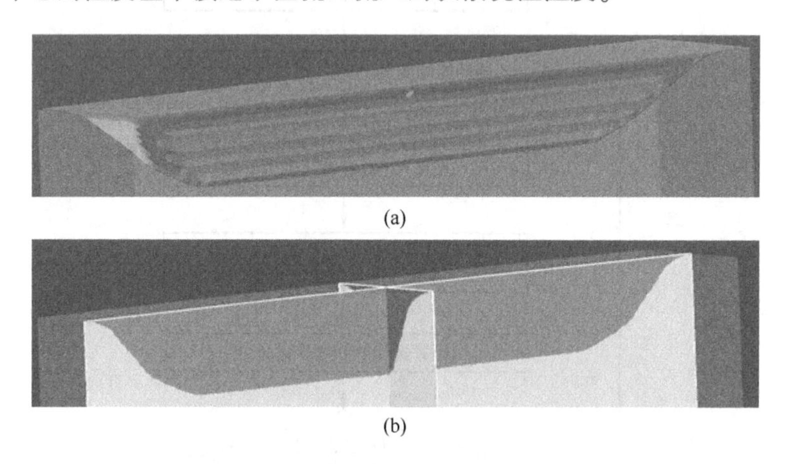

图 3.2　TA1 扁锭凝固过程的熔池形貌
（a）熔池三维形貌图；（b）不同方向纵切面剖视图

由凝固理论可知，熔池的形状和深度决定着沿铸锭断面的结晶速度，并且决定着铸锭中区域偏析及树枝晶疏松的特性与程度，同时对热裂纹的产生和发展也具有很大的影响。对于超长超薄 TA1 扁锭的凝固过程熔池形状大致相同，但是熔池的深度与主要工艺参数有关。因此根据某钛业公司实际生产超长超薄 TA1 扁锭现有的工艺条件，模拟计算了不同工艺条件下的半连铸凝固温度场，阐明了熔池达到稳态后的深度，获得了工艺参数与熔池深度的定量关系，预测了工艺参数对扁锭质量影响的灵敏程度，为提高扁锭质量提供有效的理论依据。根据结晶器内 TA1 扁锭熔池从非稳态到达稳态的时间，得到了不同工艺条件与 TA1 扁锭过渡区长度的定量关系。为了得到拉锭速度和浇注温度（这些工艺参数分别对应着实际熔铸过程的控制参数）对凝固过程的影响，分别对不同拉锭速度（1×10^{-4}m/s、2×10^{-4}m/s、2.35×10^{-4}m/s、3×10^{-4}m/s）和浇注温度（2023K、2073K、2123K、2173K）工艺条件下电子束冷床熔铸超长超薄 TA1 扁锭的凝固过程进行了温度场模拟仿真，使得半连铸的拉坯和凝固过程实现可视化。

在图 3. 2（b）中间切片图的熔池最底端处选取节点，当固-液界面的温度场达到稳态时，经对比分析该点为 TA1 扁锭固-液界面处最后达到稳态的位置。因此选取该点为研究对象，提取出该点在不同拉锭速度和浇注温度下的温度随时间的变化数据，如图 3. 3 所示。由图可知超长超薄 TA1 扁锭在不同条件下的凝固过程中，该节点温度场最终都不再随时间而变化，从而整个扁锭固-液界面达到稳态。应用电子束冷床炉熔铸生产超长超薄 TA1 扁锭过程实质上是一种半连铸过程（钛锭长度不是无限拉伸的）。定义扁锭从非稳态到稳态过程的长度为过渡区长度（达到稳态时间与拉锭速度的积）。在半连铸过程中从非稳态到稳态的过渡时间越短，则过渡区长度越短，从而提高了钛带卷的成材率。

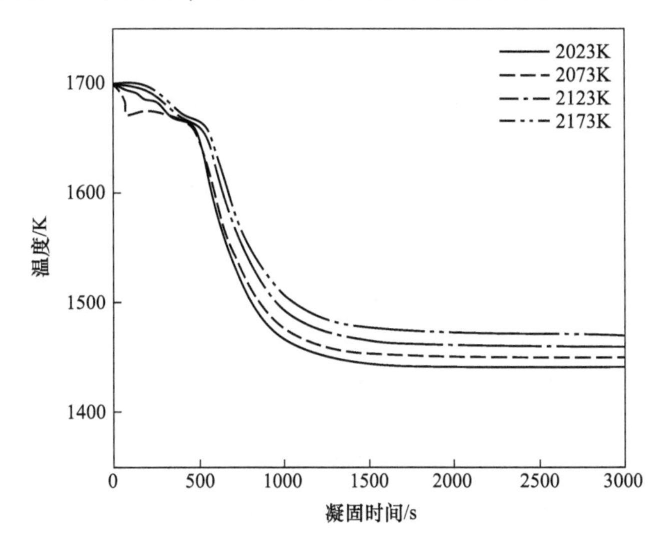

图 3. 3 不同浇注温度下相同节点的温度随凝固时间的变化

3. 1. 1. 1 工艺参数与 TA1 扁锭过渡区长度的关系

A 浇注温度

在一定的拉锭速度（2.35×10^{-4}m/s）条件下，浇注温度分别设定为 2023K、2073K、2123K、2173K，研究了超长超薄 TA1 扁锭在不同浇注温度下，相同节点处的温度随凝固时间的演变规律，如图 3. 3 所示，提取出超长超薄 TA1 扁锭凝固过程的温度场达到稳态的时间。由图 3. 4 可以看出，随着浇注温度的增加，计算得出的过渡区长度也逐渐增加。虽然浇注温度的增加能够提高过热度，使钛熔液的流动性增强从而减少铸造缺陷，但浇注温度的提高使得锭头的切除量增加，从而大大增加了生产成本。因此，在超长超薄 TA1 扁锭实际生产中应适当降低浇注温度，即溢流口流入结晶器内的钛液熔体温度。

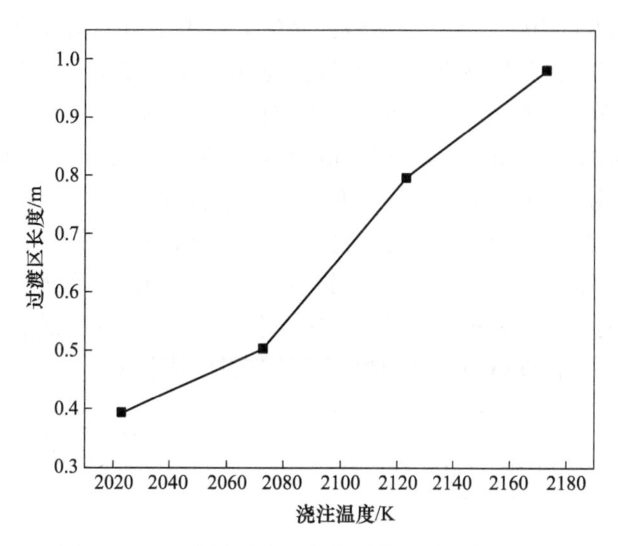

图 3.4　TA1 扁锭过渡区长度随着浇注温度的变化

B　拉锭速度

在一定的浇注温度（2123K）下，拉锭速度分别为 1×10^{-4}m/s、2×10^{-4}m/s、2.35×10^{-4}m/s、3×10^{-4}m/s，实际生产中对应不同的原料熔炼速度。不同拉锭速度下相同位置处的温度随凝固时间的变化规律如图 3.5 所示，图 3.6 所示为 TA1 扁锭达到稳态的时间和过渡区长度随拉锭速度的变化关系。可以明显地看出，TA1 扁锭达到稳态的时间与拉锭速度呈非线性关系，而过渡区的长度却随着拉锭速度的提高而线性增加，因此在确定了工艺参数与非稳态过渡区长度的定量关系

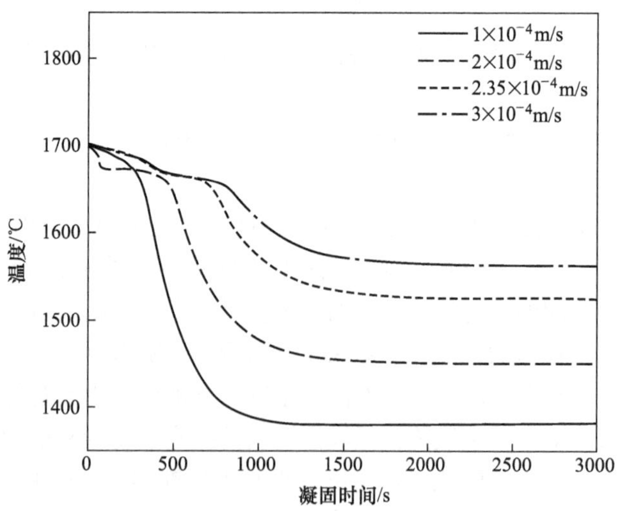

图 3.5　不同拉锭速度下相同节点的温度随凝固时间的变化

时，可以根据拉锭速度直接预测出过渡区长度的大小，从而更精确地去除组织内不均匀的 TA1 扁锭的锭头部分，为实际生产高质量的钛带卷提出有效的理论指导。

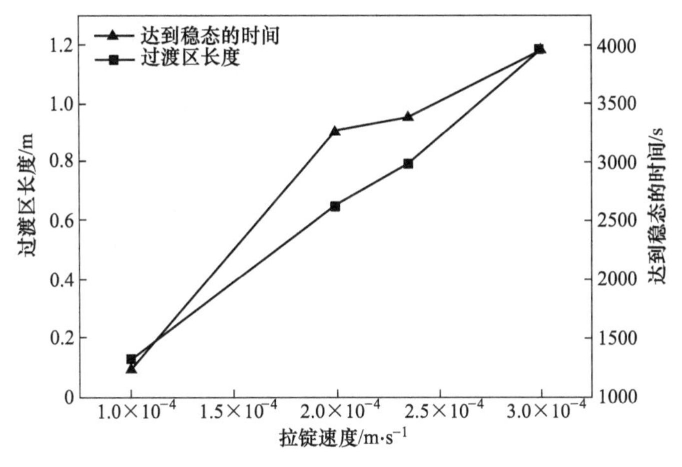

图 3.6 TA1 扁锭达到稳态的时间和过渡区长度随着拉锭速度的变化

3.1.1.2 工艺参数对 TA1 扁锭熔池深度的影响规律

A 浇注温度

在拉锭速度（2.35×10^{-4}m/s）确定的条件下，分别设定 4 种不同的浇注温度对 TA1 扁锭拉锭过程凝固温度场进行研究，计算了超长超薄 TA1 扁锭熔池深度的变化，结果如图 3.7 所示。计算结果表明，随着浇注温度的增加熔池深度显著加深。由于熔体过热度增加，那么输入能量不断增加，而在结晶器冷却强度一定的情况下，中心部分熔体热量来不及散出去，使得熔池深度逐渐增加。浇注温度从 2023K 增加到 2173K 时，熔池深度从 1.40cm 加深到 5.60cm。

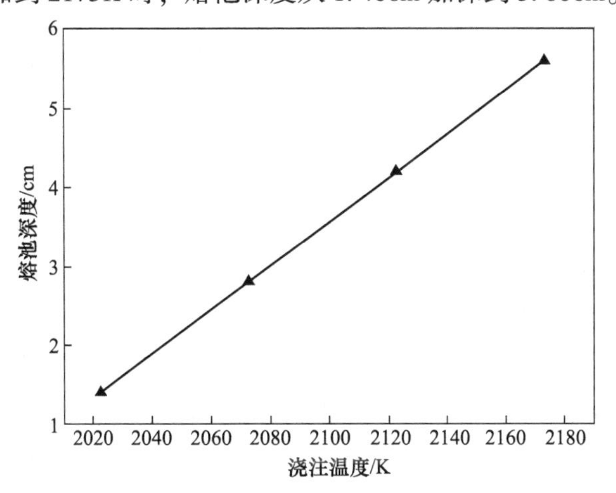

图 3.7 TA1 扁锭熔池深度随着浇注温度的变化关系

B　拉锭速度

当浇注温度保持在 2123K 时，拉锭速度分别为 1×10^{-4} m/s、2×10^{-4} m/s、2.35×10^{-4} m/s、3×10^{-4} m/s，计算出的液相线深度值分别对应为 0.18cm、0.37cm、0.43cm、0.56cm。由图 3.8 可以看出，随着拉锭速度提高，熔池深度随之线性增加。这是由于拉锭速度的提高，结晶器内铸坯停留时间较少，使得温度下降较慢，而又有熔体不断从溢流口流入结晶器，不断地能量输入而散热量又相对较少，因此熔池深度不断加深。

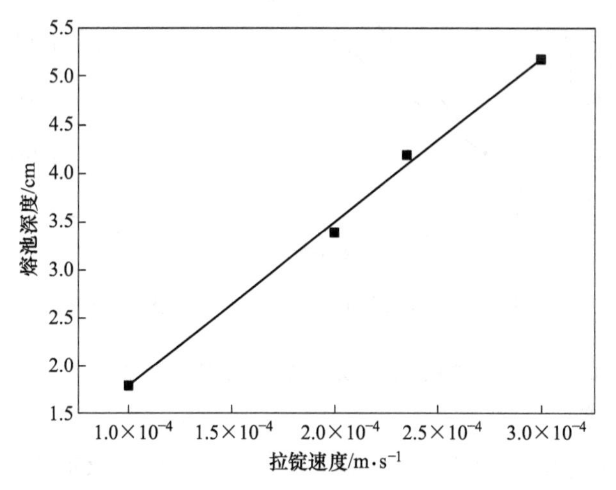

图 3.8　TA1 扁锭熔池深度随拉锭速度的变化关系

为了比较拉锭速度和浇注温度对熔池深度影响的敏感性，可以根据以上计算结果所拟合无量纲方程来判断：

$$H_T = 0.028(I_T - 1973) \tag{3.1}$$

$$H_v = 17860 I_v \tag{3.2}$$

式中，I_T 为浇注温度的数值（大于 1973）；I_v 为拉锭速度的值；H_T 和 H_v 分别为浇注温度和拉锭速度对液相线深度数值的影响。

综合浇注温度和拉锭速度对 TA1 扁锭熔池深度的影响，可由式（3.3）表示：

$$H_{sum} = 0.028(I_T - 1973) + 17860 I_v \tag{3.3}$$

由式（3.1）和式（3.2）可以看出，拉锭速度对熔池深度的影响较为显著，因此在实际生产超长超薄 TA1 扁锭时，在保证生产效率的同时应严格控制拉锭速度及对应熔炼速度的提高。最后通过试验研究得出大于 1500kg/h 的熔炼速度熔炼出的铸锭表面质量较差，而小于 1500kg/h 的熔炼速度熔炼出来的铸锭质量较好，小于 1000kg/h 的熔炼速度熔炼出的铸锭与 1000～1500kg/h 的熔炼速度熔炼出的铸锭质量几乎没有差别，所以保持 1000～1500kg/h 的熔炼速度是一种较为合适的电子束冷床炉铸锭熔炼速度。

3.1.2 实际熔铸超长超薄 TA1 扁锭表面缺陷分析

电子束冷床炉实际熔铸出的超长超薄 TA1 扁锭表面常出现的缺陷主要有冷隔、瘤疤和皮下气孔等。在铸锭经铣床扒皮时，往往会发现铸锭表面有大如米粒、小如针尖的孔，这些孔称为皮下气孔。在熔铸过程中，被熔炼金属中的气体要不断析出，逸向炉室空间，靠近坩埚壁表面，液压较小，具有气泡容易生核的条件。由于在熔铸时的熔炼速度过快或熔炼温度不足，气体来不及从铸锭边缘析出，就被冷凝的金属包围，形成皮下气孔。在实际操作中，应采用适当的熔炼温度和拉锭速度，使液态金属停留时间加长，这样气泡有足够的时间析出。另外，加大功率使熔池温度提高，液态金属的黏度变小，气泡逸出的速度加快，也可以消除气孔。皮下气孔对铸锭的危害很大，但只要在熔铸中控制合适的熔炼速度和熔化功率，就可以避免产生皮下气孔。

在确定了一定的浇注温度和拉锭速度之后，由于结晶器上方的电子枪在铸锭边缘扫描不均匀，很容易导致边缘部分达不到平均的液面温度，因此需要对熔池液面的温度分布进行研究。而电子束冷床炉熔铸的铸锭表面质量与熔化功率（浇注温度）和拉锭速度有关，特别是与结晶器熔池中温度的合理分配有关。由于结晶器与扁锭接触的固-液界面处在扁锭的边缘附近，4 号电子枪往往扫描分布不均使得输入能量在边缘处较少，导致钛锭外表面与结晶器接触的形式有两种：凝固形成的薄壁层和熔液形式，如图 3.9 所示。

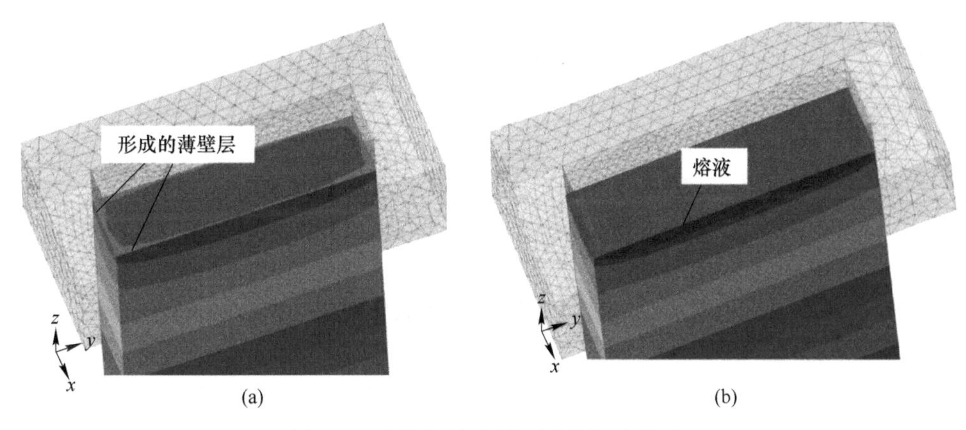

图 3.9 扁锭与结晶器不同的接触形式

（a）凝固薄壁层；（b）熔液形式

当固-液界面处存在一小薄层固体钛与结晶器接触时，由于拉锭速度的不稳定导致钛与结晶器结合处所受的力发生变化，当所受力足够大时，小薄层钛锭就会拉断或脱离结晶器而使得钛液流入间隙而产生表面折皮。当固-液界面处为钛熔体与结晶器接触、电子枪功率降低或在结晶器附近扫描时间减少时，使得边缘熔液不能维持恒定的浇注温度，而钛锭外表面冷却速率增大、钛锭凝固收缩增大、与结晶器间隙宽度增大，使钛液流入间隙而产生表面溢流。由于在实际熔铸过程中拉锭速度为间断的，该因素不易控制，为了控制上述表面缺陷的产生，需要控制熔液表面温度的分布情况。因此，为了进一步理解和解释铸锭表面缺陷的形成机理，针对熔液表面不同温度分布的情况进行了定性分析。

图 3.10 为不同熔液表面浇注温度的分配示意图。在实际熔铸时，电子束在铸锭正上方均匀加热，使得中间部分能量分布均匀维持稳定的浇注温度 T_1，而在铸锭边缘靠近结晶器部分，电子束间断扫描使边缘部分也有一定的能量补充。实验和模拟采用的表面温度参数分配见表 3.1。

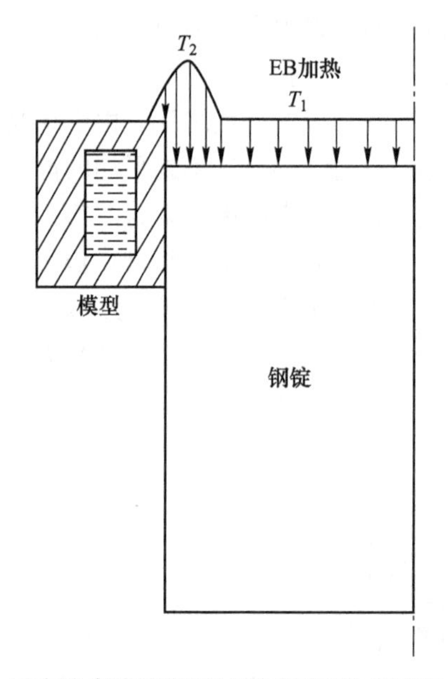

图 3.10　电子束冷床熔炼凝固过程不同浇注温度的分配示意图

表 3.1　不同温度参数分配

模　型	T_1/K	T_2/K
a	2123	2073
b	2123	2123
c	2123	2173

电子束的不同扫描加热方式使得熔液表面获得不同的浇注温度，因此在不同表面温度加热条件下应用数值模拟计算超长超薄 TA1 扁锭达到稳态下的熔池形貌如图 3.11 所示。图 3.11（a）中由于电子束扫描花样实际控制的不稳定

因素造成电子枪功率在结晶器附近扫描时间减少，靠近结晶器输入的能量也减少，由于水冷铜结晶器具有较强的导热能力，使得钛锭外表面冷却速率增大，很快就形成了一层小薄壳。一旦凝壳形成，由于钛锭的凝固收缩，小薄层凝壳就会脱离结晶器，与结晶器间隙宽度增大，使随后新增加的钛液从之前凝固产生的间隙中溢流出，进而产生冷隔或瘤疤这种表面缺陷。当熔液表面加热均匀（见图 3.11（b））或边缘部分增加一定的能量输入（见图 3.11（c））时，很少有凝壳在熔池边缘完全形成，甚至仍全部为熔液与结晶器接触，因此不会因为收缩量不一致而出现间隙增加，由于间隙较小，液体间的张力较大，熔液尚不能溢流。

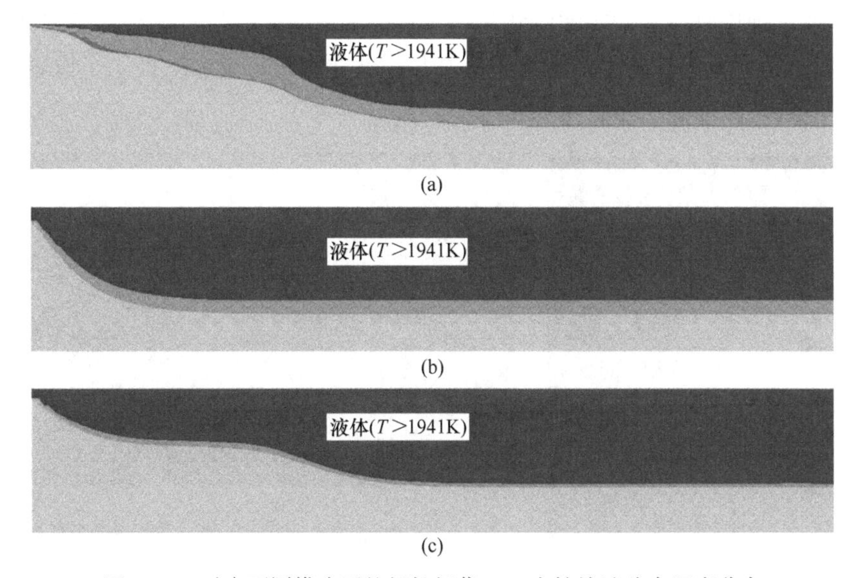

图 3.11　对应不同模式下的超长超薄 TA1 扁锭熔池稳态温度分布

所谓冷隔，是指铸锭表面形成的径向沟槽，这种沟槽极大地影响铸锭的成品率。它是由于熔池边缘局部没有完全凝固，而又被后续的熔液覆盖而形成。根据生产试验预测，这主要是结晶器内熔体表面分布不合适或拉锭速度过快所致。经过模拟结果分析可知，只要合理地分配电子束的能量，使得温度分布均匀，则靠近结晶器的钛熔液能够很好地凝固完成，然后严格控制拉锭速度的稳定性，就可以消除冷隔缺陷。瘤疤是指铸锭表面像贴上膏药一样的流体壳，模拟分析它的形成机理主要是由于结晶器边缘铸锭冷却过快，造成边缘有缝隙，后续的液体通过缝隙流下而形成的。在铸锭的铸造过程中采用辅助加热技术，可以调控铸锭的表面质量。当辅助凝固的电子束功率在扁锭边缘扫描不充分时，靠近水冷结晶器的熔体就会很快凝固形成凝壳，凝固时伴随着体积收缩，而后续的熔体进入结晶器时就有可能越过凝壳，在铸锭表面结疤。当边缘辅助能量输入较高时，在铸锭的表面区域形成不完全的薄凝壳，降低了结疤的可能性。因此，在实际熔铸操作中需要在靠近结晶器的扁锭边缘适当增加一定的辅助热量。

综合以上模拟研究和主要表面缺陷分析，选取浇注温度为2123K（靠近结晶器部分附加适当的输入能量）和拉锭速度为 2.35×10^{-4} m/s（即熔炼速度1000kg/h）作为最佳匹配参数进行实际熔铸，研究超长超薄TA1扁锭表面缺陷的优化效果。图3.12为采用最佳匹配参数生产的TA1扁锭，结果表明采用该参数指导实际熔铸，不仅提高了成品率，而且可以稳定生产出表面质量较好的超长超薄TA1扁锭。经过超声波探伤仪纵波直入射的探测方法对扁锭整个面进行扫描，结果显示均为直线，表明采用该优化参数熔铸出的扁锭内部和皮下均无气孔存在。通过理论研究与工程实际相结合，目前云南钛业股份有限公司具备了年产8000t超长超薄钛扁锭的生产能力，为高品质钛卷带的轧制加工提供了原料保障，提升了我国钛材深加工与技术装备水平。

(a)　(b)　(c)

图3.12　最佳匹配参数生产的TA1扁锭

（a）TA1扁锭出锭过程；（b）扁锭的锭尾部分；（c）扁锭的局部表面

3.1.3　超长超薄TC4钛合金扁锭的温度场模拟

由于TC4钛合金与TA1纯钛凝固时有所不同，TC4钛合金凝固温度区间较大，在凝固过程中存在着明显的固-液两相区。为了能够在现有设备和 TA1 扁锭生产工艺条件的基础上生产出质量合格的超长超薄 TC4 扁锭，本节对超长超薄 TC4 的凝固温度场进行模拟研究。因为在超长超薄 TC4 扁锭半连续铸造的凝固过程中，无论是晶粒形核还是组织生长，温度场都起了很重要的作用，而且糊状区的变化对枝晶的影响较大。图 3.13 所示为结晶器内扁锭纵截面的固-液界面形貌示意图，其中在完全液相区内连接所有枝晶前端的等温线为液相线（图中黑线显示），在完全没有液相时的临界点的连线为固相线（图中虚线显示）。在液相线之上为合金液相单相区；在固相线以下，合金已全部结晶完毕，为固相单相区；在液相线和固相线之间，合金已经开始结晶，但结晶过程尚未结束，为固-液两相共存区（糊状区）。而糊状区越宽，靠近固相线的小晶体很容易发展成为发达的树枝晶，从而在糊状区内形成一定数量的晶体骨架及有少量液体残留在枝晶中，因此未凝固的液体被完全封闭隔离在独立的小熔池内。随着冷却的继续进行，未凝固的液体将发生液态收缩和凝固收缩，已凝固的枝晶则发生固态收缩。由于熔池金属的液态收缩和凝固收缩之和大于其固态收缩，两者之差引起的细小空洞又得不到外部液体的补充，因而在相应部位便形成了分散性的细小缩孔，即缩松。合金的糊状区越宽，产生的缩松倾向就越大。因此，获得不同的工艺参数与合金糊状区宽度的定量关系可以实现对超长超薄 TC4 扁锭的缩松缩孔等缺陷的有效调控，并提供重要理论依据。

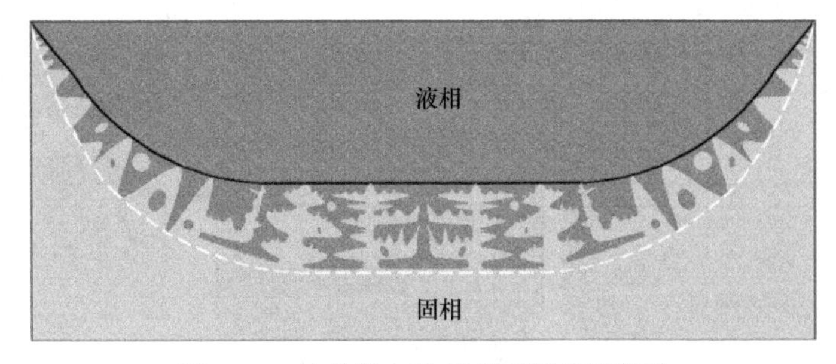

图 3.13　结晶器内固-液界面形貌示意图

通过对温度场的模拟计算，可以得到固-液界面形貌、温度梯度、等温线的形状和分布等特征，并且基于 MiLE 非稳态算法，可以得出扁锭达到稳态所需的时间，进而可以获得糊状区宽度及过渡区长度随着拉锭速度的变化规律。针对超长超薄 TC4 钛合金扁锭的凝固研究设置 5 种不同的拉锭速度（1×10^{-4}m/s、2×10^{-4} m/s、2.844×10^{-4}m/s、3×10^{-4}m/s、3.5×10^{-4}m/s）和 4 种浇注温度（1953K、1973K、1993K、2013K），分别对超长超薄 TC4 扁锭连铸过程进行数值模拟，研究其温度场的分布、固-液界面处的曲率变化及固相线、液相线和糊状区宽度的变化规律。

3.1.3.1　工艺参数对TC4扁锭熔池形貌的影响规律

在拉锭速度为 2.844×10^{-4}m/s、浇注温度为1973K的工艺条件下，TC4扁锭温度场随凝固时间的变化如图3.14所示。分别选取了0s、500s、1000s、2000s、5000s时刻的温度分布。由于结晶器与拉锭杆内部通有循环冷却水，因此温度较低，当结晶器底部的熔体靠近拉锭杆部分凝固形成一定厚度的坯壳时，开始向下拉锭。根据超长超薄TA1扁锭的实际生产熔铸，在模拟计算中，设置600s后TC4扁锭开始随着拉锭杆向下移动。随着凝固时间的进行，折叠层不断拉伸，直观地模拟整个扁锭的连铸过程，使得整个实际拉锭过程可视化。随着熔铸的继续进行，熔体逐渐开始冷凝，熔池内部温度向外界传导扩散，熔体的温度开始下降，最后熔体达到完全凝固。可以看出，整个凝固过程分为开始凝固、非稳态凝固、稳态凝固及凝固完成。本节研究从非稳态到稳态的这一主要凝固过程。不同工艺条件下的温度场结果显示，固-液界面形貌相同，铸锭两侧为曲率不同的平滑曲线，中间部分的固、液相线均为平滑的直线。因此，当结晶器内铸锭部分计算达到稳态时，可以分别测量铸锭中间部分的固相线深度 h_1 和液相线深度 h_2。

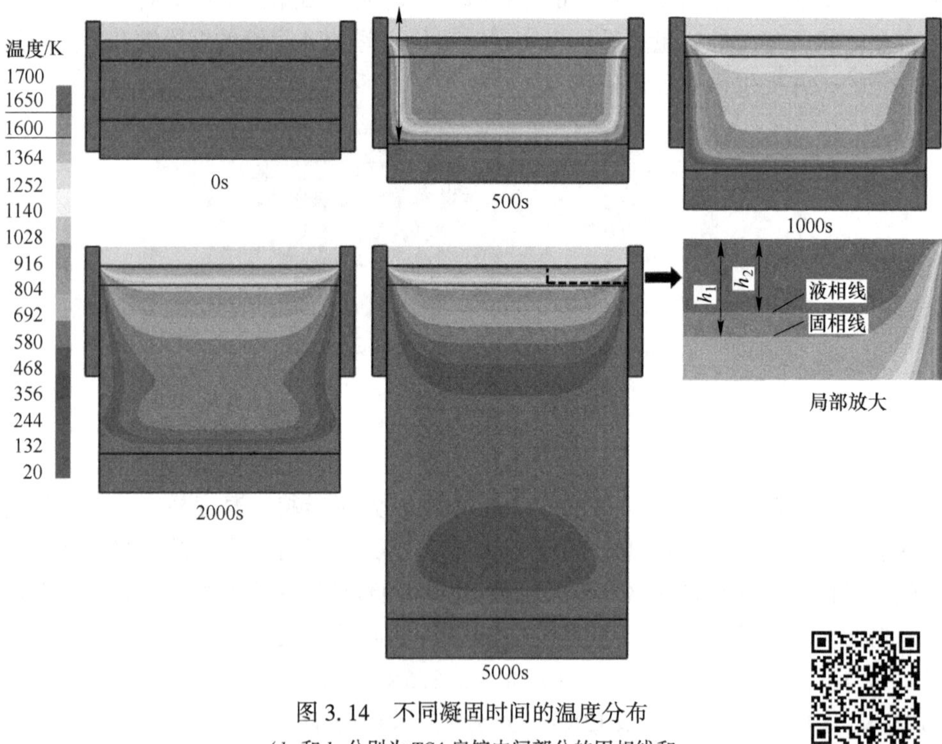

图3.14　不同凝固时间的温度分布
（h_1 和 h_2 分别为TC4扁锭中间部分的固相线和液相线距离液面上表面的深度）

扫描二维码
查看彩图

A 拉锭速度对 TC4 扁锭熔池形貌的影响

对于一定成分的合金来说，从熔体中生长晶体，必须在固-液界面前沿建立必要的温度梯度，以获得某种晶体形态的凝固组织，所以在连铸凝固过程中，固-液界面处温度梯度对连续凝固有着非常重要的影响。如图 3.15 所示，当拉锭速度从 1×10^{-4}m/s 提高到 3.5×10^{-4}m/s，固相线深度由 3.21cm 增加到 14.78cm、液相线深度由 2.08cm 增加到 10.06cm、糊状区宽度由 1.25cm 增加到 4.72cm。从 h_1、h_2离散点和糊状区宽度的拟合直线可以看出，随着拉锭速度的提高，固相线与液相线的深度逐渐增加，固-液两相之间的糊状区逐渐变宽，容易引起缩孔缩松等凝固缺陷。而固相线与液相线的温度差是一定的，因此随着拉锭速度的提高，铸锭相对冷却强度降低，糊状区的温度梯度逐渐减小。这是由于在实际连续凝固过程中，TC4 扁锭的表面由电子枪持续加热并且溢流口一直有熔体流入，使得熔体的总能量不断增加，而拉锭速度的增加使得上层熔体传递热量时间减少，如此则必然导致温度梯度的减小。

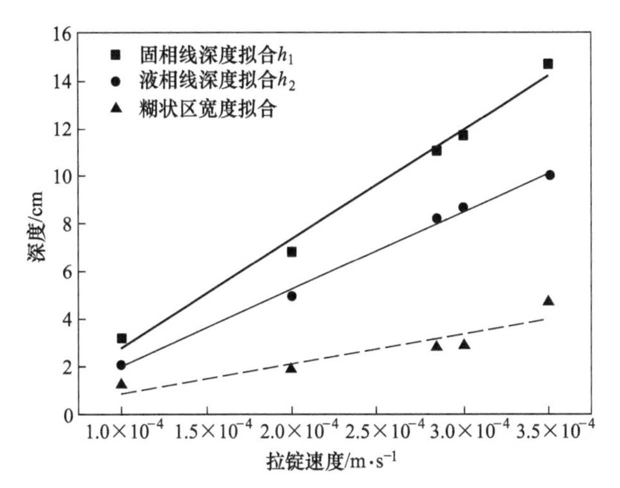

图 3.15 固相线和液相线深度及糊状区宽度随着拉锭速度的变化

如图 3.16 所示，随着拉锭速度的提高，液相线和固相线形貌逐渐加深变宽，扁锭两侧的固相线和液相线斜率不断增大。而随着拉锭速度的减小，固-液界面形状由下凹向平直演变，固-液界面弯角处的曲率不断减小，从而可以大大减小铸锭中的宏观偏析等缺陷。因此，在电子束冷床炉熔铸生产超长超薄 TC4 扁锭连续凝固过程中应适当减小拉锭速度。

B 浇注温度对 TC4 扁锭熔池形貌的影响

为研究浇注温度对超长超薄 TC4 扁锭凝固过程温度场的变化规律，在一定的拉锭速度（2.844×10^{-4}m/s）下，分别对 1953K、1973K、1993K、2013K 4 种不同浇注温度下的 TC4 钛合金凝固过程进行模拟计算。在模拟过程达到稳态后，计

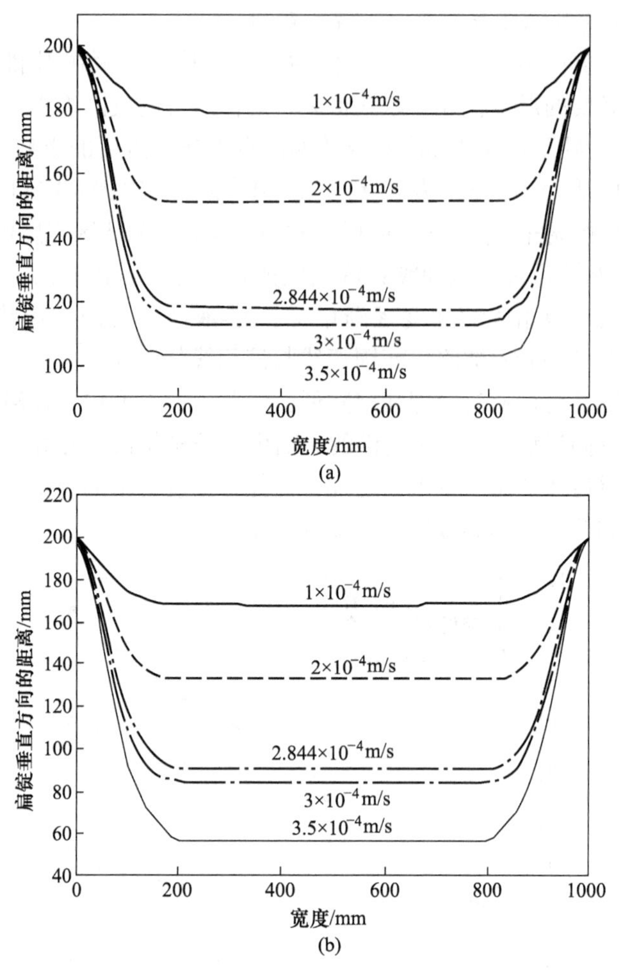

图 3. 16 不同拉锭速度的液相线和固相线形貌和位置

(a) 液相线位置随拉锭速度的变化；(b) 固相线位置随拉锭速度的变化

算出 h_1、h_2及糊状区宽度（h_1-h_2）随浇注温度的变化关系如图 3. 17 所示，固相线和液相线的位置随着浇注温度的升高而向下移动，而固相线与液相线之间的糊状区逐渐变窄，从 1953K 升高到 2013K 时，固相线深度 h_1从 10. 12cm 增加到 12. 19cm、液相线深度 h_2从 7. 28cm 增加到 9. 54cm、糊状区宽度从 2. 84cm 减小到 2. 65cm。浇注温度增加，糊状区变窄，固-液界面前沿的温度梯度增大，因此过冷区范围变窄，形核率减小，从而促进了柱状晶的生长，阻碍等轴晶区的发展。

为了更直观看出固-液界面形貌随浇注温度的变化情况，将不同浇注温度的 TC4 铸锭液相线和固相线所在位置的数据提取出来绘制在同一张图上，如图 3. 18 所示。很显然，TC4 合金的固相线随浇注温度的增加而不断加深变宽，固-液界

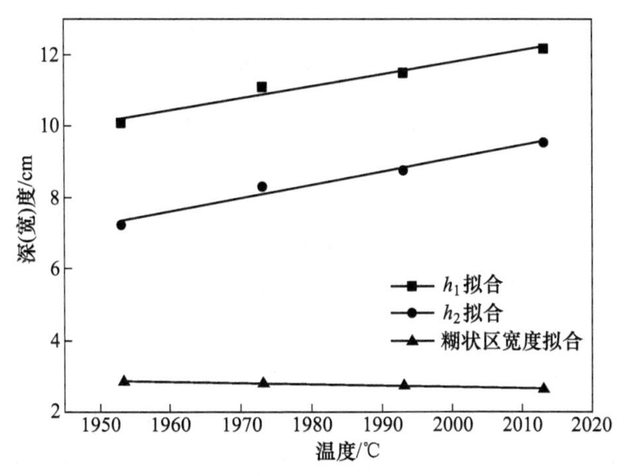

图 3.17　固相线和液相线深度及糊状区宽度随浇注温度的变化

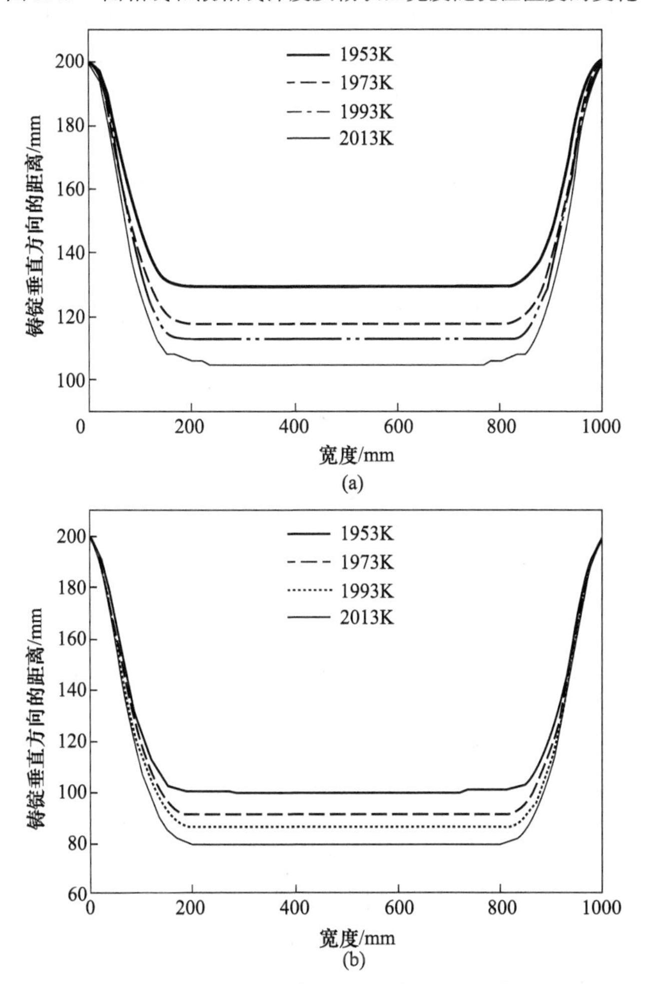

图 3.18　不同浇注温度下液相线(a)和固相线(b)随浇注温度的变化

面中心形貌越深，铸锭两侧坯壳越薄。因而降低浇注温度可以减小扁锭固-液界面弯角处的曲率，从而可以降低钛合金铸锭的宏观偏析，提高扁锭的铸造质量。并且，TC4（Ti-6Al-4V）中铝元素在高温下蒸气压高（比钛的高 4 个数量级），所以铝元素在高温真空中的挥发很严重[89]，因此降低过热度可以有效减少易挥发元素的损失量。但过热度的降低同时会使液态金属的流动性降低，导致浇不足和冷隔等缺陷的产生。因此，应合理降低浇注温度，不仅有利于提高超长超薄 TC4 扁锭的生产质量，也可以减少结晶坩埚内铝元素的挥发损失量，以提高合金成分的精确性。

3.1.3.2 工艺参数与 TC4 扁锭过渡区长度的关系

大量生产表明，从非稳态到稳态凝固阶段形成的铸锭组织不均匀且质量较差，严重影响钛带卷的质量，因此在后续轧制带卷之前需要切除该部分。为了研究过渡区长度的变化规律，提取熔池底部中间位置节点不同拉锭速度下该点所达到稳态的时间，计算出 TC4 钛合金扁锭过渡区的长度，如图 3.19 所示。可以看出，拉锭速度的提高，扁锭达到稳态所需时间和过渡区长度不断增加，且过渡区长度呈线性增长。因此，在实际电子束冷床熔铸超长超薄 TC4 钛合金扁锭生产中在保证一定的生产效率的同时，应严格控制拉锭速度的提高，以减少扁锭的切除量。

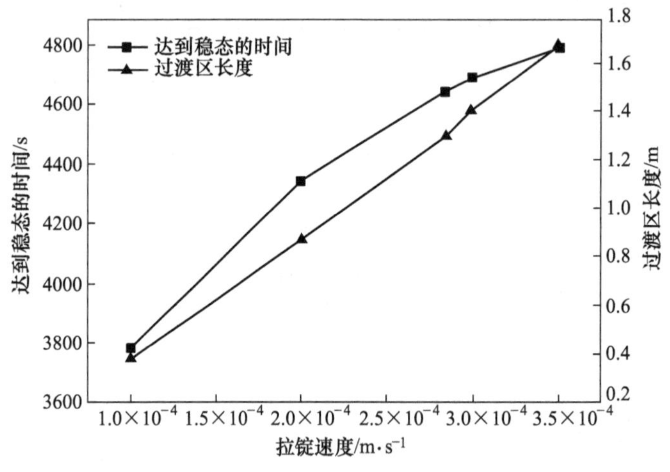

图 3.19 TC4 钛合金扁锭达到稳态的时间和过渡区长度随拉锭速度的变化

浇注温度对超长超薄 TC4 扁锭非稳态过渡区长度的影响如图 3.20 所示，当浇注温度从 1953K 升高到 2013K，扁锭达到稳态所需时间从 3490s 延长到 5050s，过渡区长度由 0.98m 增加到 1.41m。可以看出，随着浇注温度的提高，扁锭达到稳态所需时间和过渡区长度不断增加，但是增长趋势逐渐变缓，因此浇注温度的继续提高对过渡区长度的影响相对于拉锭速度来说不是很显著。另外，在之前 TA1 的模拟结果中显示，浇注温度从 2023K 提升到 2173K 时，TA1 扁锭的过渡区长度从 0.39m 增加到 0.98m，相对于 TC4 钛合金来说，TA1 扁锭的过渡区长度在同等条件下要小很多（TC4 扁锭的浇注温度为 2013K 时对应过渡区长度为 1.41m），因此生产超长超薄 TA1 扁锭更易于形成稳定的组织，相对于 TC4 扁锭实际生产中 TA1 扁锭的质量也相对较好，更有利于稳定批量化生产。

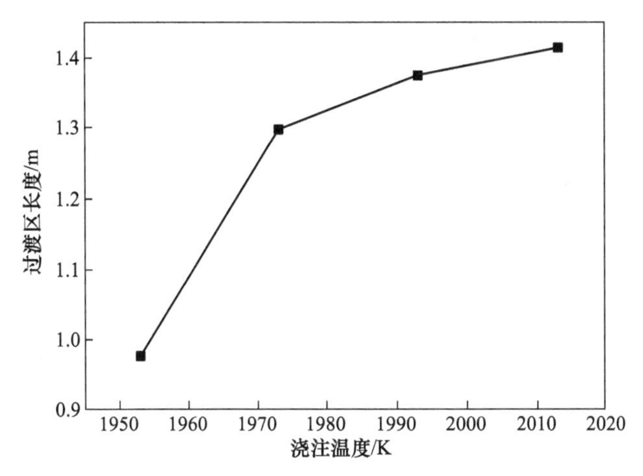

图 3.20　TC4 钛合金扁锭过渡区长度随浇注温度的变化

此外，在温度场的基础上计算了 TC4 合金的二次枝晶臂间距。图 3.21（a）所示为浇注温度为 1973K 条件下的二次枝晶臂间距的宏观分布图，选取距离液面上表面 0.5cm 处的所有数据点，提取出不同浇注温度下该位置的二次枝晶臂计算结果。可以看出，中间部分为液体，尚未开始凝固，所以二次枝晶臂间距为零。靠近结晶器的两边已完全凝固，由图 3.21（b）黑色虚线两侧的数据可以看出，二次枝晶臂间距随着浇注温度的增加而增大。因此，浇注温度对钛合金结晶过程的影响表现为随着浇注温度的提高，过热度增大，合金液体的流动性增强，可以减少铸造缺陷，但同时会使合金的晶粒尺寸增大。综上，在电子束冷床炉熔铸超长超薄 TC4 钛合金扁锭时，1973K 为最佳浇注温度，为防止拉锭过程熔液拉漏等出现安全事故，应尽量降低熔池深度，因此在保证生产效率的同时拉锭速度应控制在 3.5×10^{-4}m/s 以内。而对于实际中浇注温度的控制，由于 4 号电子束热源的输入可以使结晶器上方液体挥发的能量基本保持平衡，从而维持结晶器内熔液的温度保持基本恒定。因此需要控制熔铸过程中 3 号电子束的加热功率和扫描花样，使得冷床内靠近结晶器侧熔体温度控制在 1973K 左右，即控制了溢流口处钛液熔体的浇注温度。

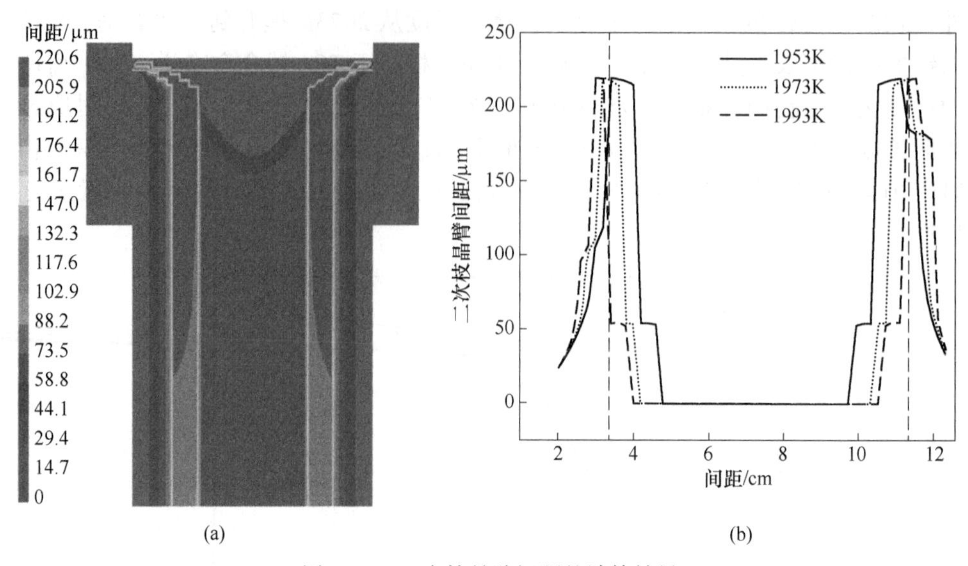

图 3.21　二次枝晶臂间距的计算结果

（a）二次枝晶臂间距宏观分布图；（b）在扁锭宽面方向上距离液面上表面 0.5cm 处不同浇注温度的二次枝晶臂间距

3.2　TC4 圆锭凝固过程的温度场

本节主要介绍 TC4 圆锭在熔铸过程中的温度场分布情况。图 3.22 为 TC4 钛合金圆锭在浇注温度为 1700℃、拉锭速度为 1.66×10^{-4}m/s 条件下达到稳态后的温度场分布。当熔体达到稳态时，温度场分布不再随时间发生变化，通过改变工

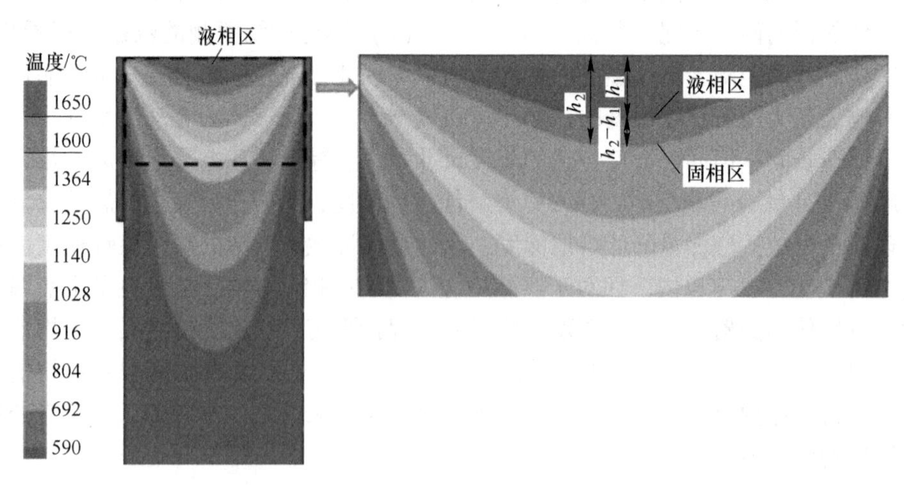

图 3.22　TC4 钛合金圆锭稳态温度场分布

艺参数就可获得不同条件下的温度场分布，从温度场分布中就可直接获得熔池的糊液界面深度（h_1）、固糊界面深度（h_2）及糊状区宽度（h_2-h_1），从而实现对铸锭质量进行预测。

3.2.1 浇注温度对 TC4 钛合金圆锭熔池形貌的影响

图 3.23 为工况一条件下，凝固过程达到稳态后的温度场分布图。从图中可以看出，随着浇注温度的增加，熔池逐渐加深，糊状区逐渐变窄。同时，为了定量分析固糊界面、糊液界面深度和糊状区宽度随浇注温度的变化关系，对熔池形貌进行测量并绘制图 3.24。从图 3.24 可以看出，当浇注温度从 1700℃ 升高到 1960℃时，糊液界面深度 h_1 从 3.2cm 增加到 7.2cm、固糊界面深度 h_2 从 4.48cm 增加到 8.08cm、糊状区宽度 h_2-h_1 从 1.28cm 减小到 0.88cm。随着浇注温度增加，糊状区逐渐变窄（即凝固前沿过冷区变窄），温度梯度增加，熔体形核率减小，柱状晶的生长得到促进，等轴晶区发展受到阻碍，使得铸坯中心偏析加重。同时，提高浇注温度，固糊界面和糊液界面振幅均逐渐增大，结晶器内圆锭凝固坯壳不断变薄。TC4 钛合金中含有易挥发元素铝。当浇注温度过高时，合金中铝元素的挥发量将增加，导致合金因铝元素含量不足而使圆锭质量不合格；当浇注温度过低时，又会致使熔体流动性不足，在圆锭内部形成缩松、缩孔等质量缺陷。所以合理的浇注温度可以抑制柱状晶生长，减少铸锭成分偏析，保证合金成分均匀性。

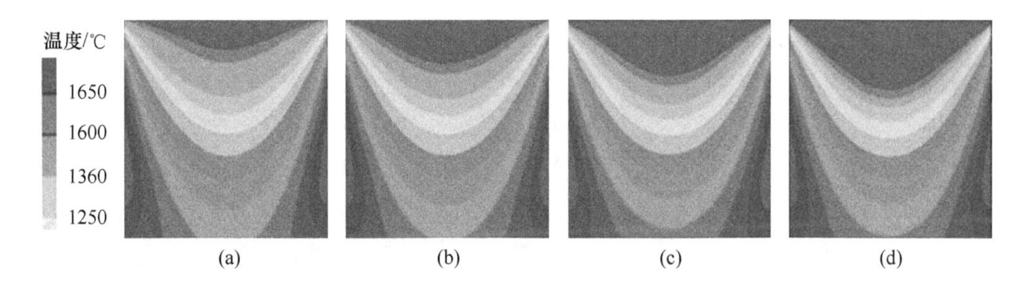

图 3.23 TC4 钛合金圆锭温度场分布随浇注温度的变化

（a）1700℃；（b）1760℃；（c）1860℃；（d）1960℃

3.2.2 拉锭速度对 TC4 钛合金圆锭熔池形貌的影响

图 3.25 为工况二条件下，TC4 钛合金圆锭温度场分布图。从图中可以看出，随拉锭速度提高，熔池逐渐加深，结晶器内圆锭凝固坯壳变薄，糊状区变宽。为了定量分析固糊界面、糊液界面和糊状区宽度随拉锭速度的变化情况，对熔池形貌进行测量并绘制图 3.26。从图 3.26 可以看出，当拉锭速度从 1×10^{-4}m/s 提高到 6×10^{-4}m/s 时，糊液界面深度 h_1 从 1.72cm 增加到 16.51cm、固糊界面深度 h_2 从 2.8cm

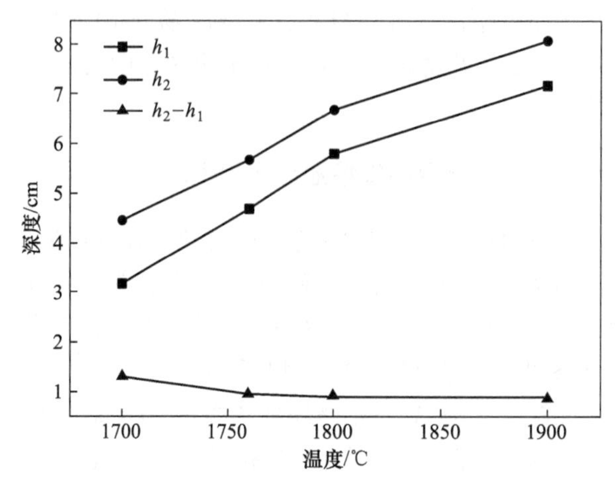

图 3.24　h_1、h_2和 h_2-h_1随浇注温度的变化

增加到 20.598cm、糊状区宽度 h_2-h_1从 1.1cm 增加到 4.08cm；当拉锭速度为 5.4×10^{-4}m/s 时，固糊界面深度达 18cm。在本节中结晶器有效高度为 180mm，为防止出现拉漏的安全事故发生，模拟条件下拉锭速度应控制在 5.4×10^{-4}m/s 以内。对比图 3.8发现，拉锭速度变化对圆锭熔池形貌的影响要远大于浇注温度变化的影响。所以，在实际生产中对拉锭速度控制的重要性要大于对浇注温度的控制。

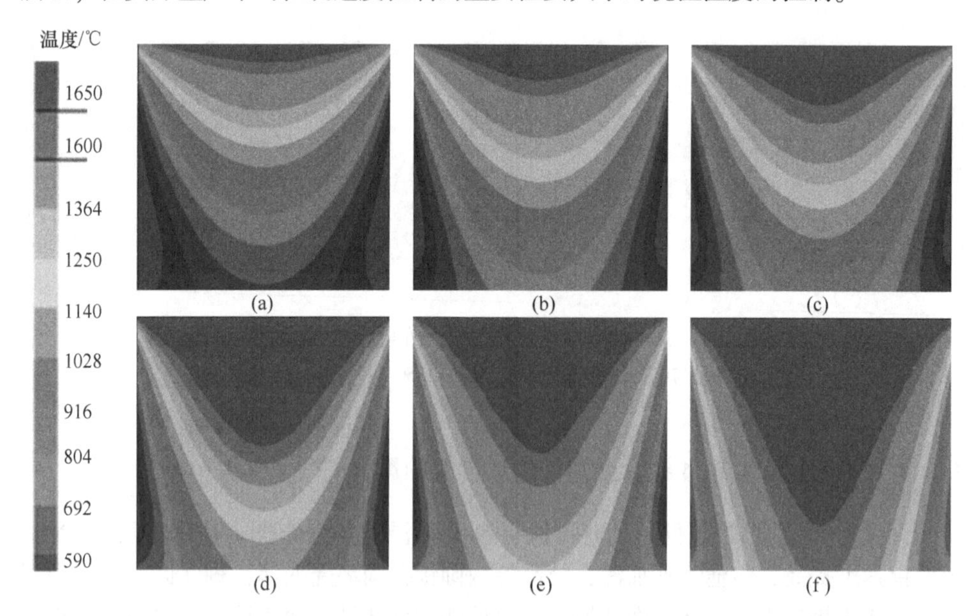

图 3.25　TC4 钛合金圆锭温度场与拉锭速度的变化

(a) 1×10^{-4}m/s；(b) 1.66×10^{-4}m/s；(c) 2×10^{-4}m/s；(d) 3×10^{-4}m/s；(e) 4×10^{-4}m/s；(f) 6×10^{-4}m/s

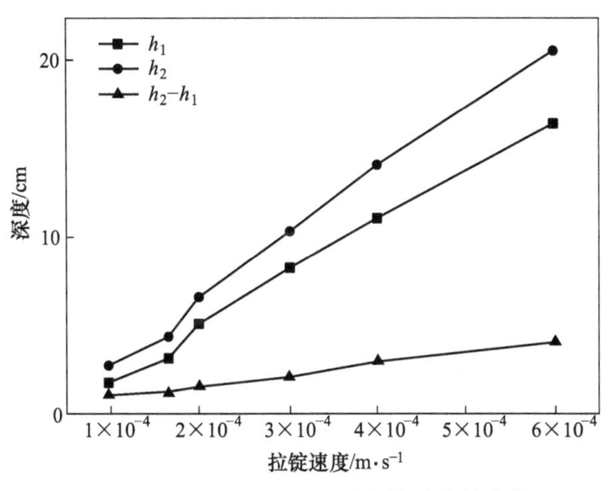

图 3.26 h_1、h_2和 h_2-h_1随拉锭速度的变化

3.3 TA10 扁锭凝固过程的温度场

本节基于第 2 章建立的 MiLE 非稳态算法模型对 TA10 钛合金扁锭的最终凝固阶段进行数值模拟，通过对不同工艺参数下的 TA10 钛合金的最终凝固过程进行温度场的模拟计算，分析工艺参数对 TA10 钛合金扁锭凝固过程的影响。在电子束冷床熔炼工艺中，浇注温度和拉锭速度对熔池的形状和深度起着至关重要的作用，也是本节主要的研究对象。

随着凝固时间的增加，TA10 钛合金扁锭的温度场分布最终会趋于平稳达到稳态。因此，在一定工艺条件下，当凝固过程达到稳定状态时，此时的温度场的分布是确定的。本节在温度场结果分析中研究结晶器内扁锭部分达到稳态后的液相线深度、固相线深度和糊状区宽度的变化规律，以及过渡区的变化规律，为实际生产 TA10 钛合金扁锭提供理论支持。

图 3.27 为 MiLE 非稳态算法的计算过程，分别截取了 0s、500s、1000s、2000s 及 5000s 时刻的温度场分布，不同的颜色区域之间的线为等温线。通过测量液相线深度 h_1、固相线深度 h_2及糊状区宽度 h_2-h_1来观察 TA10 钛合金铸锭熔池形貌的变化。

3.3.1 不同拉锭速度对 TA10 钛合金扁锭温度场的影响

研究不同拉锭速度下 TA10 钛合金扁锭的温度场分布，保持浇注温度为 1900℃不变，拉锭速度分别取 1×10^{-4}m/s、1.8×10^{-4}m/s、2.5×10^{-4}m/s、3×10^{-4}m/s、3.5×10^{-4}m/s。对于合金来说，熔体中晶体的生长是基于固-液界面前沿的温度梯

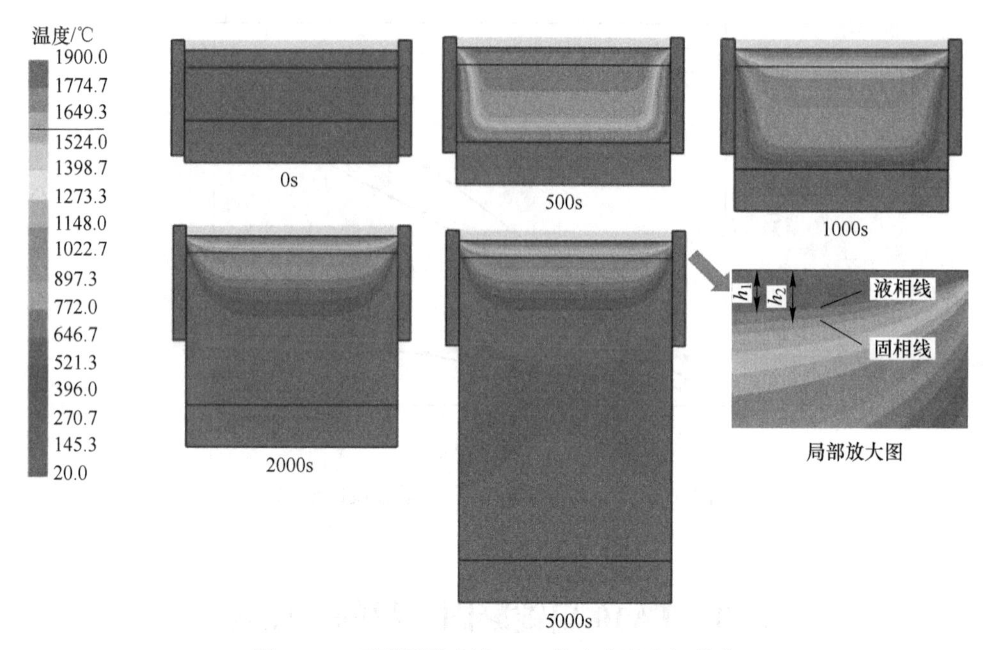

图 3.27 不同凝固时刻 TA10 钛合金温度场分布

度之上的，从而得到某种晶体形态的凝固组织。因此在连铸的凝固过程中，固-液界面处的温度梯度有着决定性的影响。图 3.28 为 5 种不同拉锭速度条件下，液相线深度、固相线深度以及糊状区宽度随拉锭速度增加的变化关系。当拉锭速度从 1×10^{-4} m/s 提高到 3.5×10^{-4} m/s 时，液相线深度由 32.43mm 增加到 36.41mm、固相线深度由 45.70mm 增加到 53.22mm、糊状区宽度由 13.27mm 增加到 16.81mm。由此可以看出，随着拉锭速度的增加，液相线深度、固相线深度及糊状区宽度都是逐渐增加的，这将会引起缩孔、缩松等质量问题。这是由于在实际生产的凝固过程中，电子枪会持续加热 TA10 钛合金扁锭的表面，因此熔体会持续不断的由冷床流入溢流口，从而导致金属液的总能量一直增加；而当拉锭速度增加时，熔体散热的时间减少了，因此导致温度梯度的减小。

通过对实际生产过程研究发现，在非稳态阶段到稳态阶段的过渡期间，凝固得到的铸锭组织均匀性较差，严重影响了产品质量，因此在后续的加工处理前要将这一部分切除。为了研究过渡区长度的变化规律，选取熔池底部中间位置的节点为研究对象，观察不同拉锭速度下该点的温度随时间的变化数据。当该点的温度不再随时间的增加而改变并保持稳定时，此时整个钛锭的固-液界面不再发生变化，达到稳态，而达到稳态所需的时间与拉锭速度的乘积所得到的长度即为过渡区长度。图 3.29 为不同拉锭速度下所选节点的温度随时间的变化图。

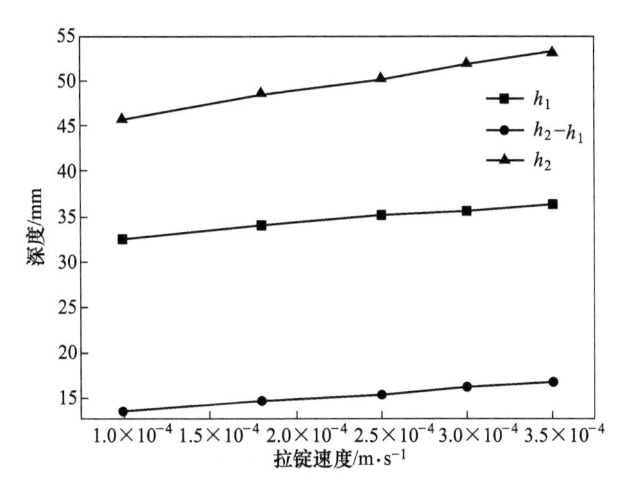

图 3.28 不同拉锭速度条件下液相线深度 h_1、固相线深度 h_2及糊状区宽度 h_2-h_1的变化

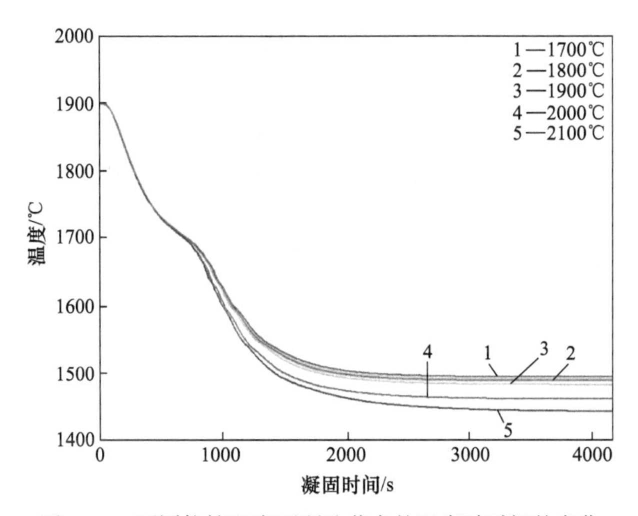

图 3.29 不同拉锭温度下所选节点的温度随时间的变化

由节点温度随时间的变化图可以得到不同拉锭速度下连铸过程达到稳态所需的时间，从而计算出不同拉锭速度下的过渡区长度，如图 3.30 所示。从图中可得，当拉锭速度增加时，过渡区的长度是呈线性增加的。因此，由过渡区长度与拉锭速度的定量关系，可以直接通过拉锭速度来确定过渡区的长度。在实际电子束冷床熔铸 TA10 钛合金扁锭生产过程中，在保证一定的生产效率的同时，对于拉锭速度的提高应严格控制，以此来减少扁锭的切除量，提高成材率。

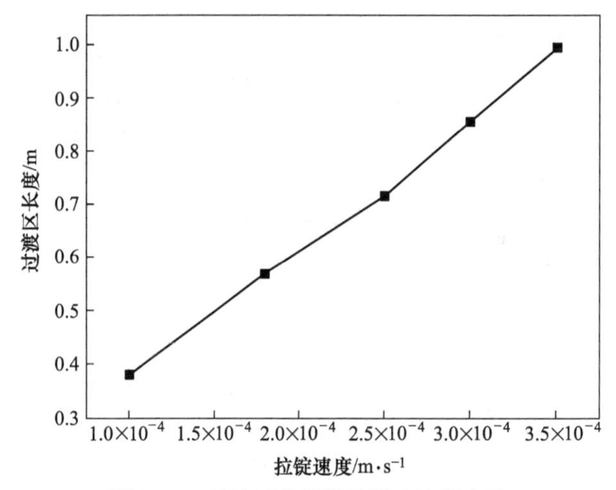

图 3. 30　过渡区长度随拉锭速度的变化

3. 3. 2　不同浇注温度对 TA10 钛合金扁锭温度场的影响

研究不同浇注温度下 TA10 钛合金扁锭的温度场分布，保持拉锭速度为 2.844×10^{-4} m/s 不变，浇注温度分别取 1700℃、1800℃、1900℃ 及 2000℃。图 3. 31为 4 种不同浇注温度条件下，液相线深度、固相线深度及糊状区宽度随浇注温度增加的变化关系。当浇注温度从 1700℃ 提高到 2000℃ 时，液相线深度由 11. 34mm 增加到 36. 66mm、固相线深度由 20. 93mm 增加到 45. 47mm、糊状区宽度由 9. 59mm 降低到 8. 81mm。由此可以看出，随着浇注温度的增加，液相线和固相线的深度都是增加的，而糊状区的宽度略微变窄，固-液界面前沿的温度梯度也随着增大。

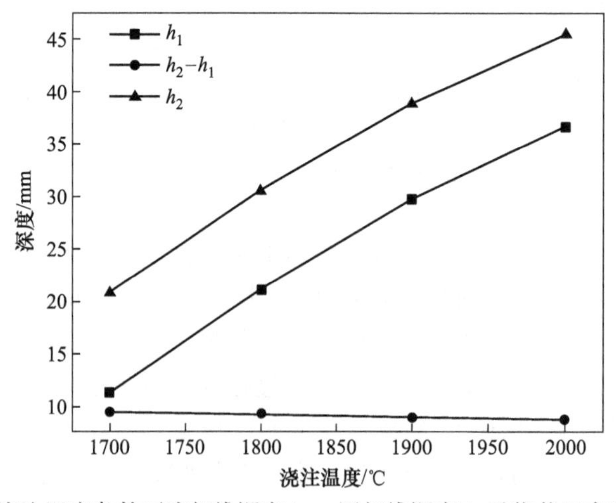

图 3. 31　不同浇注温度条件下液相线深度 h_1、固相线深度 h_2 及糊状区宽度 h_2-h_1 的变化

同样，选取熔池底部中间位置的节点为研究对象，观察不同浇注温度下该点的温度随时间的变化数据。图 3.32 为不同浇注温度下所选节点的温度随时间的变化。在连续铸造过程中，由于拉锭速度相同，从非稳态到达稳态所需要的过渡时间越短，则过渡区长度越短，从而钛带卷的成材率得到提高。

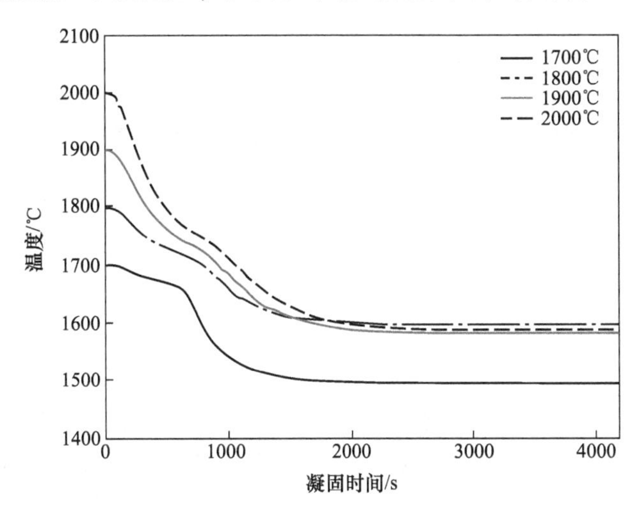

图 3.32 不同浇注温度下所选节点的温度随时间的变化

从节点温度随时间的变化图中可以得到不同浇注温度下连铸过程达到稳态所需的时间，从而计算出不同浇注温度下的过渡区长度，如图 3.33 所示。由图中数据可知，随着浇注温度的增加，过渡区的长度不断增加，但是过渡区长度的增加幅度是越来越小的，因此浇注温度对于过渡区长度的影响较拉锭速度的影响要弱。

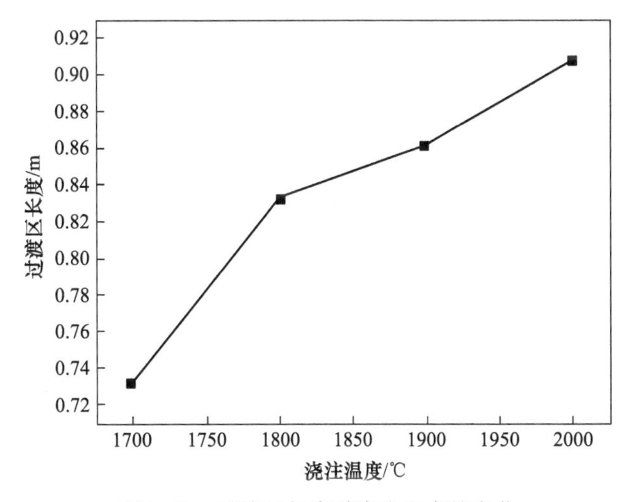

图 3.33 过渡区长度随浇注温度的变化

3.4 电子束扫描对熔池温度场的影响

为节约计算成本，3.1 节～3.3 节所用模型采用了简化的均温热源作为边界条件。本节将电子束作为熔炼热源，讨论电子束扫描策略及控制机制，为企业在实际生产中扫描花样的设计及扫描间隔的制定提供一定参考。

3.4.1 工艺参数对电子束扫描下的 TA10 圆锭表面温度场的影响

利用 ANSYS 软件对熔体表面在扫描电子束作用下的温度场变化进行仿真模拟，达到稳态后获得了温度场相关研究数据。为了对熔体表面温度随时间的变化直观展示，在模型表面不同位置选取了 5 个点，坐标分别为：A（0，150，300）、B（-150，0，300）、C（0，0，0）、D（150，0，300）、E（0，-150，300），位置如图 3.34（a）所示；利用 UDF 让符合高斯热源特征的模拟电子束做如图 3.34（b）所示的移动轨迹，并用 UDF 去定义电子束的各项工艺条件，模拟在不同工艺条件下扫描电子束对温度场变化的影响，以 100000 个时间步长进行模拟仿真的数据记录，最终通过对 5 点的数据分析得到电子束各项工艺条件对模型（熔体）表面温度场的影响规律。图 3.35 为电子束实际运行轨迹图。值得注意的是，其中 A、E 两点位置因为是对称关系，所以两点位置的温度变化是高度一致的，因此在下文中的各点温度随时间的变化图中只介绍 A、B、C、D 4 点的温度变化趋势。由于辐射热散失效率相较于结晶器的冷却速率小很多，为了简化模型，忽略了辐射热散失。

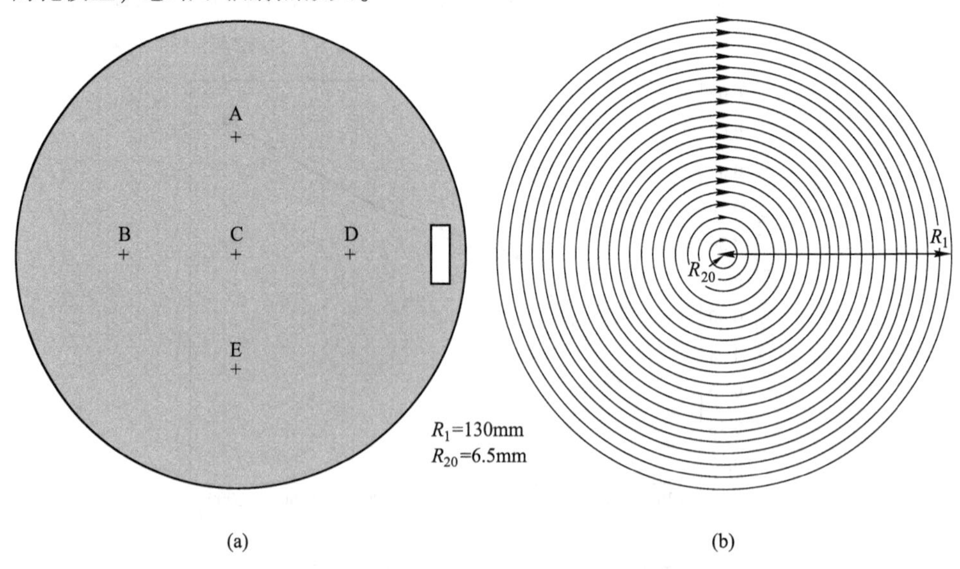

图 3.34 模型表面五点位置(a)和电子束移动轨迹(b)

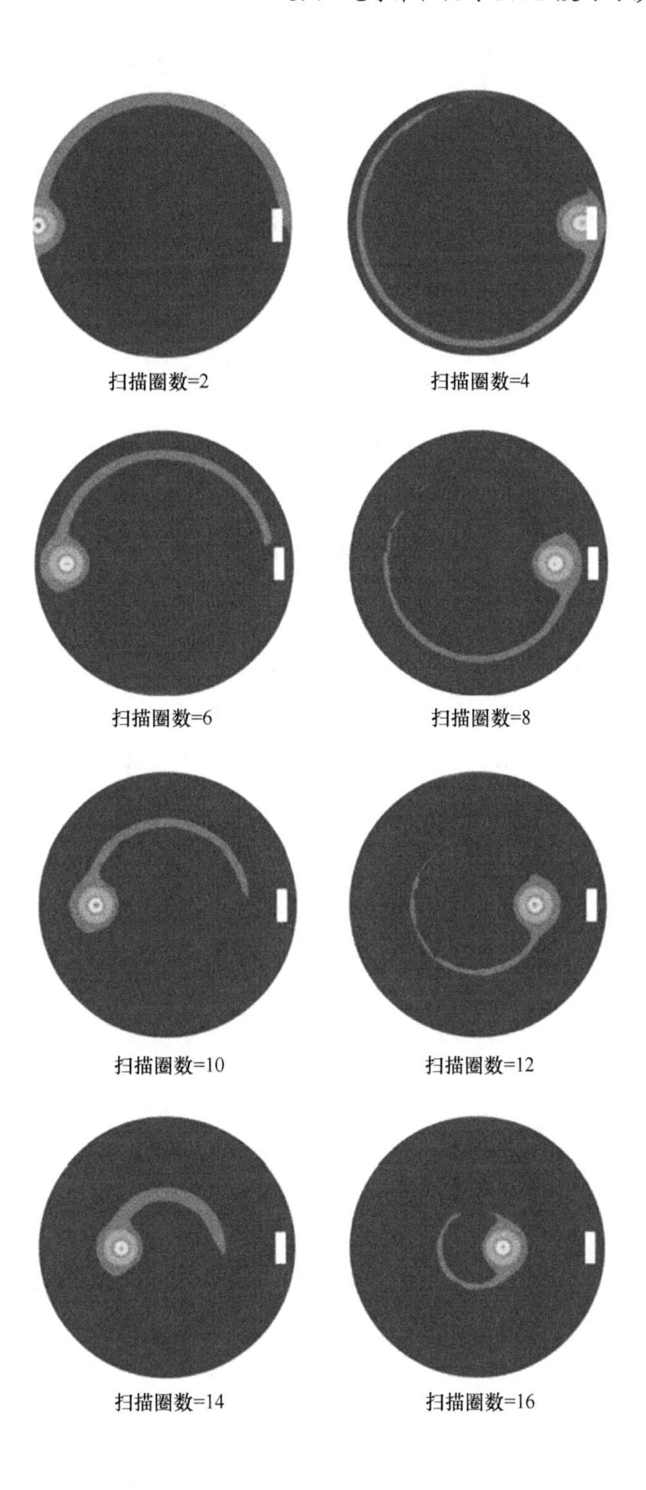
扫描圈数=2
扫描圈数=4
扫描圈数=6
扫描圈数=8
扫描圈数=10
扫描圈数=12
扫描圈数=14
扫描圈数=16

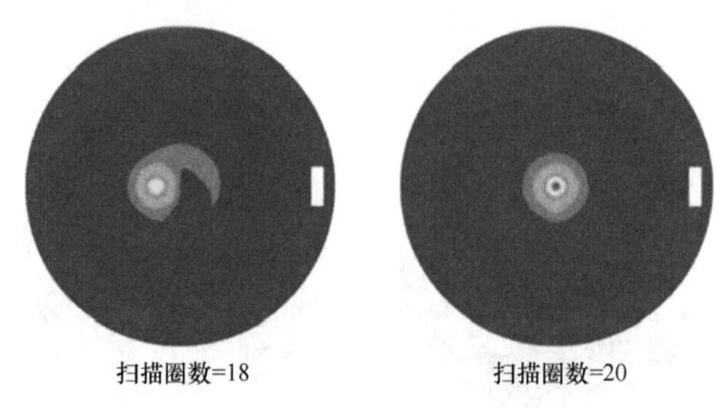

图 3.35 电子束实际运行图

本节探究在一个确定的电子枪扫描参数下，不同的浇注温度和浇注速度对熔体表面温度场的影响规律，扫描电子束工艺参数见表 3.2。

表 3.2 扫描电子束工艺参数

电子枪功率 P_{eb}/kW	扫描频率 f/Hz	电子束直径 d/mm
20	5	10

在一定扫描电子束工艺参数下，设定浇注速度为 0.0295m/s，浇注温度分别为 1973K、2073K、2173K、2273K 时 TA10 圆锭熔体表面温度场的影响规律如图 3.36 所示。

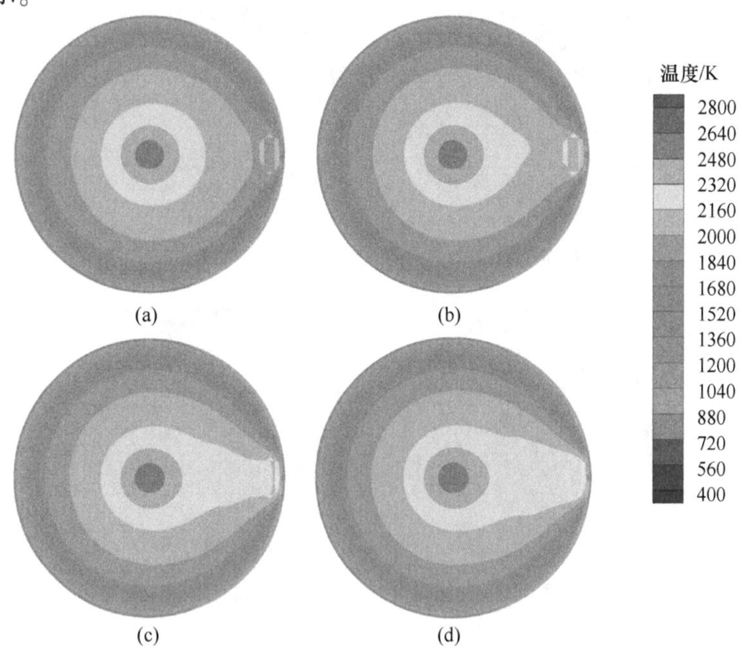

图 3.36 不同浇注温度下模型表面的温度场云图

(a) 1973K；(b) 2073K；(c) 2173K；(d) 2273K

由图 3. 36 可知，随着浇注温度的提高使靠近浇注入口位置的区域温度升高，提高了该区域熔池内熔体的流动性，这一点也可以在图 3. 37 中 D 点位置温度随时间的变化点线图看出，该区域的温度从 2125K 提升至 2300K 左右，除该点位置外，其他各点位置温度都有不同程度的提高，这表明在电子束工艺参数一定的情况下，提升浇注温度可以提升熔池表面温度场温度；通过图 3. 37 还可以看出，除中心 C 点外，各点温度都是呈下降态势，这是由于这些位置靠近水冷结晶器，热量通过热传导的方式迅速、大量传递到水冷结晶器造成，此外，电子束补充的热量不足以弥补散失的热量也是重要原因之一。中心点 C 的温度呈上升态势，这是因为 C 点位置远离结晶器，且结晶器的散热效率有限，浇注入口不断输入热量加上电子束补充的热量，造成中心区域温度持续升高。

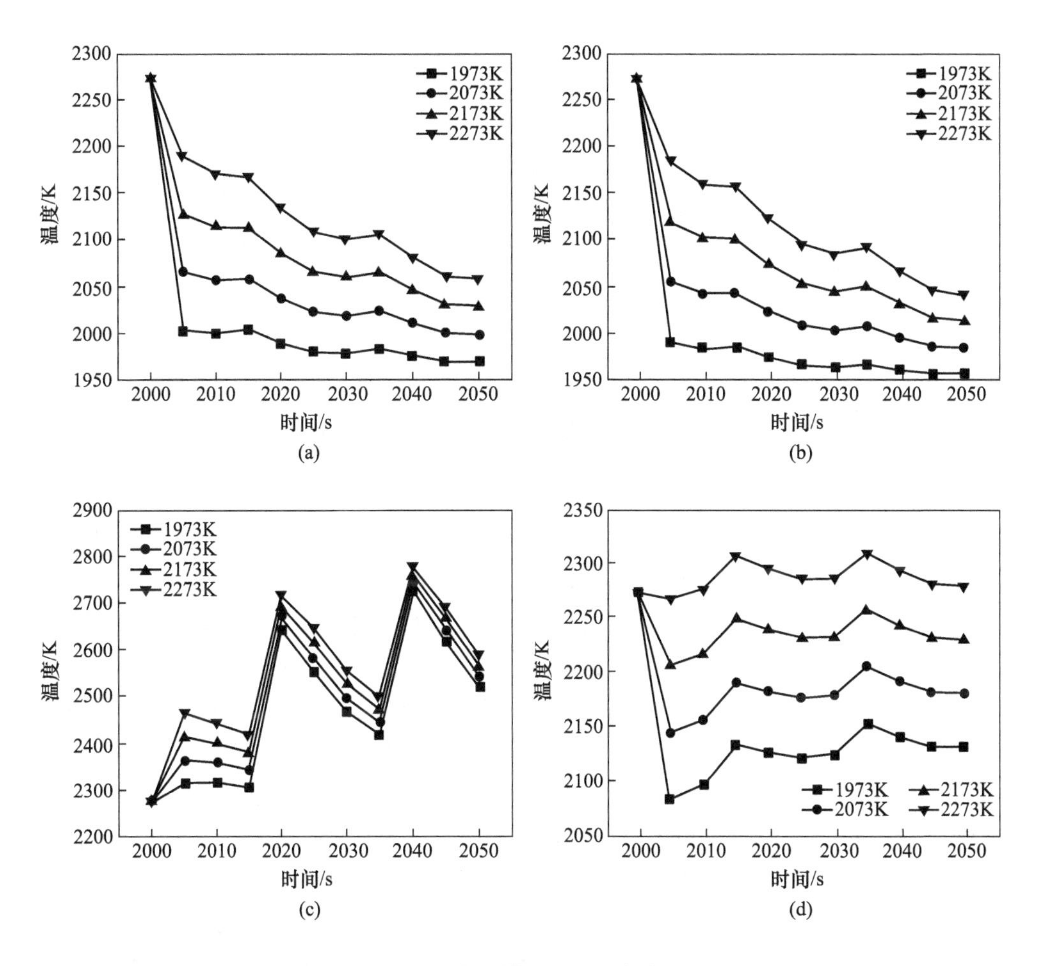

图 3. 37　不同浇注温度下模型表面 4 点位置的温度变化

(a) A 点；(b) B 点；(c) C 点；(d) D 点

当浇注温度为 2273K，浇注速度为 0.0095m/s、0.0195m/s、0.0295m/s、0.0395m/s（在实际生产中会对应相应的拉锭速度）时，探究浇注速度对 TA10 圆锭熔体表面温度场的影响规律（见图 3.38）。

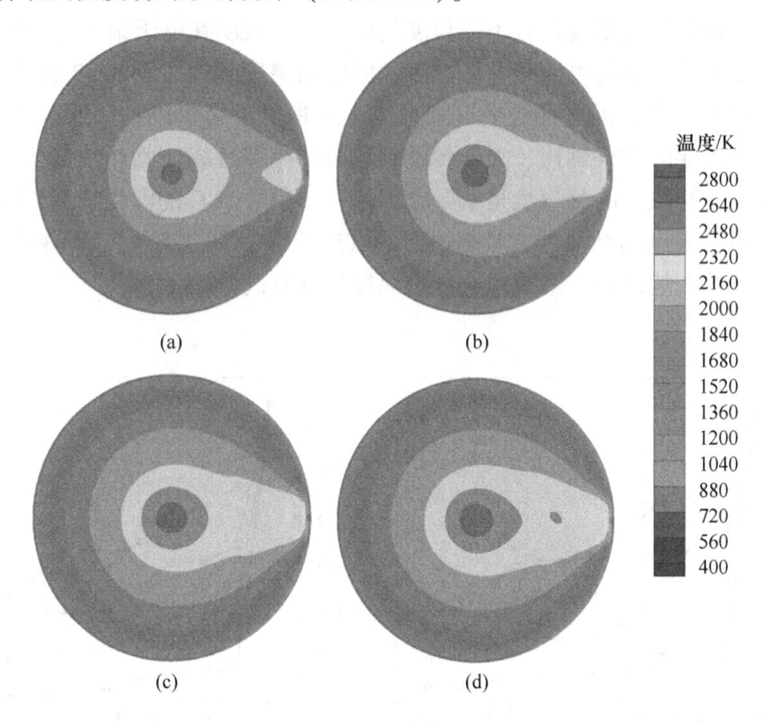

图 3.38　不同浇注速度下的模型表面温度场云图

（a）0.0095m/s；（b）0.0195m/s；（c）0.0295m/s；（d）0.0395m/s

从图 3.38 可以看出，随着浇注速度的提升，靠近浇注入口区域的温度同样是有所提升的，但是大的浇注速度也会提升该区域的温度波动，这可能是由于浇注速度提升使熔体流量增大，熔池过深，熔池内部流场紊乱，加上结晶器散热强度一定，热量聚集在该区域造成温度升高明显且温度波动大。此外，从图 3.39 可以看出，当浇注速度从 0.0195m/s 提升到 0.0295m/s 时，各选取点所在区域温度都有所提升，其中 A 点、B 点、D 点温度提升表现得比较明显，这说明浇注速度从 0.0195m/s 提升到 0.0295m/s 是有助于远离浇注入口位置的温度提升，变相说明了浇注速度提升是可以提高熔体在远离浇注入口位置的流动性，从 C 点所在位置温度变化可以看出，浇注速度对该区域温度相对提高的作用很小。但是，当浇注速度从 0.0295m/s 提升到 0.0395m/s 时，可以发现对 A 点、B 点、C 点所在区域的温度提升很小，这预示着提高浇注速度对提升熔体表面温度的作用是很有限的。

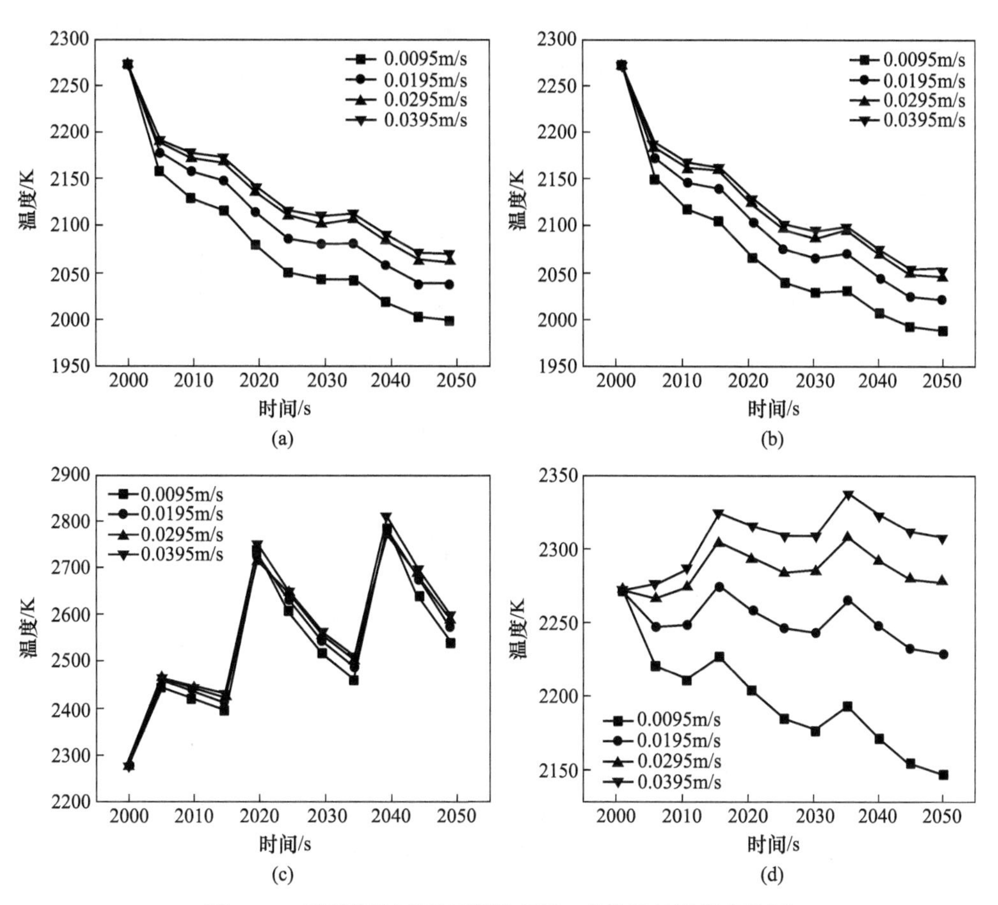

图 3.39 不同浇注速度下模型表面 4 点位置的温度变化图

(a) A 点；(b) B 点；(c) C 点；(d) D 点

3.4.2 电子枪扫描参数对 TA10 圆锭表面温度场的影响

为研究扫描电子束不同功率对 TA10 钛合金圆锭凝固过程中熔体表面温度场的影响，结合实际生产经验，将浇注速度设定为 0.0295m/s、浇注温度设定为 2273K，分别对电子束功率为 20kW、40kW、60kW、80kW 进行模拟仿真，用到的扫描电子束工艺参数见表 3.3。

表 3.3 扫描电子束工艺参数

电子枪功率 P_{eb}/kW	扫描频率 f/Hz	电子束直径 d/mm
—	5	10

通过 UDF 改变高斯热源（近似电子束）的功率，将 UDF 加载到模型熔池的表

面运行，结果收敛后运用 Tecplot 软件分析数据，得到不同扫描电子束功率下模型表面的温度场云图和所选位置的温度随时间变化图，如图 3.40 和图 3.41 所示。

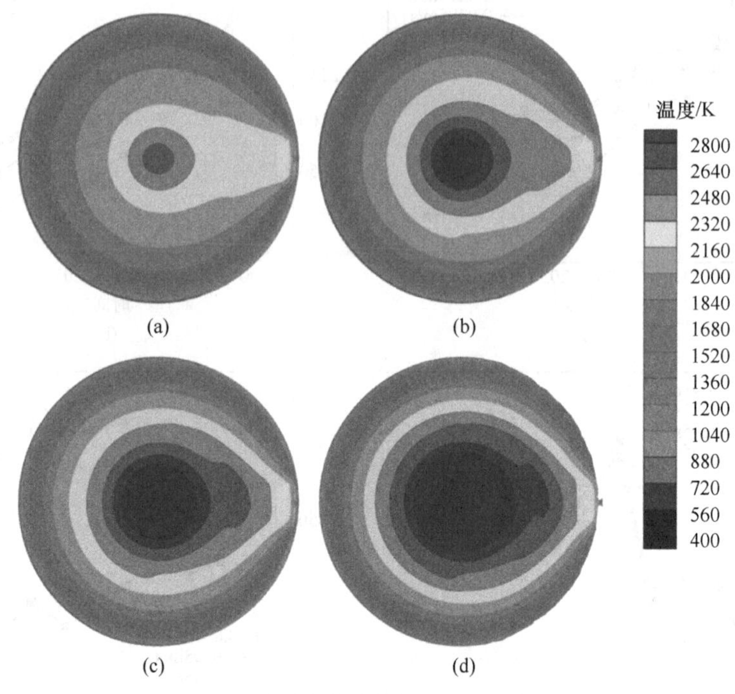

图 3.40　不同功率下的模型表面温度场云图

（a）20kW；（b）40kW；（c）60kW；（d）80kW

通过分析数据很容易发现，当电子束功率为 20kW 和 40kW 时，C 点作为模型中心位置，虽然局域过热不明显，但是在 A 点、B 点、E 点位置的温度呈下降趋势，这意味着在此功率下的电子束无法保证熔池稳定，熔池将会持续收缩，远离浇注入口一端的熔体得不到充分搅拌会过早、过多的凝固，这不利于连铸的进行且铸锭远离浇注口一端易形成缺陷；随着电子束功率提升到 60kW 和 80kW，A 点、B 点、C 点、D 点所在位置温度有所升高，这意味着提高电子束功率有利于维持熔体表面熔融状态，在流场的作用下有助于熔体的流动，使铸锭成分更加均匀。但随着功率的提升，C 点位置的局域过热现象越来越明显，而且温度波动也越发明显，由于过高的温度会使高饱和蒸气压的元素蒸发加剧，因此选用大的电子束功率将加剧元素的蒸发，最终可能导致所得铸锭合金元素含量不在目标合金范围内，造成熔炼失败。

基于功率大小对温度场影响的分析，再结合图 3.40 和图 3.41 分析可知，模型扫描电子束功率为 60kW 是个很好的选择，接下来分别对电子束直径为 20mm、40mm、60mm、80mm 进行模拟仿真，所用的扫描电子束工艺参数见表 3.4。

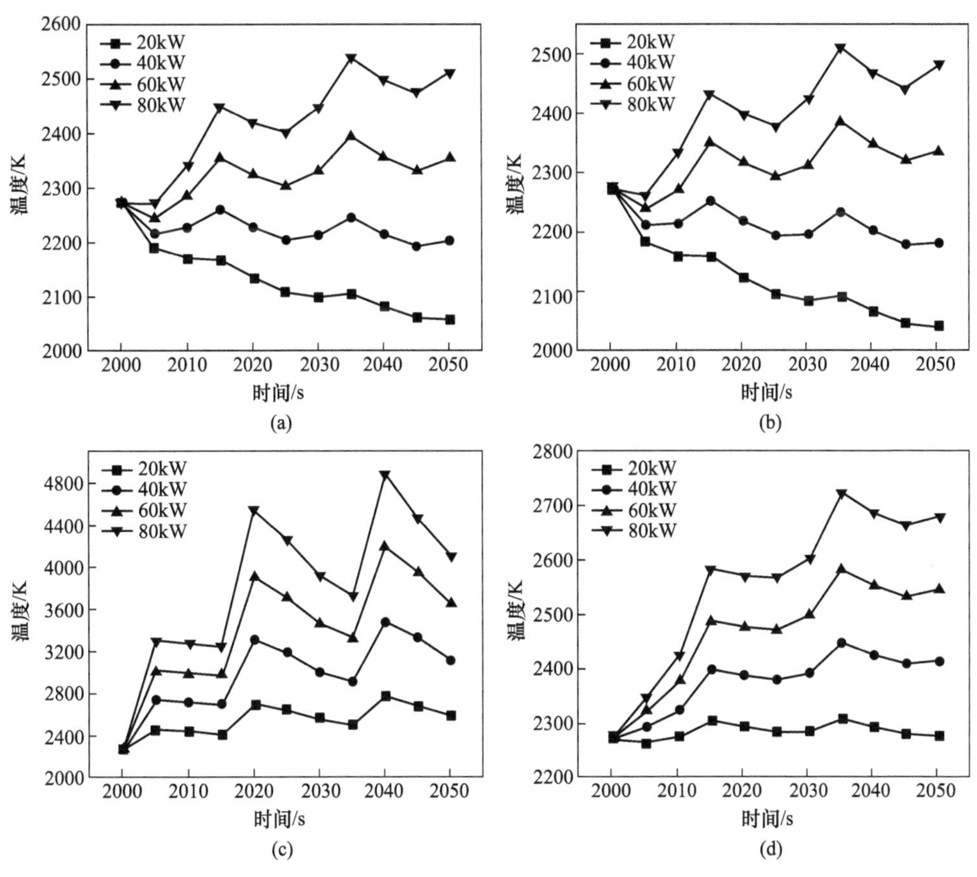

图 3.41 电子枪(束)功率下的模型表面 4 点位置温度变化图
(a) A 点；(b) B 点；(c) C 点；(d) D 点

表 3.4 扫描电子束工艺参数

电子枪功率 P_{eb}/kW	扫描频率 f/Hz	电子束直径 d/mm
60	5	—

如图 3.42 所示，随着扫描电子束直径的增大，C 点区域的局域过热现象得到了明显改善，这说明适当增大扫描电子束直径将有效降低熔体表面局域过热现象，降低温度对于减少高饱和蒸气压合金元素蒸发是有利的，在生产实际当中将结合具体生产衡量电子束直径的取值，但数值模拟得到的规律可以给具体的实际生产提供理论指导。此外还可以从温度场云图中看出，随着电子束直径的增大，温度场温度分布越发均匀，这有利于实现表面温度场的均匀化，随着电子束直径的增大，A 点、B 点、C 点、D 点、E 点所在位置温度波动逐渐平缓，温度波动减小有助于减少易蒸发元素的蒸发，而且远离浇注入口的 B 点区域温度相较于浇

注温度（2273K）是有所提升的，这有助于保持熔池稳定，使远离浇注入口端的熔体流动和搅拌；与图 3.43 中的 B 点温度对比，温度相差并不大且有些许降低，这说明适当的增大电子束在保证熔池稳定的同时也有助于铸锭表面温度场的均匀化。对 D 点数据分析可知，该处的温度变化不明显，这是由于 D 点所在位置靠近浇注入口，处于熔池正上方造成的。

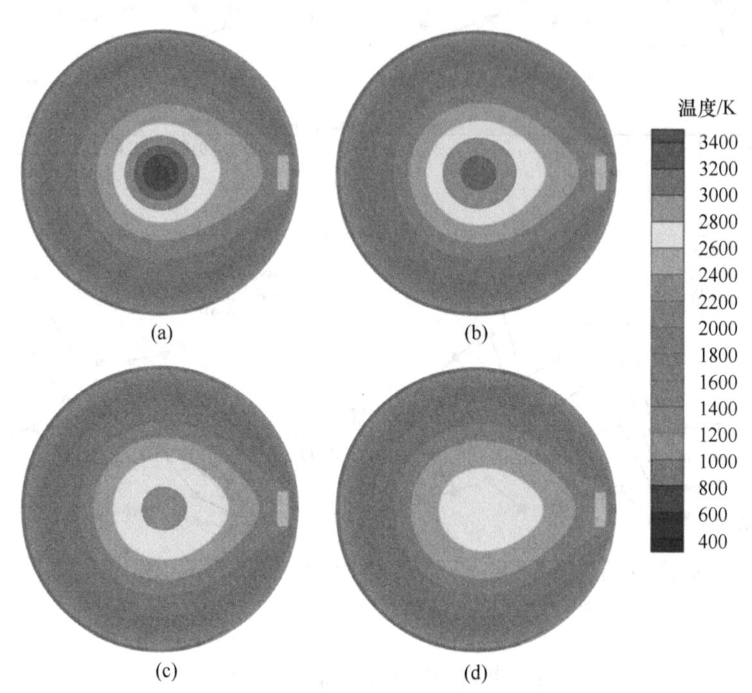

图 3.42 在 0.0295m/s 的浇注速度和 2273K 的浇注温度下，不同电子束直径的模型表面温度场云图

（a）20mm；（b）40mm；（c）60mm；（d）80mm

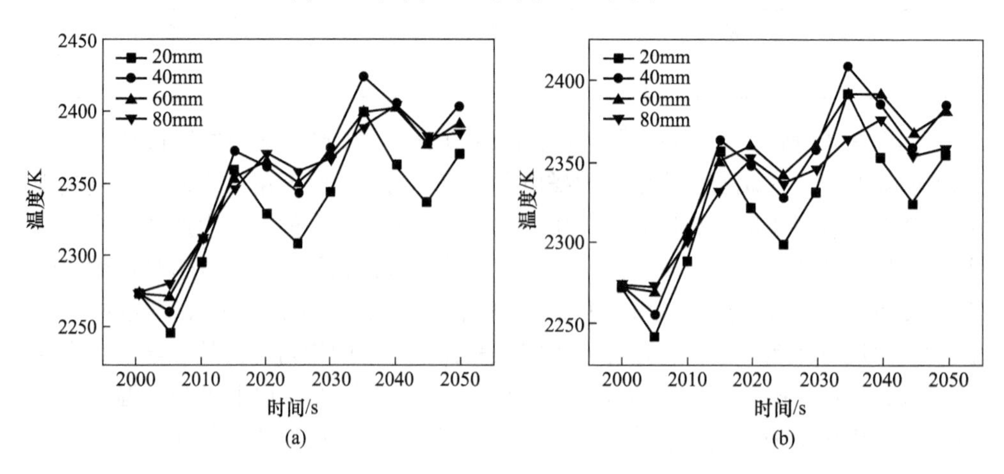

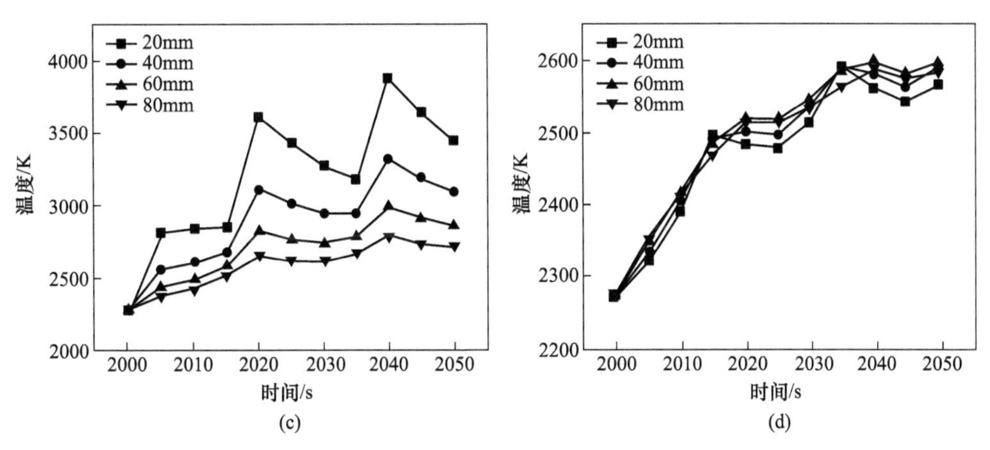

图 3.43 在 0.0295m/s 的浇注速度和 2273K 的浇注温度下，
不同电子束直径下模型表面 4 点位置的温度变化图
(a) A 点；(b) B 点；(c) C 点；(d) D 点

将电子束功率确定为 60kW，电子束直径确定为 80mm，探究电子束扫描频率分别为 5Hz、10Hz、20Hz、40Hz 时对铸锭熔体表面温度场的影响，所采用的扫描电子束工艺参数见表 3.5。

表 3.5 扫描电子束工艺参数

电子枪功率 P_{eb}/kW	扫描频率 f/Hz	电子束直径 d/mm
60	—	80

从图 3.44 模型表面温度场云图可知，当电子束扫描频率由 5Hz 提升到 10Hz 时，中心局域过热区域有所扩大，且从图 3.45 可以看出，A 点、B 点、C 点、D 点所在位置温度相较于浇注温度（2273K）仅有少量升高，所在位置点区域过热度保持在 200K 以内，而且将电子束扫描频率由 10Hz 提升到 20Hz 和 40Hz 时，温度场变化并不明显，这主要是频率的提升使得电子束在轨迹上每一点的停留时间变短造成的；此外，随着电子束扫描频率的提高可以明显看到各点所在位置的温度波动极大减小，所以电子束频率的适当提升有助于减小电子束扫描引起的温度波动、使顶面温度场均匀化和熔池形貌的稳定，进而有助于提高铸锭的生产质量。

3.4.3 大功率下扫描电子束对熔池表面温度和熔池演变的影响

通过前文已经了解扫描电子束各工艺参数对结晶器内熔池表面温度场的影响规律，在 0.0295m/s 的浇注速度和 2273K 的浇注温度下，分别对功率为 100kW、200kW、300kW、400kW 进行研究，探究在大功率扫描电子束运作情况下的熔池演变规律，所采用的扫描电子束工艺参数见表 3.6。

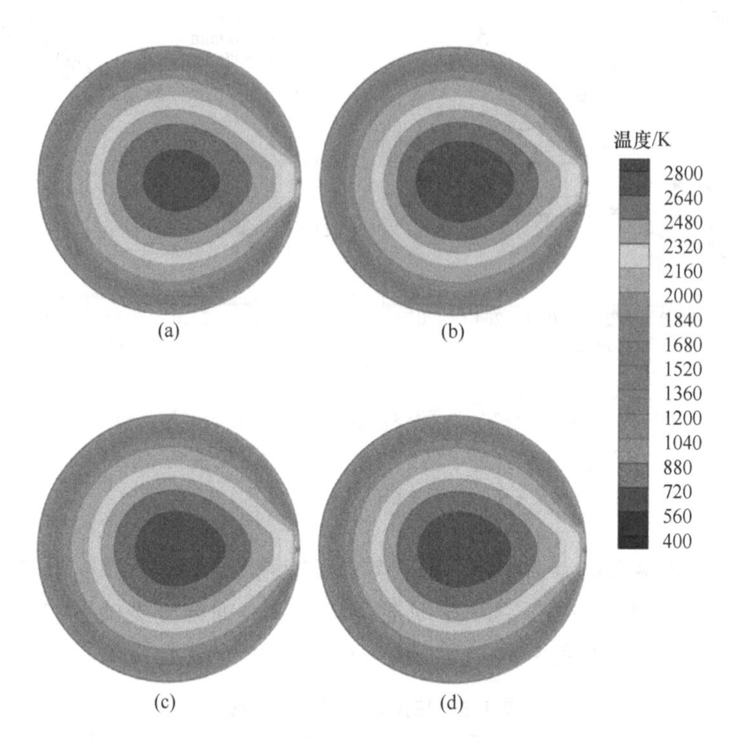

图 3.44　在 0.0295m/s 的浇注速度和 2273K 的浇注温度下，
不同电子束频率下的模型表面温度场云图
(a) 5Hz；(b) 10Hz；(c) 20Hz；(d) 40Hz

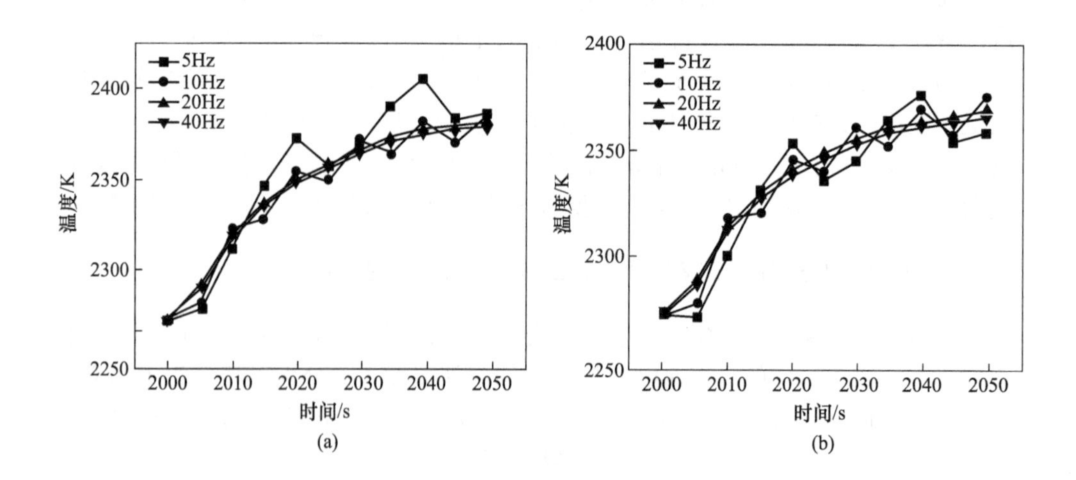

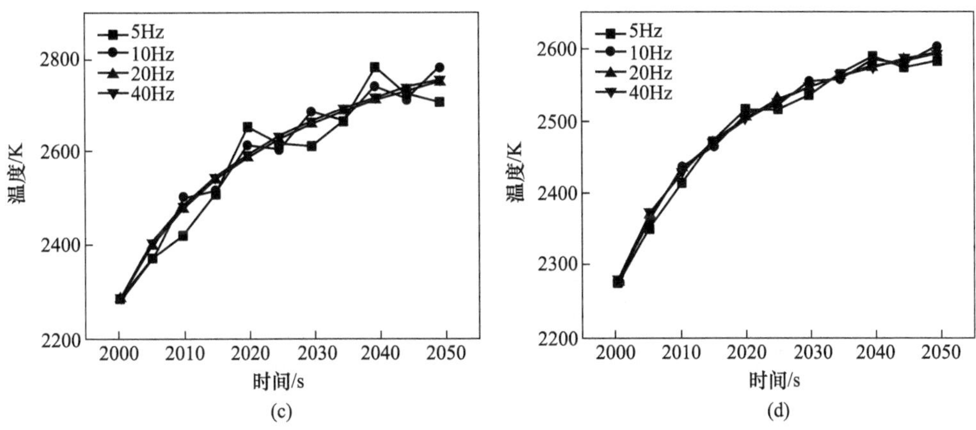

图 3.45 在 0.0295m/s 的浇注速度和 2273K 的浇注温度下，不同电子束频率下模型表面 4 点位置的温度变化

(a) A 点；(b) B 点；(c) C 点；(d) D 点

表 3.6 扫描电子束工艺参数

电子枪功率 P_{eb}/kW	扫描频率 f/Hz	电子束直径 d/mm
—	10	10

由图 3.46 和图 3.47 可知，在同一温度尺度下，随着扫描电子束的功率增大，可以明显看出中心高温区域面积逐渐扩大，在铸锭与结晶器接触区域的温度也有明显升高，这有助于维持熔池形貌稳定，减少局部凝固区域而导致的表面质量下降。

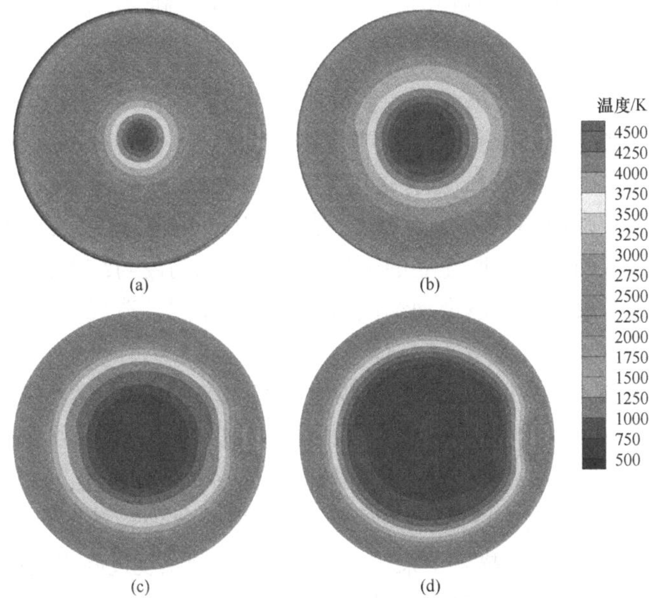

图 3.46 不同电子枪功率下模型表面温度场云图

(a) 100kW；(b) 200kW；(c) 300kW；(d) 400kW

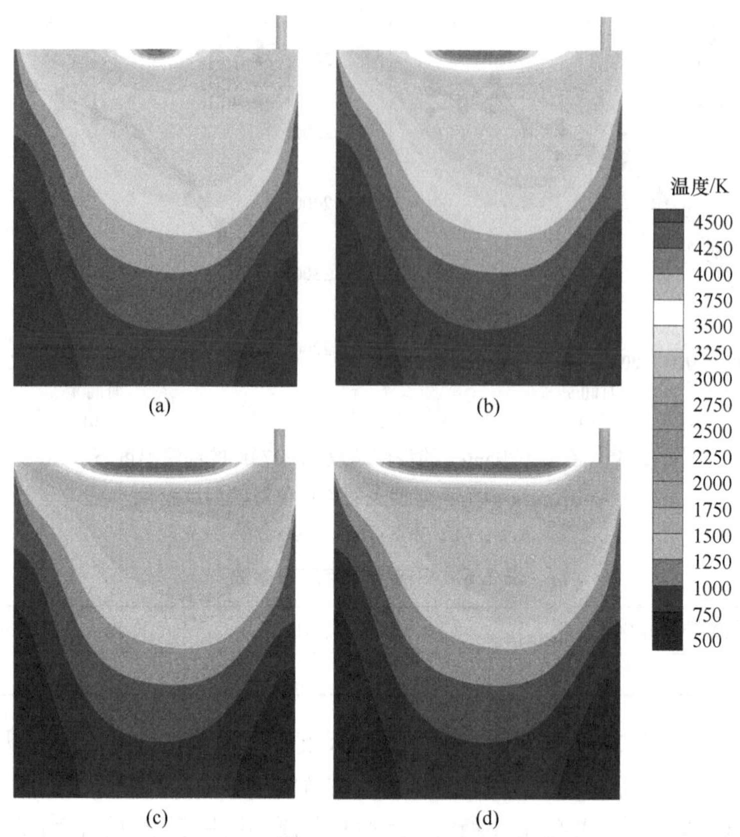

图 3.47　不同电子枪功率下模型纵向截面温度场云图
(a) 100kW；(b) 200kW；(c) 300kW；(d) 400kW

值得注意的是，在实际生产当中通常使金属熔体液面高度略高于结晶器水冷区域从而避免熔池表面局部凝固。通过对温度场的研究获得在不同功率下的熔池演变图和不同功率下凝固区域宽度变化关系图（见图 3.48 和图 3.49），研究结果表明，随着电子束功率从 100kW 增大到 400kW，熔池深度得到加深，这有助于熔体在熔池内流动，由于所建立的模型是金属液面高度与结晶器水冷区域高度齐平的，扫描电子束输入热通量和结晶器冷却相互作用，造成了远离浇注入口的区域会形成凝壳。

由图 3.48 和图 3.49 可知，随着扫描电子束功率的增大，凝壳厚度从 x_{100} = 21mm 降低到 x_{400} = 5mm，因此，增大扫描电子束功率有助于减少局部凝固区域，对于维持熔池稳定和加强远离浇注入口区域的熔体流动是有益的；凝固区域的减少有助于熔池内熔体的流动，熔体可以得到充分搅拌，这使铸锭的合金成分更加均匀，但是不可忽视的是，扫描电子束的功率增大，局部温度过高引起的元素损耗也会加强，这就需要对损耗的元素进行补充，因此选用合理的功率是十分重要的。

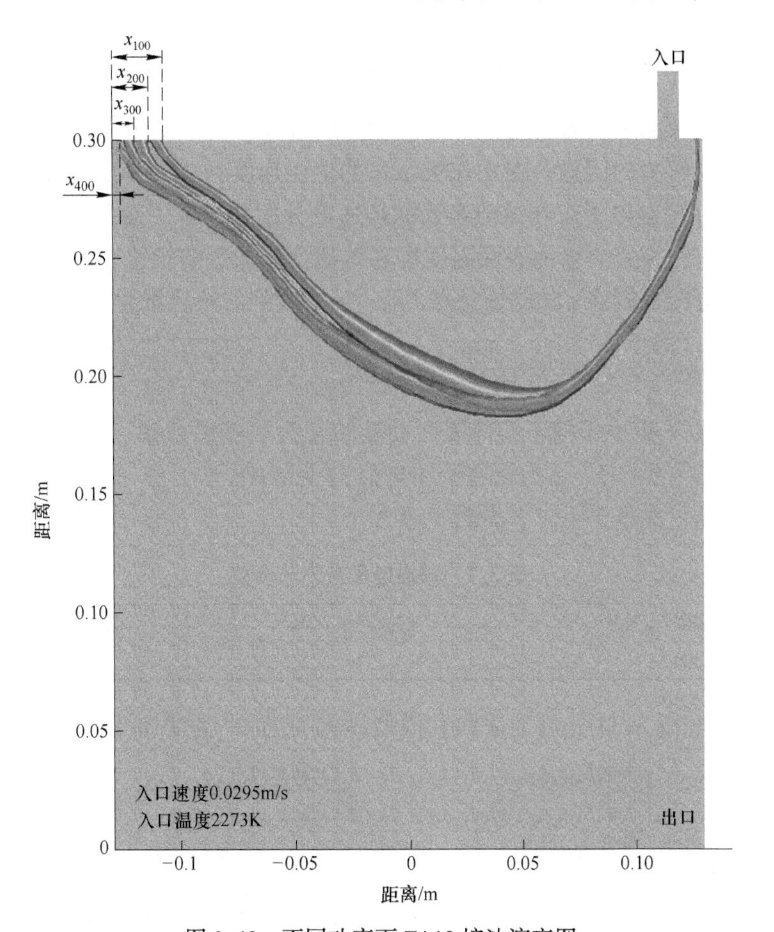

图 3.48 不同功率下 TA10 熔池演变图

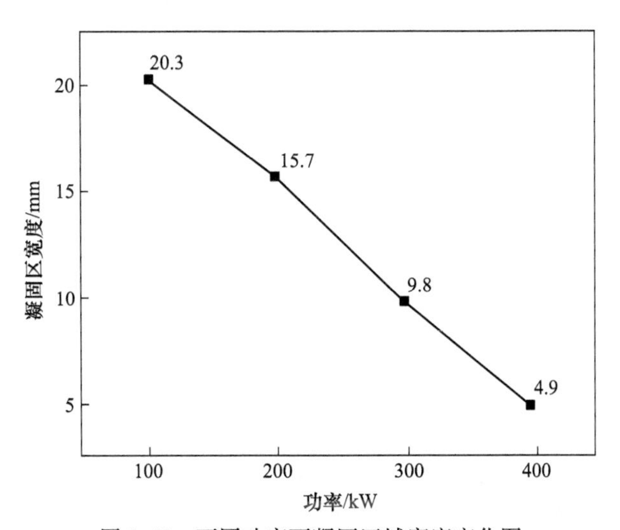

图 3.49 不同功率下凝固区域宽度变化图

3.4.4　控制扫描电子束热通量分配对熔池表面温度和熔池演变的影响

扫描电子束的运行容易造成中心区域温度过高，而由此引发元素蒸发加剧现象是一个亟待解决的问题。在 0.0295m/s 的浇注速度和 2273K 的浇注温度下，通过 C 语言程序控制电子束在熔池表面的热通量分配并结合了前文对扫描电子束直径的研究结果，探究对熔池表面温度场和熔池演变的影响规律。原高斯热源公式加入热通量分配控制在 t 时刻任意点（x，y）接收到的热通量为：

$$q_{eb}(x,\ y,\ t)=\sin\left(\frac{\pi r_0}{0.26}\right)\eta_{eb}P_{eb}\frac{1}{2\pi\sigma^2}e^{-\frac{(x-r_0\cos(2\pi ft))^2+(y-r_0\sin(2\pi ft))^2}{2\sigma^2}}$$

式中，η_{eb} 为电子束电子撞击熔体表面动能转化为热能的效率；P_{eb} 为电子枪的功率；σ 为电子束的半径；r_0 为轨迹所在半径；f 为频率。

所采用的扫描电子束工艺参数见表 3.7。

表 3.7　扫描电子束工艺参数

电子枪功率 P_{eb}/kW	扫描频率 f/Hz	电子束直径 d/mm
300	10	—

图 3.50 和图 3.51 是熔池表面和模型纵向截面的温度场云图，由图 3.50 和

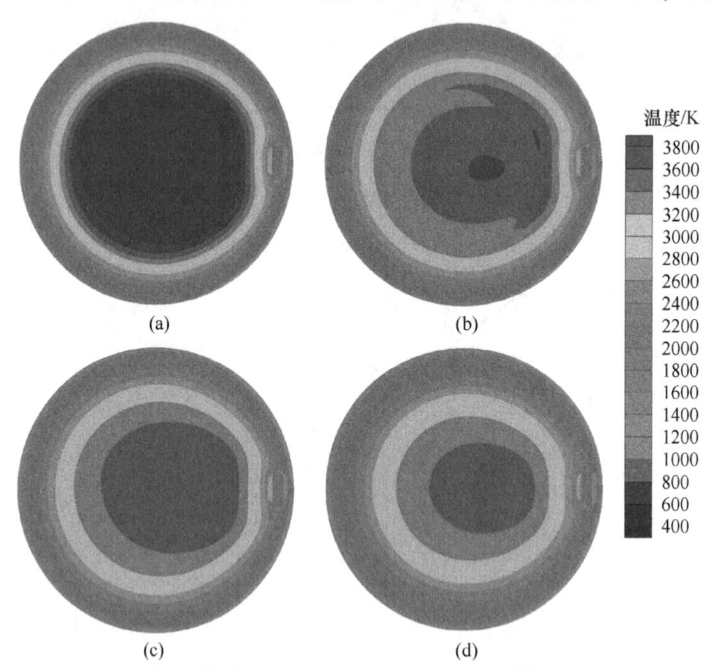

图 3.50　不同电子束直径下模型表面温度场云图

（a）未采用控制热通量分配，电子束直径为 10mm；（b）采用热通量分配，电子束直径为 10mm；（c）采用热通量分配，电子束直径为 40mm；（d）采用热通量分配，电子束直径为 80mm

图3.51中（a）与（b）对比易知，通过控制热通量的分配中心高温区域温度有明显降低，最高温度从4700K降到3600K；前文研究扫描电子束直径对熔池表面温度影响结果表明，扫描电子束直径的增大是有助于熔池表面中心区域温度降低和均匀化的。通过图3.50（b）~（d）和图3.51（b）~（d）的温度场云图对比同样反映了这个规律，结果表明，随扫描电子束直径的增大，熔池表面温度场高温区域面积逐渐缩小，温度梯度逐渐减小，温度分布更加均匀，熔池表面最高温度降低至3200K左右。

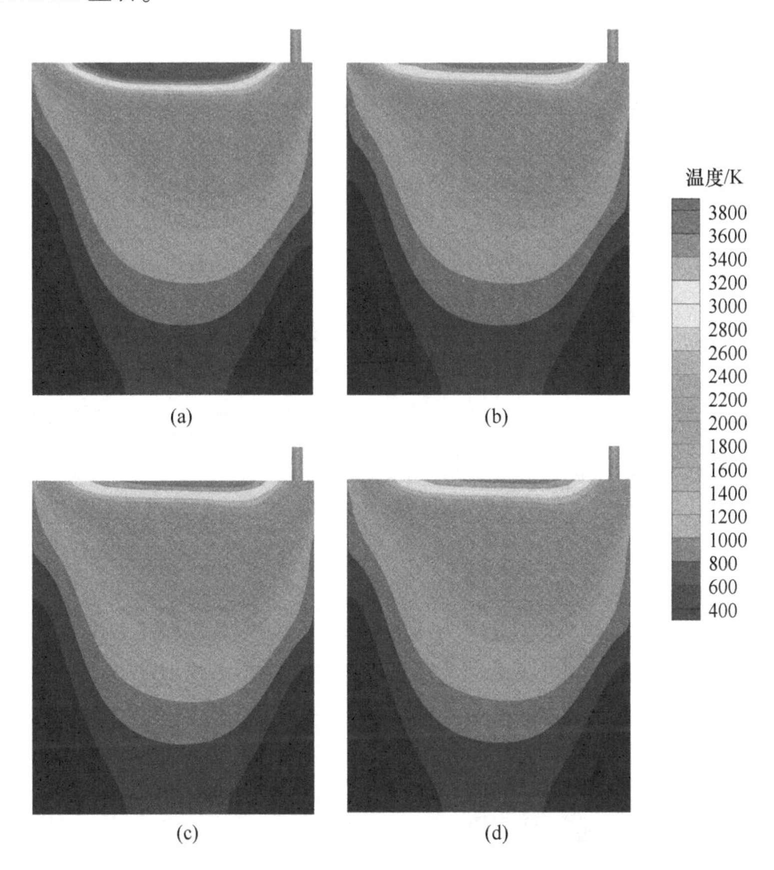

图3.51 不同电子束直径下模型纵向截面温度场云图

（a）未采用控制热通量分配，电子束直径为10mm；（b）采用热通量分配，电子束直径为10mm；（c）采用热通量分配，电子束直径为40mm；（d）采用热通量分配，电子束直径为80mm

对模拟结果进行数据分析，获得熔池演变图和凝固区域厚度图，如图3.52和图3.53所示。由图3.52的熔池演变图可知，在控制热通量分配后，熔池最深处的深度基本不变，但是远离浇注入口区域的熔池深度有少量收缩；此外通过研究发现，在控制热通量分配的情况下，随着扫描电子束的直径增大，熔池深度变化很小，变化主要体现在远离浇注入口端的凝固区域厚度。由图 3. 53 可知，是否控制热通量的分配对凝固区域厚度的影响很小，控制热通量后凝固区域厚度仅增加了 1mm；在控制热通量分配后，随着扫描电子束直径的增大，凝固区域厚度是逐渐增大的，扫描电子束直径由 10mm 增加到 40mm 时，凝固区域厚度增加 1. 1mm，而当扫描电子束直径由 40mm 增加到 80mm 时，凝固区域厚度增加量变化尤为明显，增加量达到 3. 8mm。

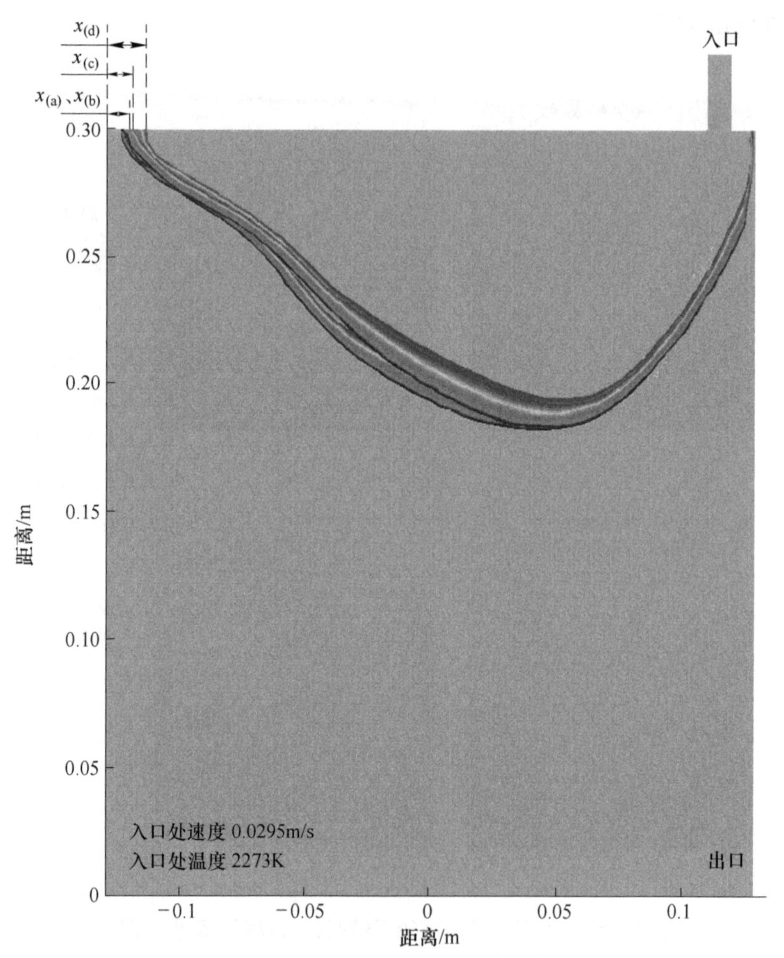

图 3. 52 TA10 钛合金熔炼时熔池演变图

3. 4. 5 电子束扫描对 TC4 熔池表面温度场的影响

为阐明电子束加热 ϕ260mm TC4 圆锭过程中熔池表面及内部温度分布情况，在模拟熔铸过程时搭载了符合高斯分布的电子束热源。该热源沿着图 3. 54（a）所涉及的扫描花样在熔池表面由外至内往返高速移动，最大扫描半径为 130mm、

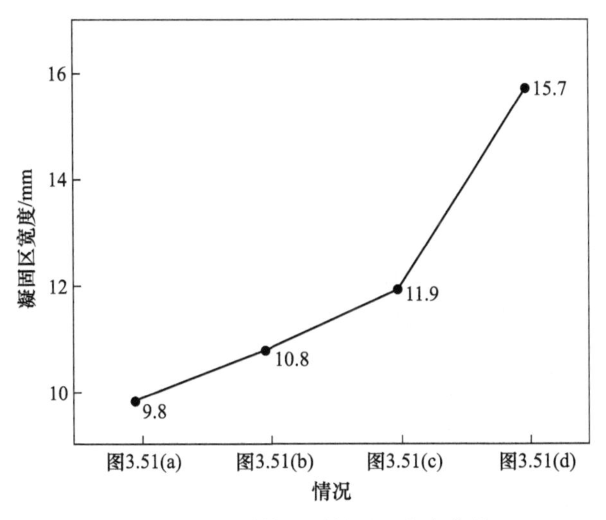

图 3.53 不同情况下凝固区宽度变化

扫描周期为 200ms、扫描频率为 5Hz、脉冲间隔为 0.1ms。当计算进行了 840 多秒后，熔池处于稳定状态，选取脉冲激活态的熔池表面温度分布与脉冲间歇期的熔池表面温度分布进行对比，结果分别如图 3.54（b）和（c）所示。可见，脉冲激活瞬间，由于电子束的高能属性，电子束击打部位会出现高强温度梯度。电子束击打中心位置与熔池间的温度差异可达 700K 以上。0.1ms 后，电子束处于间歇期，熔池表面的温度梯度有所下降，温度分布相对均匀。电子束按照设计花样扫描下，熔池中心位置点 4 及其周围点 1、点 2、点 3、点 5 的温度变化记录如图 3.54（d）所示。在溢流口处的流体影响下，点 5 处的温度变化 ΔT 最小，温度 T 在所计算的时间范围内基本保持为 2050K 左右；其次为点 4，$\Delta T = 50$K；由于计算的对称性，点 2 与点 3 的 ΔT 趋势一致，最高值接近 100K；在点 1 位置，由于距离溢流口最远，电子束扫描带来的热量较难获得平衡，因此 ΔT 超过了 100K。

3.4.6 电子束扫描对 TC4 熔池内部温度场的影响

电子束扫描下的 TC4 铸锭纵截面温度分布如图 3.55（a）所示，其温度分布趋势与文献[146]报道一致。从熔池表面中心点 6 处向下每隔 10mm 取点，标记为点 7、点 8、点 9、点 10，并追踪铸锭横截面处的温度变化情况，结果如图 3.55（b）所示，虽然电子束扫描下熔池表面有较为明显的温度变化，但由于热扩散热对流等传热过程的介入，该温度梯度对于铸锭纵向上的温度影响较小。

合理的电子束扫描工艺设计可以有效控制熔池表面的温度梯度，避免局

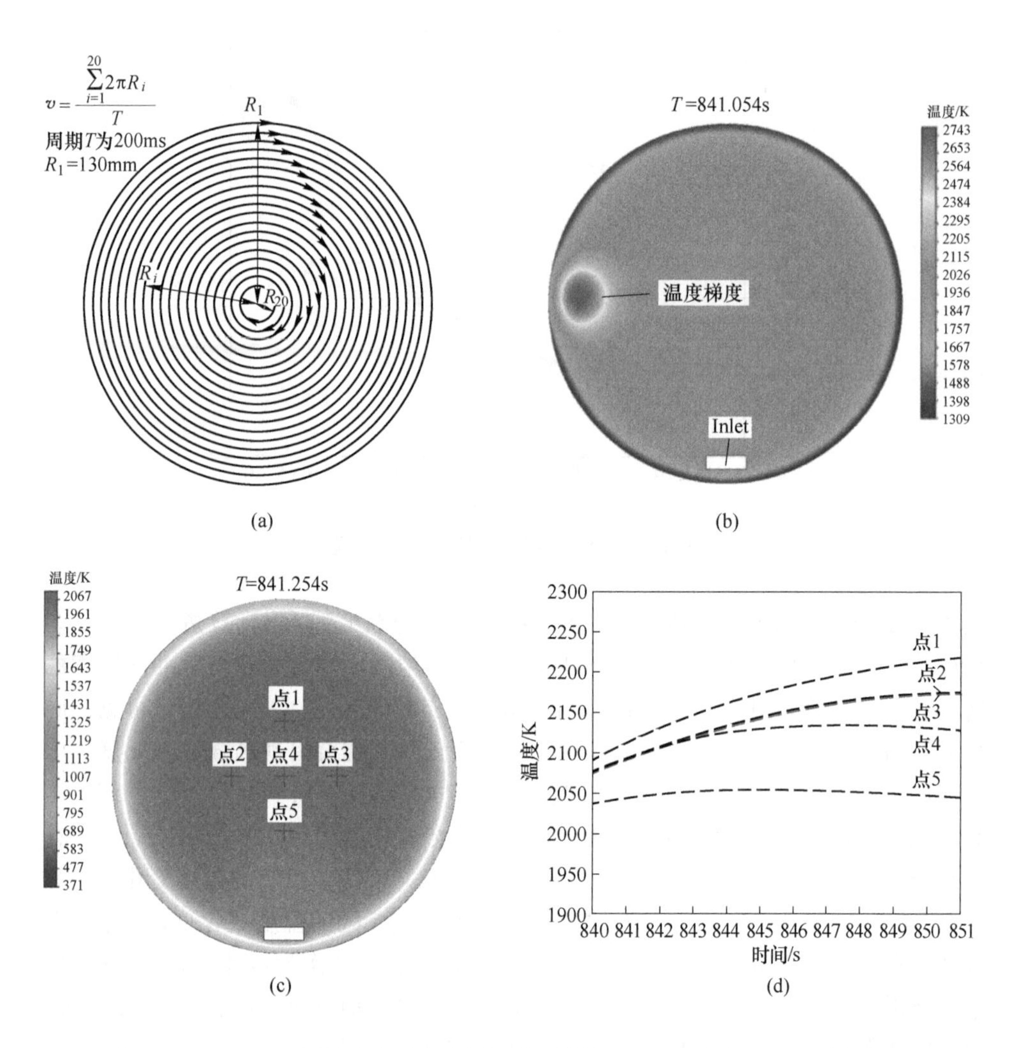

图 3.54　ϕ260mm 圆锭在电子束花样扫描下的熔池表面及内部的温度分布情况

部过热等原因所导致的熔铸缺陷。结合前人研究成果[168,225]可知主要控制手段包括：（1）增加电子束扫描圈数；（2）增加电子束扫描频率；（3）减少脉冲间隔。针对不同的熔铸过程，需配合电子束扫描花样设计合理的扫描工艺流程，确保熔池表面温度的均匀性。本章中，为追踪电子束的移动和脉冲，模型的网格设定的非常细密，同时时间步长需要小于脉冲间隔时间。为追踪电子束扫描下的熔池温度变化，计算的成本约为 2 周，如需进一步耦合挥发和传质模型，计算的成本将会呈几何式增加。因此，后续的研究过程中均假设熔铸过程是在合理的电子束扫描工艺下完成的，熔池表面可以视为均温面。

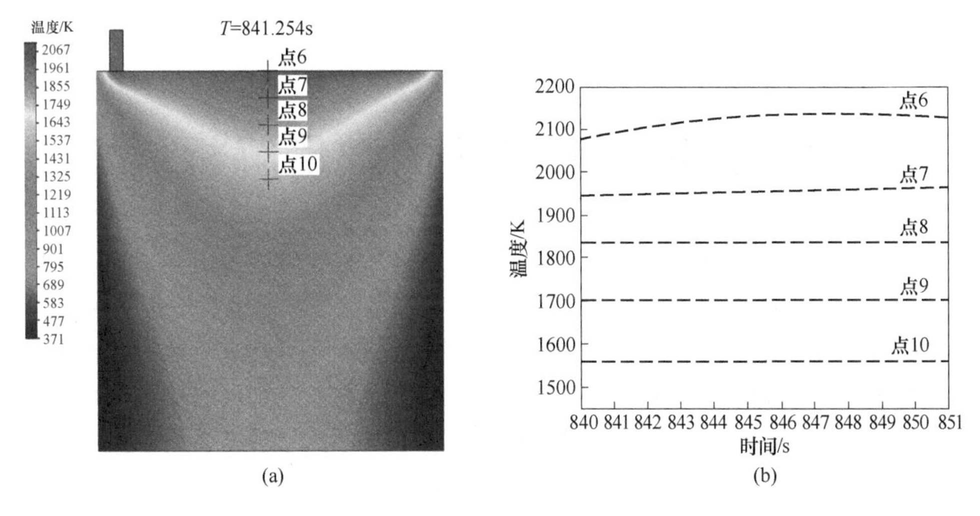

图 3.55　TC4 铸锭纵截面(a)和横截面(b)温度变化

4 铸锭凝固过程的数值解析

在金属凝固过程中，不同的工艺参数，决定了铸锭不同的固-液界面形貌，而固-液界面处的曲率变化是引起合金浓度差异及糊状区枝晶组织粗化（Ostwald 熟化现象）的动力学因素[254-255]。在电子束冷床炉熔铸过程中，熔池的形成及铸锭的凝固过程对铸锭柱状晶的生长有较大影响，因为柱状晶轴向的发展与熔池深度直接相关，获得浅的钛及钛合金熔池能使柱状晶轴线趋于与结晶器壁平行，这样的结晶组织对后续扁锭的压力加工更为有利[96]。

4.1 超长超薄 TA1 及 TC4 扁锭熔池形貌

在电子束冷床熔铸过程中，除了主要工艺参数对钛及钛合金凝固过程的影响外，结晶器的三维尺寸对整个凝固过程也有着重要的影响。并且结晶器的三维尺寸直接决定熔铸出超长超薄钛及钛合金铸锭的尺寸，因此在特定工艺参数下，应用第 2 章建立的 MiLE 非稳态算法模拟不同结晶器尺寸下的 TC4 扁锭温度场，定量分析三维尺寸对凝固熔池形貌演化的影响，给出一定范围内合适的三维尺寸，对于生产超长超薄 TC4 扁锭有重要的实际意义。

云南钛业公司现有的结晶器尺寸可以满足超长超薄 TA1 扁锭的质量要求。而制约电子束冷床炉熔铸 TC4 钛合金生产的不仅是因为熔铸过程中存在着合金元素挥发等问题，凝固过程的熔池形貌对合金铸锭的表面质量也有着重要影响。因此，为了能够依据现有设备生产出合格的超长超薄 TC4 扁锭，本节主要通过分析结晶器内 TC4 钛合金熔体温度场的特征，研究结晶器三维尺寸对 TC4 扁锭固-液界面形貌的影响，定量地给出结晶器结构尺寸对 TC4 扁锭熔池深度的影响规律，获得超长超薄 TC4 扁锭的三维尺寸效应，以实现对现有结晶器尺寸进行优化，为生产超长超薄 TC4 扁锭提供一定的理论支撑。

图 4.1 为结晶器空间结构示意图。根据实际电子束冷床炉生产超长超薄 TA1 扁锭，使用结晶器测量的三维尺寸分别为：内长 $L=1250$mm、内宽 $W=210$mm、高 $H=660$mm、壁厚 $T=75$mm。本节在研究不同尺寸的结晶器结构对电子束冷床炉熔铸 TC4 扁锭凝固过程的影响中，分别对结晶器的内长、内宽、高度和壁厚 4 种模式进行了温度场模拟计算。

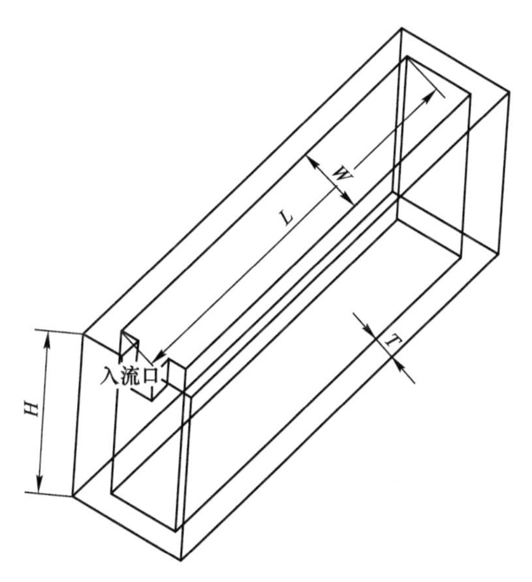

图 4.1 结晶器空间结构示意图（入流口位于短边）

4.1.1 结晶器内长对 TC4 扁锭熔池形貌的影响

考虑到几何模型的对称性，选取 TC4 扁锭宽面方向的一半作为研究对象。结晶器内长 L 分别取 300mm、400mm、450mm、650mm、850mm、1050mm、1250mm 和 1450mm，不同结晶器内长的 TC4 扁锭熔池形貌中心切片对比如图 4.2 所示，随着结晶器内长的增加，TC4 扁锭的熔池弯角处曲率逐渐趋于稳定，熔池最低处最终处于平直面。当结晶器内长增加到 450mm 时，TC4 扁锭的熔池形貌基本不再发生变化（图中虚线的左侧部分），仅随着结晶器内长的增加而使扁锭的横向长度增长。从宏观形貌图定性分析，当结晶器内长超过 450mm 之后，TC4 扁锭的固-液界面相同且中间熔池底部的平直面不再发生变化。从测量结果定量分析来看，如图 4.3 所示为 TC4 扁锭的液相线和固相线深度随着结晶器内长的变化关系图，结晶器内长从 300mm 增加到 450mm，固相线深度从 5.34cm 增加到 10.41cm、液相线深度从 4.24cm 增加到 8.17cm，之后无论结晶器内长如何增加，熔池深度和糊状区宽度均不再发生变化。

由于 TC4 扁锭凝固过程的散热是由结晶器的冷却能力所决定，因此水冷结晶器的冷却能力决定了 TC4 扁锭凝固达到稳态的熔池形貌。当冷却水保持一定的初始温度和水流量时，结晶器单位横截面上的冷却能力是一定的，在内宽不变的情况下，结晶器冷却的有效作用距离是确定的，该距离被称为结晶器的有效冷却距离。那么对于 TC4 扁锭的凝固过程，结晶器的有效冷却距离为 450mm，当 TC4 扁锭的横截面长度低于该距离时，TC4 扁锭的熔池形貌由结晶器的内宽和内长共

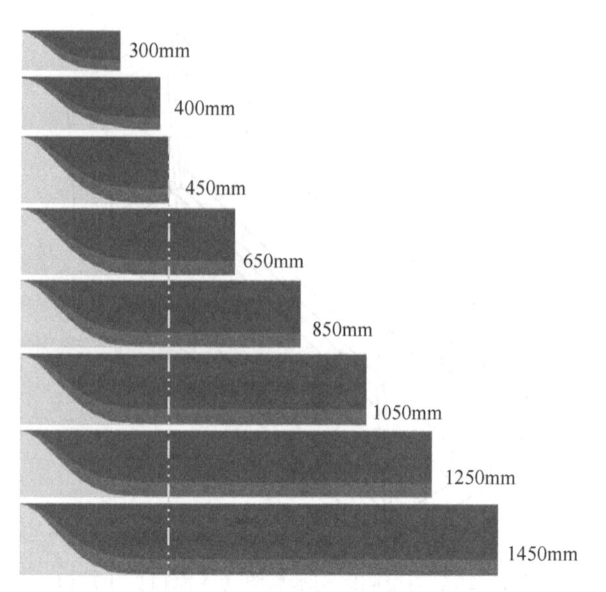

图 4.2 不同结晶器内长的 TC4 扁锭熔池形貌对比图
（形貌图均沿着扁锭横截面长度方向从中心位置切片）

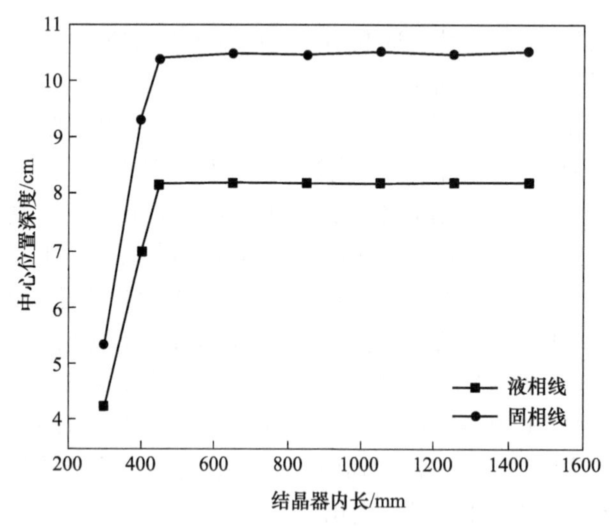

图 4.3 TC4 扁锭的液相线和固相线中心位置深度随着结晶器内长的变化

同决定；当 TC4 扁锭横截面的长度超过该距离时，TC4 扁锭的熔池形貌仅由结晶器的内宽决定，随着结晶器内长的增加，只会增加 TC4 扁锭固-液界面水平面的长度，而熔池深度和糊状区宽度不再发生变化。因此，结晶器的有效冷却距离是区分扁锭横截面长度是否影响其固-液界面形貌的临界值。

为了与现有生产超长超薄 TA1 扁锭所使用的结晶器进行对比，同样分别计算了不同结晶器内长对超长超薄 TA1 扁锭熔池形貌的影响。图 4.4 为不同结晶器内长的 TA1 扁锭熔池形貌对比图，可以看出，当结晶器内长增加到 600mm 时，TA1 扁锭的熔池形貌和深度均不再发生明显变化（图 4.4（a）中虚线的左侧部分）。在该模拟条件下，对于 TA1 扁锭的凝固过程来说，结晶器的有效冷却距离为 600mm。因此只要生产的扁锭横截面长度大于 600mm，无论是 TA1 纯钛还是 TC4 钛合金，均可以使用相同内长同等规格的水冷结晶器。所以在实际生产中，可以根据所需卷带的宽度及轧机规格的要求来设计结晶器的内长，从而改变钛及钛合金扁锭横截面的长度。

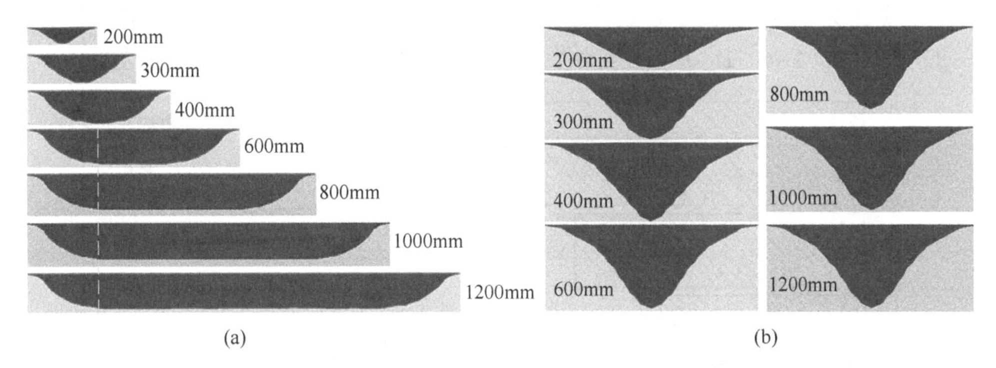

图 4.4 不同结晶器内长的 TA1 扁锭熔池形貌中心切片对比图
（a）TA1 扁锭横截面的长度方向；（b）TA1 扁锭横截面的宽度方向

4.1.2 结晶器内长与内宽比例对 TC4 扁锭熔池形貌的影响

在实际生产条件中，为了提高实际生产效率，只能通过增加钛及钛合金扁锭的横截面面积来实现生产不同规格的扁锭，从而轧制出不同宽幅的卷材或板材。这属于第 4.1.1 节所考虑的结晶器内长对半连铸过程中钛及钛合金熔池形貌的影响。在特定电子枪功率（对应熔池液面的浇注温度）和熔炼速度（对应凝固过程的拉锭速度）下，本节重点研究相同横截面的 TC4 扁锭、不同结晶器内长和内宽模式下的 TC4 扁锭熔池形貌的变化。

图 4.5 所示为保持 TC4 扁锭的横截面面积均为 $1.6\times10^5\text{mm}^2$ 不变，内长 $L\times$内宽 W 设置为 400mm×400mm、500mm×320mm、640mm×250mm、800mm×200mm、1000mm×160mm、1600mm×100mm 共 6 种模式，分别进行超长超薄 TC4 扁锭的温度场计算，研究不同内长与内宽比对 TC4 扁锭熔池形貌的影响。图 4.6 为 6 种结晶器内长和内宽的设置模式下的 TC4 固相线和液相线中间位置及糊状区宽度的变化规律。结果表明，随着长宽比的比值减小，固相线和液相线中间位置深度及糊状区宽度逐渐增加。从模式 1 至模式 6，糊状区的宽度从 0.81cm 增加到 2.85cm。当长宽

比为 1∶1 时，液相线中间位置深度为 17. 86cm、固相线中间位置深度为 20. 71cm，该种情况的熔池深度已经将近达到结晶器高度（660mm）的一半，为了防止拉锭过程中出现拉漏拉断等安全事故的出现，在实际设计结晶器时不选取这种结晶器比例。当内长与内宽的比值为 16∶1 时，液相线和固相线中间位置深度仅为 2. 15cm 和 2. 96cm。要控制小曲率的固-液界面和窄的糊状区从而消除或降低铸造过程中的冶金缺陷，根据计算数据可以预测，在实际电子束冷床炉熔铸时，生产的超长超薄 TC4 扁锭质量要比 TC4 方锭质量好。考虑到熔体的流动性，并不是结晶器内长与内宽的比越大扁锭质量越好，因为当熔池深度降低到一定程度，流体黏度增加，阻碍了溢流口处的 TC4 钛合金熔液流向对侧，从而产生铸造缺陷。综合考虑，适当增加结晶器的内长与内宽比例有助于提高 TC4 扁锭的生产质量，在现有模拟条件下，内长与内宽比例一般选取在 4∶1~6∶1，并且在实际生产不同规格的扁锭时也方便结晶器的更换。

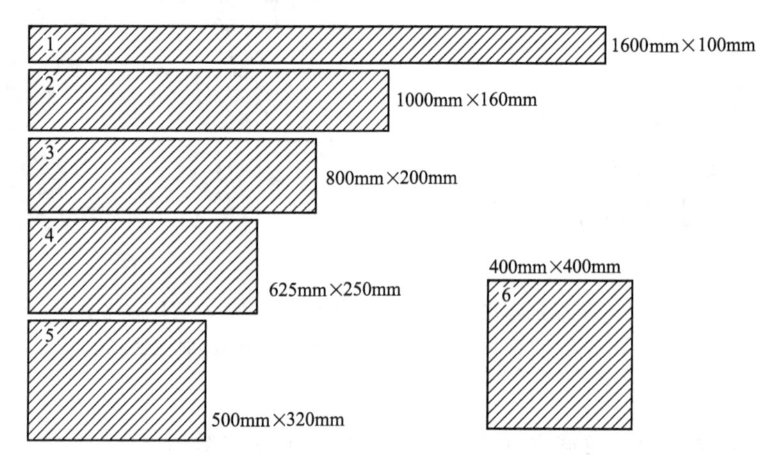

图 4. 5　不同结晶器内长和内宽的设置模式

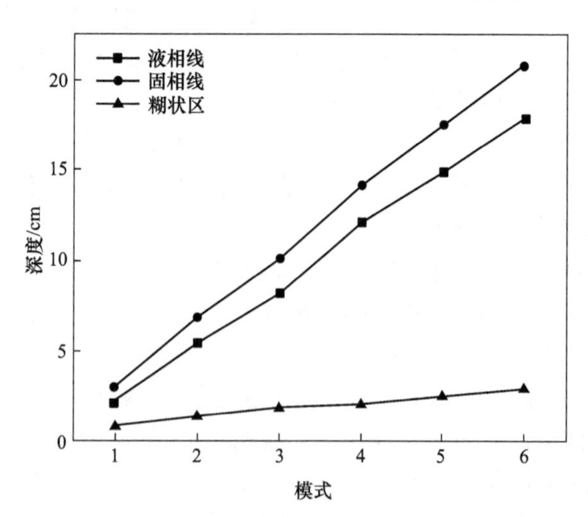

图 4. 6　不同结晶器内长和内宽的设置模式下固相线和液相线位置及糊状区宽度的变化

4.1.3 结晶器高度对 TC4 扁锭熔池形貌的影响

保持水冷结晶器的内宽（W = 210mm）、壁厚（T = 75mm）和内长（L = 1250mm）不变，研究结晶器的高度 H（150mm、175mm、200mm、300mm、400mm、600mm、800mm）对超长超薄 TC4 扁锭凝固界面演化的影响。图 4.7 为 7 种不同结晶器高度下的 TC4 扁锭熔池形貌对比图，其中选取扁锭横截面长度方向的一半作为研究对象。从宏观形貌上分析，当结晶器的高度增加到 300mm 时，TC4 扁锭的固-液界面形貌和中心熔池深度及糊状区宽度不再发生明显变化。从图 4.8 测量数据结果表明，当结晶器的高度从 150mm 增加到 300mm 时，TC4 扁锭的液相线中心位置的深度从 11.94cm 降低到 8.21cm、固相线中心位置的深度从 26.73cm 降低到 10.47cm，然后随着结晶器高度的增加，熔池深度和糊状区宽度均保持不变。因此，在该模拟条件下，结晶器的有效冷却高度为 300mm，当高于该有效冷却高度时，TC4 扁锭的熔池形貌不再受结晶器高度的影响，熔池深度及糊状区宽度不再发生变化。

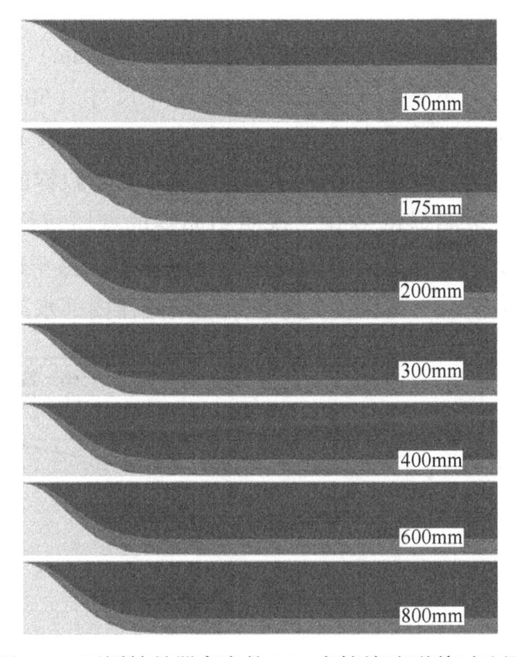

图 4.7 不同结晶器高度的 TC4 扁锭熔池形貌对比图
（形貌图均沿着扁锭横截面的长度方向从中心位置切片）

4.1.4 结晶器壁厚对 TC4 扁锭熔池形貌的影响

在设计电子束冷床炉水冷结晶器时，除了长、宽、高之外，还有结晶器壁厚

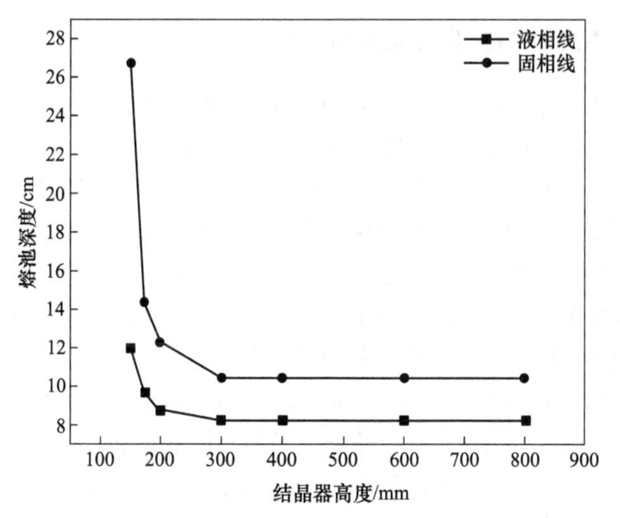

图 4.8　TC4 扁锭的液相线和固相线中心位置的深度随着结晶器高度的变化

需要确定。因此本节保持水冷结晶器的内宽（W=210mm）、高度（H=660mm）和内长（L=1250mm）不变，分别设置 6 种壁厚尺寸（50mm、60mm、70mm、75mm、80mm、90mm）来研究结晶器的壁厚对超长超薄 TC4 扁锭熔池深度的影响。由图 4.9 可以看出，随着结晶器壁厚的增加，TC4 扁锭的固相线和液相线中间位置的深度没有发生明显的变化，说明结晶器的壁厚仅影响结晶器的外形设计。因此，在实际设计生产 TC4 扁锭的水冷结晶器时，由于结晶器的壁厚对 TC4 扁锭的凝固过程影响很小，可以优先考虑水冷结晶器内部水冷管道的设计。

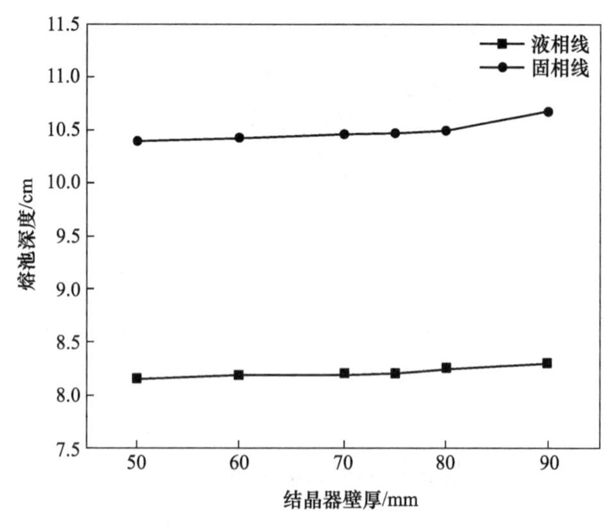

图 4.9　TC4 扁锭的液相线和固相线中心位置的深度随着结晶器壁厚的变化

4.2 TA10 钛合金扁锭熔池形貌

本节主要采用稳态法对连铸过程中结晶器内钛锭熔体的温度场进行模拟计算，研究结晶器尺寸的变化对 TA10 钛合金扁锭凝固界面的影响，定量给出结晶器尺寸与熔池形貌的变化规律，为实际的连铸生产过程提供理论指导。图 4.10 为结晶器的空间结构示意图。根据实际生产过程测得结晶器尺寸为内长 $L=1250\text{mm}$、内宽 $W=210\text{mm}$、高 $H=660\text{mm}$、壁厚 $T=75\text{mm}$。以实际尺寸为基准，对结晶器尺寸取多个变化值进行数值模拟。

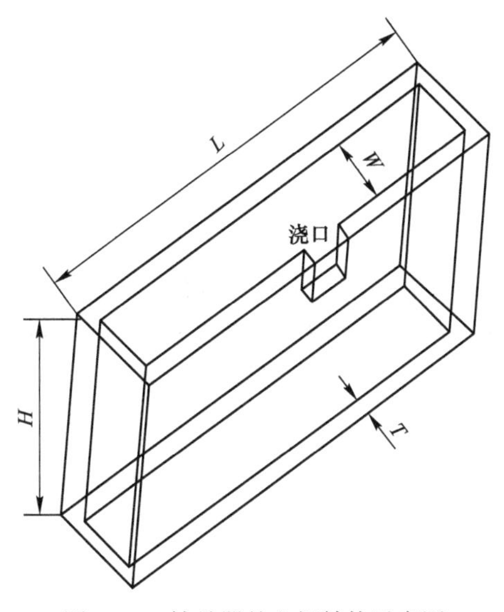

图 4.10 结晶器的空间结构示意图

图 4.11 为在 1900℃ 的工作条件下，当结晶器内长为 300mm 时，TA10 钛合金扁锭最终达到稳态时的温度场分布图。

4.2.1 结晶器的内长对 TA10 钛锭熔池形貌的影响

由于模型具有对称性，为了减少计算量，选取了钛锭窄面的一半进行模拟研究。保持内宽 W、高 H、壁厚 T 不变，结晶器内长分别取 300mm、350mm、400mm、450mm、650mm、850mm、1050mm、1250mm 和 1450mm。图 4.12 为不同结晶器内长情况下的 TA10 钛合金扁锭熔池形貌对比图。从图中可以看出，当结晶器内长增加到 450mm 时，熔池最底部开始出现平直面；当结晶器内长增加到 650mm 以后，TA10 钛合金扁锭的熔池形貌基本固定（虚线左边的部分仅仅只是增加熔池底部平直面的长度）。图 4.13 为液相线深度、固相线深度及糊状区宽

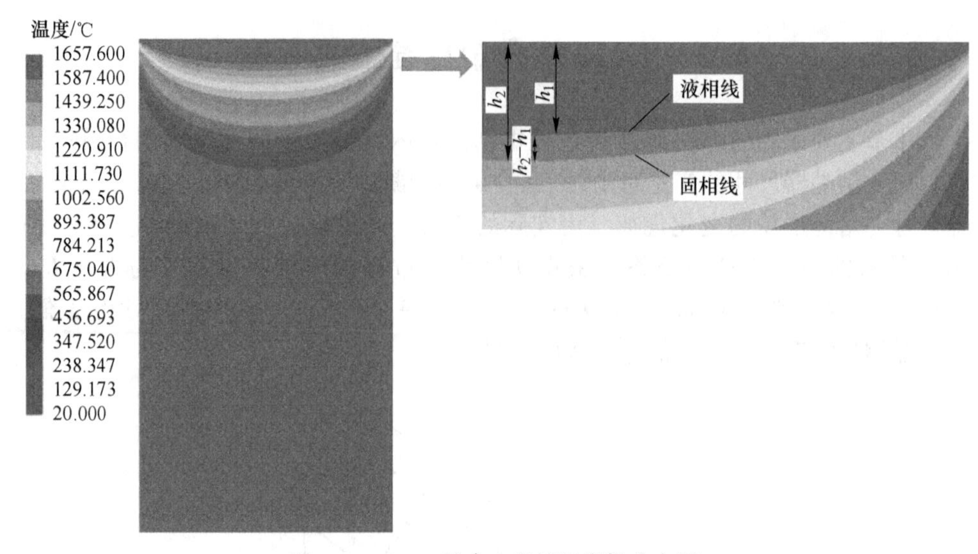

图 4.11 TA10 钛合金扁锭温度场分布图

度随结晶器内长增加的变化图，由图中可以看出，一开始随着结晶器内长的增加，液相线深度和固相线深度逐渐增大，糊状区宽度略微增大；当结晶器内长增加到 650mm 时，液相线深度、固相线深度及糊状区宽度都不再随结晶器内长的增加而变化，趋于稳定。因此，结晶器的有效冷却距离为 650mm。

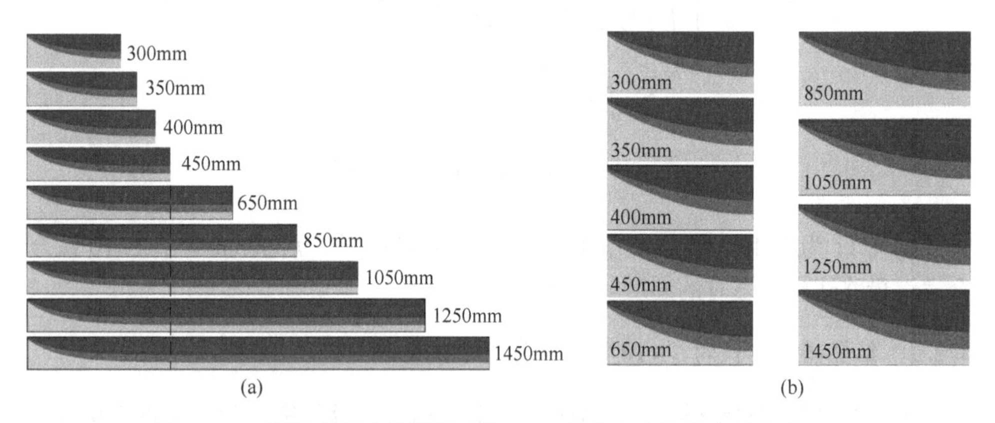

图 4.12 不同结晶器内长情况下的 TA10 钛合金扁锭熔池形貌对比图

（a）宽面截面图；（b）窄面截面图

由于 TA10 钛合金扁锭凝固时的散热依靠于结晶器中冷却水的流动，因此结晶器的冷却能力决定着 TA10 钛合金扁锭达到稳态时的熔池形貌。当结晶器冷却水的初始温度和流量保持不变时，结晶器单位面积的冷却能力是不变的。当 TA10 钛锭的长度小于 650mm 时，熔池形貌受 TA10 钛锭长度所影响；当 TA10 钛

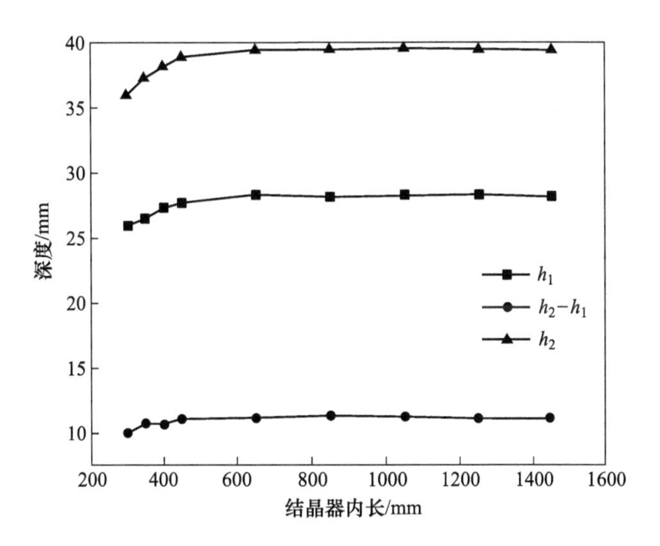

图4.13 液相线深度 h_1、固相线深度 h_2 及糊状区宽度 h_2-h_1 随结晶器内长增加的变化图

锭的长度大于650mm时，熔池形貌将不再受TA10钛锭长度所影响，钛锭长度增加只会增加熔池底部平直面的长度。因此，水冷结晶器的有效冷却距离是用来区分铸锭横截面的长度是否影响固-液界面形貌的关键值。

4.2.2 结晶器内长与内宽的比例对TA10钛锭熔池形貌的影响

在实际生产过程中，为了更方便地轧制出不同尺寸的钛卷和钛板，只能依靠改变钛锭横截面积的大小及内长与内宽的比例来生产不同规格的钛锭。因此，本节研究了结晶器不同内长与内宽的比例对TA10钛锭熔池形貌的影响。保持TA10钛合金扁锭的上表面面积（即内长 L 与内宽 W 的乘积）、壁厚 T、高 H 不变，钛锭上表面面积固定为 1.6×10^5mm^2，$L\times W$ 分别取400mm×400mm、500mm×320mm、640mm×250mm、800mm×200mm、1000mm×160mm、1600mm×100mm共6种模式，图4.14为6种不同内长与内宽比例模式的示意图。图4.15为6种不同内长与内宽比例条件下，TA10钛锭液相线深度、固相线深度及糊状区宽度的变化图。由图4.15可知，随着内长与内宽比例的增加，液相线深度、固相线深度及糊状区宽度都是逐渐减小的。因此在不影响钛锭正常生产效率的前提下，适当的增加内长与内宽的比例可以使钛锭凝固过程的熔池变浅，在一定情况下可以改善钛锭的宏观偏析。所以，在实际生产过程中可以保持工艺参数不变，适当增加钛锭横截面内长与内宽的比例有利于生产出更优质的钛锭，内长与内宽比例一般选4：1~6：1。

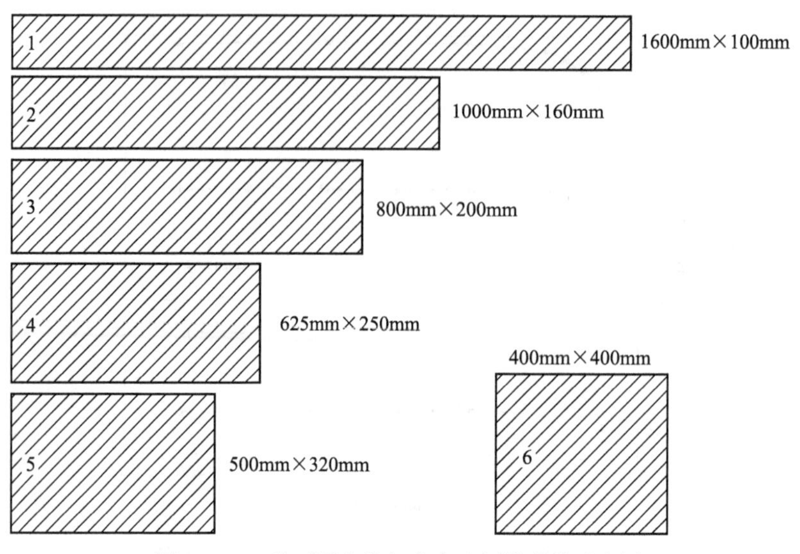

图 4.14　6 种不同内长与内宽比例模式的示意图

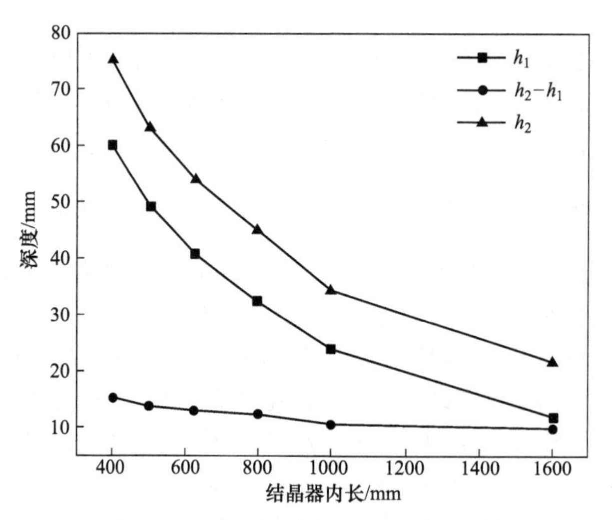

图 4.15　不同内长与内宽比例条件下 TA10 钛锭液相线深度 h_1、固相线深度 h_2 及糊状区宽度 h_2-h_1 的变化图

4.2.3　结晶器高度对 TA10 钛锭熔池形貌的影响

保持内长 L、内宽 W、壁厚 T 不变，高度 H 分别取 150mm、175mm、200mm、250mm、300mm、350mm、400mm、600mm 及 800mm，对不同结晶器高度下的 TA10 钛合金扁锭凝固过程进行稳态法模拟。由图 4.16 数据可知，当结晶

器高度从 150mm 增加到 200mm 的过程中，液相线深度、固相线深度及糊状区宽度明显变窄，液相线深度由 54.31mm 下降到 36.54mm、固相线深度由 83.91mm 下降到 53.12mm、糊状区宽度由 29.60mm 下降到 16.57mm；当结晶器高度增加到 350mm 时，液相线深度、固相线深度及糊状区宽度不再随着结晶器高度的增加而改变。在水冷结晶器的水温和水流量一定的条件下，水冷结晶器的冷却效果由结晶器与 TA10 钛合金扁锭的接触面积决定，当结晶器高度大于 350mm 时，TA10 钛合金扁锭的熔池形貌不再随结晶器高度的增加而改变。因此，在该条件下结晶器的有效冷却高度为 350mm。

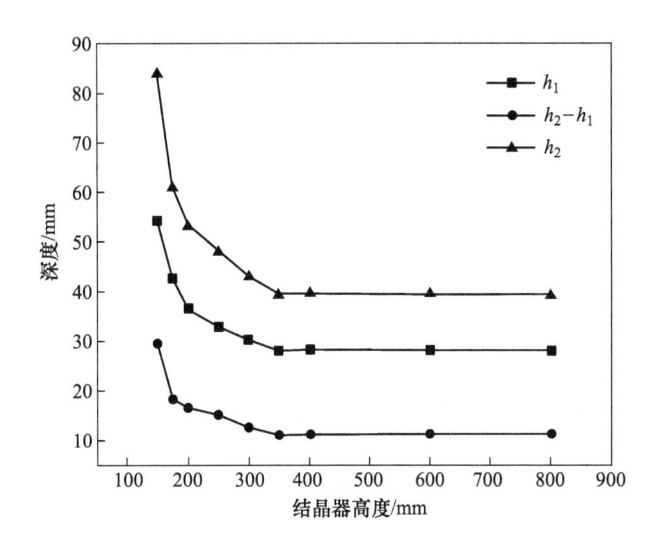

图 4.16 不同结晶器高度尺寸下 TA10 钛合金扁锭液相线深度 h_1、固相线深度 h_2 及糊状区宽度 h_2-h_1 的对比图

4.2.4 结晶器壁厚对 TA10 钛锭熔池形貌的影响

保持内长 L、内宽 W、高度 H 不变，壁厚 T 分别取 50mm、60mm、70mm、75mm、80mm 及 90mm，对不同结晶器壁厚下的 TA10 钛合金扁锭凝固过程进行稳态法模拟。由图 4.17 数据可知，随着结晶器壁厚尺寸的增加，TA10 钛合金扁锭的液相线深度、固相线深度及糊状区宽度是呈现略微增加的趋势。这说明随着结晶器壁厚尺寸的增加，水冷结晶器的冷却能力是略微提高的，但是对 TA10 钛合金扁锭的熔池形貌影响很小，只是对结晶器外形有所影响，可以忽略结晶器壁厚对 TA10 钛合金扁锭熔池形貌的影响。因此，在实际设计水冷结晶器时可以优先考虑水冷结晶器的内部管道的设计。

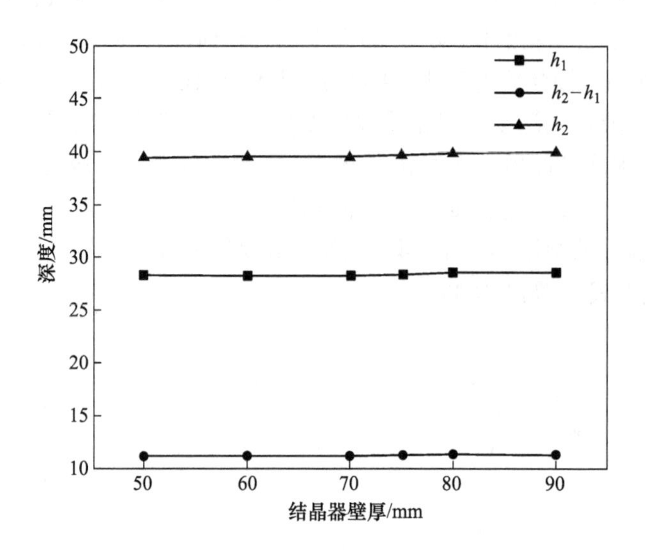

图 4.17 不同结晶器壁厚尺寸下 TA10 钛合金扁锭液相线深度 h_1、固相线深度 h_2 及糊状区宽度 h_2-h_1 的对比图

4.3 ϕ260mm TC4 圆锭熔池形貌

为进一步丰富对熔池形貌形成过程的研究，与 4.1 节和 4.2 节使用 ProCAST 软件不同，本节采用 ANSYS Fluent 软件进行模拟，研究了 ϕ260mm TC4 圆锭熔池形貌的形成过程及其影响因素。

4.3.1 浇注温度对 ϕ260mm TC4 圆锭熔池形貌及深度的影响

拉锭速度固定为 10mm/min，研究浇注温度分别为 2073K、2173K、2273K 条件下 ϕ260mm 圆锭的熔池形貌演变过程（见图 4.18）。当浇注温度 2073K 时，熔池形状为中间深边缘浅的碟形，其最深处位置接近圆锭的中心，深度为 17mm；随着熔池表面及溢流口处的升温操作，浇注温度提升至 2273K，熔池的形貌没有显著变化，熔池深度有所增加；当浇注温度为 2173K 时，熔池深度为 26mm，浇注温度为 2273K 时，熔池最大深度为 29mm。

4.3.2 拉锭速度对 ϕ260mm TC4 圆锭熔池形貌及深度的影响

浇注温度固定为 2273K，研究拉锭速度分别为 15mm/min、20mm/min、25mm/min条件下 ϕ260mm 圆锭的熔池形貌演变过程（见图 4.19）。

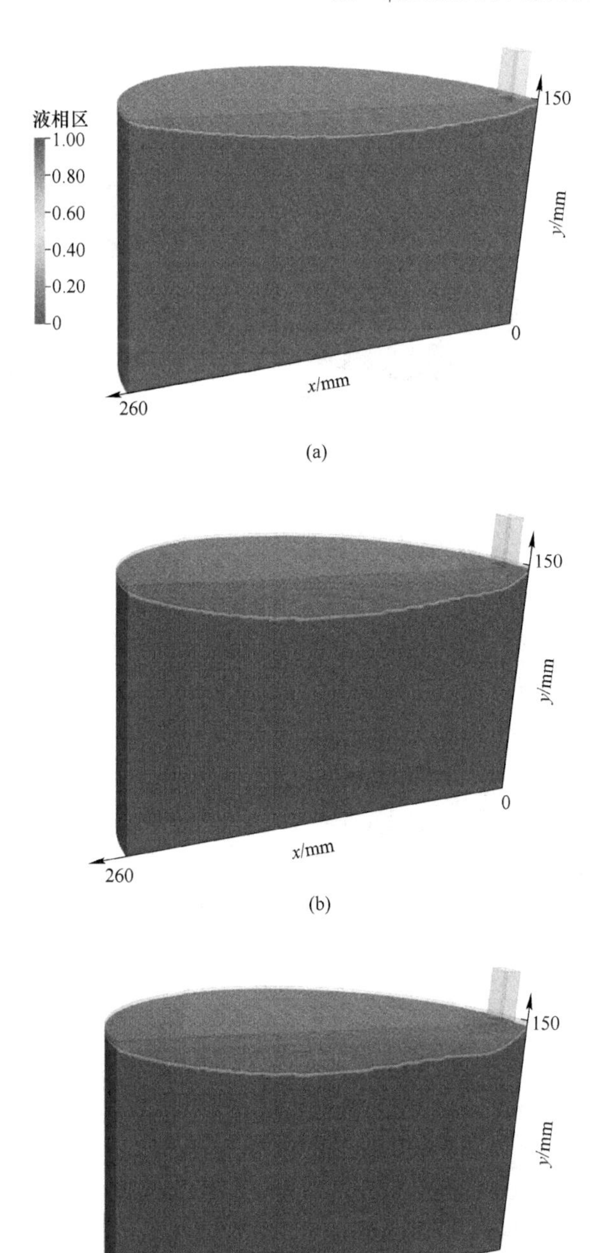

图 4.18 不同浇注温度对熔池形貌的影响

（a）浇注温度 2073K，熔池深度 17mm，拉锭速度 10mm/min；（b）浇注温度 2173K，熔池深度 26mm；拉锭速度 10mm/min；（c）浇注温度 2273K，熔池深度 29mm，拉锭速度 10mm/min

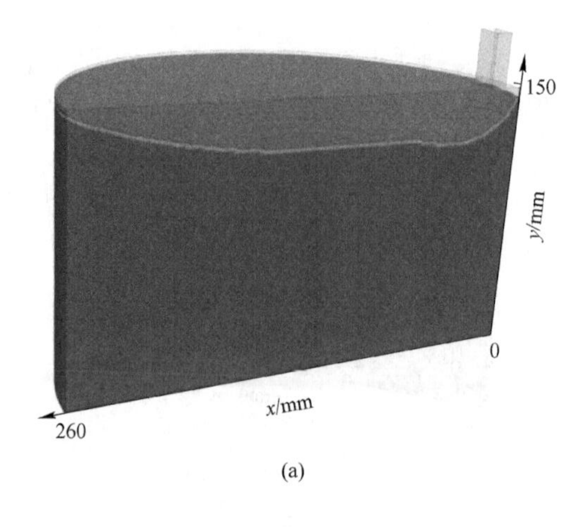

(a)

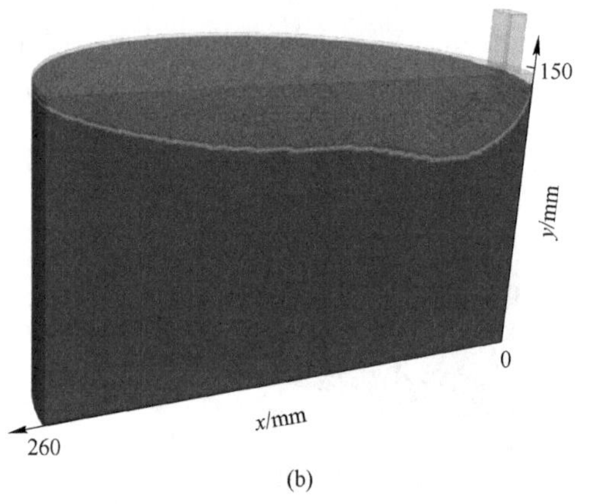

(b)

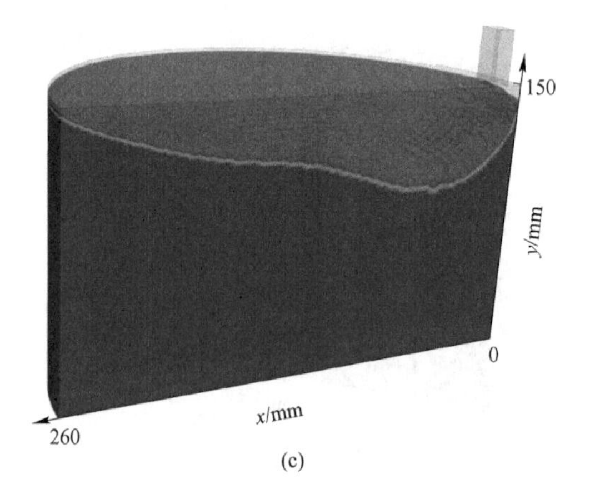

(c)

图 4.19　不同拉锭速度对熔池形貌的影响

（a）浇注温度 2273K，熔池深度 32mm，拉锭速度 15mm/min；（b）浇注温度 2273K，熔池深度 45mm，拉锭速度 20mm/min；（c）浇注温度 2273K，熔池深度 56mm，拉锭速度 25mm/min

拉锭速度提升过程中，溢流口处的高温熔体流量增加。靠近溢流口位置在持续冲刷下形成冲刷穴。熔池形貌的对称碟形被破坏，熔池最深位置也由结晶器中心向冲刷穴移动。当拉锭速度分别为 15mm/min、20mm/min 及 25mm/min 时，熔池深度（此处也为冲刷穴深度）分别为 32mm、45mm 及 56mm。过深的冲刷穴易导致靠近溢流口处结晶器壁上的凝壳变薄，引起拉漏的情况，也会在凝固过程中影响均匀的凝固组织形成。

4.3.3 浇注温度对 ϕ260mm TC4 圆锭熔池截面特征长度的影响

拉锭速度固定为 10mm/min，浇注温度分别为 2073K、2173K、2273K 条件下，ϕ260mm 圆锭的熔池在 x 轴方向分别为 30mm、70mm、110mm、150mm 及 190mm 处的液相区截面形貌如图 4.20 所示。由于结晶器沿 x-y 平面对称，因此熔池截面的特征长度 L 为液相区截面与 x-y 平面相交线的高度。沿 x 轴方向，熔池截面特征长度的分布情况如图 4.21 所示。当浇注温度为 2073K 时，液相区特征位置靠近熔池中心，长度为 $x=110$mm；当浇注温度提升至 2173K 时，熔池特征长度增加，分布趋势与 2073K 时相比无显著变化；当浇注温度提升至 2273K 时，特征长度分布趋势在 $x=30$mm 处显著变化，由于能量在此处的消耗，在 $x=70\sim190$mm 处的特征长度变化规律与 2173K 时相同。

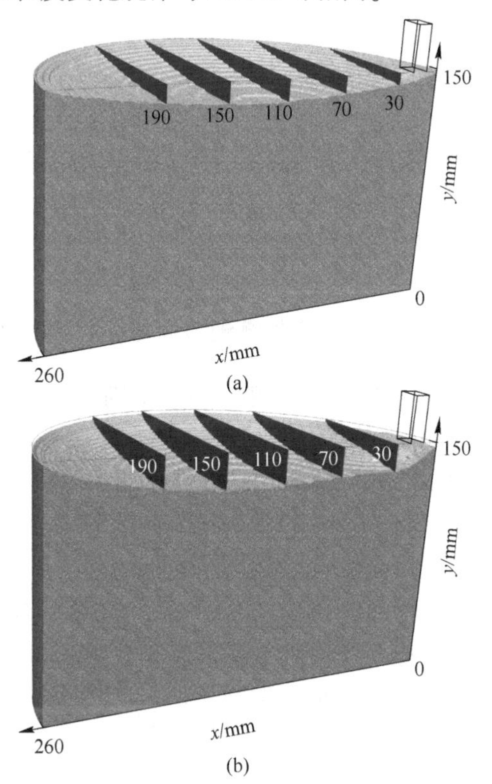

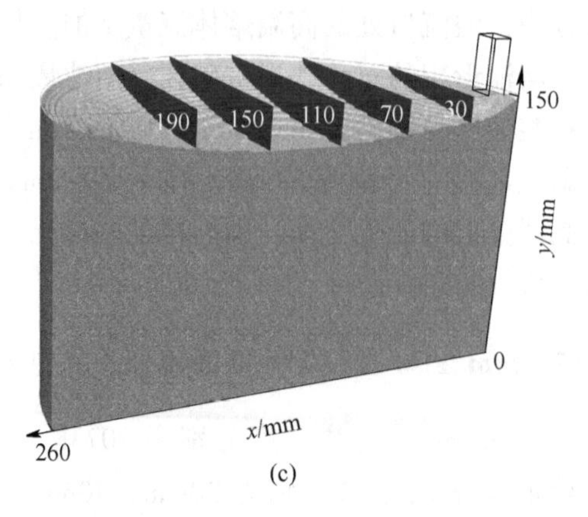

(c)

图 4.20 不同浇注温度下 ϕ260mm 圆锭内的熔池液相区截面形貌

(a) 浇注温度 2073K；(b) 浇注温度 2173K；(c) 浇注温度 2273K

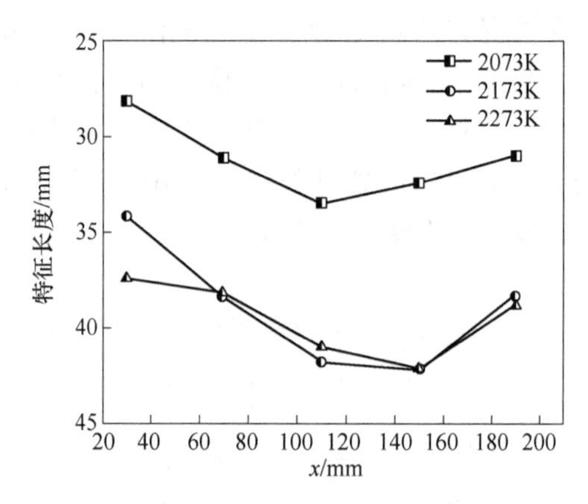

图 4.21 x 轴方向熔池截面特征长度变化

4.3.4 拉锭速度对 ϕ260mm TC4 圆锭熔池截面特征长度的影响

在浇注温度固定为 2273K，拉锭速度分别为 15mm/min、20mm/min、25mm/min条件下，ϕ260mm 圆锭的熔池在 $x=30$mm、$x=70$mm、$x=110$mm、$x=150$mm 及 $x=190$mm 处的液相区截面形貌如图 4.22 所示。沿 x 轴方向，截面特征长度的分布情况如图 4.23 所示。拉速的提升会显著增加溢流口附近液相区特征长度。随着拉锭速度从 15mm/min 提升至 25mm/min，在 $x=30$mm 处，特征长度从 46.5mm 提升至 66.7mm；在 $x=70$mm 处，特征长度从 45.2mm 提升至 71.0mm。相比之下，在 x 轴末端特征长度的变化有限。随着拉锭速度从 15mm/min 提升至 25mm/min，在 $x=150$mm 处的特征长度从 44.8mm 提升至 50.0mm；在 $x=190$mm 处，特征长度从 40.75mm 提升至 45mm。

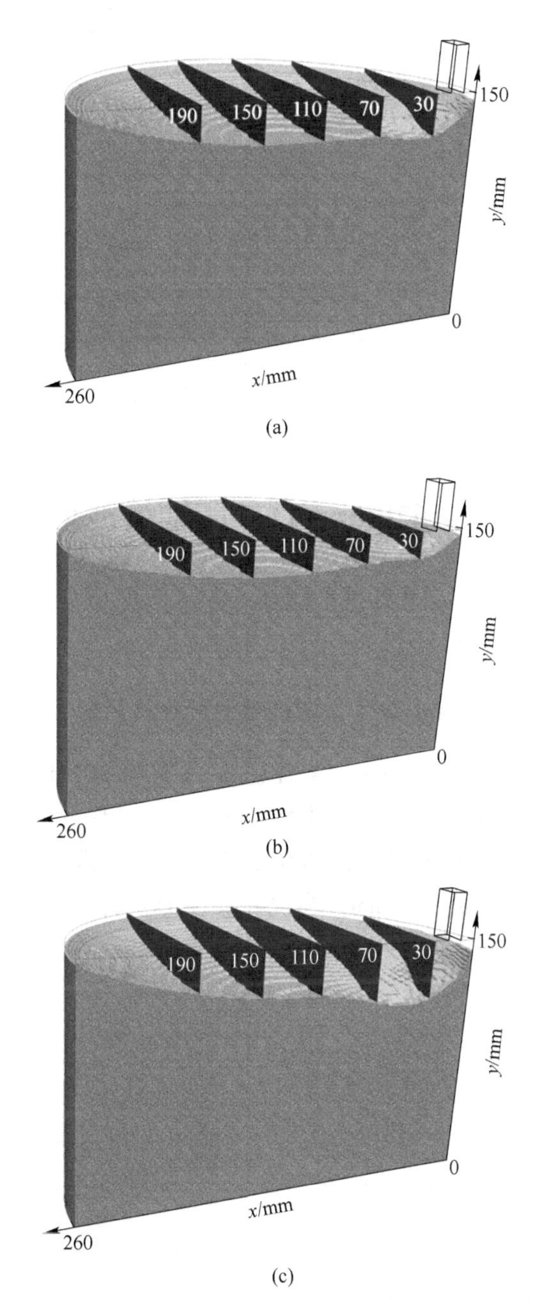

图 4.22 不同拉锭速度下 ϕ260mm 圆锭内熔池液相区截面形貌

(a) 拉锭速度 15mm/min；(b) 拉锭速度 20mm/min；(c) 拉锭速度 25mm/min

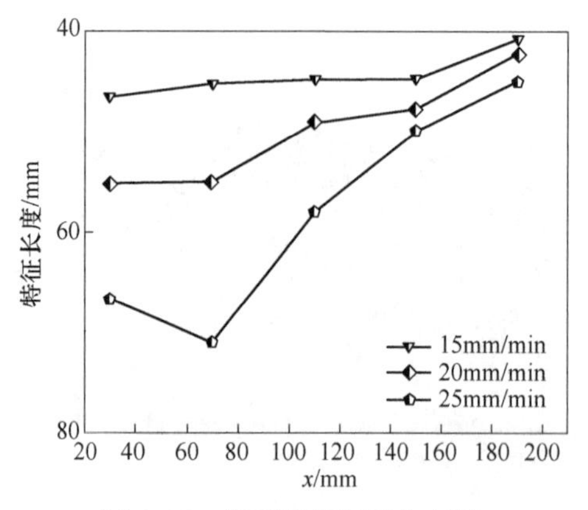

图 4.23　截面特征长度分布图

4.4　ϕ620mm TC4 圆锭熔池形貌

本节采用 ANSYS Fluent 软件进行模拟，研究了 ϕ620mm TC4 大圆锭熔池形貌的形成过程及其影响因素。

4.4.1　浇注温度对 ϕ620mm TC4 大圆锭熔池形貌及深度的影响

在拉锭速度固定为 5mm/min，浇注温度分别为 2073K、2123K、2173K 及 2223K 条件下，ϕ620mm TC4 大圆锭的熔池形貌演变过程如图 4.24 所示。当浇注温度为 2073K 时，熔池形貌呈现与 ϕ260mm TC4 圆锭一致的碟形，熔池最深处位置接近圆锭的中心，深度为 28mm。当浇注温度分别为 2123K、2173K 及 2223K 时，熔池深度不断增加，分别为 33mm、42mm 和 47mm。

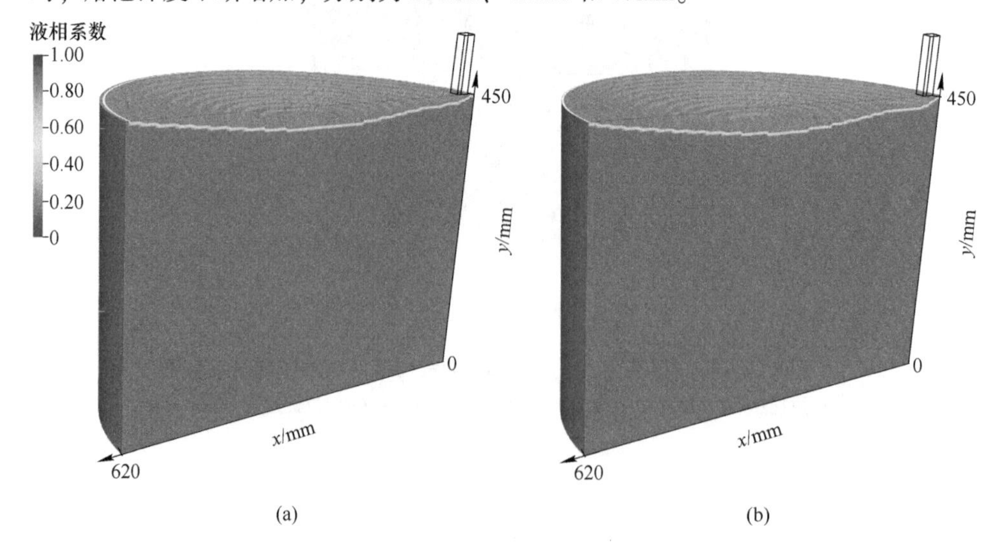

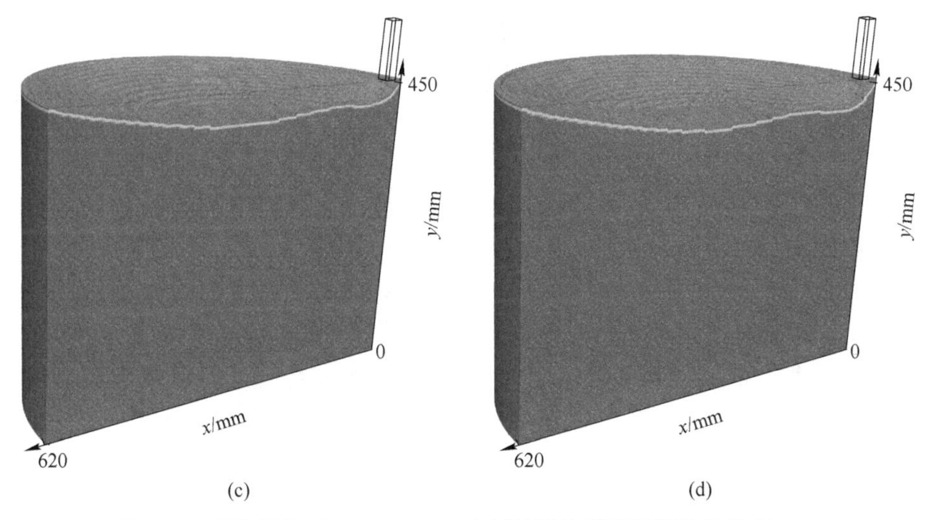

图 4.24 浇注温度对 ϕ620mm TC4 大圆锭熔池形貌及深度的影响
（a）浇注温度 2073K，熔池深度 28mm；（b）浇注温度 2123K，熔池深度 33mm；
（c）浇注温度 2173K，熔池深度 42mm；（d）浇注温度 2223K，熔池深度 47mm

4.4.2 拉锭速度对 ϕ620mm TC4 大圆锭熔池形貌及深度的影响

在浇注温度固定为 2273K，拉锭速度分别为 5mm/min、7mm/min、10mm/min及 13mm/min 条件下，ϕ620mm TC4 大圆锭的熔池形貌演变过程如图 4.25 所示。其基本演变规律与圆锭熔铸过程相符，拉锭速度提升过程中，溢流口位置的冲击穴不断发展，其深度逐渐超过熔池几何中心位置的熔池深度。当拉锭速度分别为 5mm/min、7mm/min、10mm/min 及 13mm/min 时，熔池深度（此处也为冲击穴深度）分别为 50mm、64mm、116mm 和 209mm。

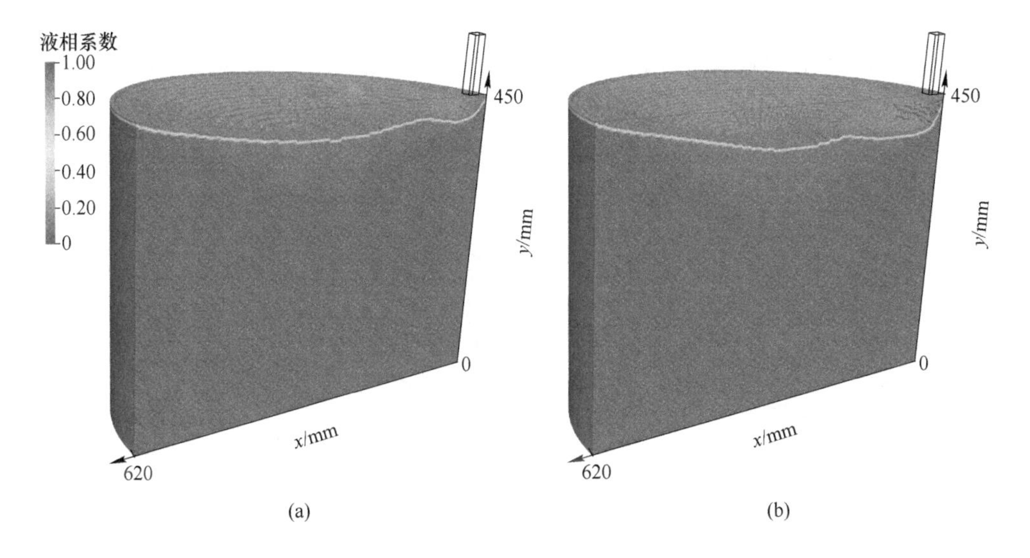

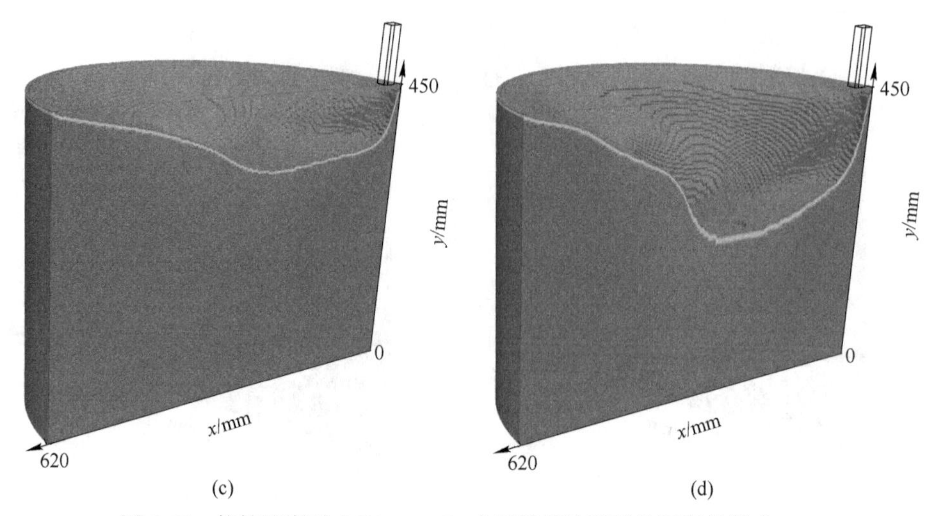

图 4.25　拉锭速度对 ϕ620mm TC4 大圆锭熔池形貌及深度的影响

（a）拉锭速度 5mm/min，熔池深度 50mm；（b）拉锭速度 7mm/min，熔池深度 64mm；
（c）拉锭速度 10mm/min，熔池深度 116mm；（d）拉锭速度 13mm/min，熔池深度 209mm

4.4.3　浇注温度对 ϕ620mm TC4 圆锭熔池截面特征长度的影响

在拉锭速度固定为 5mm/min，浇注温度分别为 2073K、2123K、2173K 及 2223K 条件下，ϕ620mm 圆锭的熔池在 $x=30$mm、$x=110$mm、$x=210$mm、$x=310$mm、$x=410$mm 及 $x=510$mm 处的液相区截面形貌如图 4.26 所示。由于结晶器沿 x-y 平面对称，因此熔池截面的特征长度 L 为液相区截面与 x-y 平面相交线的高度。沿 x 轴方向，熔池截面特征长度的分布情况如图 4.27 所示。在 2073K、

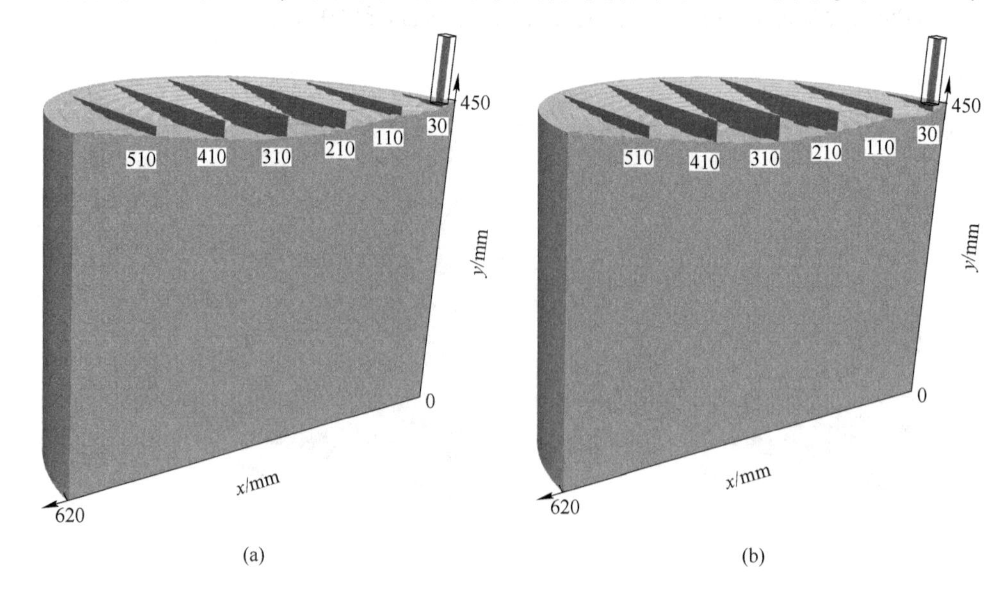

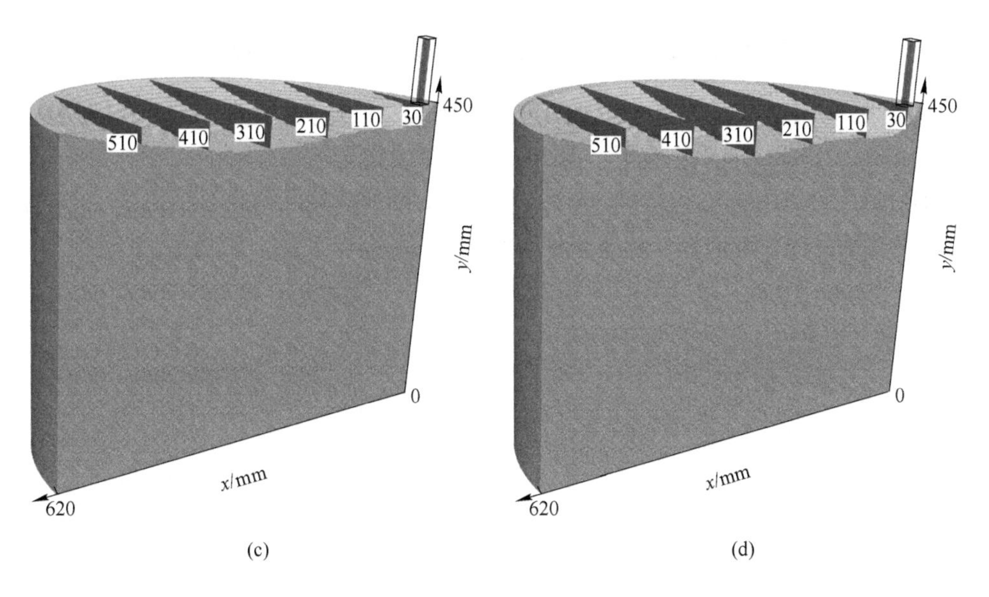

图4.26 不同浇注温度下 x 轴方向液相区截面形貌
(a) 浇注温度2073K；(b) 浇注温度2123K；(c) 浇注温度2173K；(d) 浇注温度2223K

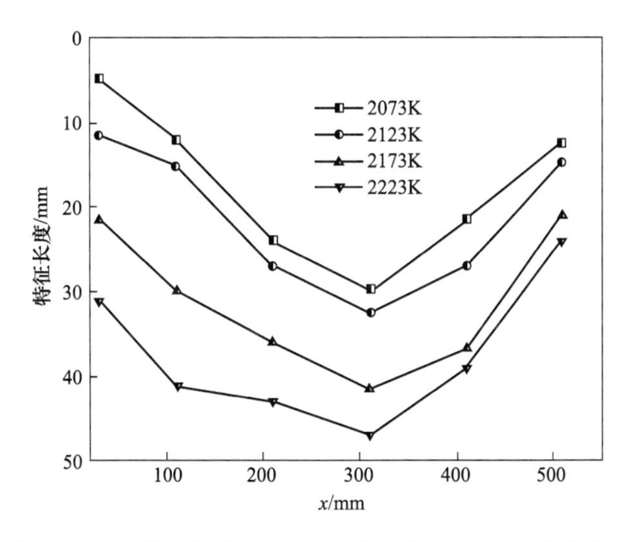

图4.27 不同浇注温度下 ϕ620mm 大圆锭内熔池特征长度分布

2123K、2173K及2223K条件下，截面特征长度的极大值均出现在 $x=310$mm 处，分别为29.8mm、32.7mm、41.6mm及47mm；溢流口位置在 $x=30$mm 处的截面特征长度分别为5mm、11.7mm、21.7mm及31mm；熔池末端在 $x=510$mm 处的截面特征长度分别为12.5mm、14.8mm、21mm及24mm。

4.4.4　拉锭速度对 ϕ620mm TC4 圆锭熔池截面特征长度的影响

在浇注温度固定为 2273K，拉锭速度分别为 5mm/min、7mm/min、10mm/min、13mm/min 条件下，ϕ620mm 圆锭的熔池在 x = 30mm、x = 110mm、x = 210mm、x = 310mm、x = 410mm 及 x = 510mm 处的液相区截面形貌如图 4.28 所示。沿 x 轴方向，截面特征长度的分布情况如图 4.29 所示。随着拉速的提升，

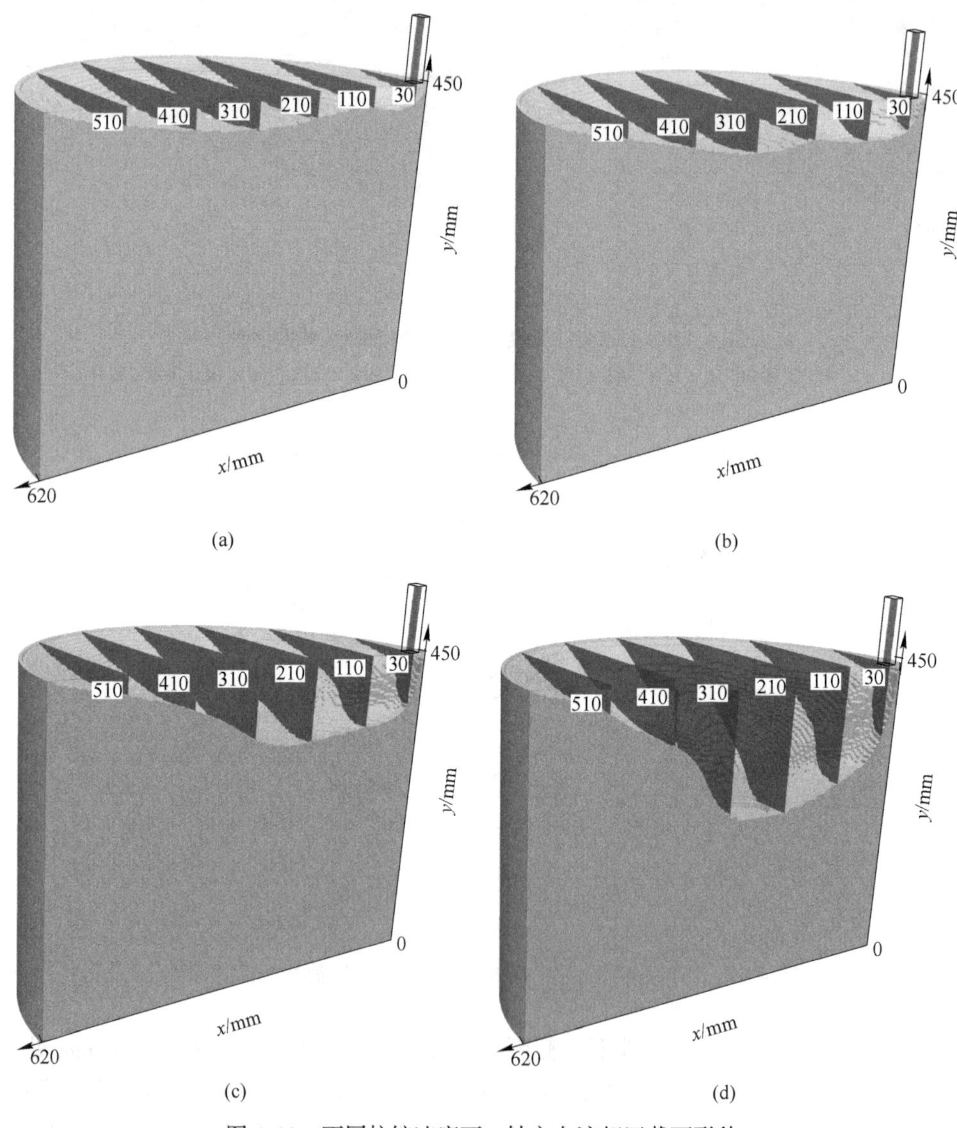

图 4.28　不同拉锭速度下 x 轴方向液相区截面形貌

（a）拉锭速度 5mm/min；（b）拉锭速度 7mm/min；（c）拉锭速度 10mm/min；（d）拉锭速度 13mm/min

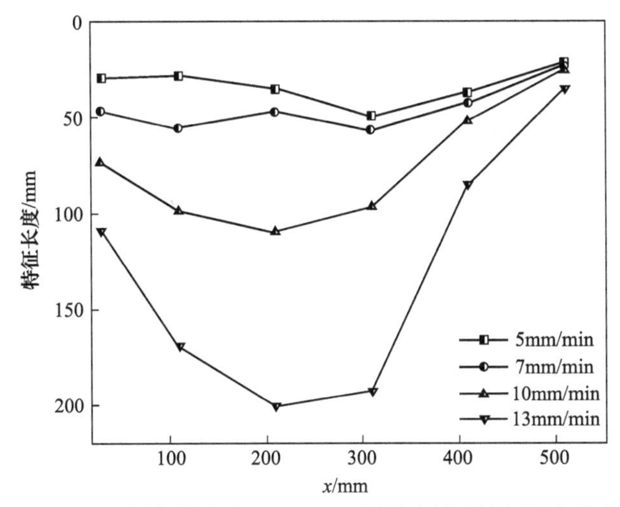

图 4.29　不同拉锭速度下 ϕ620mm 圆锭内熔池特征长度分布

截面特征长度的最大值位置由 $x=310$mm 处向溢流口方向稍有移动。在 2073K、2123K、2173K 及 2223K 条件下，$x=310$mm 处的截面特征长度分别为 50mm、57mm、97mm 及 192mm；$x=210$mm 处的截面特征长度分别为 35mm、47mm、110mm 及 200mm；溢流口位置 $x=30$mm 处，截面特征长度分别为 29.2mm、46.7mm、73.5mm 及 108mm；熔池末端 $x=510$mm 处，截面特征长度分别为 22.4mm、23.6mm、25.2mm 及 36mm。

4.5　长 1050mm×宽 220mm TC4 扁锭熔池形貌

本节采用 ANSYS Fluent 软件进行模拟，研究了长 1050mm×宽 220mm TC4 扁锭熔池形貌的形成过程及其影响因素。

4.5.1　浇注温度对扁锭熔池形貌及深度的影响

在拉锭速度固定为 8mm/min，浇注温度分别为 2073K、2173K、2223K 及 2273K 条件下，长 1050mm×宽 220mm TC4 扁锭的熔池形貌演变过程如图 4.30 所示。当浇注温度为 2073K 时，熔池形貌以 $y=110$mm 位置处的 x-z 切面近似对称，呈中间深边缘浅的趋势。熔池最深处位置接近扁锭的几何中心，深度为 33.5mm。与 ϕ260mm 圆锭的熔铸过程不同，随着熔池表面及溢流口处的升温操作，熔池的形貌在溢流口附近存在一定变化。溢流口附近熔池形貌的对称形状被破坏，熔池的最深位置逐步向溢流口冲击穴位置移动。当浇注温度分别为 2173K、2223K 及 2273K 时，熔池深度（此处也为冲击穴深度）分别为 40mm、43mm 及 51mm，其变化值在 20mm 以内。

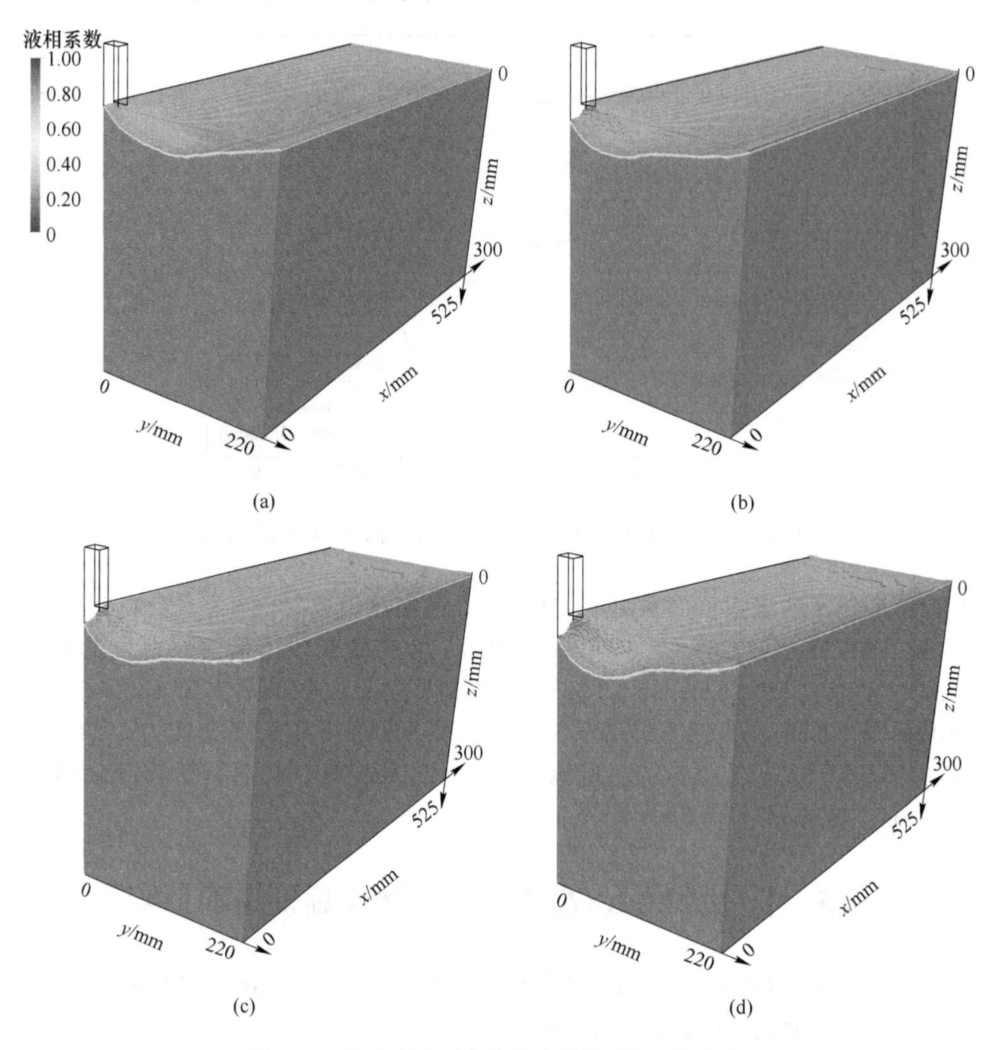

图 4.30　浇注温度对扁锭熔池形貌及深度的影响

（a）浇注温度 2073K，熔池深度 33.5mm；（b）浇注温度 2173K，熔池深度 40mm；（c）浇注温度 2223K，熔池深度 43mm；（d）浇注温度 2273K，熔池深度 51mm

4.5.2　拉锭速度对扁锭熔池形貌及深度的影响

在浇注温度固定为 2273K，拉锭速度分别为 9mm/min、10mm/min、12mm/min及 15mm/min 条件下，长 1050mm×宽 220mm TC4 扁锭熔池形貌演变过程如图 4.31 所示。其基本演变规律与圆锭熔铸过程相符，拉锭速度提升过程中，溢流口位置出现冲击穴。熔池在 $y = 110$mm 处沿 x-z 平面对称的形貌被破坏，熔池的最深位置随着冲击穴中心不断增加。当拉锭速度分别为 9mm/min、10mm/min、12mm/min 及 15mm/min 时，熔池深度（此处也为冲击穴深度）分别为

57mm、67mm、87mm及123mm。在15mm/min的高拉速下，溢流口处的凝壳薄壁区域不断下沿，极大地增加了拉漏风险。

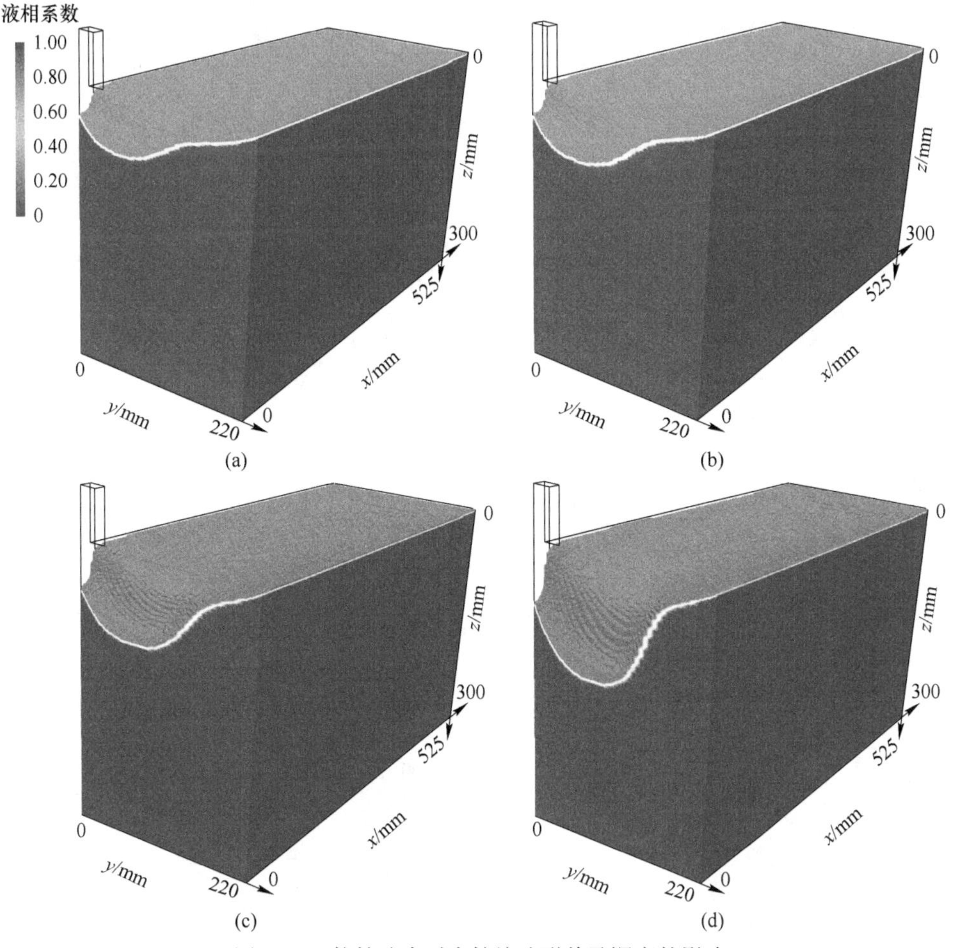

图4.31 拉锭速度对扁锭熔池形貌及深度的影响

(a) 拉锭速度9mm/min，熔池深度57mm；(b) 拉锭速度10mm/min，熔池深度67mm；
(c) 拉锭速度12mm/min，熔池深度87mm；(d) 拉锭速度15mm/min，熔池深度123mm

4.5.3 浇注温度对TC4扁锭液相区截面特征长度的影响

在拉锭速度固定为8mm/min，浇注温度分别为2073K、2173K、2223K及2273K条件下，长1050mm×宽220mm TC4扁锭熔池在$x=0$mm、$x=105$mm、$x=210$mm、$x=315$mm及$x=420$mm处的液相区截面形貌如图4.32所示。对于扁锭，由于液相区深度从结晶器边缘向$y=110$mm方向递减，液相区特征长度为截面与$y=110$mm平面的交线高度。沿x轴方向，熔池截面特征长度的分布情况如图4.33所示。

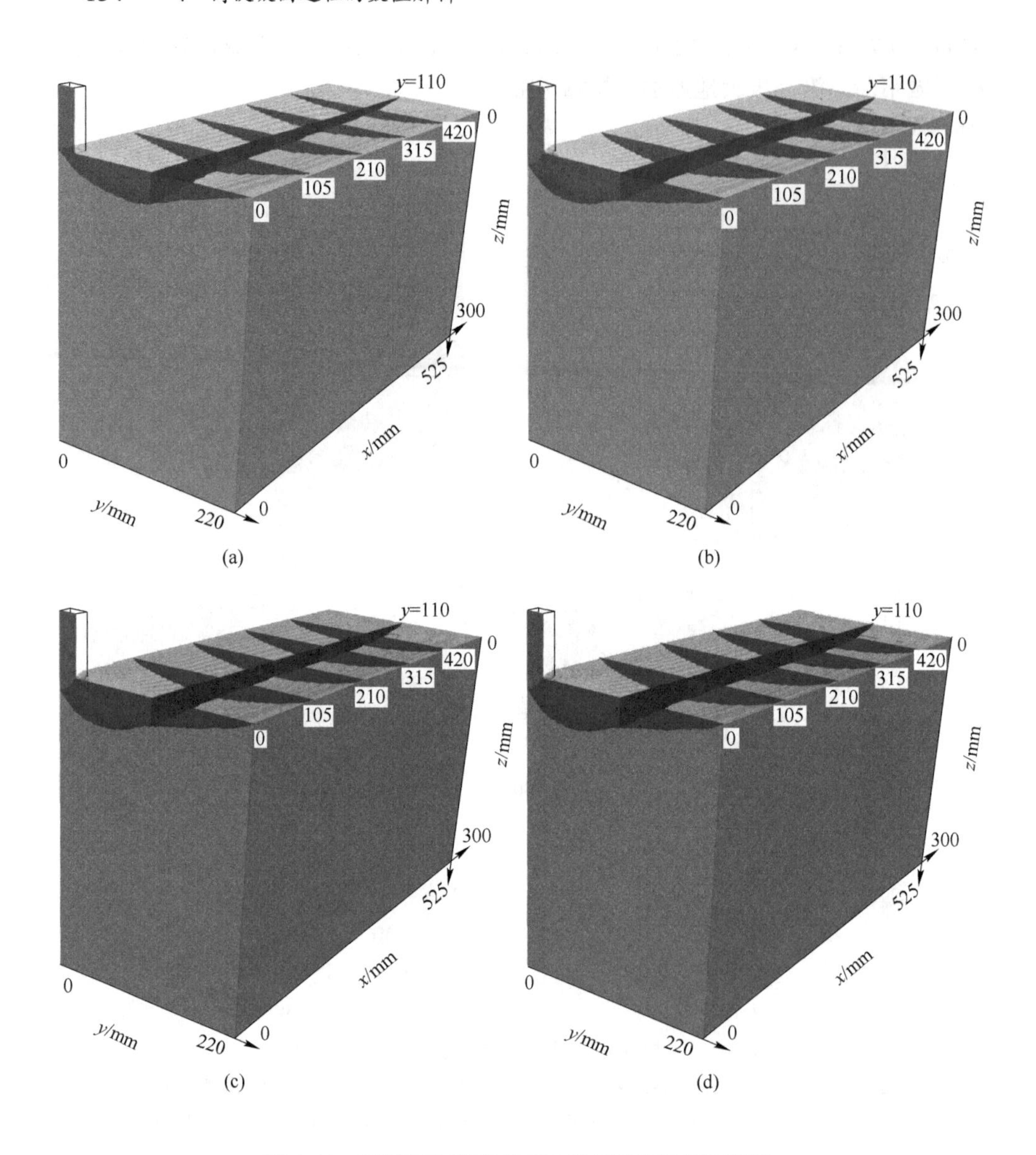

图 4.32　不同浇注温度下 TC4 扁锭液相区截面形貌

（a）浇注温度 2073K；（b）浇注温度 2173K；（c）浇注温度 2223K；（d）浇注温度 2273K

图 4.33 表明，浇注温度提升，液相区特征长度总体增加，其分布趋势均沿 x 轴方向递减，其变化趋势仅有较少变化。当浇注温度分别为 2073K、2173K、2223K 及 2273K 时，x = 30mm 处的液相区特征长度分别为 27mm、26mm、26.4mm 及 31.5mm；x = 420mm 处的液相区特征长度分别为 10.5mm、15.8mm、16.8mm 及 19mm。

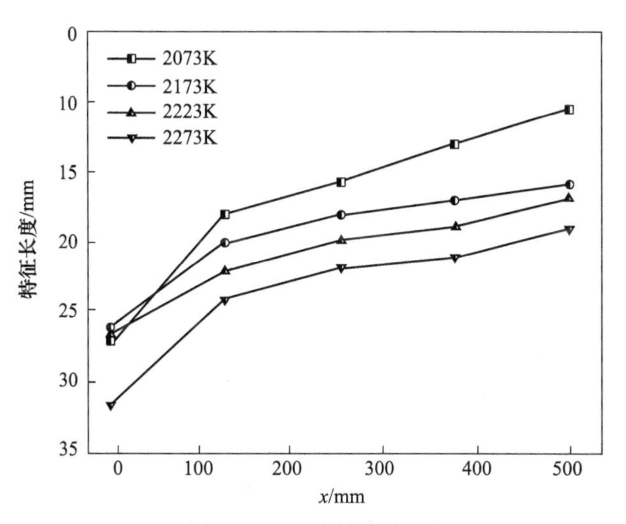

图 4.33 不同浇注温度下扁锭内熔池特征长度分布

4.5.4 拉锭速度对 TC4 扁锭液相区截面特征长度的影响

在浇注温度固定为 2273K，拉锭速度分别为 9mm/min、10mm/min、12mm/min、15mm/min 条件下，长 1050mm×宽 220mm TC4 扁锭熔池在 $x=0$mm、$x=105$mm、$x=210$mm、$x=315$mm 及 $x=420$mm 处的液相区截面形貌如图 4.34 所示。沿 x 轴方向，截面特征长度的分布情况如图 4.35 所示。与小圆锭所得规律相同，拉速的提升会显著增加溢流口附近液相区特征长度。随着拉锭速度从 9mm/min、10mm/min、12mm/min 提升至 15mm/min，在 $x=0$mm 处的特征长度

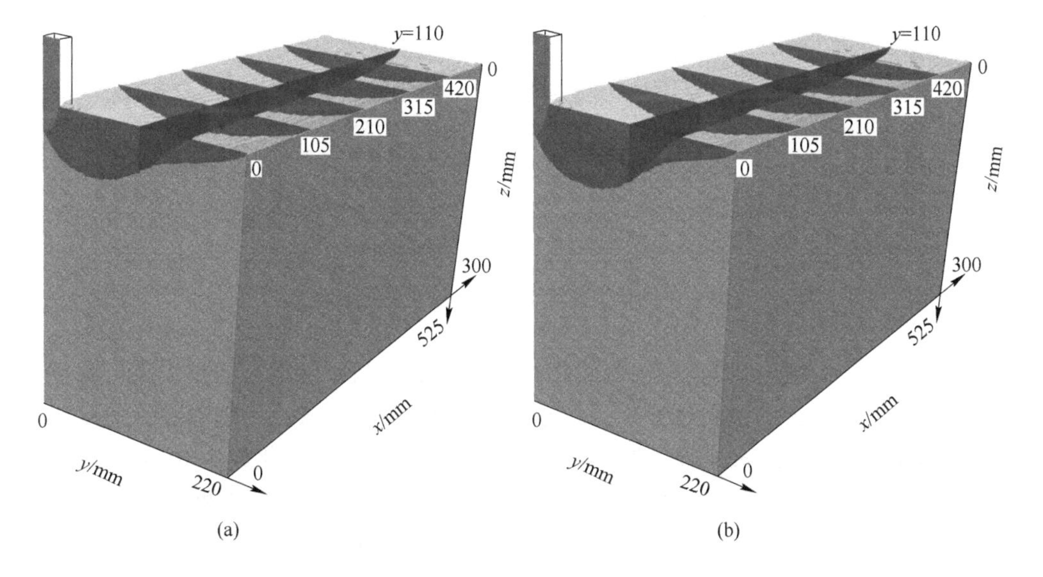

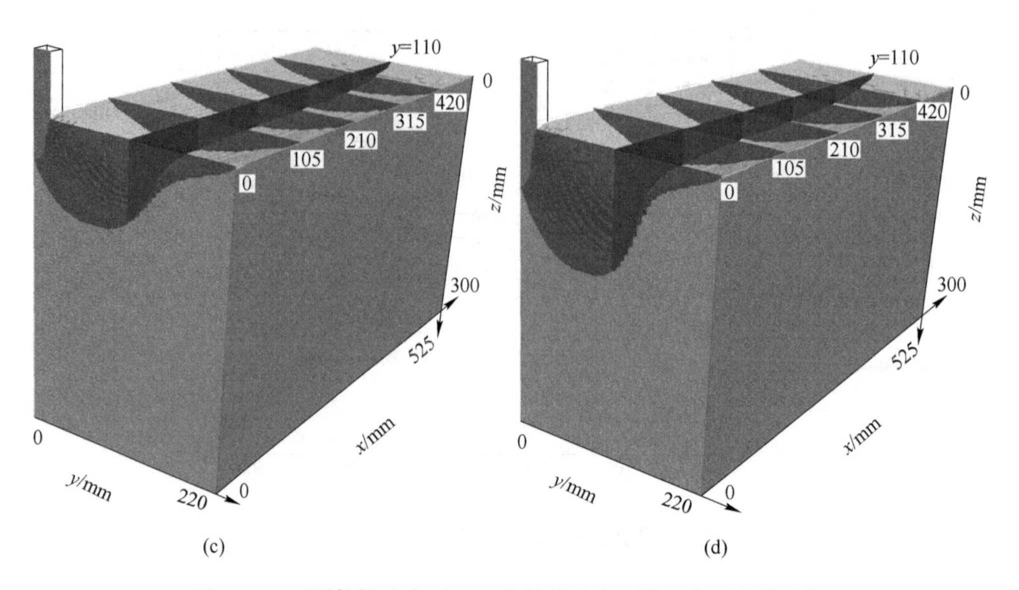

图 4.34　不同拉锭速度下 TC4 扁锭熔池在 x 轴方向的形貌变化

(a) 拉锭速度 9mm/min；(b) 拉锭速度 10mm/min；(c) 拉锭速度 12mm/min；(d) 拉锭速度 15mm/min

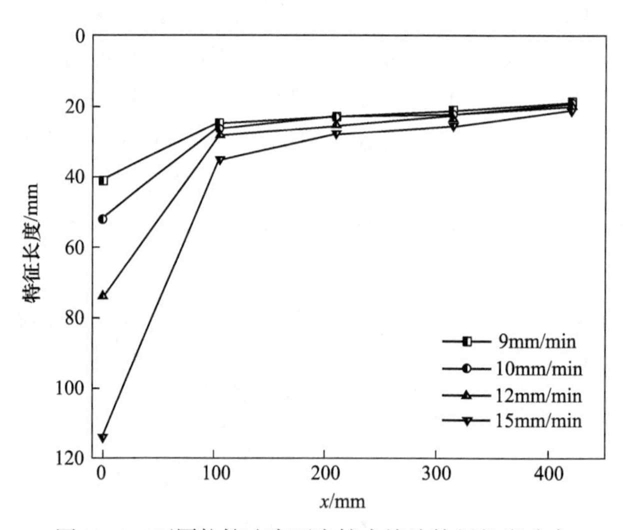

图 4.35　不同拉锭速度下扁锭内熔池特征长度分布

分别从 41mm、52mm、74.3mm 最终提升至 114mm。与圆锭不同的是溢流口附近液相区域特征长度的增加对于 x 轴方向上的熔池形貌影响较小。随着拉锭速度从 9mm/min 提升至 15mm/min，在 $x=105$mm 处，特征长度的变化量为 10mm；在 $x=210$mm 处，特征长度的变化量为 5mm；在 $x=315$mm 处，特征长度的变化量为 4.4mm；在 $x=420$mm 处，特征长度的变化量为 2.3mm。

5 熔池内流体行为数值解析

在电子束冷床熔炼过程中，熔体的流动对熔池内元素成分的均匀化及夹杂物的去除效率均有影响，是非常重要的物理过程。特别是不存在电磁搅拌的情况下，对熔体流动机制的研究是掌握铸坯质量控制的关键。本章借助不同模拟软件分析了不同型号结晶器内的熔体流动行为，为后续传质过程研究奠定了理论基础。

5.1 ProCAST 凝固-流动耦合模型对熔池流体行为的预测

实际电子束冷床熔炼大规格 TC4 钛合金扁锭过程中，合金液以一定的流速从冷床经溢流口流入结晶器并在结晶器内冷却凝固，600s 后被拉锭杆拉出并在氩气中冷却形成铸锭。合金液不断流入和结晶器上方电子枪对液面持续扫描加热使得结晶器内熔体表面温度趋于恒定，随着时间变化结晶器内的熔池达到稳定状态，即熔池形貌不再随时间发生变化。图 5.1 为 TC4 钛合金扁锭凝固过程最终达到稳态时的三维熔池形貌图。凝固过程中参数设置为：浇注温度 1700℃、拉锭速度 3×10^{-4}m/s、溢流口面积 1000mm^2。从图中可以看出扁锭靠近结晶器的部位在结晶器的急冷作用下温度急剧下降并形成具有一定厚度的凝固坯壳。在没有考虑熔体对流情况下熔池形貌如图 5.1（a）所示，熔池底部是一条平缓的直线，且熔池形状比较规则；考虑熔体流动后熔池形貌发生很大的变化（见图 5.1（b）），熔池底部不再平滑，液相区变窄，糊状区体积增大，糊状区形成很多“触角”深入固相区。

图 5.2（a）为熔池内熔体流速分布云图，从图中可以看出溢流口附近熔体流速最大，随着与溢流口距离的增加，熔体流速逐渐减小，在接近结晶器壁时由于发生回流现象，流速稍有增加。这也导致在靠近溢流口位置一侧形成了一个较大的冲击坑，另一侧形成一个较小的冲击坑，从而使结晶器两端固-液界面处曲率产生差异，这也将导致扁锭凝固过程中的成分偏析和宏观缺陷增加。因此，为使熔池两端固-液界面处曲率相同，可考虑把溢流口设置在结晶器中心位置以达到优化结晶器的目的。图中还可以看出糊状区在对称面处形成一些很长的“触角”深入固体内部，这与文献[254]中 NH_4Cl 定向凝固形成的“烟囱”相似（见图 5.2（b））。

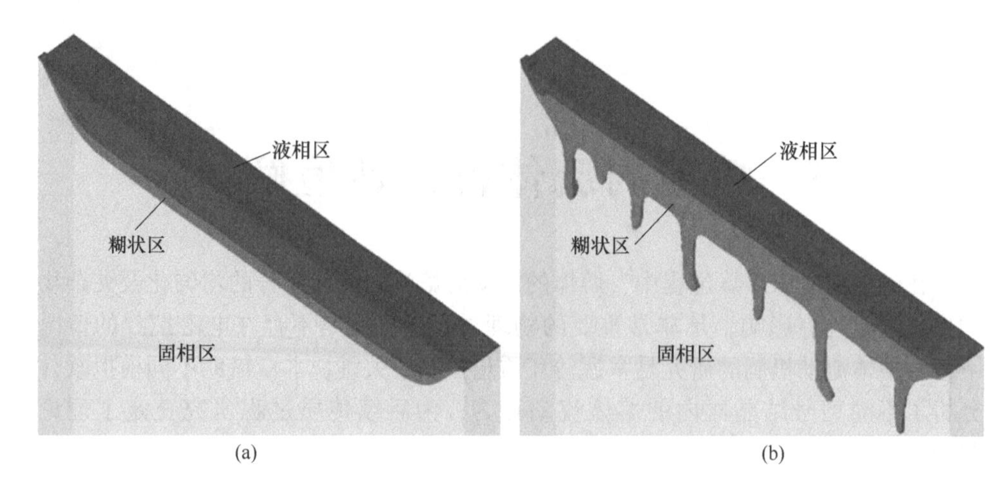

图 5.1　TC4 钛合金扁锭凝固过程熔池形貌
(a) 单一温度场；(b) 耦合流场

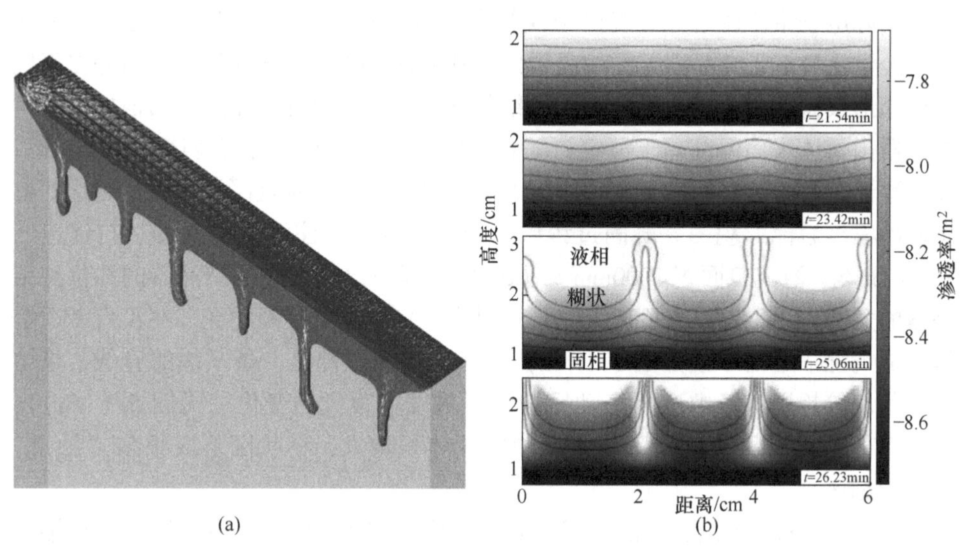

图 5.2　熔池内熔体流速分布图(a)和 NH_4Cl 定向凝固图(b)

5.1.1　溢流口流速对 TC4 熔池流速的影响

为研究溢流口流速对扁锭熔池形貌的影响，控制浇注温度为1700℃，溢流口面积设置为 1000mm^2，拉锭速度分别设置为 1×10^{-4} m/s、2×10^{-4} m/s、2.844×10^{-4}m/s、3×10^{-4}m/s 4 种，对应的溢流口流速分别为 1.3125×10^{-2}m/s、2.625×10^{-2}m/s、3.732×10^{-2}m/s、3.937×10^{-2}m/s。分别对不同工艺下的大规格 TC4 钛

合金扁锭进行温度场和流场耦合模拟。同时，为研究熔池表面流速变化情况，选取熔池表面上5个点作为研究对象（见图5.3），选取坐标分别为：点1（-500，52.5，0）、点2（-250，52.5，0）、点3（0，52.5，0）、点4（250，52.5，0）、点5（500，52.5，0）。

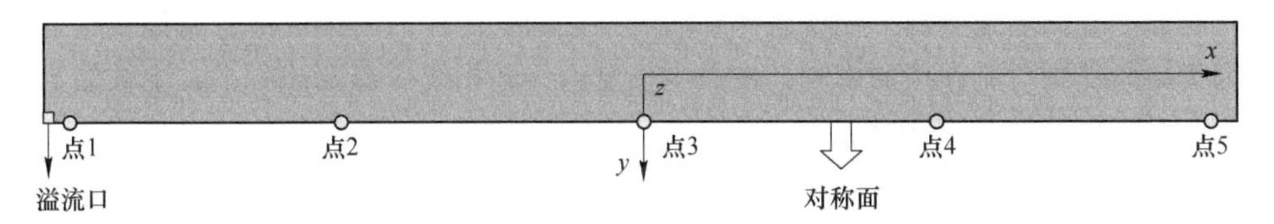

图5.3 流速计算选取点

图5.4为4种不同溢流口流速条件下的TC4钛合金扁锭温度场分布图（宽对称面）。从图中可以看出，耦合流场后扁锭熔池形貌发生了明显变化，总体趋势是液相区变窄，糊状区体积增大且深入固体内部。这是因为设置了溢流口流速，熔体内部产生了对流，当对流达到紊流程度时，就会冲刷枝晶臂，造成晶粒繁殖，从而使糊状区增大，液相区减小。而在该试验中结晶器上方始终有一把电子枪保持液面温度的恒定，所以液相线始终为一条平缓的直线。由于耦合流场后，固相线深度特别是“触角”处固相线深度相比单一温度场下降很多。所以，为防止拉漏的危险出现，根据作者经验，拉锭速度控制应小于3.5×10^{-4}m/s。

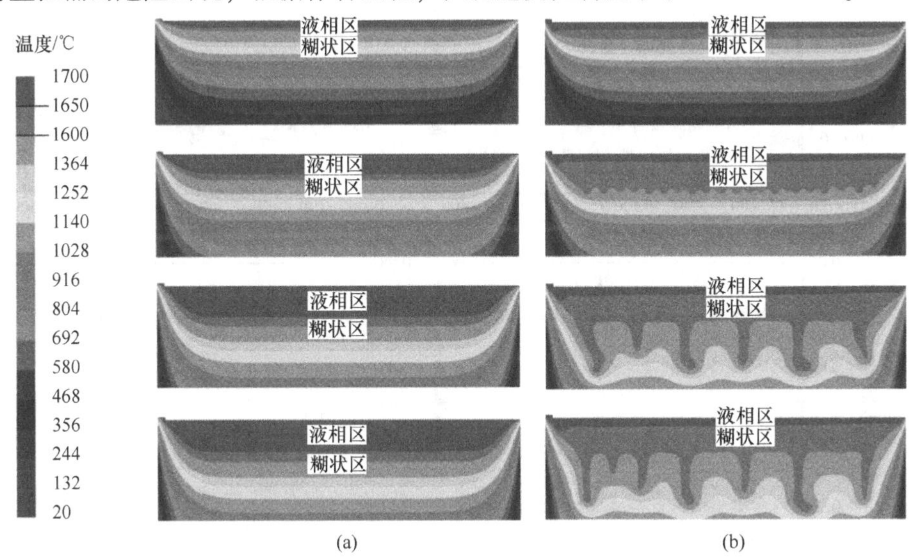

图5.4 TC4钛合金扁锭在不同溢流口流速下的温度场分布图

（图中液相区和糊状区以外的是固相区）

（a）单一温度场分布；（b）耦合流场后温度场分布

从图 5.4（b）可以看出当溢流口流速为 1.3125×10^{-2}m/s 时，熔池形貌与没有耦合流场时大体相同，但也出现液相区变窄，糊状区变宽的现象，说明较小的溢流口流速对熔池形貌影响不大。当溢流口流速大于 2.625×10^{-2}m/s 时，随着溢流口流速的提高，熔池形貌变化明显，具体是液相区虽然变化不大，但弯月面变化明显，凝固坯壳变薄，糊状区体积增大，且糊状区深入固体的部分增加。这是因为熔体受到对流作用的影响，枝晶生长发达，固相线变得凹凸不平，主枝晶半径和二次枝晶间距逐渐增加。

图 5.5 为不同溢流口流速下熔体表面流速随时间变化关系图。从图中可以看出，熔体表面流速先随溢流口距离增加而减小，在接近结晶器壁时表面流速有所增加，这是因为熔体冲击结晶器壁发生回流。同时随溢流口流速增加，熔体表面流速逐渐增大，这将导致结晶器两端形成的冲击坑也逐渐增大，凝固坯壳逐渐变薄。当溢流口流速为 1.3125×10^{-2}m/s 时，发现熔体表面流速非常小，溢流口流速对熔池形貌几乎没有影响。对于半连续铸造来说，浇注与凝固过程是同时进行的，动量对流所引起的熔体流动自始至终对铸锭的结构产生影响。当溢流口流速减小时，可获得小的熔体表面流速，从而降低铸锭的宏观偏析，提高铸锭质量。所以，在实际生产中在保证生产效率的同时，应适当降低溢流口流速。

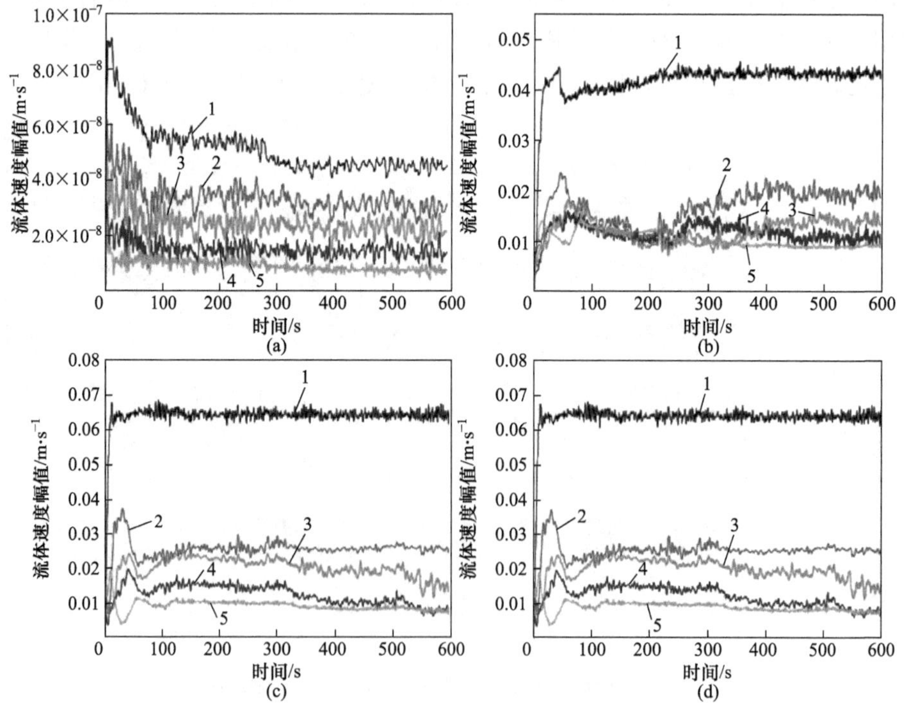

图 5.5　不同溢流口流速下所选取点的流速图

（a）1.3125×10^{-2}m/s；（b）2.625×10^{-2}m/s；（c）3.732×10^{-2}m/s；（d）3.937×10^{-2}m/s

1—点 1；2—点 2；3—点 3；4—点 4；5—点 5

5.1.2 浇注温度对TC4熔池流速的影响

为了研究浇注温度对扁锭凝固温度场及熔池表面流速的影响，设置溢流口面积为1000mm^2、拉锭速度为2.844×10^{-4}m/s、对应溢流口流速为3.732×10^{-2}m/s，浇注温度分别设置为1700℃、1720℃、1740℃、1760℃。图5.6为TC4钛合金扁锭在4种不同浇注温度下的温度场分布图。从图中可以看出，随着浇注温度的增加，液相线逐渐加深，糊状区无明显变化，熔池总体形貌变化不大。这是因为当浇注温度增加时，熔体过热度增大，使得液相区加深。

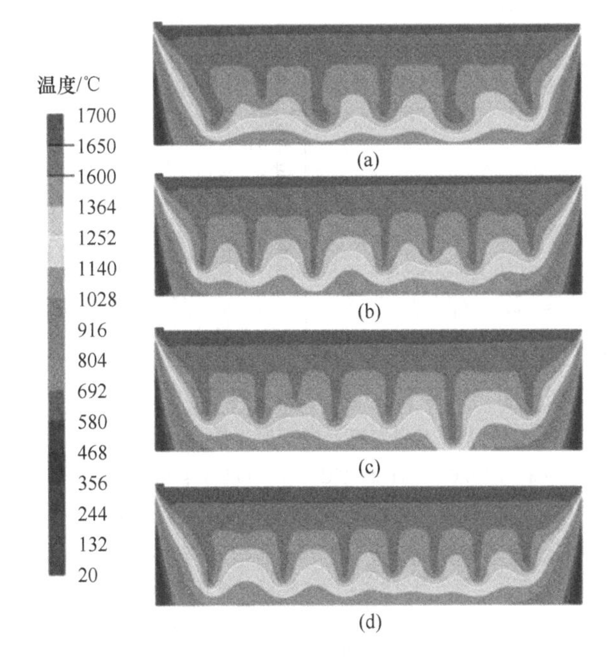

图5.6 不同浇注温度下TC4钛合金扁锭的温度场分布
(a) 1700℃；(b) 1720℃；(c) 1740℃；(d) 1760℃

图5.7为不同浇注温度下熔池表面的流速图，可以看出，随浇注温度升高，熔体表面流速略微增大，这是因为浇注温度升高降低了熔体黏度，使熔体流动性增强。总的来说浇注温度变化对熔池形貌及熔体表面流速影响不大。

图5.8为TA10钛合金扁锭凝固过程最终达到稳态时单一温度场的熔池形貌图与耦合流场时的熔池形貌图的对比。对比发现，当对单一温度场进行非稳态模拟计算时，其固-液界面十分平滑，且底部是一条平缓的直线；流场温度场耦合后结果显示，固-液界面不再规则平滑。从对比结果可以看出，熔体的流动对TA10钛合金扁锭凝固过程的固-液界面形貌有着重要影响。

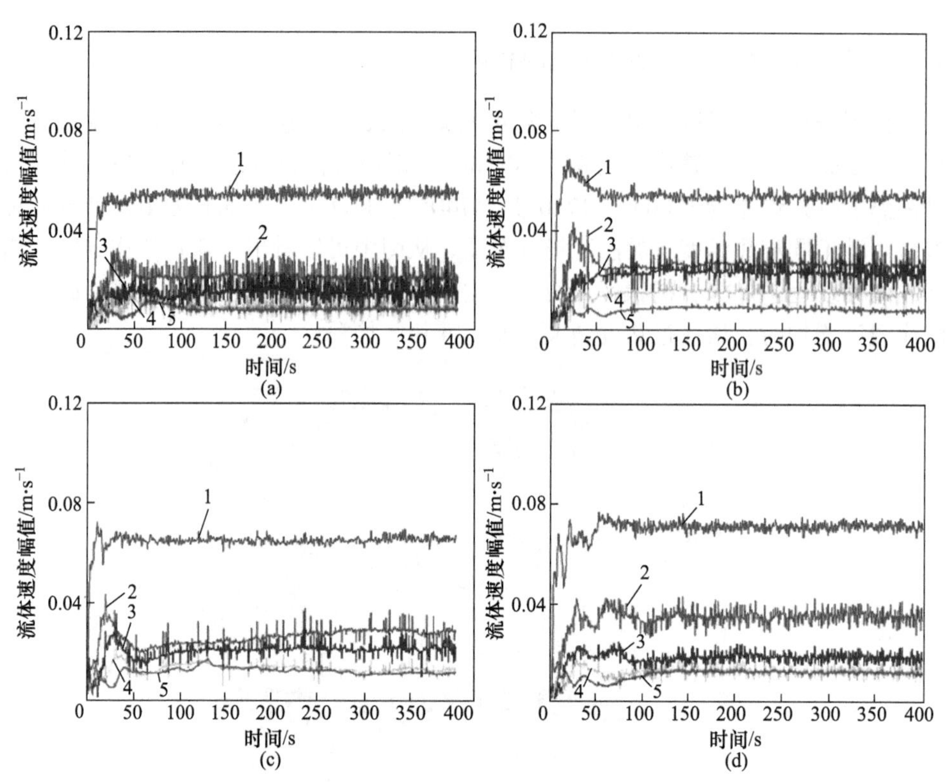

图 5.7　不同浇注温度下所选取点的流速图

（a）1700℃；（b）1720℃；（c）1740℃；（d）1760℃

1—点 1；2—点 2；3—点 3；4—点 4；5—点 5

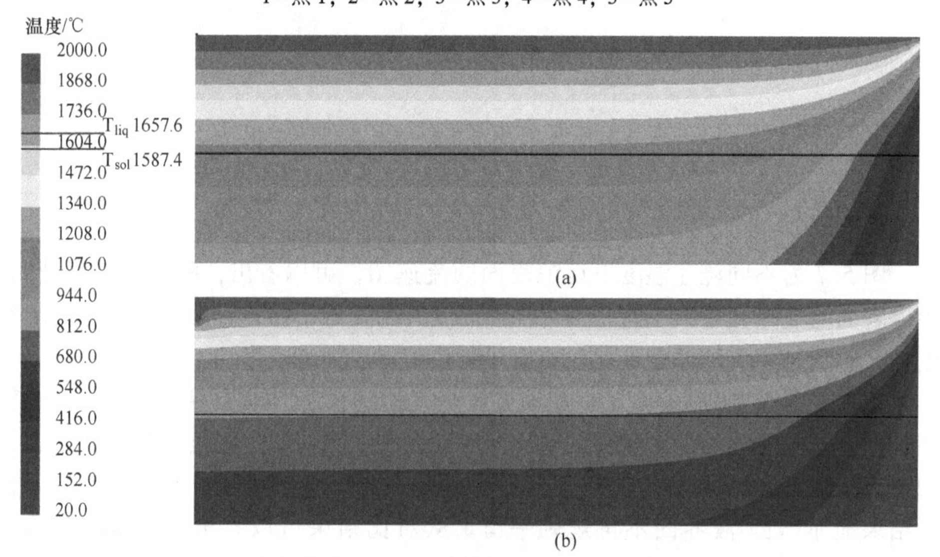

图 5.8　TA10 钛合金稳态温度场与耦合流场的熔池形貌对比图

（a）单一温度场；（b）耦合流场

图 5.9 为熔池表面熔体的流速分布图，从图中可以看出，在靠近溢流口的位置，熔体流速较大，随着与溢流口位置越来越远，熔体流速也逐渐变小。随着与溢流口位置的距离继续增大，在靠近结晶器壁外发生回流现象，出现了一个冲击坑，这也会导致铸锭缺陷的发生。

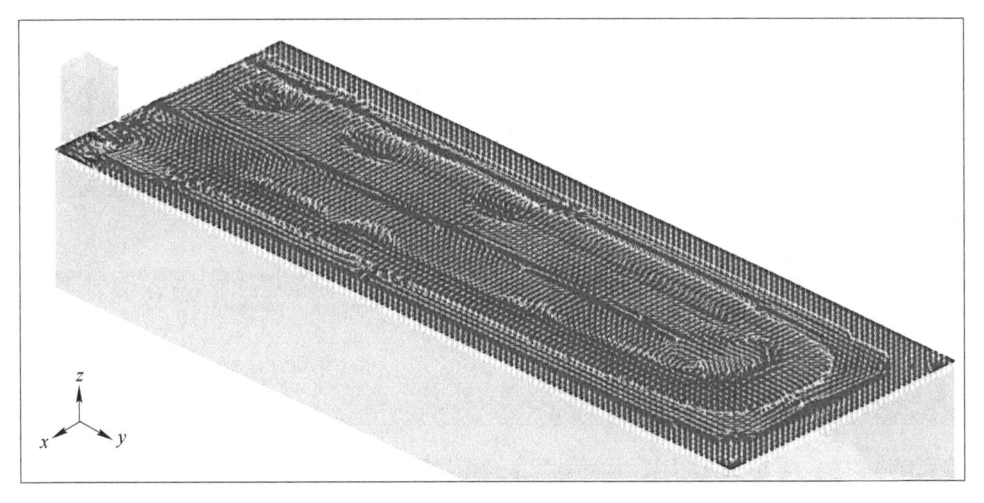

图 5.9 熔池表面熔体的流速分布

5.1.3 拉锭速度对 TA10 熔池流速的影响

为研究拉锭速度对 TA10 钛合金扁锭熔池形貌的影响，控制浇注温度为 2000℃、溢流口面积为 1500mm^2，拉锭速度分别设置为 1×10^{-4}m/s、1.8×10^{-4}m/s、2.844×10^{-4}m/s、3×10^{-4}m/s，对应的溢流口流速分别为 1.75×10^{-2}m/s、3.15×10^{-2}m/s、4.97×10^{-2}m/s、5.25×10^{-2}m/s。分别对不同拉锭速度条件下的 TA10 钛合金扁锭进行非稳态流场的模拟计算，同时为了研究表面熔体的流速变化，在铸锭表面选取 3 个点来观察流速的变化情况，坐标分别取点 1（0，-25，63）、点 2（0，0，63）、点 3（0，25，63），如图 5.10 所示。

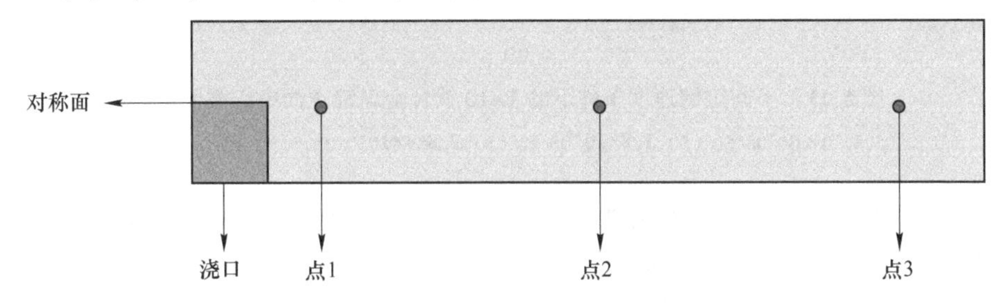

图 5.10 表面流速观察选取点

图 5.11 为不同拉锭速度条件下的 TA10 钛合金扁锭宽面中心截面流速图，从图中可以看出，金属液流速从中心区域到侧边靠近结晶器的区域是逐渐降低的，在靠近结晶器壁时发生了回流现象，这使金属液流速稍有增加。但这也导致靠近结晶器壁位置的熔池变深，甚至比靠近溢流口处的熔池还要深，因此这会引起成分偏析及缺陷的发生。同时，随着拉锭速度的增加，金属液速度也随之增加，这是因为增加了拉锭速度也要相对应地增加浇注速度，所以导致金属液速度的增加。当拉锭速度为 1×10^{-4}m/s 和 1.8×10^{-4}m/s 时，仅在靠近结晶器壁的位置有回流现象出现；当拉锭速度为 2.844×10^{-4}m/s 和 3×10^{-4}m/s 时，在溢流口位置到侧边中间处也发生了回流现象，这可能是因为浇注速度增大，导致金属液发生了振荡。

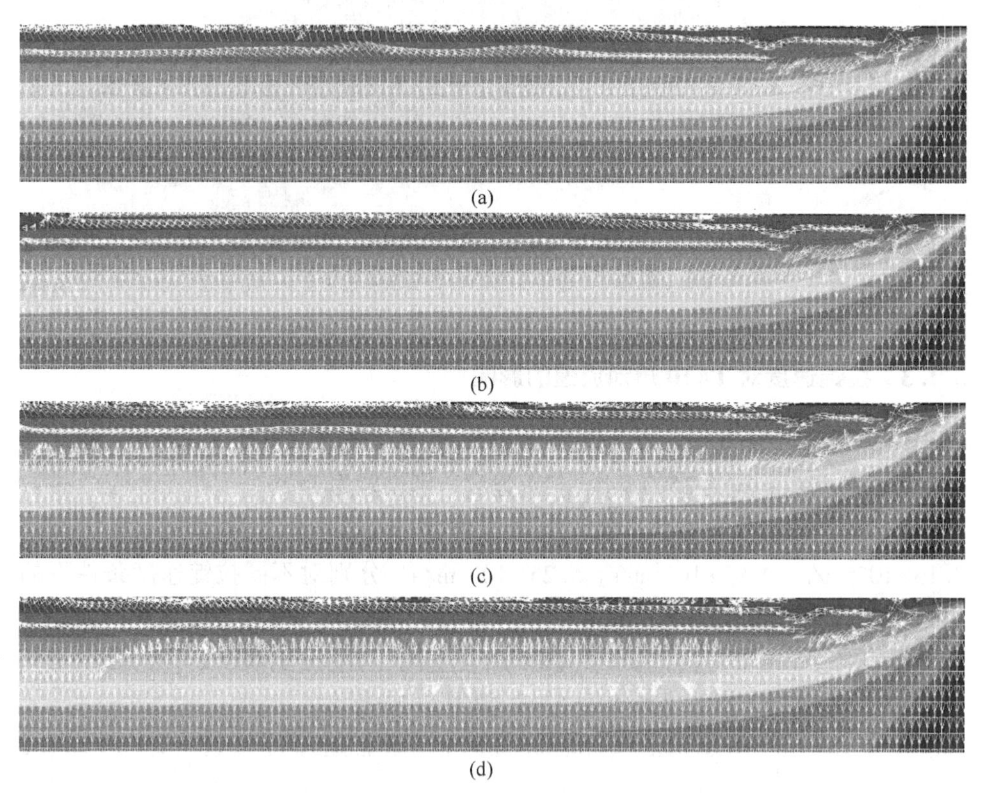

图 5.11 不同拉锭速度条件下的 TA10 钛合金扁锭宽面中心截面流速

(a) 1×10^{-4}m/s；(b) 1.8×10^{-4}m/s；(c) 2.844×10^{-4}m/s；(d) 3×10^{-4}m/s

图 5.12 为不同拉锭速度条件下的 TA10 钛合金扁锭窄面中心截面流速图，从图中也可以看出，随着拉锭速度的增加，金属液的流速也在增加。同时，在窄面上远离溢流口的结晶器壁处发生了回流现象，随着拉锭速度的增加，回流现象也随之加重。在拉锭速度为 3×10^{-4}m/s 时，TA10 钛合金扁锭熔池中心处有漩涡出

现，易导致铸锭出现成分偏析等缺陷的发生。漩涡出现的原因是浇注速度过大，金属液冲击窄面的速度相应提高产生上升回流，液面湍流程度也相应增大，从而导致漩涡的发生。所以在实际电子束冷床熔炼生产过程中，应该在不影响生产效率的前提下适当地降低拉锭速度及相匹配的浇注速度。

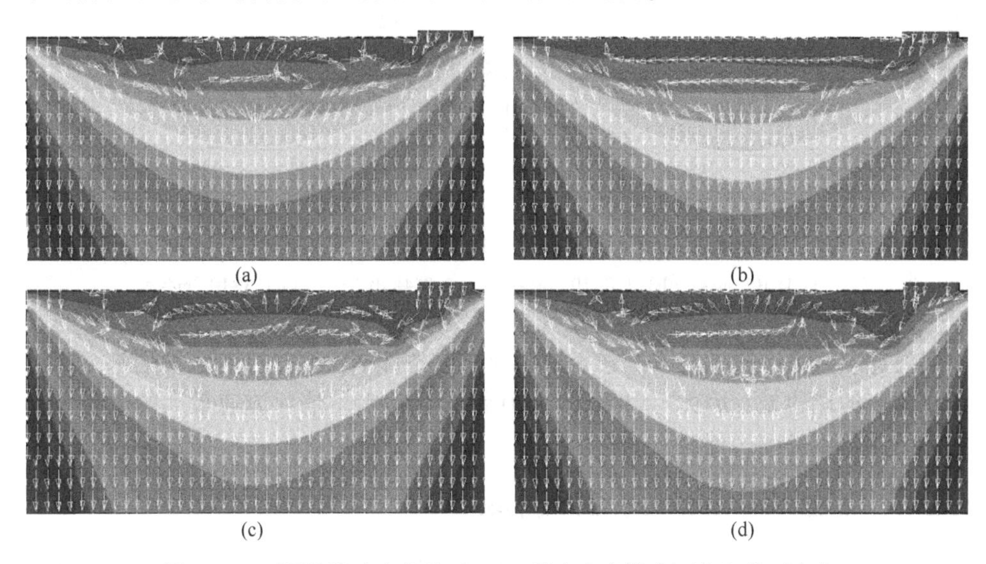

图 5.12 不同拉锭速度条件下 TA10 钛合金扁锭窄面中心截面流速

(a) 1×10^{-4}m/s；(b) 1.8×10^{-4}m/s；(c) 2.844×10^{-4}m/s；(d) 3×10^{-4}m/s

图 5.13 为不同拉锭速度条件下所选点的金属液表面流速随时间变化的关系，从图中可以看出，随着拉锭速度的增加，金属液表面流速也随之增加。当拉锭速度为 1×10^{-4}m/s 和 1.8×10^{-4}m/s 时，金属液表面流速较为平稳，没有发生很剧烈的变化；当拉锭速度为 2.844×10^{-4}m/s 和 3×10^{-4}m/s 时，在靠近溢流口的位置，金属液流速发生振荡，这是由于拉锭速度的增大导致浇注速度过大引起的，容易引起铸锭的成分偏析等缺陷。因此在实际生产过程中，应该控制浇注速度，不能

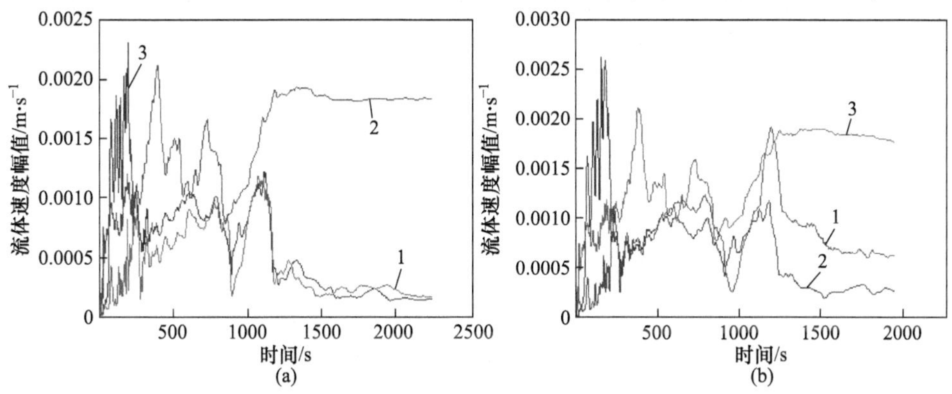

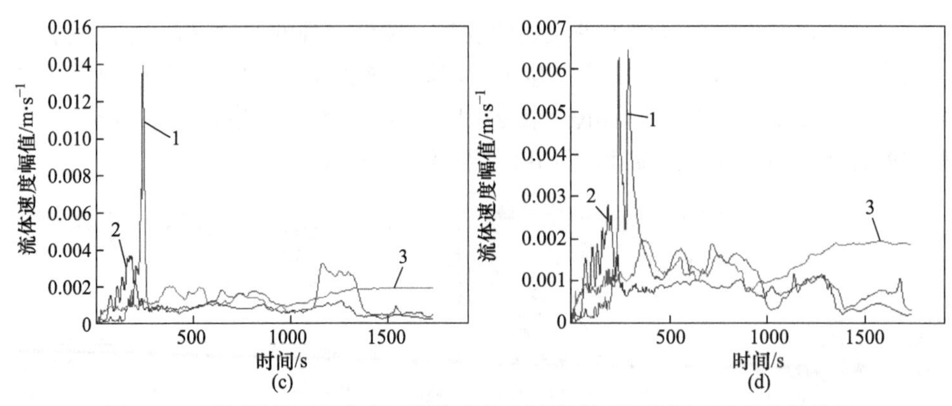

图 5.13　不同拉锭速度条件下所选点的金属液表面流速随时间变化的关系

(a) 1×10^{-4}m/s；(b) 1.8×10^{-4}m/s；(c) 2.844×10^{-4}m/s；(d) 3×10^{-4}m/s

1—点 1；2—点 2；3—点 3

使浇注速度过大。除此之外，在 4 种拉锭速度条件下，表面流速最大的都是靠近结晶器壁的侧边处，因此可以确定 TA10 钛合金铸锭熔池内流速最大的位置就是靠近结晶器壁的侧边处。

5.1.4　浇注温度对 TA10 熔池流速的影响

为研究浇注温度对 TA10 钛合金扁锭熔池形貌的影响，控制拉锭速度为 2.844×10^{-4}m/s、溢流口面积为 1500mm²，浇注温度分别设置为 1700℃、1800℃和 1900℃，分别对不同浇注温度条件下的 TA10 钛合金扁锭进行非稳态流场的模拟计算。图 5.14 为 3 种不同浇注温度条件下 TA10 钛合金扁锭窄面截面的流速。从图中可以看出，随着浇注温度的增加，金属液的流速变化不大，增长幅度较小，同时糊状区宽度也随着浇注温度的增加而加深。这是因为当增加浇注温度时，金属液的过热度也会增加，从而使得糊状区宽度加深。图 5.15 为不同浇注温度下熔池表面所选点的流速图，从图中可以看出，随着浇注温度的增加，金属液的表面流速也略微增加，这是由于浇注温度的升高使得金属液的黏度降低，增强了金属液的流动性，但总的来说，浇注温度对熔池形貌及金属液表面流速的影响没有拉锭速度的影响明显。

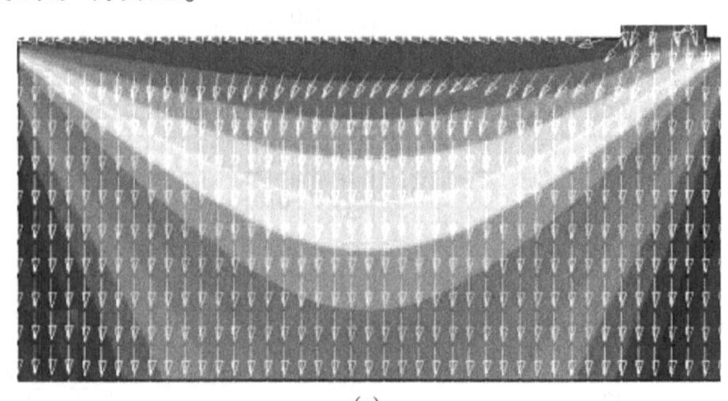

(a)

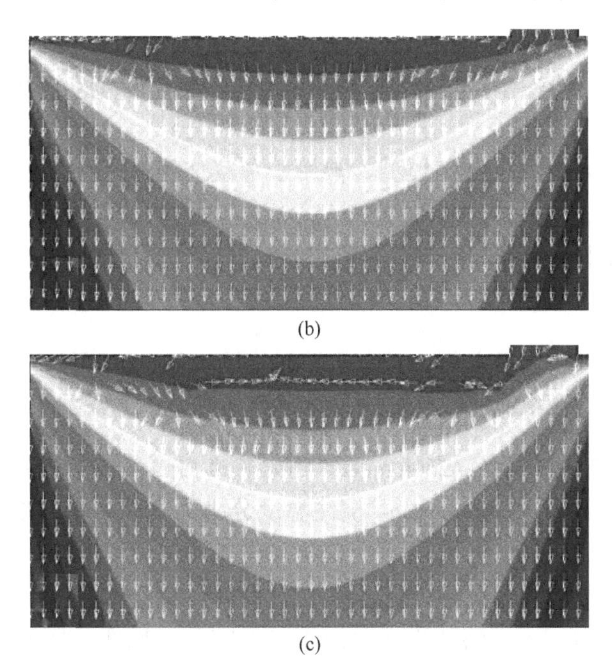

图 5.14 3 种不同浇注温度条件下 TA10 钛合金扁锭窄面截面的流速

(a) 1700℃；(b) 1800℃；(c) 1900℃

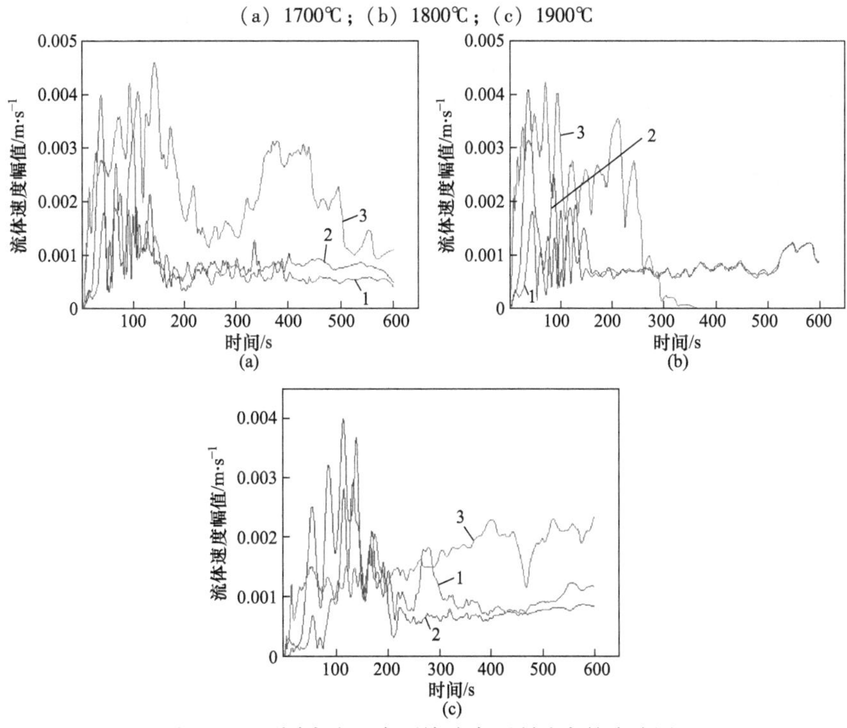

图 5.15 不同浇注温度下熔池表面所选点的流速图

(a) 1700℃；(b) 1800℃；(c) 1900℃

1—点 1；2—点 2；3—点 3

5.2　ANSYS Fluent 多物理场耦合模型对熔池流体行为的预测

流体力学（CFD）的数值模型常被用于考察连铸过程中熔池内的流动趋势，为调整工艺窗口，优化熔池传质条件提供依据。通过所建立的多场耦合数值模型阐明了 ϕ260mm 圆锭、长 1050mm×宽 220mm 的扁锭及 ϕ620mm 大圆锭的 EB 炉熔铸过程中熔池内的熔体流动情况，揭示了浇注温度及熔铸速度对于熔体流动趋势的影响。

5.2.1　ϕ260mm TC4 圆锭熔池内的流动趋势

5.2.1.1　浇注温度对 ϕ260mm TC4 圆锭熔池内熔体流动趋势的影响

在拉锭速度固定为 10mm/min，浇注温度分别为 2073K、2173K、2273K 条件下，ϕ260mm 圆锭熔池内的流线演变趋势如图 5.16 所示。当浇注温度为 2073K 时，由于熔池较浅，从溢流口处进入熔池的流体沿纵向难以发展，流线呈辐射状态向熔池横向扩散。随着熔池表面及溢流口处的升温操作，熔池深度相应增加，流线在纵向上获得了发展空间。受益于此，当浇注温度为 2173K 时，一部分沿着 x 轴方向移动的流体获得了增强，这些流体到达 $x=260$mm 位置后沿结晶器壁回流，与另一部分从溢流口直接辐射出的流线在 $x=130$mm 位置附近交汇，形成横向有旋运动。当浇注温度提升至 2273K 时，沿 x 轴移动的流体成为主流，$x=130$mm 位置的有旋运动发展得更加充分。该横向有旋运动的形成有助于熔池内的搅拌，强化熔池内的均质化条件。

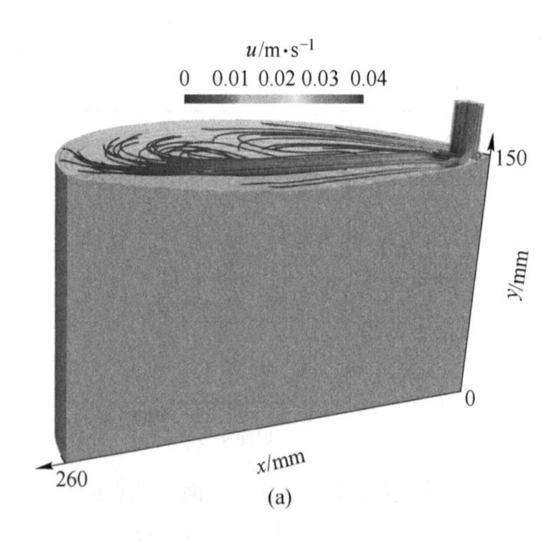

(a)

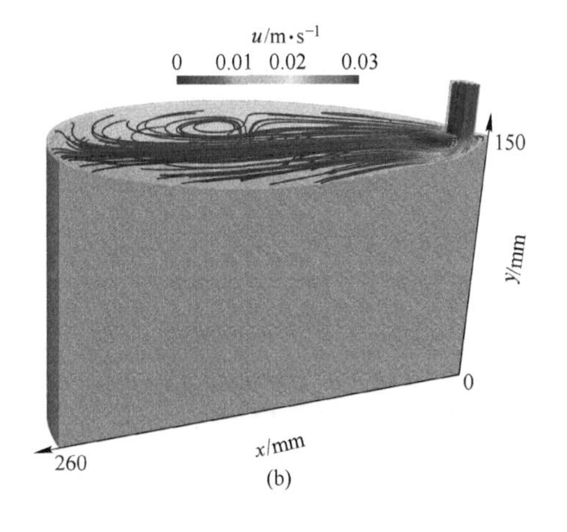

(b)

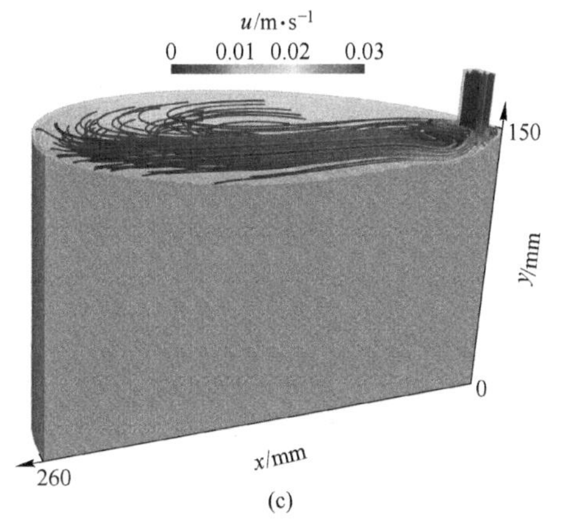

(c)

图 5.16 浇注温度对圆锭熔池流线的影响
(a) 浇注温度 2073K；(b) 浇注温度 2173K；(c) 浇注温度 2273K

5.2.1.2 拉锭速度对 ϕ260mm TC4 圆锭熔池内熔体流动趋势的影响

在浇注温度固定为 2273K，拉锭速度分别为 15mm/min、20mm/min、25mm/min条件下，ϕ260mm 圆锭熔池内的流线演变趋势如图 5.17 所示。拉锭速度提升所造成的熔池形貌变化会显著影响熔体的流线分布。当拉锭速度为15mm/min时，熔池内的横向有旋运动发展得更为成熟；当拉锭速度为 20mm/min时，受益于溢流口附近的熔池形貌发展，熔体纵向上也出现回流漩涡；当拉锭速度为 25mm/min 时，熔体横向和纵向上均存在搅拌，传质条件最优。

5.2.2 TC4 扁锭熔池内的流动趋势

5.2.2.1 浇注温度对扁锭熔池内熔体流动趋势的影响

在拉锭速度固定为 8mm/min，浇注温度分别为 2073K、2173K、2223K 及

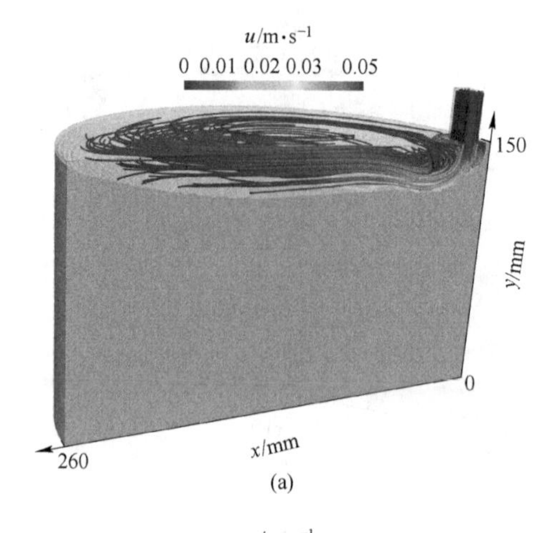

(a)

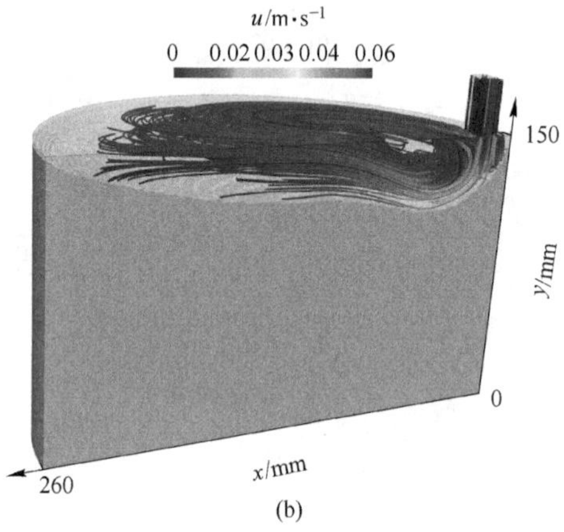

(b)

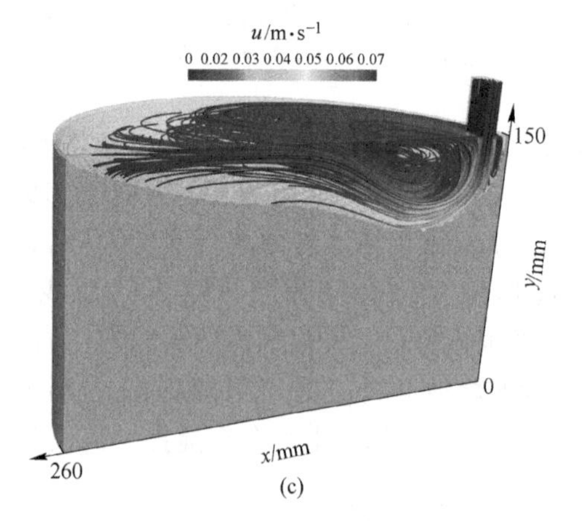

(c)

图 5.17　拉锭速度对圆锭熔池流线的影响

（a）拉锭速度 15mm/min；（b）拉锭速度 20mm/min；
（c）拉锭速度 25mm/min

2273K 条件下长 1050mm×宽 220mm TC4 扁锭的熔池内熔体流动趋势如图 5.18 所示。当浇注温度为 2073K 时，熔池内大部分流线向结晶器的边缘发散，少部分熔体横向旋转在溢流口附近位置形成搅拌；当浇注温度为 2173K 时，横向回流的区域增大，溢流口附近的流线出现纵向有旋运动；当浇注温度为 2223K 和 2273K 时，横向和纵向回流的区域仅有少量扩张。

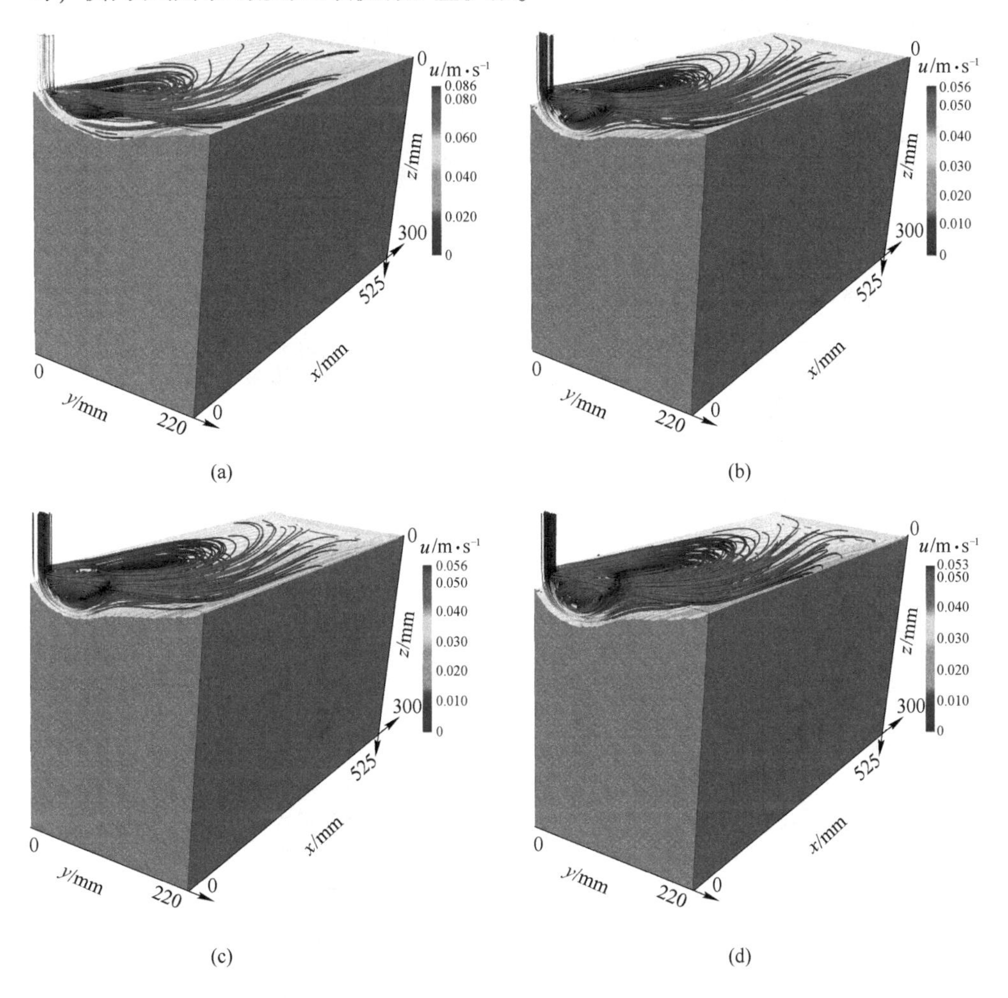

图 5.18 浇注温度对 TC4 扁锭熔池流线的影响

（a）浇注温度 2073K；（b）浇注温度 2173K；（c）浇注温度 2223K；（d）浇注温度 2273K

5.2.2.2 拉锭速度对扁锭熔池内熔体流动趋势的影响

在浇注温度固定为 2273K，拉锭速度分别为 9mm/min、10mm/min、12mm/min和 15mm/min 条件下，长 1050mm×宽 220mm TC4 扁锭的熔池流线演化趋势如图 5.19 所示。在流量增加的条件下，熔池内的搅拌趋势进一步明显。当拉锭速度为 9mm/min 和 10mm/min 时，横向有旋运动的区域增加。然而，进一步提升拉速引起的形貌变化会改变这种趋势。当拉锭速度提升至 12mm/min，熔池形貌在溢流口附近出现凹坑，熔体的纵向搅动获得增强。由于动能在纵向搅动中的消耗，使流体在横向上的发展减弱、流线减少。对于传质趋势而言，纵向上的搅拌增强对于溢流口附近熔体的均质化显然是有利的，但是横向上动能的减少会减弱熔池总体传质强度，对于均质化的增强帮助有限。

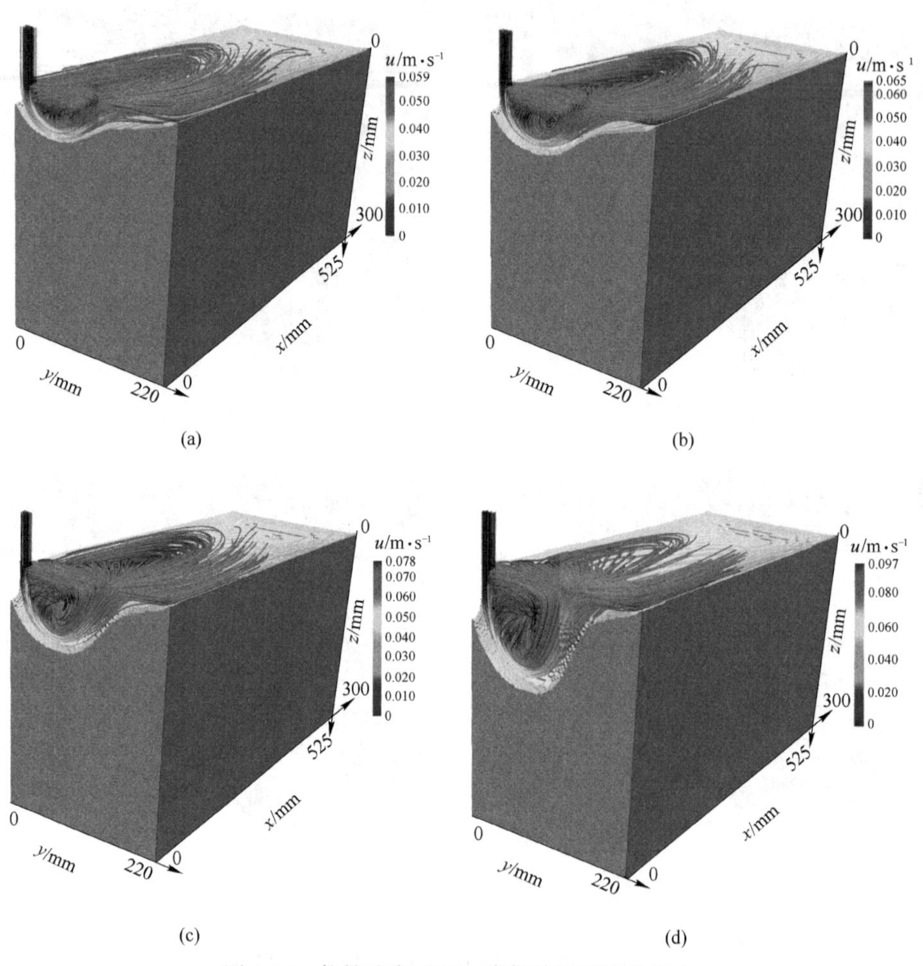

图 5.19　拉锭速度对 TC4 扁锭熔池流线的影响

(a) 拉锭速度 9mm/min；(b) 拉锭速度 10mm/min；(c) 拉锭速度 12mm/min；(d) 拉锭速度 15mm/min

5.2.3　ϕ620mm TC4 大圆锭熔池内的流动趋势

5.2.3.1　浇注温度对 ϕ620mm TC4 大圆锭熔池内熔体流动趋势的影响

在拉锭速度固定为 5mm/min，浇注温度分别为 2073K、2123K、2173K 及

2223K 条件下，ϕ620mm TC4 大圆锭的熔池形貌演变过程如图 5.20 所示。

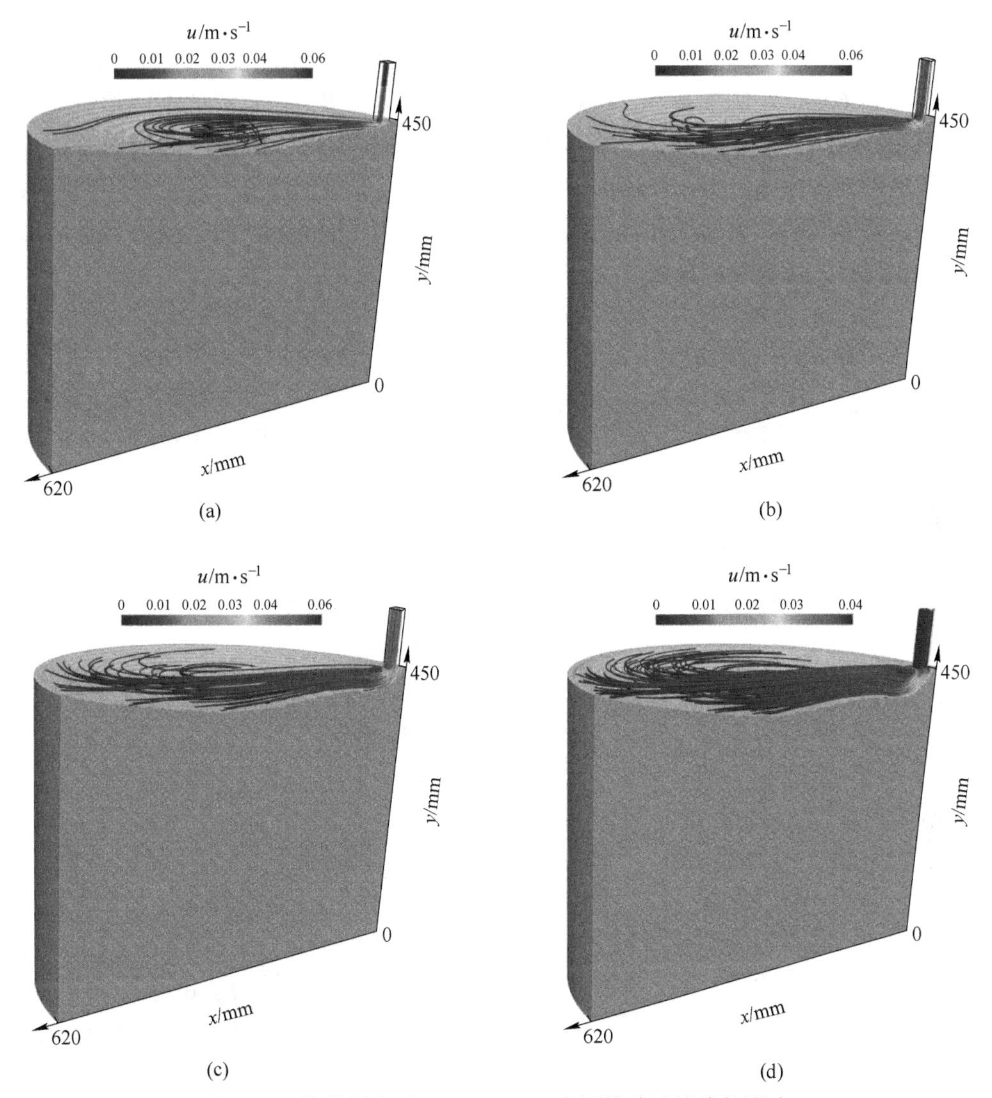

图 5.20 浇注温度对 ϕ620mm TC4 大圆锭熔池流线的影响

(a) 浇注温度 2073K；(b) 浇注温度 2123K；(c) 浇注温度 2173K；(d) 浇注温度 2223K

当浇注温度为 2073K 时，由于熔池较浅，从溢流口处进入熔池的流体沿纵向难以发展，因此流线呈现辐射状态向熔池横向扩散。随着熔池表面及溢流口处的升温操作，熔池深度相应增加，流线在纵向上获得了发展空间。受益于此，当浇注温度为 2123K 时，沿着 x 轴方向移动的流体获得了增强，到达 $x=620$mm 位置后沿结晶器壁回流形成横向有旋运动。当浇注温度提升至 2273K 时，沿 x 轴移动的流体成为主流，横向有旋运动发展得更加充分，强化了熔池内的均质化条件。

5.2.3.2　拉锭速度对 ϕ620mm TC4 大圆锭熔池内熔体流动趋势的影响

在浇注温度固定为 2273K，拉锭速度分别为 5mm/min、7mm/min、10mm/min 及 13mm/min 条件下，ϕ620mm TC4 大圆锭的熔池形貌演变过程如图 5.21 所示，与 ϕ260mm 小圆锭基本发展趋势类似。拉锭速度提升所造成的熔池形貌变化会显著影响熔体的流线分布。当拉锭速度为 7mm/min 时，熔池内的横向有旋运动发展得更为成熟；当拉锭速度为 10mm/min 时，受益于溢流口附近的熔池形貌发展，熔体纵向上也出现有旋回流；当拉锭速度为 13mm/min 时，熔体横纵向上均存在搅拌，传质条件最优。

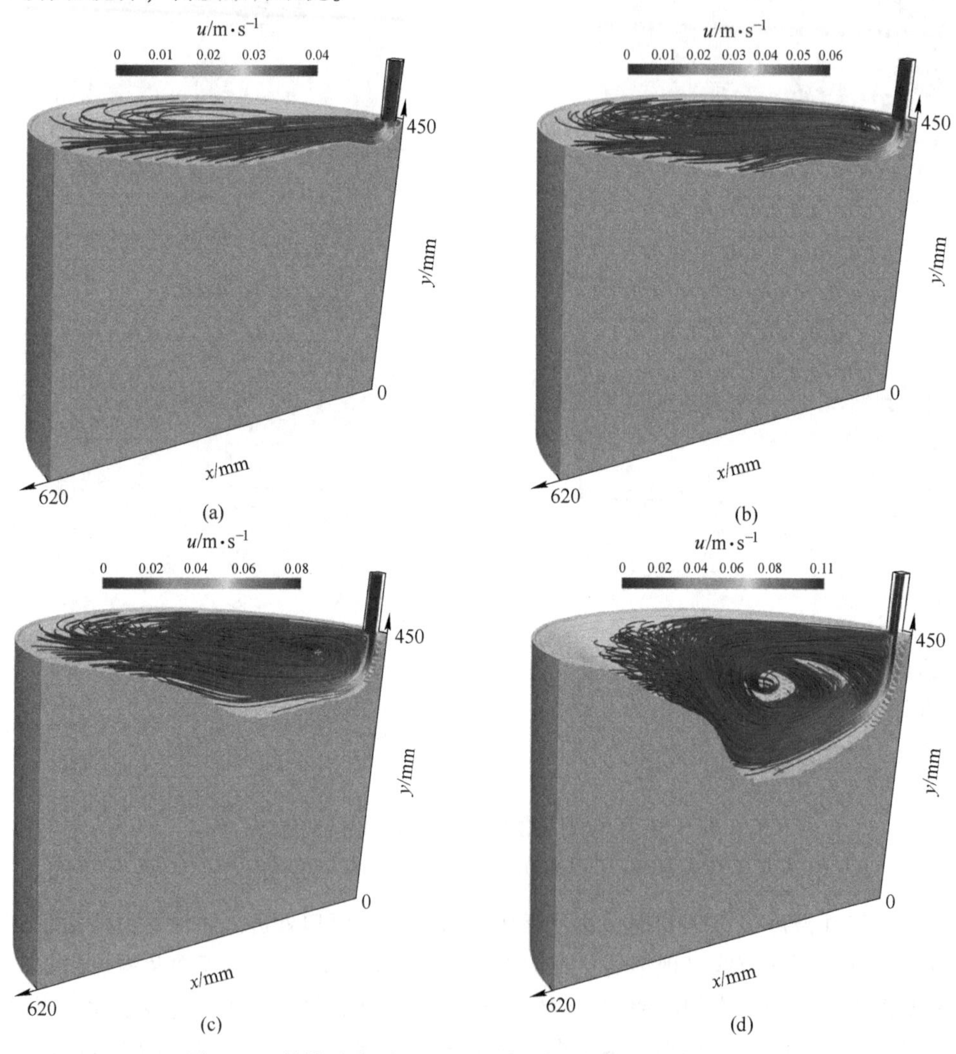

图 5.21　拉锭速度对 ϕ620mm TC4 大圆锭熔池流线的影响

（a）拉锭速度 5mm/min；（b）拉锭速度 7mm/min；
（c）拉锭速度 10mm/min；（d）拉锭速度 13mm/min

5.3 熔池内的流体动力学分析

根据冶金反应工程学理论，熔体的传质、传热及动量传递间相互影响，其方程间常存在着相似关系。因此，可通过近似方程或者雷诺数、施密特数、佩克莱特数等无因次准数的计算，分析熔池内的流动及传质交互机理。

5.3.1 流动及传质交互理论

5.3.1.1 雷诺数

雷诺数 Re 是一种可用来表征流体流动情况的无量纲数。其计算方程式见式(5.1)：

$$Re = \rho uL/\mu \tag{5.1}$$

式中，ρ 为密度，kg/m^3；u 为速度，m/s；L 为特征长度，m；μ 为动力学黏度，Pa·s。

用雷诺数可区分流体的流动是层流或湍流。流动状态转变时的雷诺数值称为临界雷诺数。对于管道来说，雷诺数 $Re=4000$ 为湍流状态，$Re=2320 \sim 4000$ 为过渡状态。

5.3.1.2 施密特数

施密特数 Sc 是一个无量纲的标量，定义为运动黏性系数和扩散系数的比值，用来描述同时有动量扩散及质量扩散的流体，物理上与流体动力学层和质量传递边界层的相对厚度有关，其计算方程式见式（5.2）：

$$Sc = \nu / D_{AB} = \mu / \rho D_{AB} \tag{5.2}$$

式中，ν 为运动黏性系数，m^2/s；D_{AB} 为传质系数，m^2/s。

当 $Sc>1$ 时，流动边界层厚度超过传质边界层厚度。根据文献［228］所报道的 TC4 钛合金在不同温度下的物理性质，熔池不同温度下的施密特数见表 5.1。

表 5.1 TC4 熔体不同温度下的施密特数

T/K	$D_{AB}/m^2 \cdot s^{-1}$	Sc
1973	2.16×10^{-8}	44.33
1993	2.52×10^{-8}	38.05
2013	2.93×10^{-8}	32.75
2033	3.39×10^{-8}	28.27
2053	3.92×10^{-8}	24.48

续表 5.1

T/K	D_{AB}/$m^2\cdot s^{-1}$	Sc
2073	4.51×10^{-8}	21.25
2093	5.18×10^{-8}	18.50
2113	5.93×10^{-8}	16.15
2133	6.78×10^{-8}	14.13
2153	7.73×10^{-8}	12.40
2173	8.79×10^{-8}	10.90
2193	9.97×10^{-8}	9.61
2213	1.13×10^{-7}	8.49

5.3.1.3　佩克莱特数

佩克莱特数 Pe 是一个无量纲数值，用来表示对流与扩散的相对比例。随着 Pe 数的增大，输运量中扩散输运的比例减少，对流输运的比例增大。根据白金汉姆公式，传质佩克莱特数 Pe 可由雷诺数 Re 及施密特准数 Sc 的乘积获得：

$$Pe = Re \times Sc \tag{5.3}$$

佩克莱特数常用于衡量熔池内的搅拌强度，是明晰熔池流动及传质交互过程的关键性指标[254]。

为定量熔体内的流动及传质条件，需计算熔体内的雷诺数及佩克莱特数。本节以 ϕ260mm 圆锭、长 1050mm×宽 220mm 的扁锭及 ϕ620mm 大圆锭 EB 炉熔铸过程数值模拟结果为基础，输出结晶器液相区不同位置截面上的节点速度参数，计算熔池各位置处的平均速度，配合所获得的特征长度研究熔体的流动及传质交互机制。

5.3.2　ϕ260mm TC4 圆锭熔池内的传质定量计算

5.3.2.1　熔池截面速度分布情况

在拉锭速度固定为 10mm/min，浇注温度分别为 2073K、2173K、2273K 条件下，ϕ260mm 圆锭的熔池在 x = 30mm、x = 70mm、x = 110mm、x = 150mm 及 x = 190mm 液相区截面处的速度分布情况如图 5.22 所示。在浇注温度固定为 2273K，拉锭速度分别为 15mm/min、20mm/min、25mm/min 条件下，ϕ260mm 圆锭的熔池在 x=30mm、x=70mm、x=110mm、x=150mm 及 x=190mm 液相区截面处的速度分布情况如图 5.23 所示。

根据熔池内所有节点数据所推算的熔池整体平均速度见表 5.2。

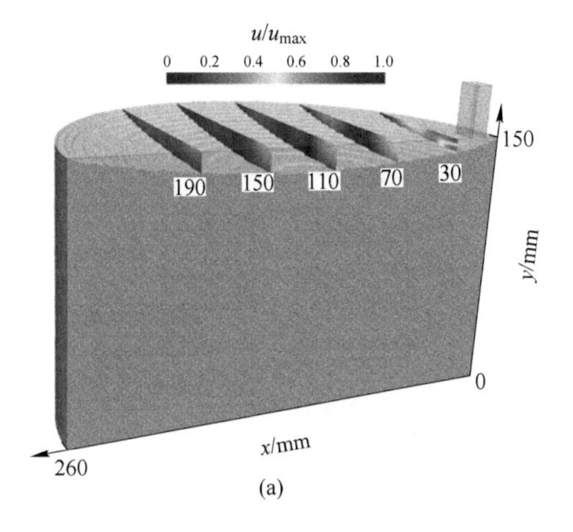

(a)

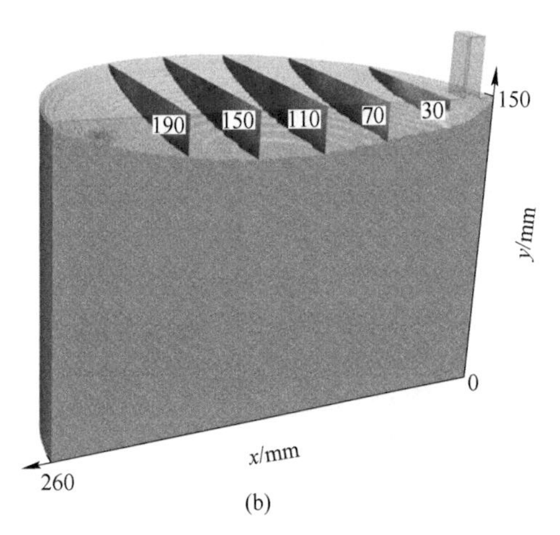

(b)

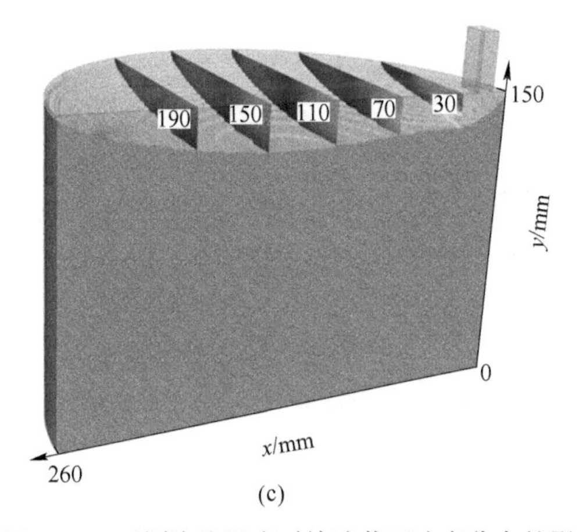

(c)

图 5.22 不同浇注温度对熔池截面速度分布的影响

（a）浇注温度 2073K；（b）浇注温度 2173K；（c）浇注温度 2273K

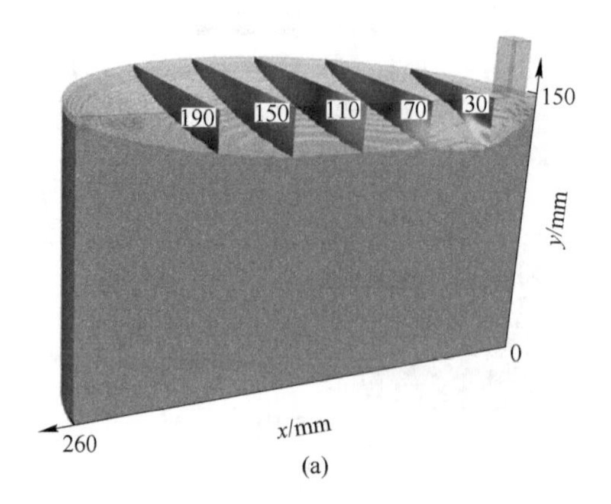

(a)

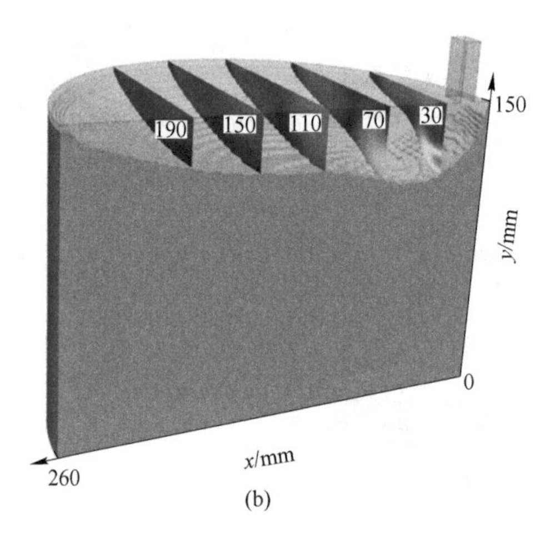

(b)

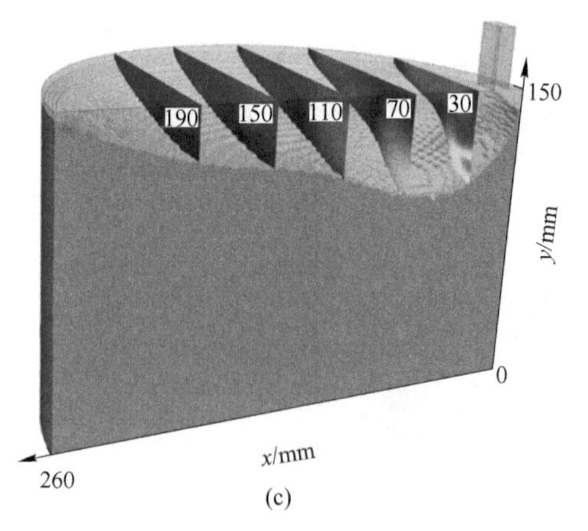

(c)

图 5.23　不同拉锭速度对熔池截面速度分布的影响

(a) 拉锭速度 15mm/min；(b) 拉锭速度 20mm/min；(c) 拉锭速度 25mm/min

表 5.2 ϕ260mm TC4 圆锭熔池在不同工艺窗口下的平均速度

浇注温度/K	拉锭速度/mm · min^{-1}	平均速度/m · s^{-1}
2073	10	0.0032
2173	10	0.0019
2273	10	0.0025
2273	15	0.0042
2273	20	0.0049
2273	25	0.0054

5.3.2.2 熔池内的传质定量计算

在拉锭速度固定为 10mm/min，浇注温度分别为 2073K、2173K、2273K 条件下，ϕ260mm 圆锭的熔池在 x = 30mm、x = 70mm、x = 110mm、x = 150mm 及 x = 190mm 液相区截面处的雷诺数及佩克莱特数变化情况分别如图 5.24 所示。由于

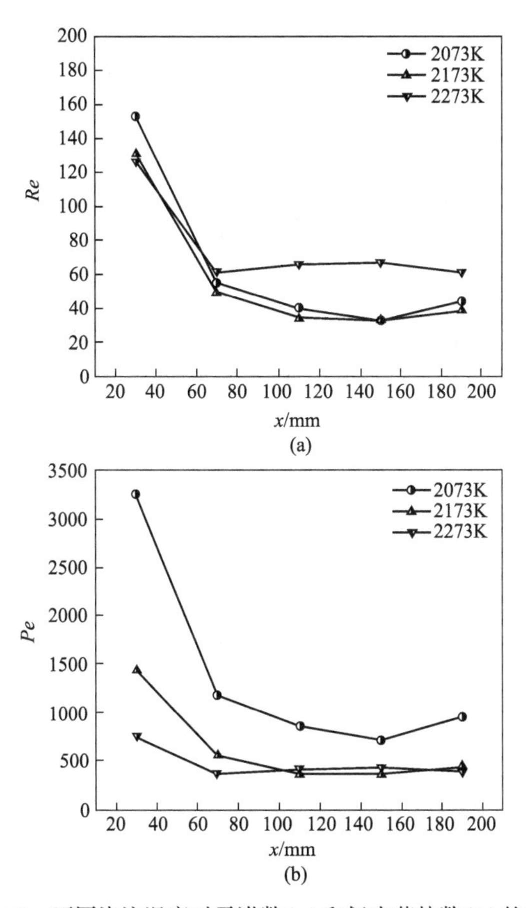

图 5.24 不同浇注温度对雷诺数(a)和佩克莱特数(b)的影响

$Re \ll 2000$，熔池内的流体处于层流状态。同一浇注温度下不同截面位置上，溢流口位置 Re 最高，在 $x=70\sim190$mm 范围内的 Re 数值变化较小。当浇注温度由 2073K 提升至 2173K，受溢流口附近熔池形貌的纵向发展影响，Re 值总体下降；当浇注温度提升至 2273K，在 $x=70\sim190$mm 处熔池深度（特征长度）显著增加，导致该区域的 Re 数水平总体上升，TC4 熔体的施密特数随温度升高而降低，在 2073K 时熔池内的佩克莱特数总体最高，在 $x=30$mm 处达到最高值为 3500。

在浇注温度固定为 2273K，拉锭速度分别为 15mm/min、20mm/min、25mm/min 条件下，ϕ260mm 圆锭熔池在 $x=30$mm、$x=70$mm、$x=110$mm、$x=150$mm 及 $x=190$mm 液相区截面处的雷诺数及佩克莱特数变化情况如图 5.25 所示。在 15～25mm/min 的拉速范围，熔池内的雷诺数取值为 100～600，熔体的流动处于层流状态；由于浇注温度相同，佩克莱特数的分布趋势与雷诺数相同，最大值总出现在溢流口附近。根据熔池整体平均速度（特征速度）及最深熔池深度（特征长度）所计算的平均佩克莱特数 $\overline{Pe}$ 见表 5.3。

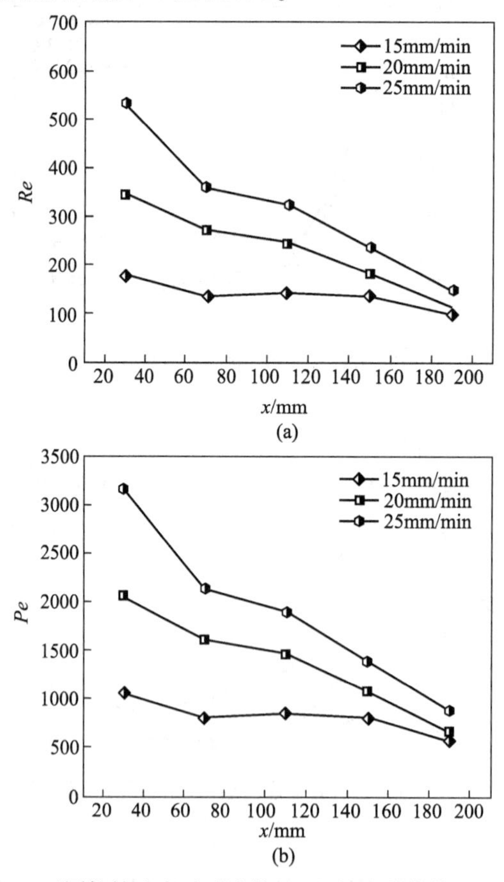

图 5.25　不同拉锭速度对雷诺数(a)和佩克莱特数(b)的影响

表 5.3 ϕ260mm TC4 圆锭熔池在不同工艺窗口下的平均佩克莱特数$\overline{Pe}$

浇注温度/K	拉锭速度/mm · min^{-1}	平均佩克莱特数 $\overline{Pe}$
2073	10	1206
2173	10	562
2273	10	449
2273	15	832
2273	20	1365
2273	25	1871

5.3.3 长 1050mm×宽 220mm TC4 扁锭熔池内的传质定量计算

5.3.3.1 熔池截面速度分布情况

在拉锭速度固定为 8mm/min，浇注温度分别为 2073K、2173K、2223K 及 2273K 条件下，长 1050mm×宽 220mm TC4 扁锭的熔池在 $x=0$mm、$x=105$mm、$x=210$mm、$x=315$mm 及 $x=420$mm 液相区截面处的速度分布情况如图 5.26 所示。

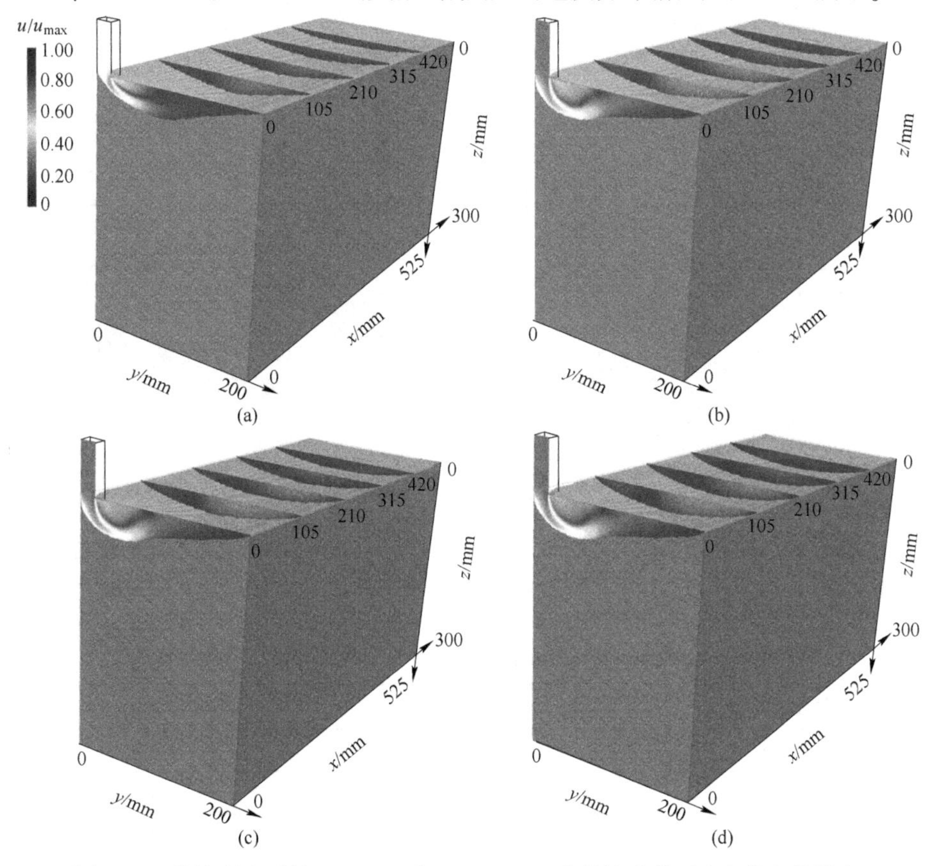

图 5.26 浇注温度对长 1050mm×宽 220mm TC4 扁锭熔池截面速度分布的影响
(a) 浇注温度 2073K；(b) 浇注温度 2173K；(c) 浇注温度 2223K；(d) 浇注温度 2273K

在浇注温度固定为2273K，拉锭速度分别为9mm/min、10mm/min、12mm/min及15mm/min条件下，长1050mm×宽220mm TC4扁锭的熔池在$x=0$mm、$x=105$mm、$x=210$mm、$x=315$mm及$x=420$mm液相区截面处的速度分布情况如图5.27所示。根据熔池内所有节点数据所推算的熔池整体平均速度见表5.4。

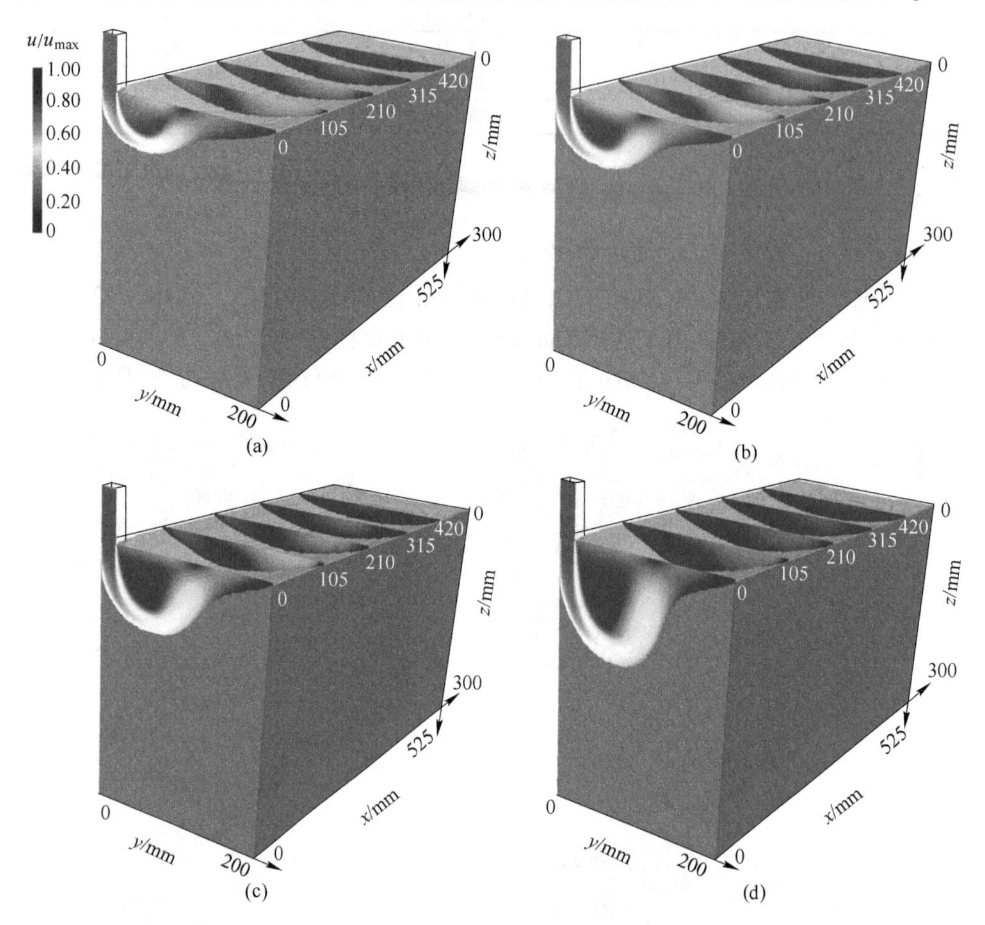

图5.27 拉锭速度对长1050mm×宽220mm TC4扁锭熔池截面速度分布的影响
(a) 拉锭速度9mm/min；(b) 拉锭速度10mm/min；(c) 拉锭速度12mm/min；(d) 拉锭速度15mm/min

表5.4 长1050mm×宽220mm TC4扁锭在不同工艺窗口下的平均速度

浇注温度/K	拉锭速度/mm·min^{-1}	平均速度/m·s^{-1}
2073	8	0.0073
2173	8	0.0069
2223	8	0.0066
2273	8	0.0070

续表 5.4

浇注温度/K	拉锭速度/mm · min^{-1}	平均速度/m · s^{-1}
2273	9	0.0083
2273	10	0.0096
2273	12	0.0118
2273	15	0.0138

5.3.3.2 熔池内的传质定量计算

在拉锭速度固定为 8mm/min，浇注温度分别为 2073K、2173K、2223K 及 2273K 条件下，长 1050mm×宽 220mm TC4 扁锭的熔池在 $x=0$mm、$x=105$mm、$x=210$mm、$x=315$mm 及 $x=420$mm 液相区截面处的雷诺数及佩克莱特数变化情况如图 5.28 所示。由图可知，在所研究的范围内 $Re<700$，熔池内的流体处于层流状态。受限于熔池形貌及流动演变趋势，Re 数值由溢流口位置的 500~700，

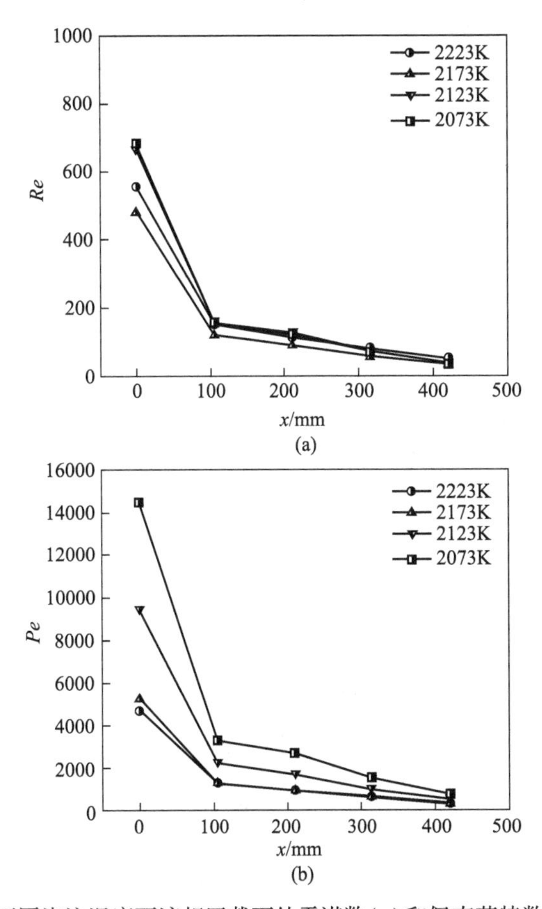

图 5.28 不同浇注温度下液相区截面处雷诺数(a)和佩克莱特数(b)的变化

锐减至 $x=105\text{mm}$ 处的 200 以下。受雷诺数影响，溢流口附近的 Pe 在浇注温度为 2073K 时可达到约 15000，而在 $x=105\text{mm}$ 位置，Pe 的范围降低到 1000～4000 范围内。综上，浇注温度的变化仅会较大地改善溢流口附近的传质条件，但对 $x=105\sim420\text{mm}$ 熔池主体区域内传质条件的改善帮助有限。

在浇注温度固定为 2273K，拉锭速度分别为 9mm/min、10mm/min、12mm/min 及 15mm/min 条件下，长 1050mm×宽 220mm TC4 扁锭的熔池在 $x=0\text{mm}$、$x=105\text{mm}$、$x=210\text{mm}$、$x=315\text{mm}$ 及 $x=420\text{mm}$ 液相区截面处的雷诺数和佩克莱特数随速度分布情况如图 5.29 所示。由图可知，在 15mm/min 时溢流口处的 Re 接近 4000，流体由层流向湍流过渡，溢流口附近的 Pe 也相应激增，范围为 7000～25000。然而在 $x=10\sim420\text{mm}$ 的熔池主体区域，由于熔池形貌的纵向发展，拉锭速度提升下雷诺数及佩克莱特数的变化不显著，熔池内的传质条件改善有限。

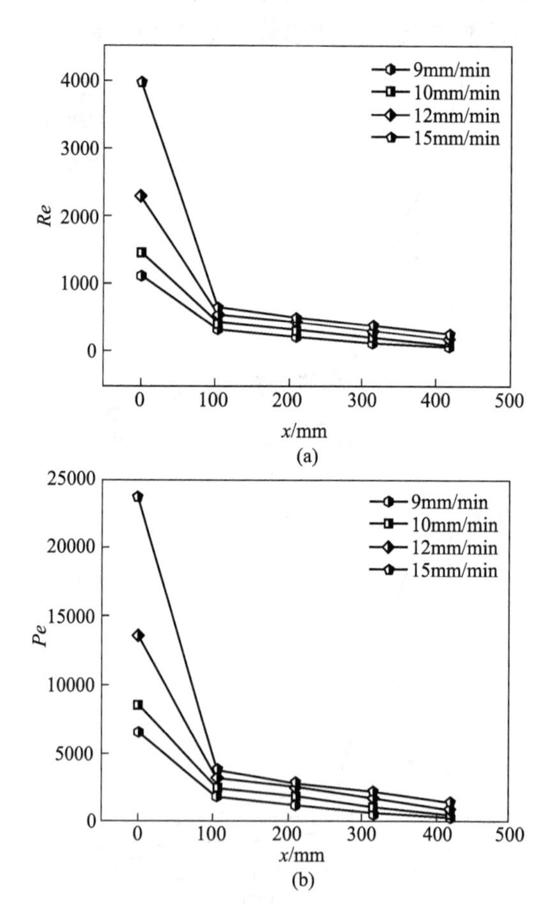

图 5.29　不同拉锭速度下液相区截面处雷诺数(a)和佩克莱特数(b)的变化

根据熔池整体平均速度（特征速度）及最深熔池深度（特征长度）所计算的平均佩克莱特数 $\overline{Pe}$ 见表 5.5。

表 5.5 长 1050mm×宽 220mm TC4 扁锭在不同工艺窗口下的平均佩克莱特数 $\overline{Pe}$

浇注温度/K	拉锭速度/mm · min^{-1}	平均佩克莱特数 $\overline{Pe}$
2073	8	5394
2173	8	3125
2223	8	2272
2273	8	2193
2273	9	2918
2273	10	3962
2273	12	6353
2273	15	10501

5.3.4 ϕ620mm TC4 圆锭熔池内的传质定量计算

5.3.4.1 熔池截面速度分布情况

在拉锭速度固定为 5mm/min，浇注温度分别为 2073K、2123K、2173K 及 2223K 条件下，ϕ620mm TC4 大圆锭在 $x = 30$mm、$x = 110$mm、$x = 210$mm、$x = 310$mm、$x = 410$mm 及 $x = 510$mm 液相区截面处的速度分布情况如图 5.30 所示。

在浇注温度固定为 2273K，拉锭速度分别为 5mm/min、7mm/min、10mm/min 及 13mm/min 条件下，ϕ620mm TC4 大圆锭在 $x = 30$mm、$x = 110$mm、$x = 210$mm、$x = 310$mm、$x = 410$mm 及 $x = 510$mm 液相区截面处的速度分布情况如图 5.31 所示。根据熔池内所有节点数据所推算的熔池整体平均速度见表 5.6。

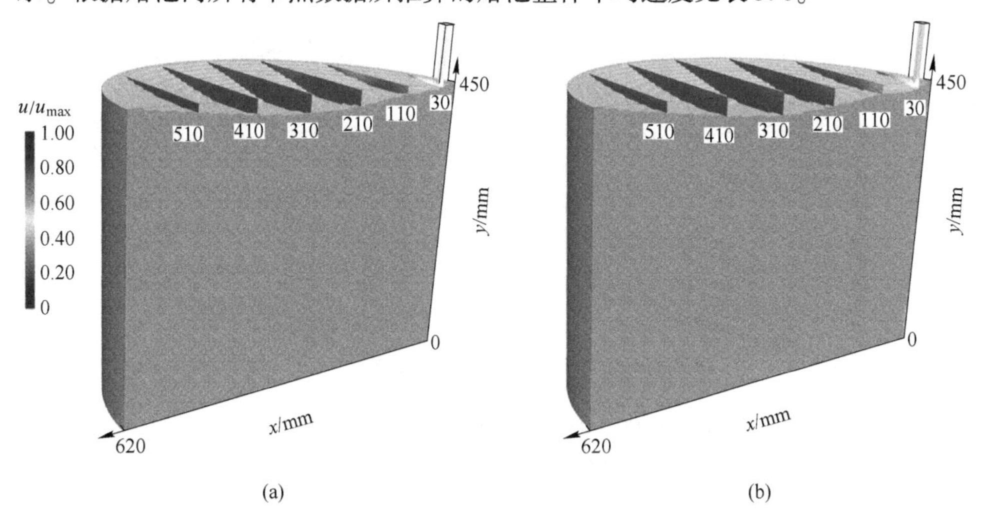

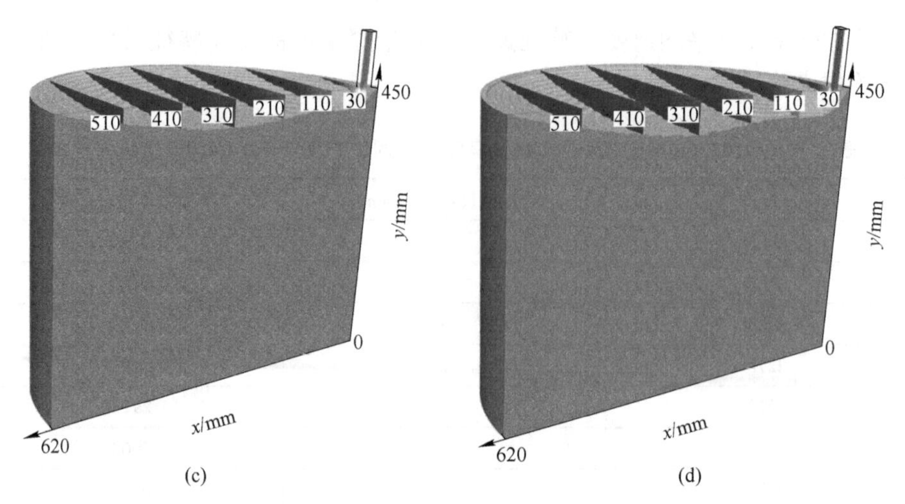

图 5.30　浇注温度对 ϕ620mm 大圆锭熔池截面速度分布的影响

（a）浇注温度 2073K；（b）浇注温度 2123K；（c）浇注温度 2173K；（d）浇注温度 2223K

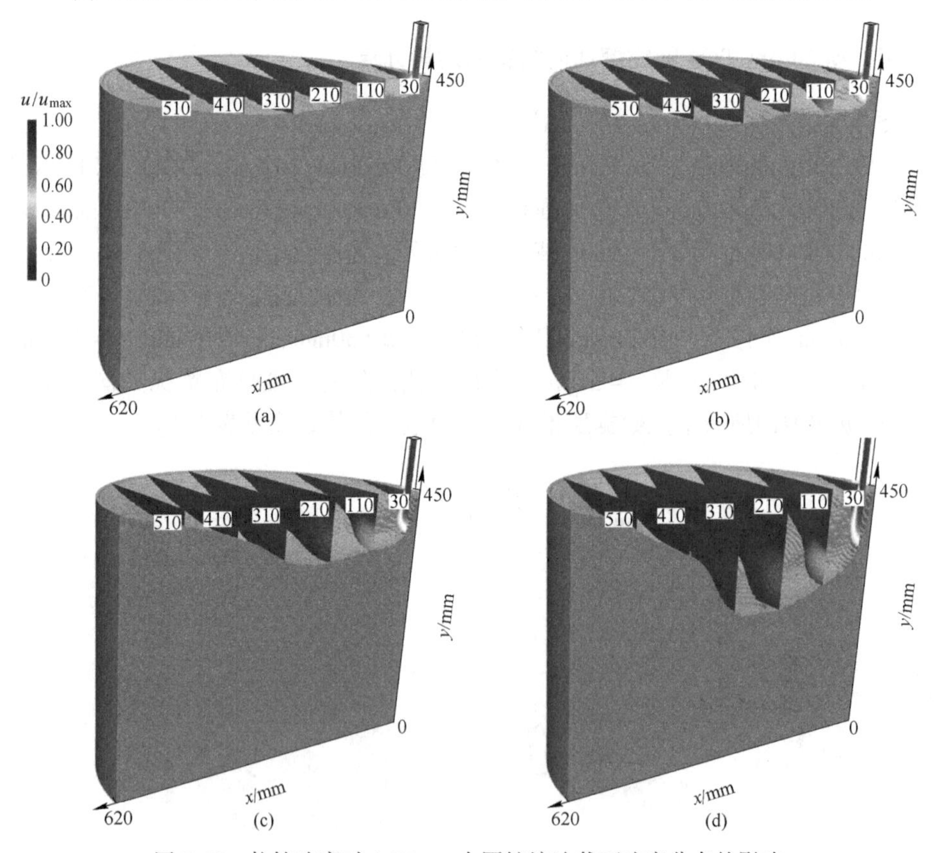

图 5.31　拉锭速度对 ϕ620mm 大圆锭熔池截面速度分布的影响

（a）拉锭速度 5mm/min；（b）拉锭速度 7mm/min；（c）拉锭速度 10mm/min；（d）拉锭速度 13mm/min

表 5.6 ϕ620mm TC4 圆锭熔池在不同工艺窗口下的平均速度

浇注温度/K	拉锭速度/mm · min^{-1}	平均速度/m · s^{-1}
2073	5	0.0013
2123	5	0.0015
2173	5	0.0017
2223	5	0.0018
2273	5	0.0014
2273	7	0.0022
2273	10	0.0028
2273	13	0.0036

5.3.4.2 熔池内的传质定量计算

在拉锭速度固定为 5mm/min，浇注温度分别为 2073K、2123K、2173K 及 2223K 条件下，ϕ620mm TC4 大圆锭在 $x=110$mm、$x=210$mm、$x=310$mm、$x=410$mm 及 $x=510$mm 液相区截面处的雷诺数 Re 及佩克莱特数 Pe 变化情况如图 5.32 所示。由图 5.32 可知，$Re<150$，流体在溢流口及熔池主体部分均处于层流

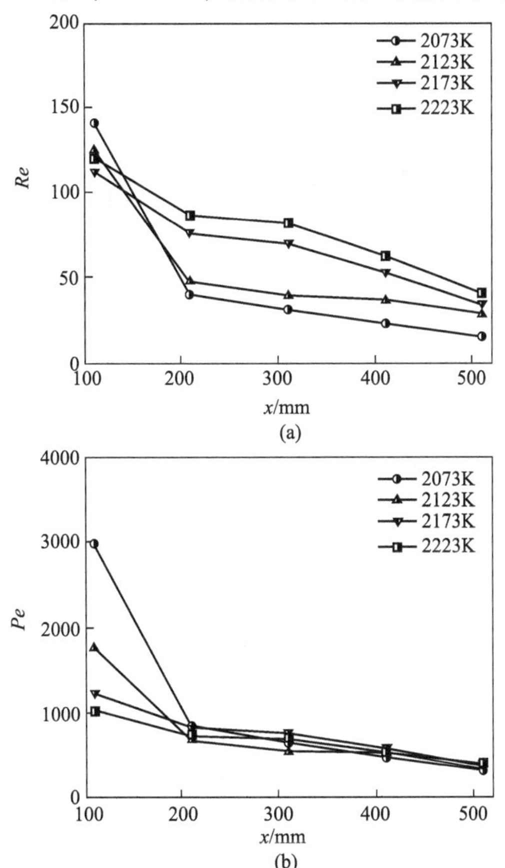

图 5.32 不同浇注温度下雷诺数(a)和佩克莱特数(b)的变化

状态。熔体的 Pe 数由溢流口位置沿 x 轴递减，在 $x=210\sim510\text{mm}$ 区域内，$Pe<1000$，熔池内的传质条件难以通过浇注温度变化进行改善。

在浇注温度固定为 2273K，拉锭速度分别为 5mm/min、7mm/min、10mm/min 及 13mm/min 条件下，ϕ620mm TC4 大圆锭在 $x=110\text{mm}$、$x=210\text{mm}$、$x=310\text{mm}$、$x=410\text{mm}$ 及 $x=510\text{mm}$ 液相区截面处的 Re 及 Pe 变化情况如图 5.33 所示，所研究区域内流体为层流。由图可知，拉锭速度的提升会显著增加熔池主体部分的雷诺数，当拉速为 13mm/min 时，由于高拉速下熔池在几何中心处的发展，在 $x=110\sim410\text{mm}$ 处的雷诺数及佩克莱特数显著提升，传质条件获得有效改善。根据熔池整体平均速度（特征速度）及最深熔池深度（特征长度）所计算的平均佩克莱特数 $\overline{Pe}$ 见表 5.7。

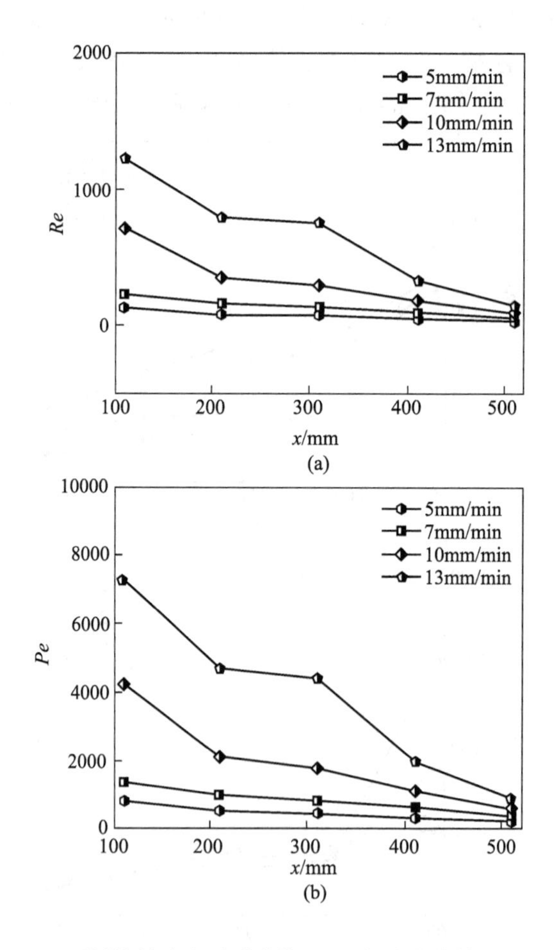

图 5.33　不同拉锭速度下雷诺数(a)和佩克莱特数(b)的变化

表 5.7 ϕ620mm TC4 圆锭熔池在不同工艺窗口下的平均佩克莱特数$\overline{Pe}$

浇注温度/K	拉锭速度/mm · min^{-1}	平均佩克莱特数 $\overline{Pe}$
2073	5	807
2123	5	730
2173	5	812
2223	5	749
2273	5	433
2273	7	871
2273	10	2010
2273	13	4656

6 熔池内的挥发与传质过程

宏观偏析是指发生在宏观尺度上的溶质元素的不均匀分布，是一种严重影响产品使用性能的重要缺陷，在铸造凝固过程中经常出现。目前对于宏观偏析形成的原因普遍认为是由于产生溶质富集的液相区与产生溶质匮乏的固相区之间的相对运动。这种相对运动的起因来自对流、补缩流等多个方面。宏观偏析有许多形式，包括顶部正偏析、V 形偏析、A 形偏析、底部三角锥形负偏析等[256]，这些宏观偏析严重影响了产品的后续加工与使用性能，并且很难通过后续的热处理工艺消除。因此，找到一种能够对铸件的宏观偏析进行有效预测的方法是十分重要的。然而传统的实验方法需要进行多次试错，费时费力，所以本章采用数值模拟的方法对钛合金铸锭的浓度场进行分析，找出不同工艺参数条件下各种元素的分布规律。

6.1 TA10 钛合金扁锭 Mo、Ni 元素的浓度场

使用 ANSYS Fluent 软件建立 TA10 钛合金扁锭的电子束冷床熔炼过程模型，重点讨论 Mo、Ni 元素在熔池中的元素分布情况，从而阐明拉锭速度和浇注温度等工艺参数对熔池元素分布的影响规律。

6.1.1 拉锭速度对 Mo、Ni 元素浓度分布的影响

为研究拉锭速度对 TA10 钛合金扁锭浓度场的影响，控制浇注温度为 2000℃，拉锭速度分别设置为 2×10^{-4}m/s、2.5×10^{-4}m/s、3×10^{-4}m/s，分别对不同拉锭速度条件下的 TA10 钛合金扁锭进行浓度场的模拟计算。图 6.1 为 TA10 钛合金扁锭在拉锭速度为 2.5×10^{-4}m/s，浇注温度为 2000℃时，Mo 元素和 Ni 元素的浓度分布图。从图 6.1（a）可以看出，铸锭中 Mo 元素的浓度分布总的来说是较为均匀的，铸锭中 Mo 元素的浓度（质量分数）保持为 0.29%～0.36%。在固相中，Mo 元素浓度为 0.36%左右，处于铸锭中心地方的 Mo 浓度要比边缘处高 0.03%左右，液相中 Mo 元素浓度要比固相中浓度低 0.06%左右。除此之外，在熔池两侧出现 Mo 元素的富集区，浓度高达 0.4%左右，由此得知 Mo 元素发生了 V 形偏析。V 形偏析是在凝固过程初期发生的，在结晶器的冷却作用下液相区的温度开始降低，此时等轴晶开始形核长大，柱状晶慢慢向等轴晶转变。但由于这时铸锭没有完全凝固，中心区域仍为液相，在对流现象的影响下，依然有少量

固相存在于液相中，形成一个伴随流动发生的二相区。当二相区内不再发生流动行为时，在重力和凝固收缩同时作用下，等轴晶开始发生滑动，并形成通道。这些通道形成的位置在沿浇注方向的 V 形锥体区，在这些通道中有晶间浓化的金属液通过流下，并在最后的凝固阶段形成 V 形偏析。从图 6.1（b）可以看出，Ni 元素的分布情况和 Mo 元素十分类似，浓度（质量分数）分布同样较为均匀，大致处于 0.7%~1.1%。铸锭中 Ni 元素浓度为 0.9%左右，处于铸锭中心的 Ni 浓度要比边缘处高 0.2%左右；在液相中，Ni 元素浓度要比固相中浓度低 0.3%左右。同时，在熔池两侧也出现了 Ni 元素的富集区，浓度高达 2.6%。因此可以得知，Ni 元素也出现了 V 形偏析现象。

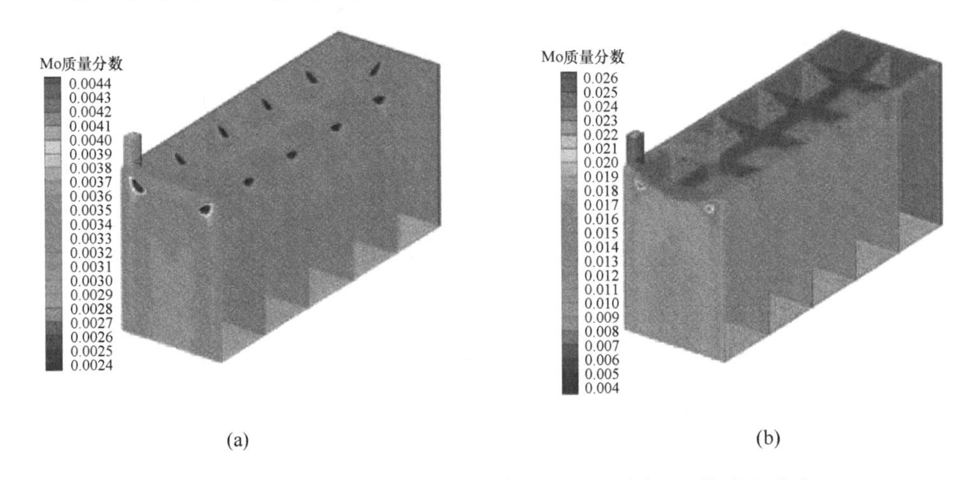

图 6.1 TA10 钛合金扁锭 Mo 元素(a)和 Ni 元素(b)的浓度分布

图 6.2 为不同拉锭速度下 Mo 元素的浓度分布图，由图可以看出，当拉锭速度为 2×10^{-4}m/s 时，Mo 元素不仅存在 V 形偏析，在靠近边缘结晶器壁处的液相区中还存在着负偏析，这是由于 Mo 元素是组分中相对原子质量最大的元素，因此相较于其他元素流动缓慢，在靠近结晶器边缘的位置含量较低；当拉锭速度增大到 2.5×10^{-4}m/s 时，液相区的负偏析消失；当拉锭速度继续增大到 3×10^{-4}m/s 时，液相区的负偏析又再次出现，并且偏析程度更高。但随着拉锭速度的增加，熔池两侧的 V 形偏析情况得到改善。

图 6.3 为不同拉锭速度下 Ni 元素的浓度分布图，从图中可以看出，当拉锭速度为 2×10^{-4}m/s 时，Ni 元素同样存在负偏析，且负偏析程度严重，这是由于添加剂合金元素在高温下的饱和蒸气压激增，因此 Ni 元素在熔池中挥发情况较为严重；当拉锭速度增加到 2.5×10^{-4}m/s 时，负偏析情况得到大幅度改善，当拉锭速度增加到 3×10^{-4}m/s 时，负偏析又再次出现，而 V 形偏析情况已经大大改善。由此可以得出，拉锭速度的增加在一定情况下可以改善宏观偏析的情况，并

且在本节所研究的 3 种拉锭速度条件中，当拉锭速度为 2.5×10^{-4}m/s 时，宏观偏析得到了有效控制，此时生产得到的铸锭质量较好。

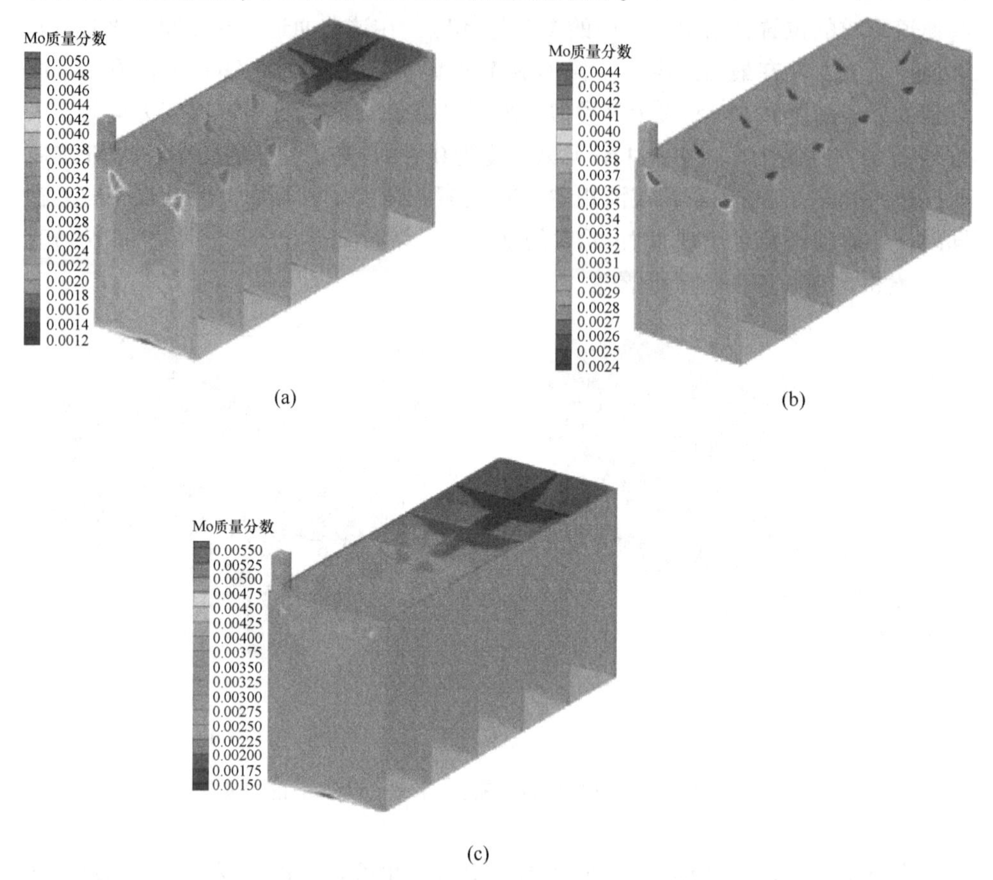

图 6.2 不同拉锭速度下 Mo 元素的浓度分布

（a）2×10^{-4}m/s；（b）2.5×10^{-4}m/s；（c）3×10^{-4}m/s

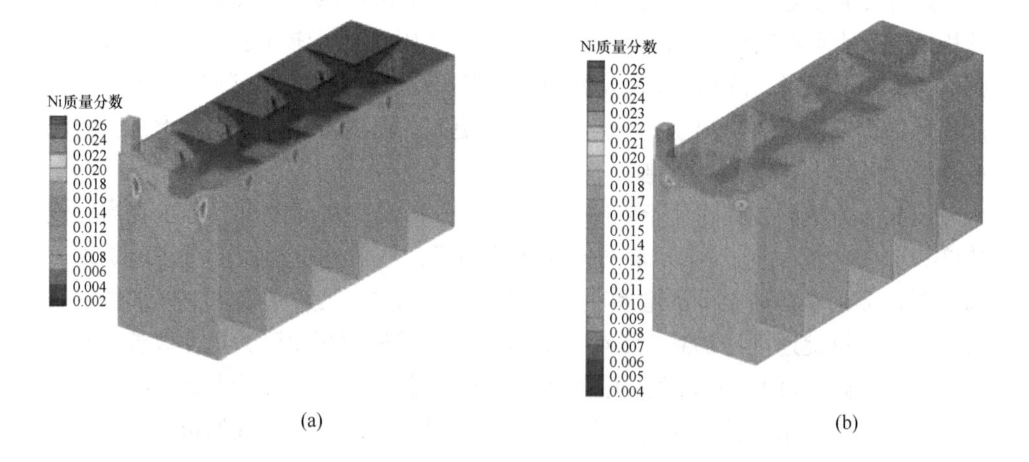

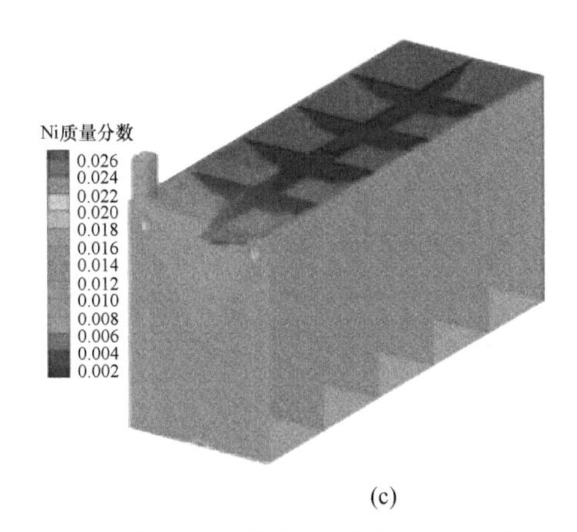

(c)

图6.3 不同拉锭速度下Ni元素的浓度分布图

(a) 2×10^{-4}m/s；(b) 2.5×10^{-4}m/s；(c) 3×10^{-4}m/s

6.1.2 浇注温度对Mo、Ni元素浓度分布的影响

为研究拉锭速度对TA10钛合金扁锭浓度场的影响，控制拉锭速度为2×10^{-4}m/s，浇注温度分别设置为1900℃、1950℃和2000℃ 3种，分别对不同浇注温度条件下的TA10钛合金扁锭进行浓度场的模拟计算。图6.4为不同浇注温度下Mo元素的浓度分布图，从图中可以看出，随着浇注温度的增加，V形偏析情况是逐渐严重的。当浇注温度从1900℃增加到1950℃时，液相区负偏析情况也是加重的；当浇注温度继续增加到2000℃时，负偏析情况大大得到改善。

图6.5为不同浇注温度下Ni元素的浓度分布图，从图中可以得出，当浇注温度从1900℃增加到1950℃时，负偏析情况及V形偏析情况变化不大；当浇注温度继续增加到2000℃时，负偏析情况得到改善。同时，在浇注温度为2000℃时，铸锭中Ni元素的浓度更加趋向于理论值，元素分布更加均匀。

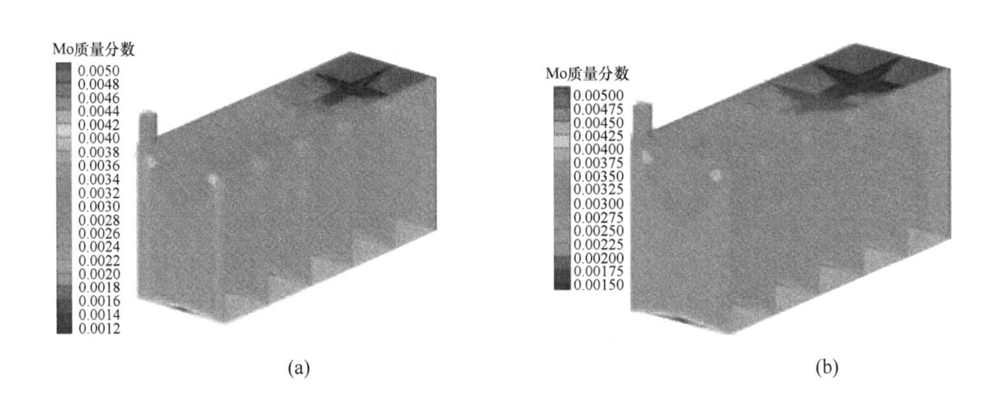

(a) (b)

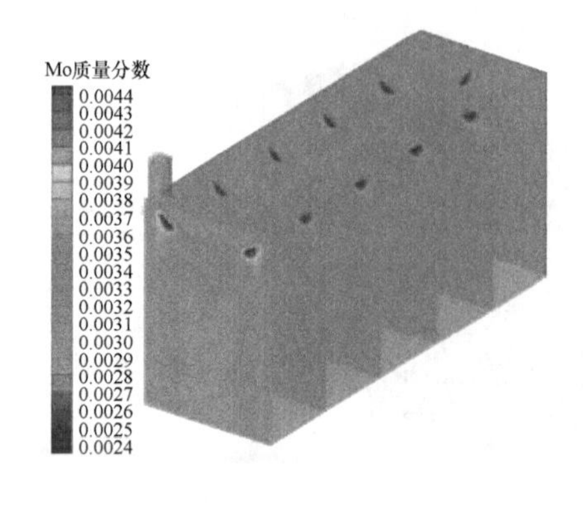

(c)

图 6.4　不同浇注温度下 Mo 元素的浓度分布图

（a）1900℃；（b）1950℃；（c）2000℃

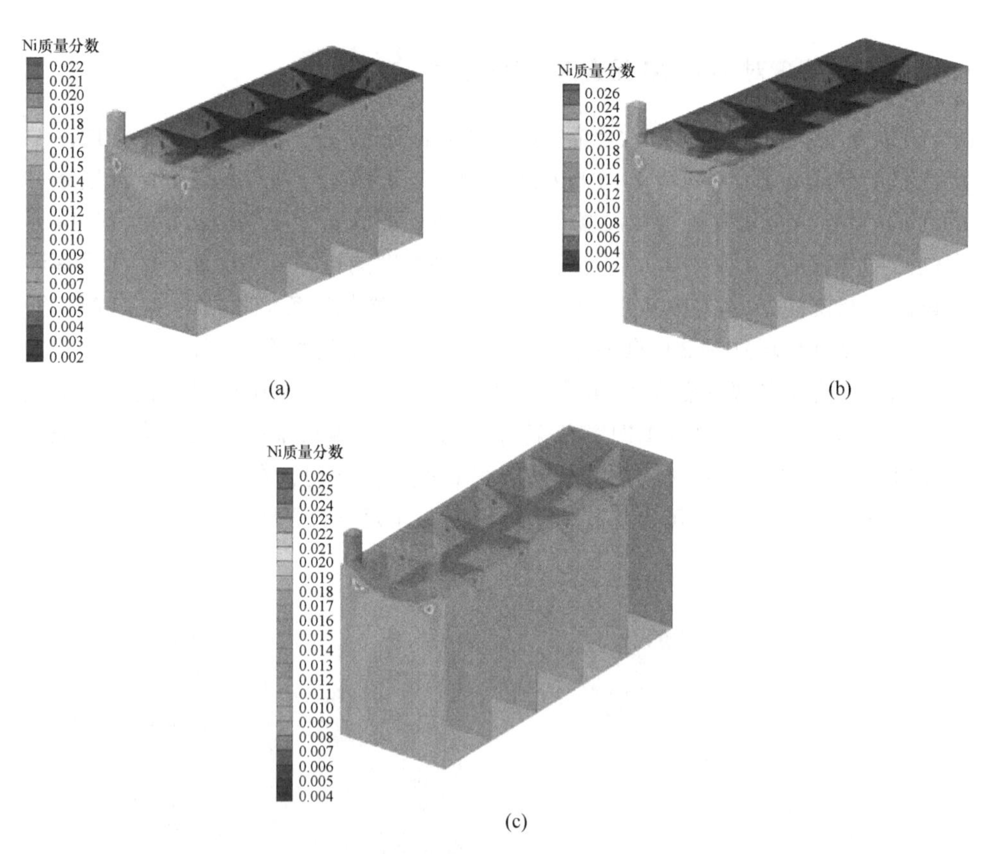

图 6.5　不同浇注温度下 Ni 元素的浓度分布图

（a）1900℃；（b）1950℃；（c）2000℃

6.1.3 Mo、Ni 元素的偏析控制机制

为进一步讨论 TA10 钛合金在熔铸过程中的元素分布演变情况，使用 ANSYS Fluent 软件进行了 Mo、Ni 元素偏析模拟研究，该模型进一步研究了 Mo 和 Ni 在 y-z 和 x-y 平面上一系列均匀间隔排列的切片中的分布模式，在 x=0mm、125mm、250mm、375mm、500mm、625mm，z=180mm 的切片交点处浓度的定量变化。

如图 6.6 所示，熔池中陡峭的浓度梯度导致了凝固后的铸锭的偏析。在固-液界面上有一条明显的浓度分界线。显然，从图 6.6（a）可以看出，液相中 Mo 的浓度通常低于凝固后的铸锭，而且液相和固相中 Mo 的浓度随着流动方向逐渐降低。然而，在图 6.6（b）中，液相中 Ni 的浓度通常高于凝固后铸锭中的浓度，而且液相中 Ni 的浓度沿流动方向急剧增加，导致固相中 Ni 的浓度与图 6.6（b）中的趋势相同。很明显，由于元素分配系数 K_i 的原因，靠近入口的 Mo 浓度比远离入口的 Mo 浓度高，而 Ni 浓度的趋势则相反。

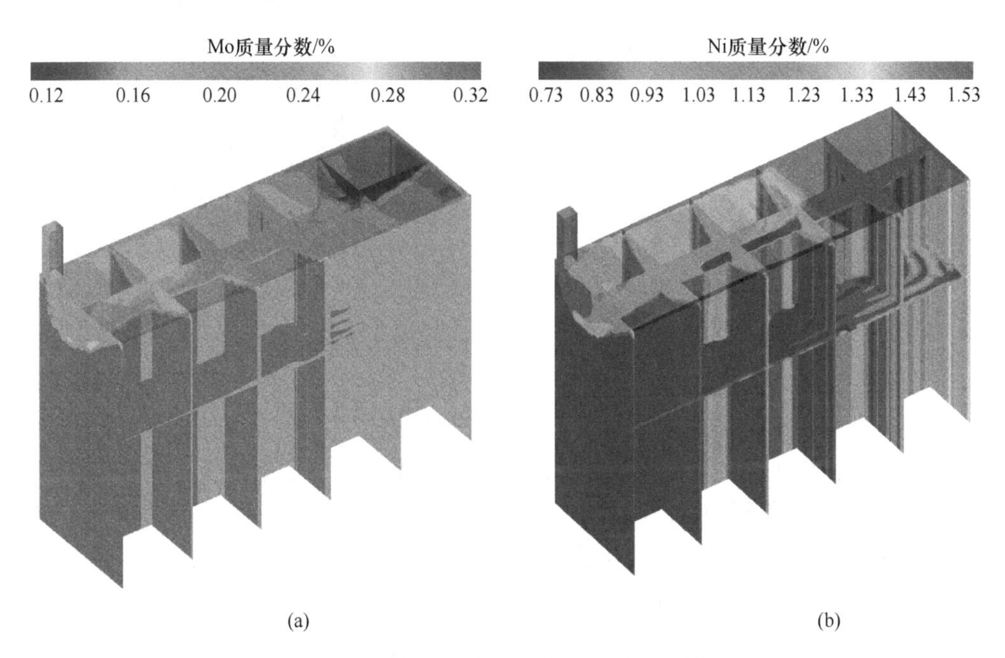

图 6.6 Mo 熔池(a)和 Ni 熔池(b)的剖面分布

为了更好地了解大规模 0.3%Ti、0.8%Mo 的 Ni 板坯铸锭中 Mo 和 Ni 分布的成形过程，研究了铸造速度为 2×10^{-4}m/s、2.5×10^{-4}m/s、3×10^{-4}m/s 和 3.5×10^{-4}m/s，浇注温度为 2273K 的电子束冷床熔炼（电子束冷床炉）。由于计算达到稳定状态后，固相区的浓度沿 x-y 平面变化趋势相同，因此只选择了 z=180mm 的切片进行研究。

如图6.7(a)所示。随着铸造速度的增加，Mo的浓度略有变化，主要是沿流动方向减少。浓度范围（质量分数）为0.28%~0.32%，浓度偏差很低。然而，Ni的分布在0.73%~1.53%之间发生了巨大的变化。为了评估$z=180$mm切片凝固截面的偏析程度，提取了切片上Ni浓度的节点数据。从数量上看，偏析程度被f定义为混合浓度之和与初始浓度之和的比率：

$$f=\frac{\text{混合 Ni 浓度之和}}{\text{初始 Ni 浓度之和} }\tag{6.1}$$

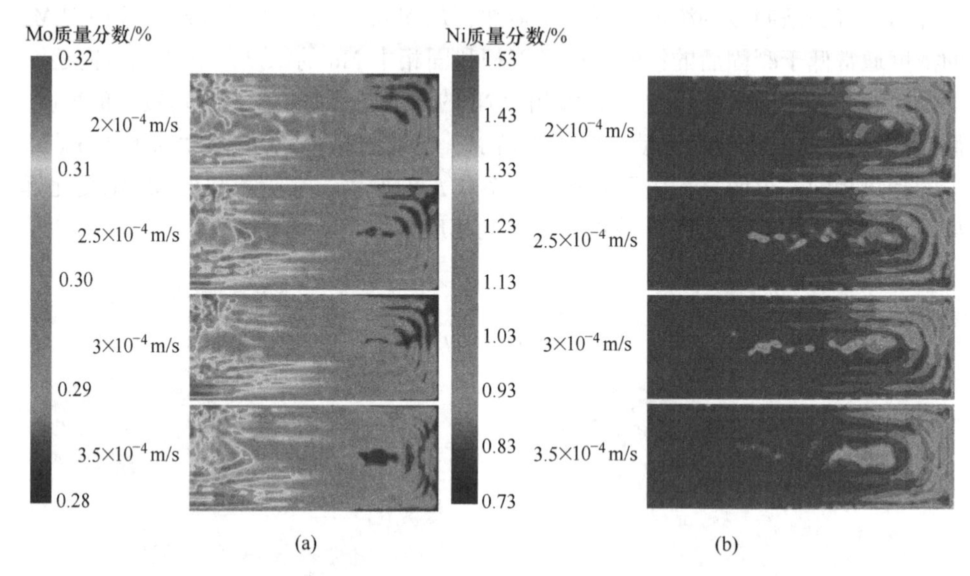

图6.7　Mo(a)和Ni(b)在电子束冷床熔炼中的浓度分布

经过计算，不同铸造速度的电子束冷床熔炼铸锭中可以找到偏析度的规律，见表6.1。结果显示，Ni的偏析趋势随着铸造速度的增加而增加，这符合一般规律，即在较低的铸造速度下，溶质元素有足够的时间进行扩散，从而获得分布更均匀的板坯铸锭。它们的共同点是，在凝固的铸锭中，靠近入口处的Ni偏析程度明显低于远离入口处的偏析。

表6.1　不同铸造速度下电子束冷床熔炼铸锭的偏析程度

温度/K	2273	2273	2273	2273
铸造速度/m·s^{-1}	2×10^{-4}	2.5×10^{-4}	3×10^{-4}	3.5×10^{-4}
f_1	1.0046	1.0060	1.0068	1.0074

当浇注温度为2173K、2223K、2273K和2323K，浇注速度为2×10^{-4}m/s时，Mo的分布如图6.8（a）所示。随着浇注速度的增加，Mo的浓度变化不大，主要

是沿流动方向递减。浓度范围为0.28%~0.32%，偏析程度很低。Ni的分布变化很大，几乎在图6.8（b）中的0.73%~1.53%之间。

数值f_2用于表征Ni的偏析，计算值见表6.2。在不同浇注温度电子束冷床熔炼铸锭中，可以发现偏析程度的规律性。结果如图6.8（b）所示，镍的偏析趋势随着浇注温度的升高而降低。显然，在铸造速度不变的条件下，提高浇注温度有利于Ni浓度的均匀性，这也符合一般规律，即溶质元素的扩散阻力减小，更有利于在较高温度体系中扩散。它们的共同点是，在凝固的铸锭中，靠近入口处的偏析程度严重，而远离入口处的偏析程度略低。

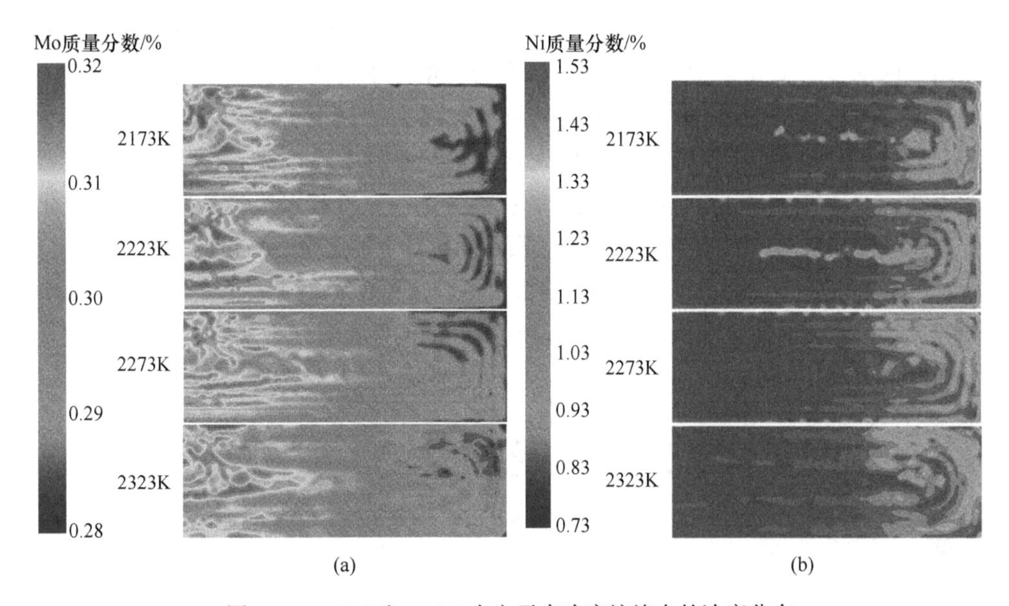

图6.8 Mo(a)和Ni(b)在电子束冷床熔炼中的浓度分布

表6.2 不同铸造温度电子束冷床熔炼铸锭的偏析程度

铸造速度/m·s^{-1}	2×10^{-4}	2×10^{-4}	2×10^{-4}	2×10^{-4}
温度/K	2173	2223	2273	2323
f_2	1.0062	1.0057	1.0046	0.9993

6.2 TC4铸锭宏观偏析的形成及定量化标准

由不同元素在高温真空环境下的蒸气压曲线可知，Al元素在钛合金中的挥发及元素偏析相较于Mo、Ni等元素更为严重。本节借助数值模型分析了Al元素宏观偏析的形成过程，并提出了相应的定量化标准。

6.2.1　Al 元素宏观偏析的形成过程

利用所建立的多场耦合模型，研究了电子束冷床熔炼 ϕ260mm TC4 钛合金圆锭的过程，揭示了浇注温度为 2273K、拉锭速度为 10mm/min 时圆锭结晶器计算区域内铸锭宏观偏析的形成过程，结果如图 6.9 所示。由图 6.9（a）可知，凝固区域内 Al 宏观偏析情况受制于熔池在糊状区附近的成分分布，该现象也可由图 6.9（b）中的流线分布进行解释。图 6.9（b）中，熔体沿着流线方向运动，在糊状区冷却后沿拉锭方向移动，熔池内的均质化效果直接会被凝固组织继承，因此铸锭横截面上的偏析控制关键在于熔池均质化的增强。由第 5 章可知，结晶器熔池内的传质佩克莱特数 $Pe \gg 1$，标志着在熔体中传质过程主要由流动传质主导。因此，熔池内的 Al 元素分布情况与对称面上的速度分布直接关联。图 6.9（c）比较了 $x=110$mm 处的纵截面 Al 元素分布与对称面速度分布。流速高的位置相应的 Al 元素补充充足，偏析受到抑制；流速低的位置难以通过扩散完成均质化任务。沿拉锭方向，Al 元素在所选纵截面不同位置上的定量分布情况如图 6.9（d）所示。结果表明，铸锭主体部分的横向偏析可以达到 0.03，主要由横向上的熔池不均匀导致；铸锭纵向上由损耗/补充比率所引起的偏析相对来说并不显著。

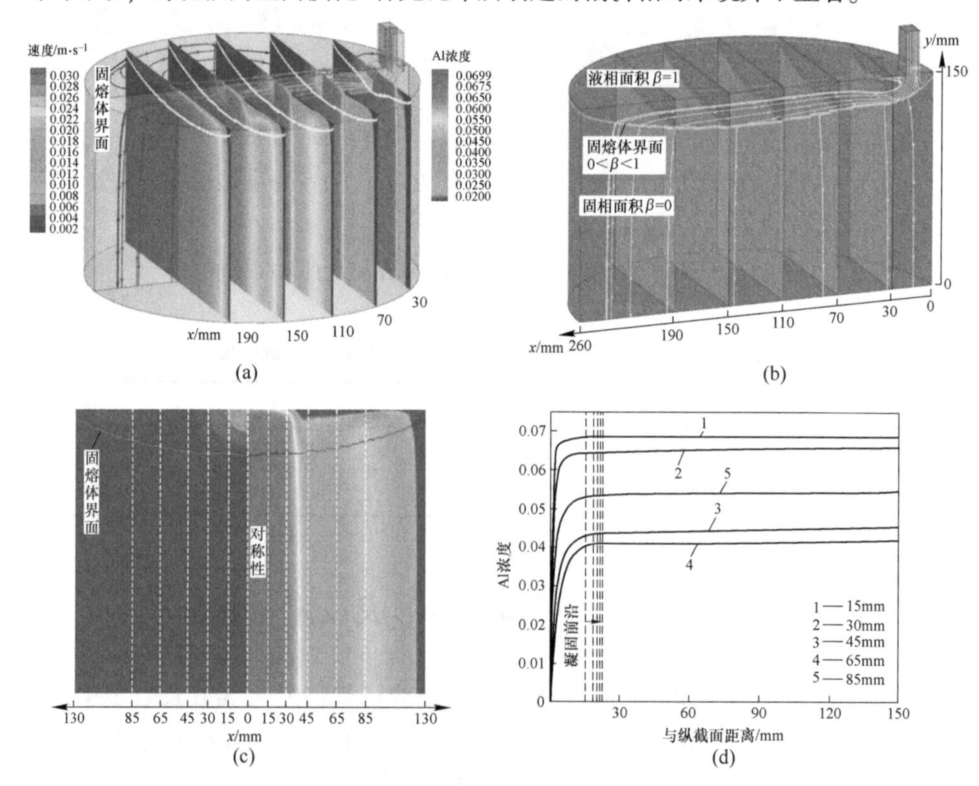

图 6.9　ϕ260mm TC4 圆锭宏观偏析的形成过程

多场耦合模型同时也揭示了浇注温度为2273K、拉锭速度为8mm/min时，长1050mm×宽220mm的扁锭结晶器计算区域内铸锭宏观偏析的形成过程，结果如图6.10（a）所示；浇注温度为2273K、拉锭速度为5mm/min时ϕ620mm大圆锭结晶器计算区域内铸锭宏观偏析的形成过程如图6.10（b）所示。在图6.10（a）中$x=105$mm、$x=210$mm、$x=315$mm、$x=420$mm处及图6.10（b）中$x=110$mm、$x=210$mm、$x=310$mm、$x=410$mm处沿拉锭方向的Al元素分布情况也

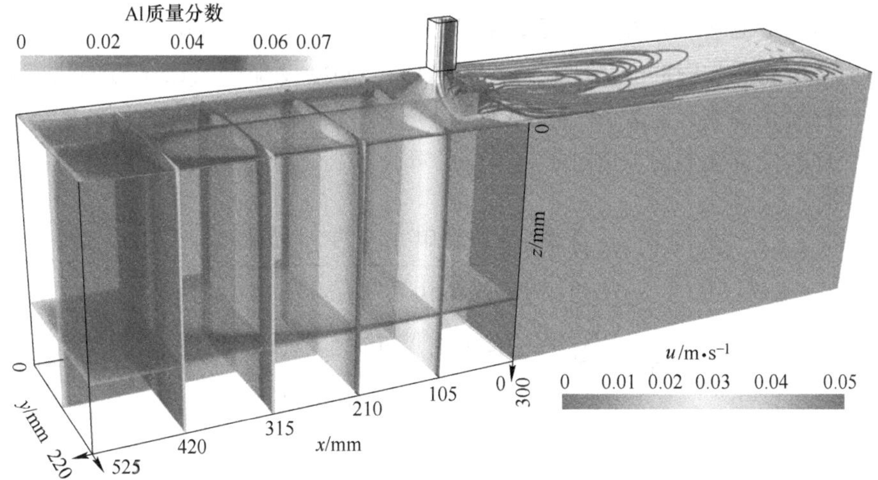

(a)

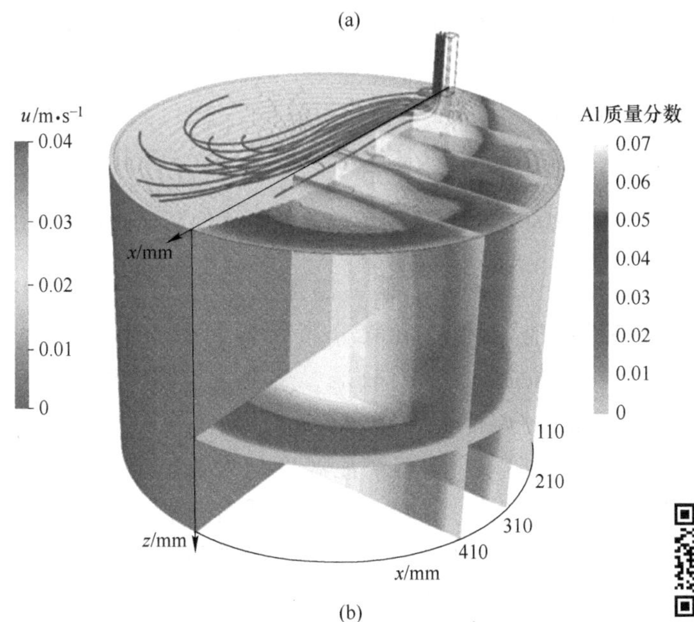

(b)

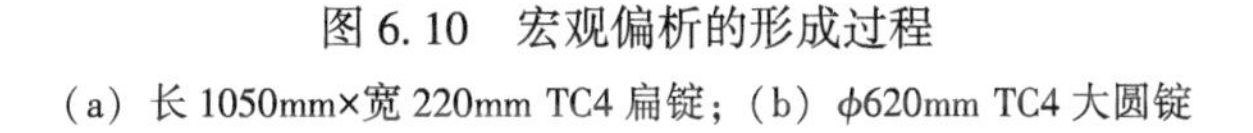

图6.10 宏观偏析的形成过程

（a）长1050mm×宽220mm TC4扁锭；（b）ϕ620mm TC4大圆锭

扫描二维码
查看彩图

符合 ϕ260mm 圆锭宏观偏析的形成规律。铸锭的横截面上的宏观偏析较为显著，且与熔池均质化程度直接关联。

6.2.2 Al 元素宏观偏析的定量化标准

为进一步衡量熔池内的均质化程度及铸锭横截面上的宏观偏析情况，提出了相应的定量化标准。以某时刻熔池所有单元内的 Al 浓度总和与熔池初始浓度加和之比作为熔池均值化程度的定量化参数，记为 Φ_1（见式（6.2））；以某时刻横截面上所有单元内的 Al 浓度总和与横截面初始浓度加和之比作为熔池均值化程度的定量化参数，记为 Φ_c（见式（6.3））。为降低人为误差，所有的参数均由后处理软件直接输出，以进行后续的计算。

$$\Phi_1 = \frac{\sum \text{熔池所有单元内的 Al 浓度}}{\sum \text{熔池初始 Al 浓度}} \tag{6.2}$$

$$\Phi_c = \frac{\sum \text{横截面所有单元内的 Al 浓度}}{\sum \text{横截面初始 Al 浓度}} \tag{6.3}$$

6.3 ϕ260mm TC4 圆锭的偏析控制

本节通过分析 ANSYS Fluent 数值模拟结果，重点讨论了浇注温度和拉锭速度对 ϕ260mm TC4 圆锭结晶器内熔体均质化趋势的影响规律。

6.3.1 浇注温度对 ϕ260mm TC4 圆锭熔池内熔体均质化趋势的影响

拉锭速度固定为 10mm/min，浇注温度分别为 2073K、2173K、2273K 条件下，ϕ260mm 圆锭熔池内的 Al 元素分布趋势如图 6.11 所示。当浇注温度为 2073K 时，熔池表面的挥发相对较弱，熔池内的 Al 含量总体处于较高水平。在 $x=70\sim150$mm 的熔池截面中心，由于流线旋转导致熔体停留时间增加，出现轻微的不均匀现象。随着浇注温度的增加，表面挥发量的增加会进一步加剧熔池内的不均匀性，其趋势随着流线分布相应变化。当浇注温度提升至 2173K，在 $x=150$mm 处的有旋运动引起了严重的非均质化现象，熔池的边缘也因为挥发量的增加非均质化加剧。当浇注温度提升至 2273K，非均质化的位置随着流线分布的变化再次改变，主要非均质区域扩大到 $x=30\sim$ 150mm。

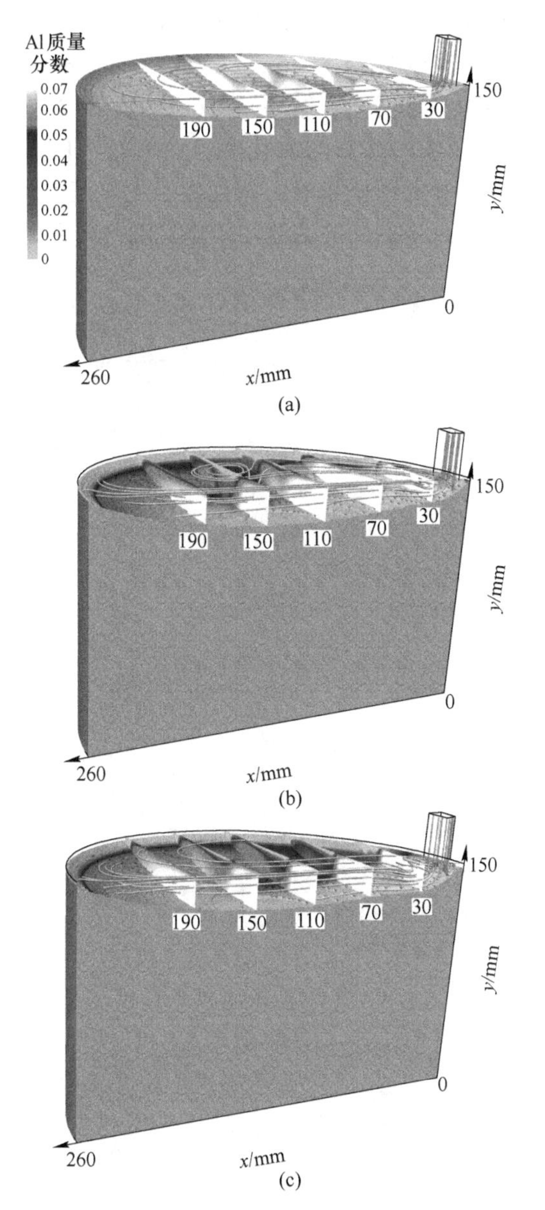

图 6.11 浇注温度对 ϕ260mm 圆锭熔池均质化程度的影响

(a) 浇注温度 2073K；(b) 浇注温度 2173K；(c) 浇注温度 2273K

扫描二维码
查看彩图

6.3.2 拉锭速度对 ϕ260mm TC4 圆锭熔池内熔体均质化趋势的影响

由于结晶器内操作环境的复杂性，难以避免高温操作的出现。为保证熔池均质化效果，需掌握高温条件下的熔体均质化控制手段。文献［93］阐明，提高拉速是增强熔池均质化的有效手段。为阐明拉速对均质化的影响，研究了浇注温度固定为 2273K，拉锭速度分别为 15mm/min、20mm/min、25mm/min 条件下 ϕ260mm 圆锭熔池内的 Al 元素分布，结果如图 6.12 所示。当拉速提升至 15mm/min 时，在 $x=30\sim150$mm 区域内的非均质化现象已有较大的改善；当拉速提升至 20mm/min 时，受增强的流动传质影响，熔池内已处于基本均质化。进一步将拉速提升至 25mm/min，靠近边壁处的熔池均质化程度也得到优化。

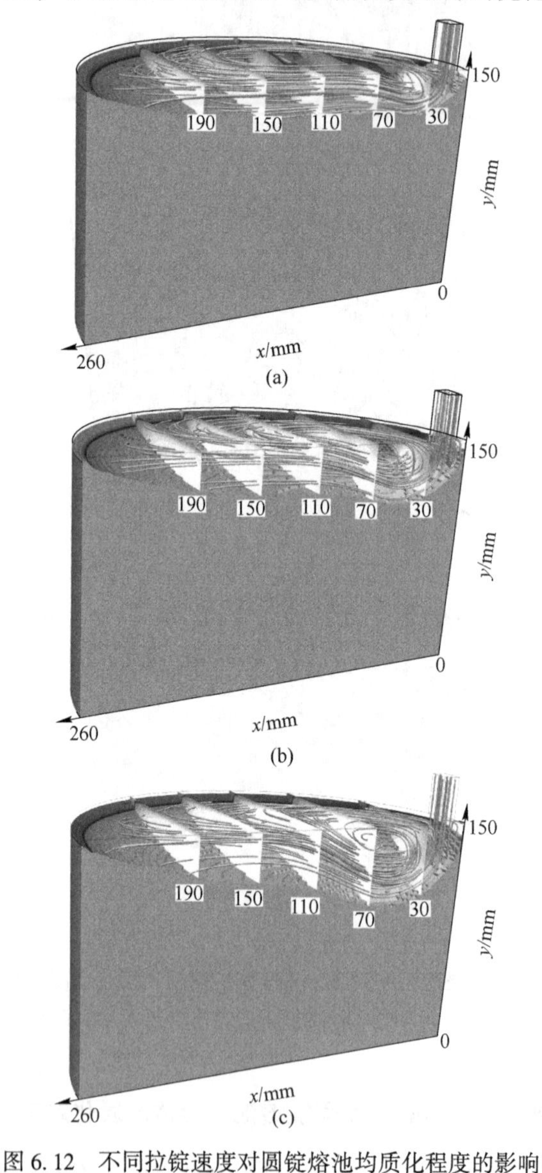

扫描二维码
查看彩图

图 6.12　不同拉锭速度对圆锭熔池均质化程度的影响
(a) 拉锭速度 15mm/min；(b) 拉锭速度 20mm/min；(c) 拉锭速度 25mm/min

调整浇注温度及拉锭速度，熔池内均质化程度的定量变化如图 6.13 所示。当拉锭速度固定为 10mm/min，浇注温度分别为 2073K、2173K、2273K 条件下，熔池内的 Φ_1 分别为 0.94、0.73 及 0.71；当浇注温度固定为 2273K，拉锭速度分别为 15mm/min、20mm/min、25mm/min 条件下，熔池内的 Φ_1 分别为 0.78、0.84 及 0.87。可见，温度为 2073K 时熔池内的均质化程度最佳，然而低拉锭速度下的升温操作对于均质化程度的影响是极其明显的。为保持熔池内的均质化程度在合理范围，升温时需要提高拉锭速度，增加熔池内的流动传质和元素补充。

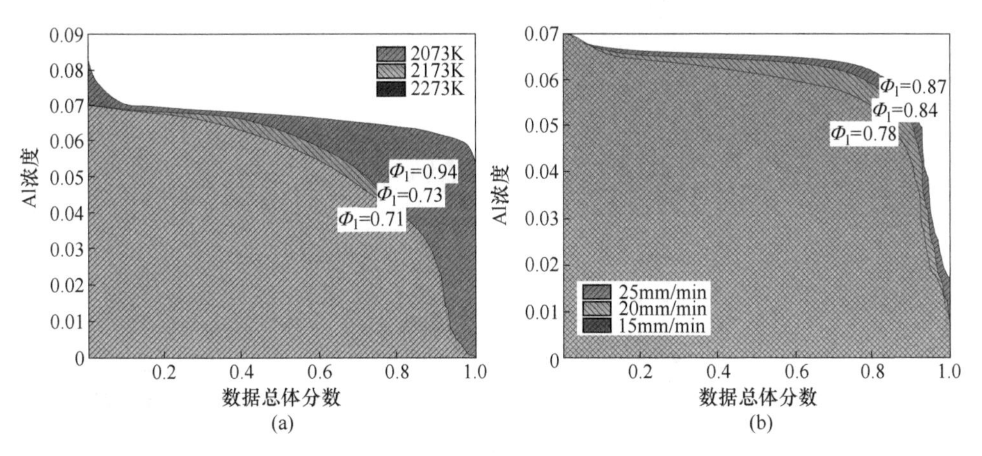

图 6.13 不同浇注温度(a)和拉锭速度(b)下 ϕ260mm 圆锭熔池均质化的定量结果

6.3.3 浇注温度对 ϕ260mm TC4 圆锭横截面宏观偏析趋势的影响

拉锭速度固定为 10mm/min，浇注温度分别为 2073K、2173K、2273K 条件下，ϕ260mm 圆锭在 $y=30$mm 横截面处的宏观偏析趋势如图 6.14 所示。横截面处的 Al 元素偏析基本与熔池固-液界面处的元素分布一致，其平均浓度 $\bar{c}_{Al}$ 及浓度

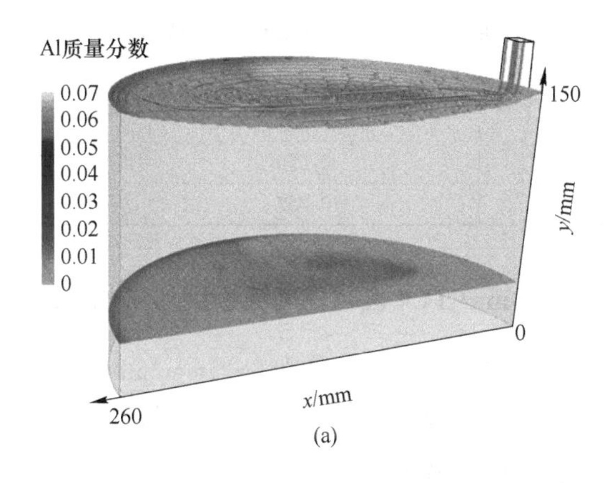

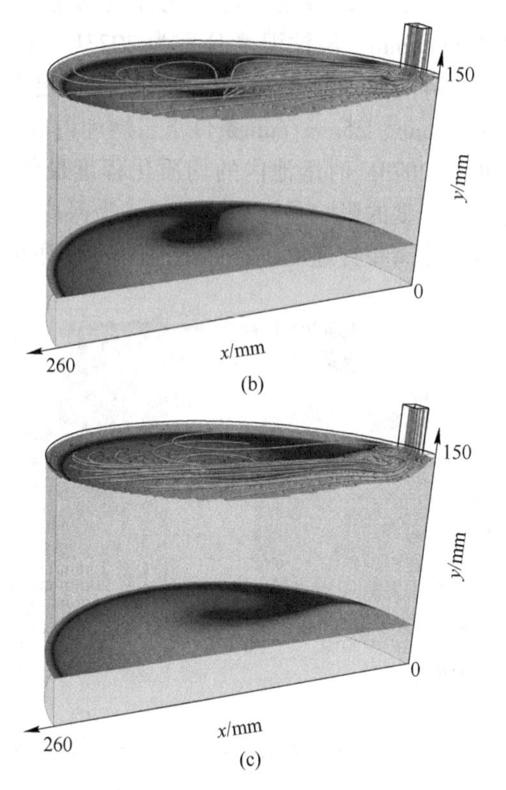

图 6.14　不同浇注温度对圆锭截面宏观偏析的影响
（a）浇注温度 2073K；（b）浇注温度 2173K；（c）浇注温度 2273K

扫描二维码
查看彩图

标准差 δ_{Al} 分别见表 6.3。表 6.3 中的数据显示，当浇注温度由 2073K 上升至 2273K，铸锭横截面上的 Al 元素平均浓度值减少 0.015，浓度标准差升高 0.017，总体宏观偏析加剧。

表 6.3　不同浇注温度下 ϕ260mm 圆锭横截面处的 $\bar{c}_{Al}$ 及 δ_{Al}

浇注温度/K	$\bar{c}_{Al}$	δ_{Al}
2073	0.067	0.004
2173	0.054	0.020
2273	0.052	0.021

6.3.4　拉锭速度对 ϕ260mm TC4 圆锭横截面宏观偏析趋势的影响

浇注温度固定为 2273K，拉锭速度分别为 15mm/min、20mm/min、25mm/min 条件下，ϕ260mm 圆锭在 $y=30$mm 横截面处的宏观偏析趋势如图 6.15 所示。横截面处的 Al 元素平均浓度 $\bar{c}_{Al}$ 及浓度标准差 δ_{Al} 分别见表 6.4。表 6.4 中的数据显示，当拉锭速度由 15mm/min 提升至 25mm/min，铸锭横截面上的 Al 元素浓度平均值增加 0.009，标准差降低 0.011，宏观偏析得到有效抑制。

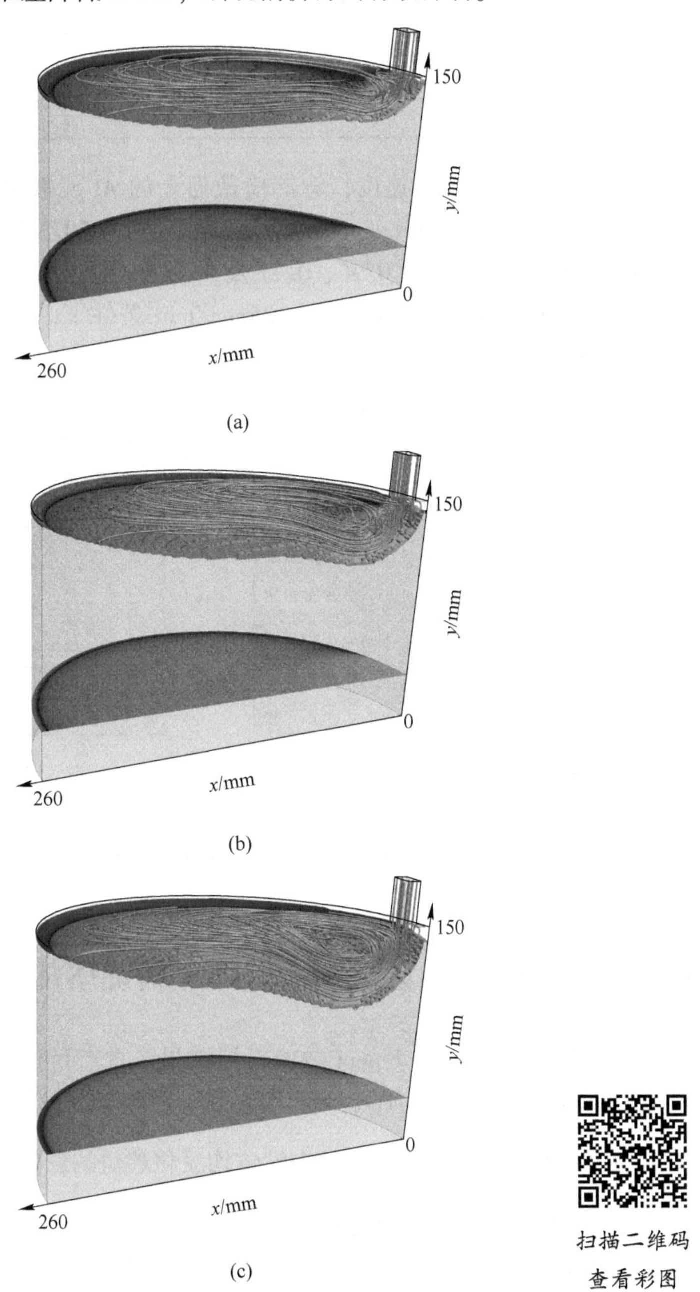

图 6.15 不同拉锭速度对 φ260mm 圆锭截面宏观偏析的影响

(a) 拉锭速度 15mm/min；(b) 拉锭速度 20mm/min；(c) 拉锭速度 25mm/min

表 6.4　不同拉锭速度下 ϕ260mm 圆锭横截面处的 $\bar{c}_{Al}$ 及 δ_{Al}

拉锭速度/mm · min^{-1}	$\bar{c}_{Al}$	δ_{Al}
15	0.057	0.013
20	0.060	0.012
25	0.061	0.010

调整浇注温度及拉锭速度，铸锭横截面上的 Al 元素定量变化如图 6.16 所示。当拉锭速度固定为 10mm/min，浇注温度分别为 2073K、2173K、2273K 条件下，横截面上的 Φ_c 分别为 0.96、0.77 及 0.75；当浇注温度固定为 2273K，拉锭速度分别为 15mm/min、20mm/min、25mm/min 条件下，横截面上的 Φ_c 分别为 0.82、0.86 及 0.89。

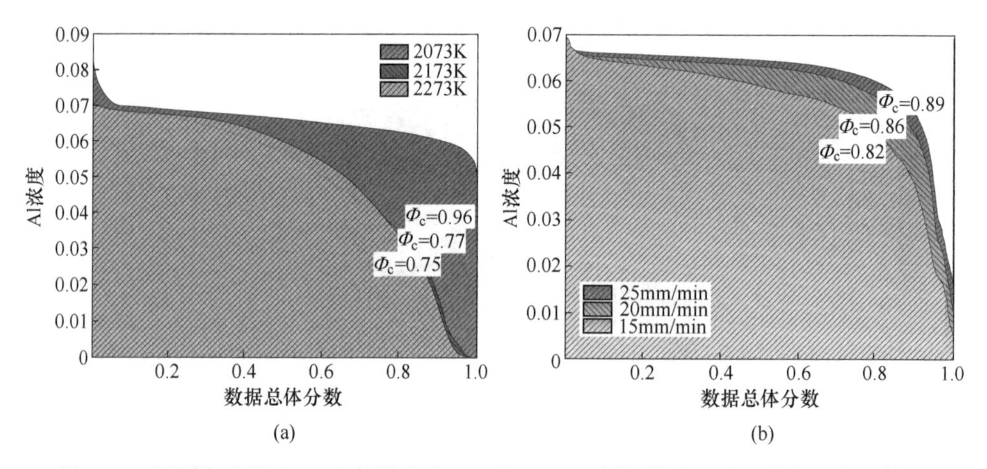

图 6.16　不同浇注温度(a)和拉锭速度(b)下 ϕ260mm 圆锭横截面宏观偏析的定量结果

6.4　长 1050mm×宽 220mm TC4 扁锭熔池内的均质化控制

本节通过分析 ANSYS Fluent 数值模拟结果，重点讨论了浇注温度和拉锭速度对长 1050mm×宽 220mm TC4 扁锭结晶器内熔体均质化趋势的影响规律。

6.4.1　浇注温度对 TC4 扁锭熔池内熔体均质化趋势的影响

拉锭速度固定为 8mm/min，浇注温度分别为 2073K、2173K、2223K 及 2273K 条件下，长 1050mm×宽 220mm TC4 扁锭的熔池在 $x=0$mm、$x=105$mm、$x=210$mm、$x=315$mm 及 $x=420$mm 液相区截面处的速度分布情况如图 6.17 所示。受浇注温度关联的元素挥发速率影响，在 2073K 时熔池均质化程度显著优于高温条件。熔池主体部分的浓度梯度被有效控制在 0.02 以内；当浇注温度升高至 2173K，熔池边缘非均质化逐渐严重，在 $x=315\sim525\text{mm}$ 的区域内，出现了超过 0.04 的浓度梯度变化；当浇注温度升高至 2223K，非均质化区域范围进一步增加；当浇注温度升高至 2273K，熔池大部分区域的非均质化程度已远超合金设计范围，必会引起铸锭宏观偏析的出现。

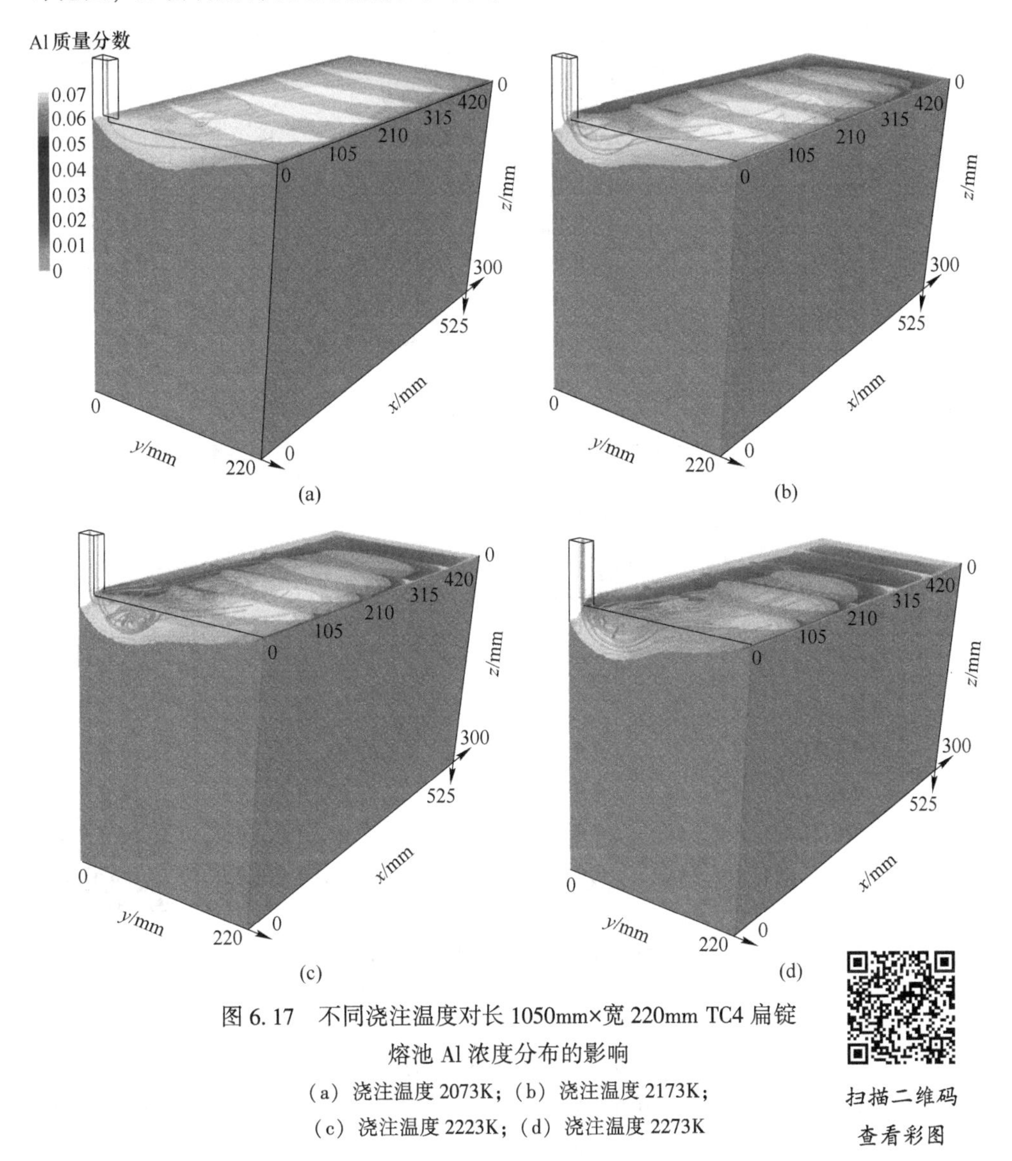

图 6.17　不同浇注温度对长 1050mm×宽 220mm TC4 扁锭熔池 Al 浓度分布的影响

（a）浇注温度 2073K；（b）浇注温度 2173K；
（c）浇注温度 2223K；（d）浇注温度 2273K

6.4.2　拉锭速度对 TC4 扁锭熔池内熔体均质化趋势的影响

浇注温度固定为 2273K，拉锭速度分别为 9mm/min、10mm/min、12mm/min

及 15mm/min 条件下，长 1050mm×宽 220mm TC4 扁锭结晶器内熔池在 $x=0$mm、$x=105$mm、$x=210$mm、$x=315$mm 及 $x=420$mm 液相区截面处的速度分布情况如图 6. 18 所示。

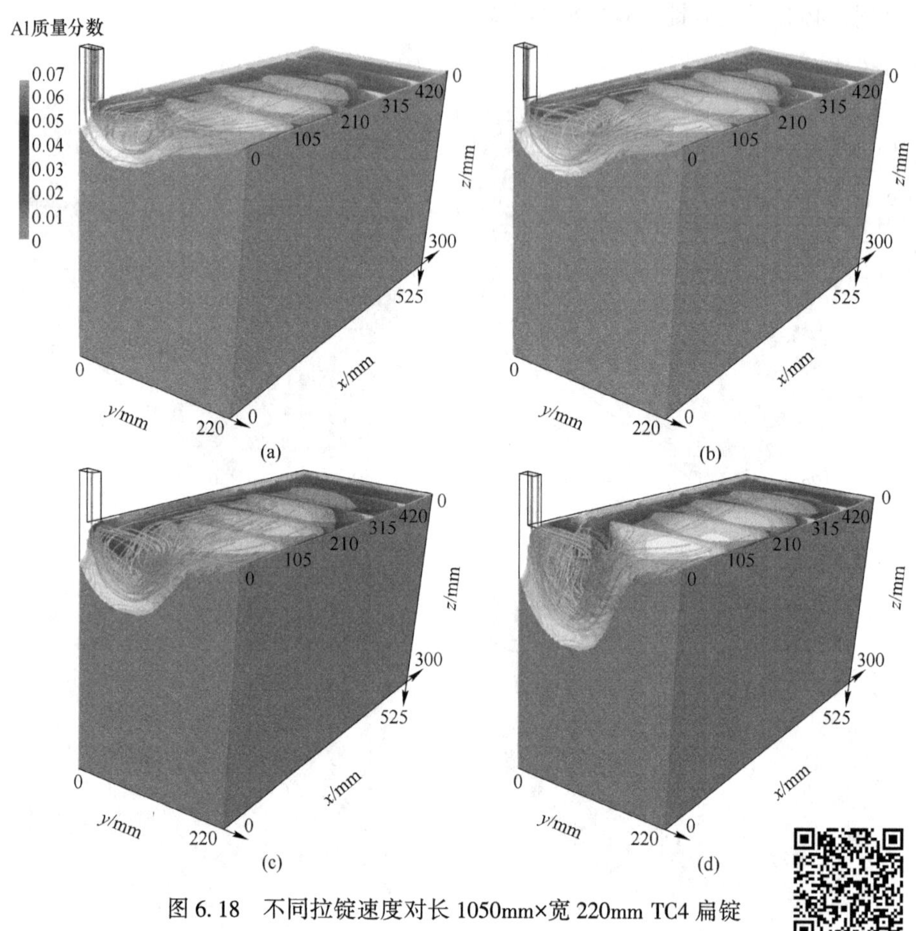

图 6. 18　不同拉锭速度对长 1050mm×宽 220mm TC4 扁锭熔池 Al 浓度分布的影响

（a）拉锭速度 9mm/min；（b）拉锭速度 10mm/min；
（c）拉锭速度 12mm/min；（d）拉锭速度 15mm/min

扫描二维码
查看彩图

与预期不同，当拉锭速度为 9～12mm/min 时，提升拉锭速度对于 $x=105\sim525$mm 范围内的熔池元素分布情况影响较小；当拉锭速度提升至 15mm/min，在 $x=210\sim420$mm 范围内的熔池均质化仅获得少量优化。其主要原因是随拉速提升，$x=0\sim105$mm 溢流口附近熔池深度增加，流线在该位置沿纵向有旋运动，熔体停留时间被延长。所补充的 Al 元素在熔体随着旋转循环的过程中被挥发损耗，难以惠及 $x=105\sim525$mm 的熔池主体区域。

浇注温度及拉锭速度对于熔池均质化程度的定量影响如图 6. 19 所示。当拉锭速度固定为 8mm/min，浇注温度分别为 2073K、2173K、2223K 及 2273K 条件下，熔池内的 Φ_1 分别为 0.96、0.86、0.78 及 0.70；当浇注温度固定为 2273K，拉锭速度分别为 9mm/min、10mm/min、12mm/min 及 15mm/min 条件下，熔池内的 Φ_1 分别为 0.73、0.74、0.78 及 0.82。可见，增加拉锭速度对于熔池均质化程度的提升效果不如降低浇注温度。针对长 1050mm×宽 220mm TC4 的扁锭熔池，高温高拉速下熔池内的均质化程度要低于低温低拉速。

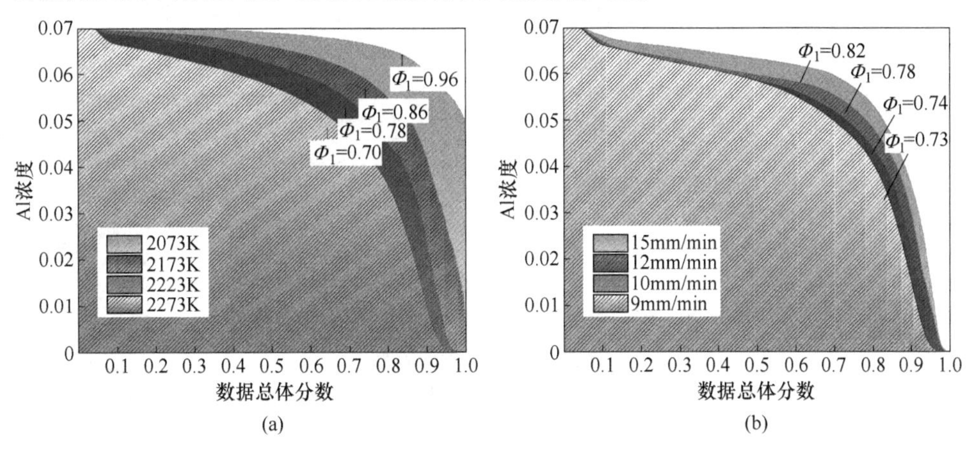

图 6.19 不同浇注温度(a)和拉锭速度(b)下长 1050mm×宽 220mm TC4 扁锭熔池均质化的定量结果

6.4.3 浇注温度对 TC4 扁锭横截面宏观偏析趋势的影响

拉锭速度固定为 8mm/min，浇注温度分别为 2073K、2173K、2223K 及 2273K 条件下，长 1050mm×宽 220mm TC4 扁锭在 $z=220$mm 横截面处的宏观偏析趋势如图 6.20 所示。

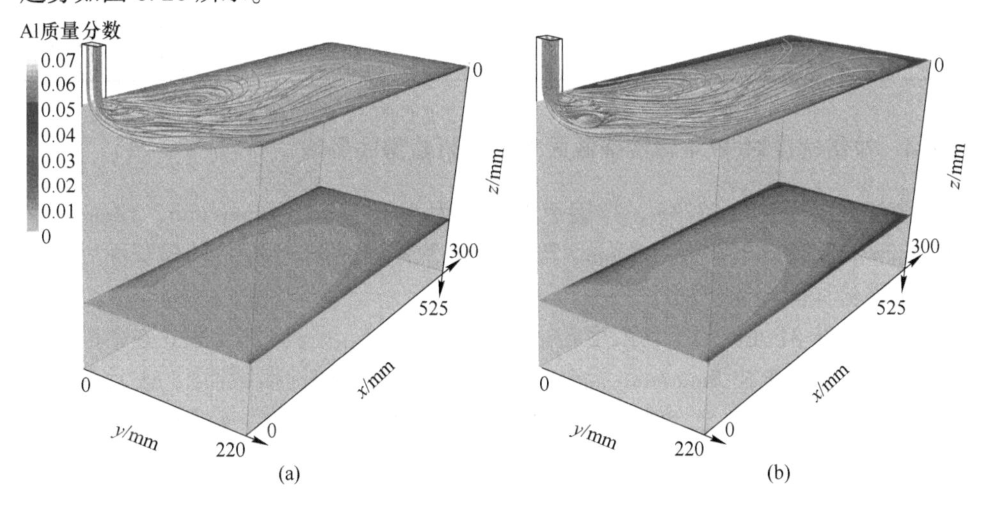

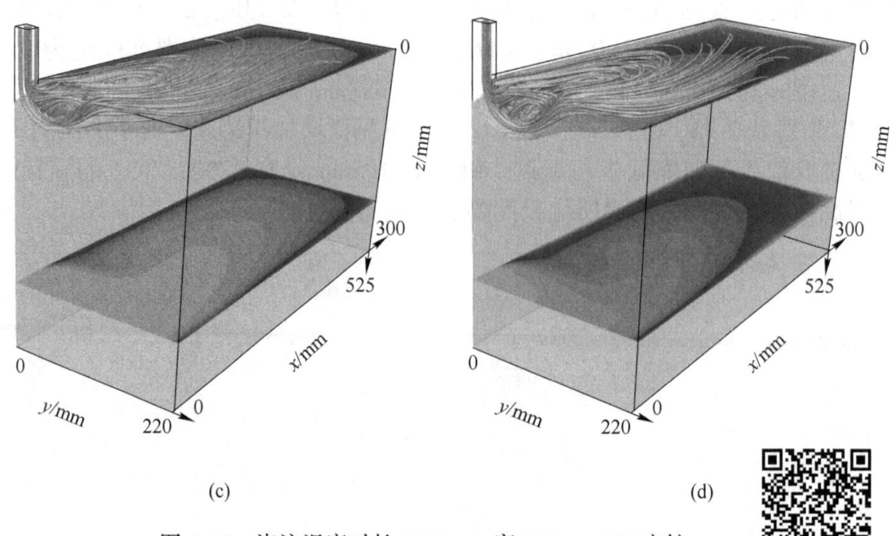

扫描二维码
查看彩图

图 6.20 浇注温度对长 1050mm×宽 220mm TC4 扁锭横截面宏观偏析的影响
(a) 浇注温度 2073K；(b) 浇注温度 2173K；
(c) 浇注温度 2223K；(d) 浇注温度 2273K

横截面处 Al 元素的平均浓度 $\bar{c}_{Al}$ 及浓度标准差 δ_{Al} 见表 6.5。表 6.5 中的数据显示，浇注温度由 2073K 上升至 2273K，铸锭横截面上 Al 元素的平均浓度值减少 0.013，浓度标准差升高 0.016，总体宏观偏析加剧。

表 6.5 拉锭速度固定为 8mm/min 不同浇注温度下扁锭横截面处的 $\bar{c}_{Al}$ 及 δ_{Al}

浇注温度/K	$\bar{c}_{Al}$	δ_{Al}
2073	0.065	0.005
2173	0.062	0.010
2223	0.057	0.016
2273	0.052	0.021

6.4.4 拉锭速度对 TC4 扁锭横截面宏观偏析趋势的影响

浇注温度固定为 2273K，拉锭速度分别为 9mm/min、10mm/min、12mm/min 及 15mm/min 条件下，长 1050mm×宽 220mm TC4 扁锭在 $z=220$mm 横截面处的宏观偏析趋势如图 6.21 所示。

横截面处 Al 元素的平均浓度 $\bar{c}_{Al}$ 及浓度标准差 δ_{Al} 见表 6.6。表 6.6 中的数据显示，当拉锭速度由 8mm/min 提升至 15mm/min 时，铸锭横截面上 Al 元素的平均浓度值增加 0.003，浓度标准差降低 0.002。因此，提高拉速对宏观偏析的抑制作用不显著。

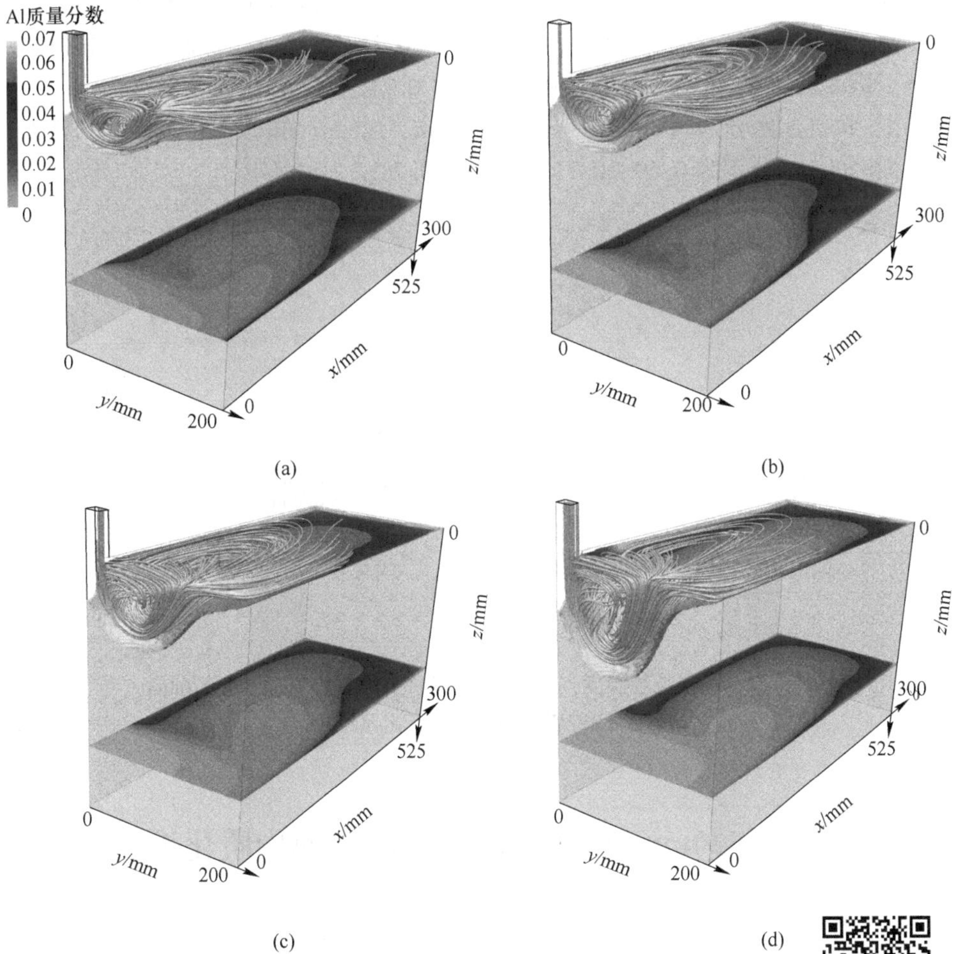

图 6.21 拉锭速度对长1050mm×宽220mm TC4扁锭横截面宏观偏析的影响

（a）拉锭速度9mm/min；（b）拉锭速度10mm/min；（c）拉锭速度12mm/min；（d）拉锭速度15mm/min

扫描二维码查看彩图

表 6.6 浇注温度固定为2273K不同拉锭速度下扁锭横截面处的 $\bar{c}_{Al}$ 及 δ_{Al}

拉锭速度/mm·min^{-1}	$\bar{c}_{Al}$	δ_{Al}
9	0.048	0.021
10	0.050	0.020
12	0.052	0.019
15	0.055	0.019

浇注温度和拉锭速度对铸锭横截面偏析程度的定量影响如图 6.22 所示。当拉锭速度固定为 8mm/min，浇注温度分别为 2073K、2173K、2223K 及 2273K 条件下，横截面上的 Φ_c 分别为 0.93、0.82、0.74 及 0.67；当浇注温度固定为 2273K，拉锭速度分别为 9mm/min、10mm/min、12mm/min 及 15mm/min 条件下，横截面上的 Φ_c 分别为 0.69、0.71、0.75 及 0.78。

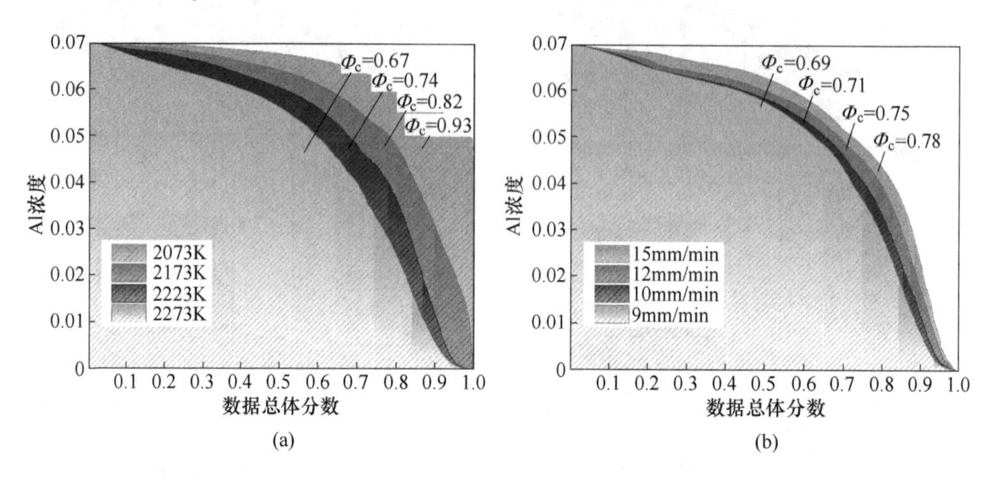

图 6.22　不同浇注温度(a)和拉锭速度(b)下长 1050mm×宽 220mm TC4 扁锭横截面宏观偏析定量结果

6.5　ϕ620mm TC4 大圆锭熔池内的均质化控制

本节通过分析 ANSYS Fluent 数值模拟结果，重点讨论了浇注温度和拉锭速度对 ϕ620mm TC4 圆锭结晶器内熔体均质化趋势的影响规律。

6.5.1　浇注温度对 ϕ620mm TC4 大圆锭熔池内熔体均质化趋势的影响

拉锭速度固定为 5mm/min，浇注温度分别为 2073K、2123K、2173K 及 2223K 条件下，ϕ620mm TC4 大圆锭熔池内的 Al 元素分布趋势如图 6.23 所示，其基本趋势与 ϕ260mm TC4 圆锭类似。

当浇注温度为 2073K 时，熔池表面的挥发相对较弱，熔池内的 Al 含量总体处于较高水平。在 x=210~510mm 的熔池截面中心，由于流线旋转导致熔体停留时间增加，出现轻微的不均匀现象。随着浇注温度的增加，表面挥发量的增加会进一步加剧熔池内的不均匀性，其趋势随着流线分布相应变化。当浇注温度提升至 2123K 时，在 x=310mm 处的漩涡引起了严重的非均质化现象，熔池的边缘也因为挥发量的增加非均质化加剧。当浇注温度提升至 2173K 时，非均质化的位置随着流线分布的变化再次改变，主要非均质区域扩大到 $x=110\sim210$mm 中心位置；在浇注温度为 2223K 时，熔池内的大部分区域非均质化情况已偏离设计成分允许的范围。

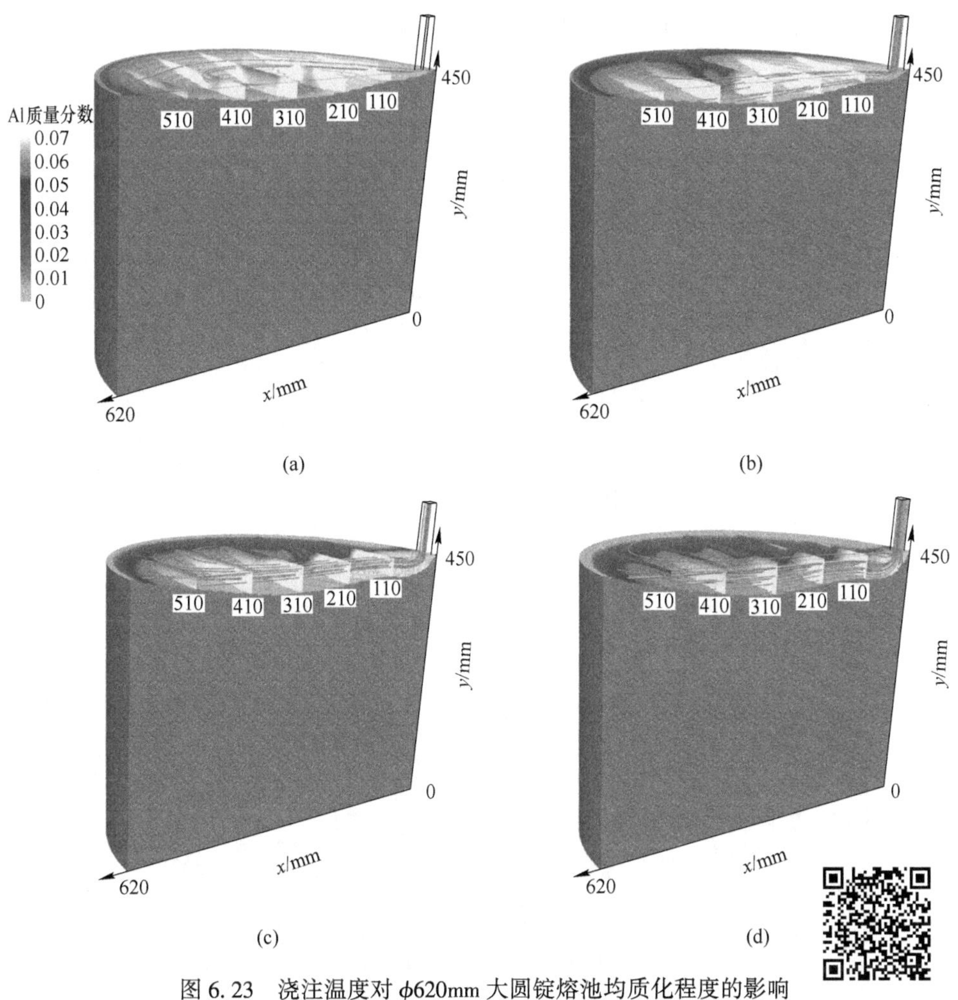

图 6.23 浇注温度对 ϕ620mm 大圆锭熔池均质化程度的影响
(a) 浇注温度 2073K；(b) 浇注温度 2123K；
(c) 浇注温度 2173K；(d) 浇注温度 2223K

扫描二维码
查看彩图

6.5.2 拉锭速度对 ϕ620mm TC4 大圆锭熔池内熔体均质化趋势的影响

为了得到高温浇注时熔池内熔体非均质现象的控制方案，研究了浇注温度固定为 2273K，拉锭速度分别为 5mm/min、7mm/min、10mm/min 及 13mm/min 条件下，ϕ620mm TC4 大圆锭熔池内的 Al 元素分布，结果如图 6.24 所示。由于

ϕ620mm TC4 大圆锭熔池较大的熔池表面积，需要的元素补充量也相应增加。因此拉锭速度由 5mm/min 提升至 7mm/min，对于熔池均质化的改善帮助有限；进一步将拉速提升至 10mm/min，在 $x = 110 \sim 410$mm 区域内的非均质化现象已有较大改善；当拉速提升至 13mm/min，熔池内出现明显的纵向有旋运动，增强了熔池内的流动传质，熔池在 $x = 110 \sim 510$mm 范围内的 Al 浓度梯度保持在 0.02 以内。

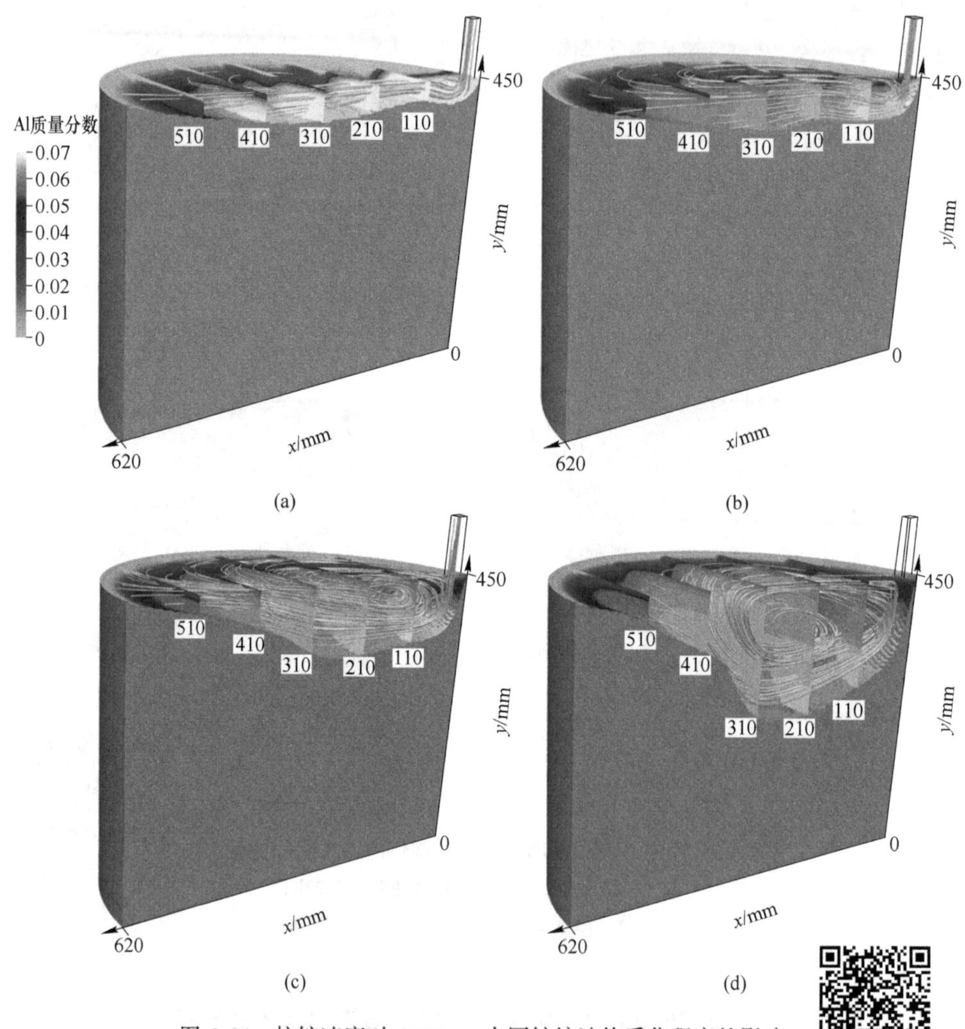

图 6.24 拉锭速度对 ϕ620mm 大圆锭熔池均质化程度的影响
（a）拉锭速度 5mm/min；（b）拉锭速度 7mm/min；
（c）拉锭速度 10mm/min；（d）拉锭速度 13mm/min

调整浇注温度和拉锭速度，熔池内均质化程度的定量变化如图 6.25 所示。在拉锭速度固定为 5mm/min，浇注温度分别为 2073K、2123K、2173K 及 2223K 条件下，熔池内的 Φ_1 分别为 0.93、0.92、0.88 及 0.79；当浇注温度固定为 2273K，拉锭速度分别为 5mm/min、7mm/min、10mm/min 及 13mm/min 条件下，熔池内的 Φ_1 分别为 0.72、0.73、0.79 及 0.82。相较于扁锭熔池，提升拉锭速度会显著提升 ϕ620mm TC4 大圆锭熔池内熔体的均质化程度。但由于大圆锭熔池表面挥发量较大，为提供足够的元素补充和搅拌条件，需在 13mm/min 的基础上进一步提升拉速，这对冷床熔炼过程提出了更高要求。因此，在熔池均质化控制上，ϕ620mm TC4 大圆锭应当保持低温高拉速。

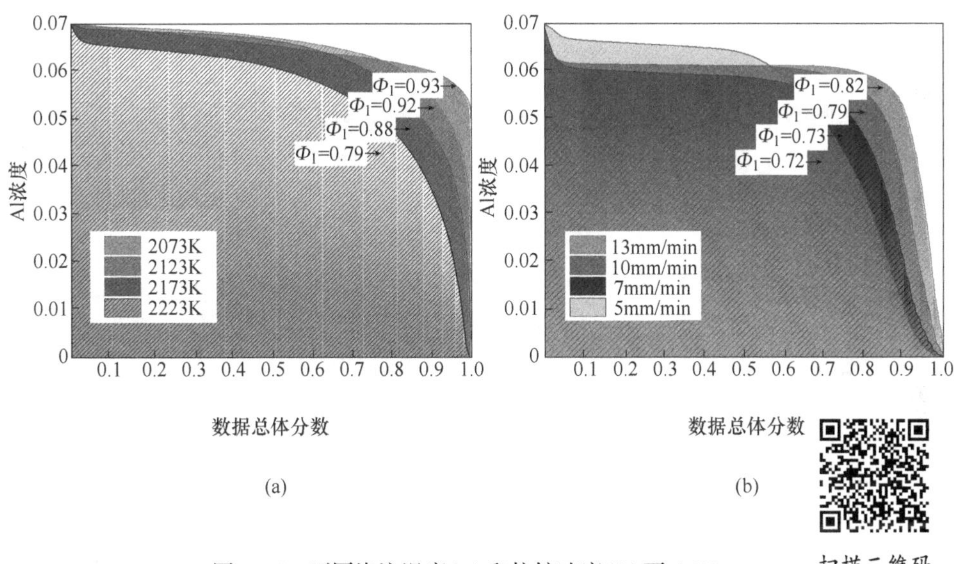

图 6.25 不同浇注温度(a)和拉锭速度(b)下 ϕ620mm 大圆锭熔池均质化的定量结果

6.5.3 浇注温度对 ϕ620mm TC4 大圆锭横截面宏观偏析趋势的影响

拉锭速度固定为 5mm/min，浇注温度分别为 2073K、2123K、2173K 及 2223K 条件下，$y = 150$mm 处 ϕ620mm TC4 大圆锭横截面处的宏观偏析趋势如图 6.26 所示。

横截面处的 Al 元素平均浓度 $\bar{c}_{Al}$ 及浓度标准差 δ_{Al} 见表 6.7。表 6.7 中的数据显示，当浇注温度由 2073K 上升至 2223K 时，铸锭横截面上的 Al 元素平均浓度值减少 0.012，浓度标准差升高 0.012，总体宏观偏析加剧。

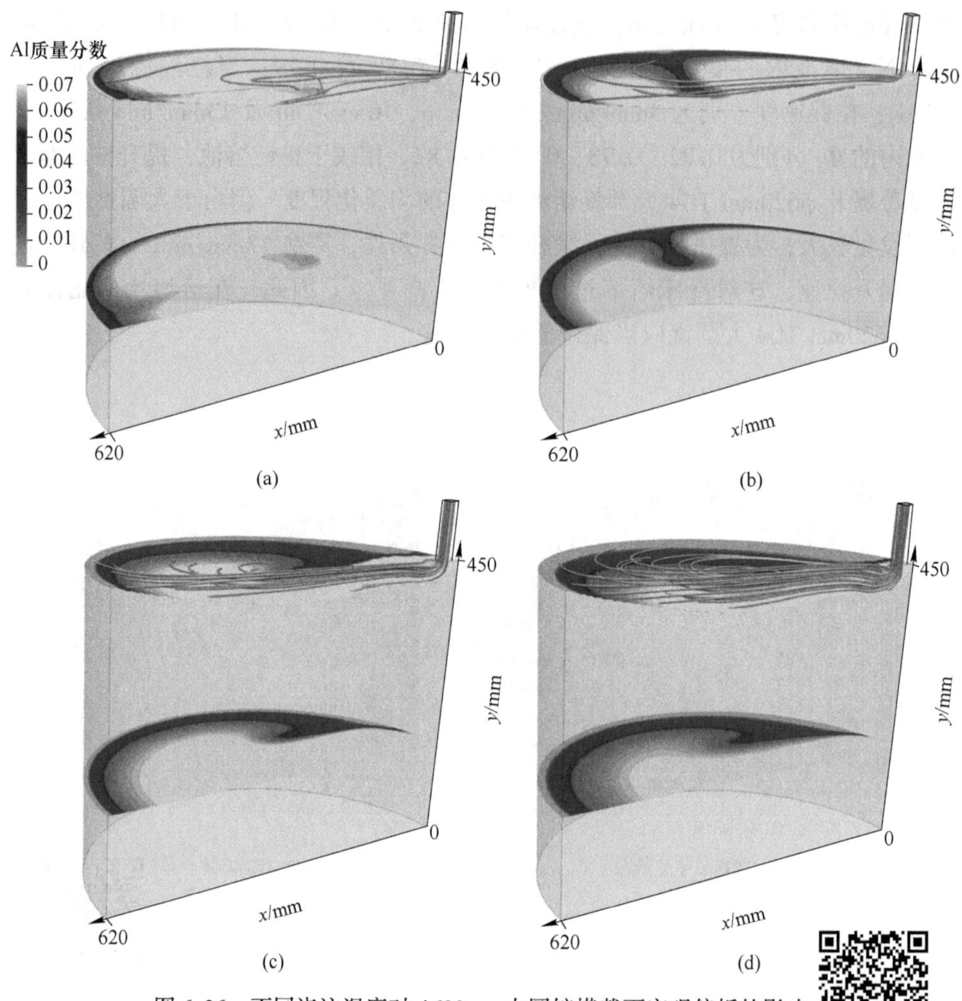

图 6.26 不同浇注温度对 ϕ620mm 大圆锭横截面宏观偏析的影响

（a）浇注温度 2073K；（b）浇注温度 2123K；

（c）浇注温度 2173K；（d）浇注温度 2223K

扫描二维码
查看彩图

表 6.7 不同浇注温度下扁锭横截面处的 $\bar{c}_{Al}$ 及 δ_{Al}

浇注温度/K	$\bar{c}_{Al}$	δ_{Al}
2073	0.065	0.006
2123	0.063	0.011
2173	0.060	0.017
2223	0.053	0.018

6.5.4 拉锭速度对 ϕ620mm TC4 大圆锭横截面宏观偏析趋势的影响

浇注温度固定为 2273K，拉锭速度分别为 5mm/min、7mm/min、10mm/min 及 13mm/min 条件下，$y=150$mm 处 ϕ620mm TC4 大圆锭横截面处的宏观偏析趋势如图 6.27 所示。

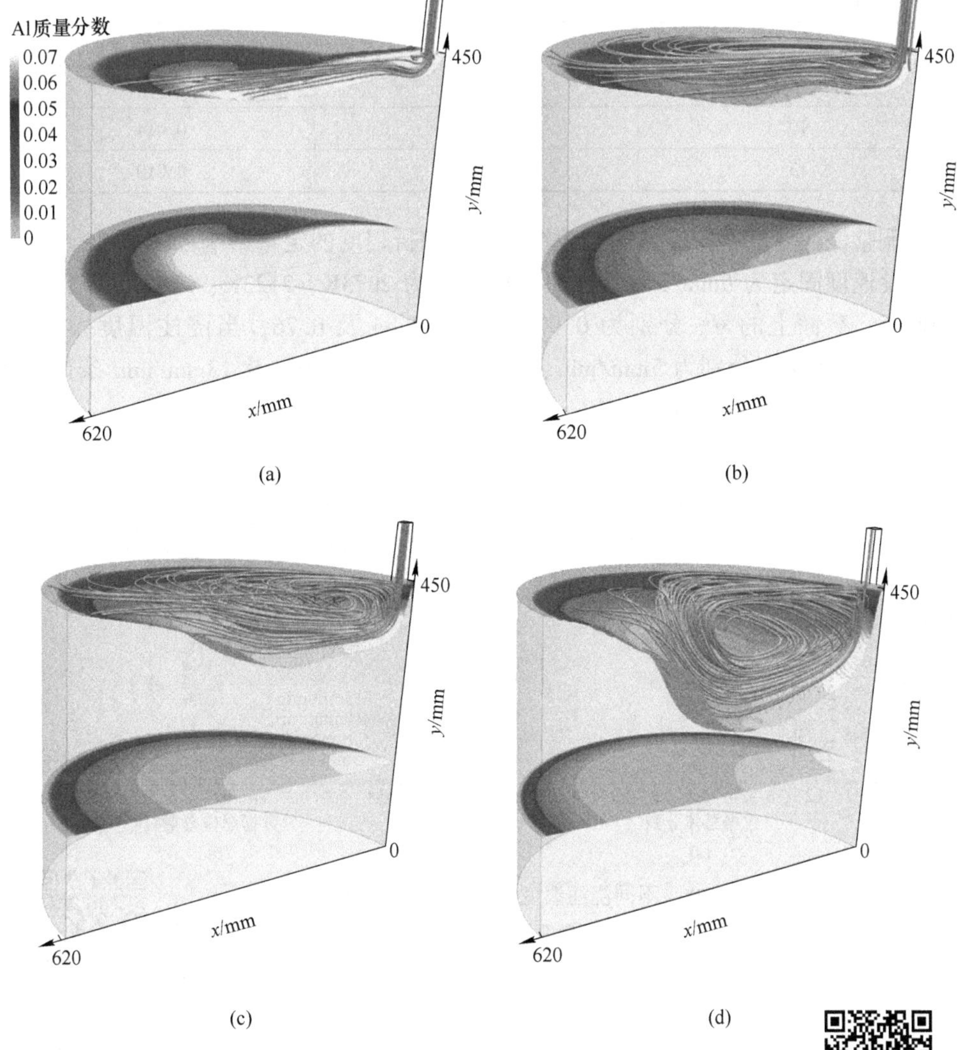

图 6.27 不同拉锭速度对 ϕ620mm 大圆锭横截面宏观偏析的影响
（a）拉锭速度 5mm/min；（b）拉锭速度 7mm/min；
（c）拉锭速度 10mm/min；（d）拉锭速度 13mm/min

扫描二维码
查看彩图

横截面处的 Al 元素平均浓度 $\bar{c}_{Al}$ 及浓度标准差 δ_{Al} 见表 6.8。表 6.8 中的数据显示，当拉锭速度由 5mm/min 提升至 13mm/min 时，铸锭横截面上的 Al 元素平均浓度值增加 0.007，浓度标准差降低 0.010。因此，提高拉锭速度对宏观偏析有一定的抑制作用。

表 6.8 不同拉锭速度下扁锭横截面处的 $\bar{c}_{Al}$ 及 δ_{Al}

拉锭速度/mm · min^{-1}	$\bar{c}_{Al}$	δ_{Al}
5	0.051	0.020
7	0.051	0.017
10	0.055	0.014
13	0.058	0.010

调整浇注温度及拉锭速度对铸锭横截面偏析程度的定量影响如图 6.28 所示。当拉锭速度固定为 5mm/min，浇注温度分别为 2073K、2123K、2173K 及 2223K 条件下，截面上的 Φ_c 分别为 0.92、0.89、0.84 及 0.76；当浇注温度固定为 2273K，拉锭速度分别为 5mm/min、7mm/min、10mm/min 及 13mm/min 条件下，截面上的 Φ_c 分别为 0.74、0.75、0.81 及 0.83。

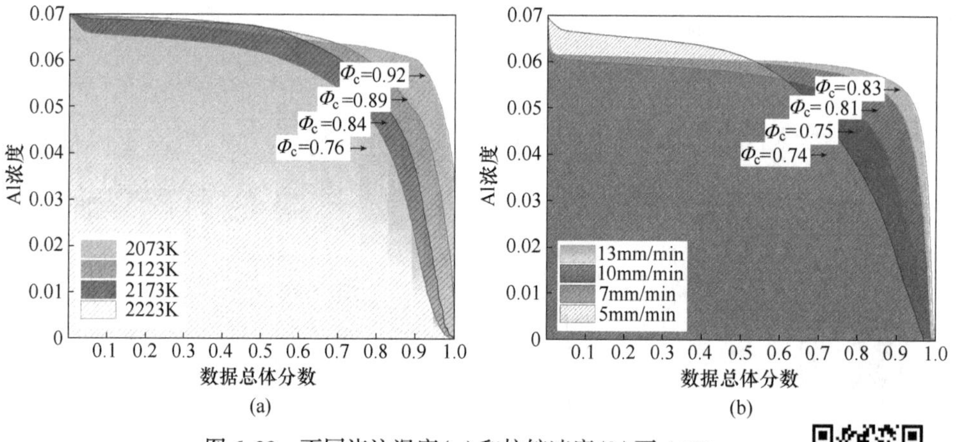

图 6.28 不同浇注温度(a)和拉锭速度(b)下 ϕ620mm 大圆锭横截面宏观偏析定量结果

扫描二维码
查看彩图

7 铸锭的微观组织演变

凝固组织直接决定着铸锭质量及后续轧制带卷的性能。对铸锭凝固过程中的组织形成进行系统、详细的分析，具有现实和重要的意义。本章借助在晶粒尺度上对扁锭凝固过程进行模拟，预测了铸锭的凝固组织，获得了主要工艺参数与铸锭凝固组织的定量关系，为缩短铸锭试制周期，通过工艺控制和改善铸锭质量提供了可靠依据。

电子束冷床炉熔铸时的结晶过程有两大特点：一是冷却速度比普通熔铸大；二是结晶过程中铸锭是自下而上逐渐凝固的，熔炼铸锭上部始终存在一个高温熔池。这些特点决定了铸锭组织的特点。电子束冷床炉熔炼时，熔池表面温度高，过热度大，并且熔池也像 VAR 熔炼那样受到水冷结晶器的直接冷却，使扁锭轴向温度梯度很大。但由于可以实时调节熔液的过热度，保证熔液温度的均匀性，从而金属熔池径向温度梯度可以控制在较小范围，这样可以保证凝固柱状晶轴向发展。如工艺参数控制合适，可获得近似于定向结晶的铸态组织，其柱状晶的生长方向近似于与结晶器轴向平行，这样的结晶组织有利于铸锭的压力加工[96]。柱状晶轴向发展不仅有利于改善金属的力学性能和加工性能，而且有利于杂质元素沿铸锭径向分布均匀。

凝固组织模拟过程涉及很多参数，如电子束熔铸凝固过程的工艺参数及凝固组织模拟的形核参数，都会对模拟结果产生影响。在考虑了凝固过程中固相分数的变化，建立了完善的耦合温度场微观组织模拟模型的同时，除了可控的工艺条件以外，还需要对微观组织模拟的形核参数进行选择和优化，如微观模拟过程中的体形核数及体形核过冷度等参数。金属在结晶时，都需要经过形核和长大的过程，先是在熔体中形成临界尺寸的晶核，之后晶核不断凝聚熔体的原子继续生长。所以，形核过程和生长过程是相互联系的，当液态金属达到理论的结晶温度以下时，晶核不会立即出现，而需要一定的时间和过冷度才会形核。因此需要对这些模拟形核参数进行系统的研究分析。

7.1 超长超薄 TA1 及 TC4 扁锭凝固组织分析

对于电子束冷床炉熔铸超长超薄 TA1 扁锭凝固组织的模拟，目前国内外报道较少。因此，本节利用第 2 章建立的 CAFE 模型对 TA1 凝固组织模拟进行系统研究，借助插值技术给微观 CA 元胞赋值，从而控制形核和生长，形核和生长产生固相分数的改变又被反馈回温度场计算。首先根据 TA1 中各元素的溶质平衡分配系数和液相线斜率计算出超长超薄 TA1 微观组织模拟中 KGT 模型的生长系数；然后研究不同体形核参数（最大形核数、平均形核过冷度和过冷度标准方差）对超长超薄 TA1 扁锭微观组织的影响；最后通过与实验对比验证所建立的凝固模型和所选形核参数的可行性和准确性，并采用确定的生长系数和体形核参数预测不同工艺条件下的 TA1 扁锭的凝固组织演变及平均晶粒尺寸。CAFE 耦合算法程序流程如图 7.1 所示。

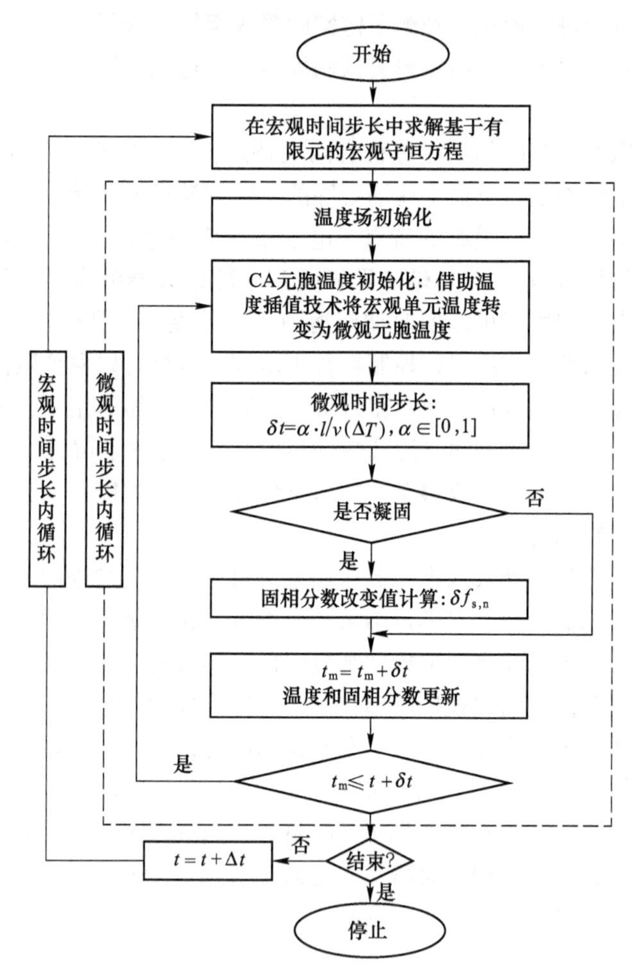

图 7.1　CAFE 耦合算法程序流程图

此外，西北工业大学的寇宏超等人对真空自耗熔炼 TC4 钛合金的凝固观组织进行了模拟计算[209]，哈尔滨工业大学的刘冬戎等人研究了不同参数对离心铸造

TC4 钛合金凝固组织的影响[212]。本节在已知 TC4 钛合金生长参数和形核参数条件下对电子束冷床熔铸 TC4 钛合金的半连铸凝固组织进行相关研究，并且预测了不同工艺参数条件下的 TC4 钛合金凝固组织演变，为实际熔铸出优质的超长超薄 TC4 钛合金扁锭提供一定的理论参考和前期准备。

7.1.1 超长超薄 TA1 扁锭的生长系数计算

根据 KGT 生长动力学模型可知，为了模拟超长超薄 TA1 扁锭的凝固组织，需要计算 TA1 扁锭的生长系数，见式（7.1）：

$$\left.\begin{aligned} \alpha &= \frac{2k\Gamma(1-k)-\rho D^2}{2kmc_0\pi^2\Gamma(1-k)^2} \\ \beta &= \frac{D}{\pi\Gamma(mc_0)^2(1-k)} \end{aligned}\right\} \qquad (7.1)$$

式中，α、β 为生长系数；m 为液相线斜率；c_0 为合金初始浓度；Γ 为 Gibbs-Thompson 系数；D 为液相内的溶质扩散系数。

由于 KGT 模型是针对二元合金，该模型采用等当量法对其扩展，使其适应任意多元合金，具体的扩展方法是将多元（假设为 n 元）Ti 合金分解为 $n-1$ 个 Ti-i 二元合金，根据表 7.1 的电子束冷床炉实际熔铸出的 TA1 扁锭化学成分可以分解为 Ti-C、Ti-Fe、Ti-N 和 Ti-O 二元合金，每一个二元合金的液相线斜率 m_i 和溶质平衡分配系数 k_i 可由实验测得或由相图得出。

表 7.1 电子束冷床炉熔铸 TA1 扁锭化学成分 （%）

牌号	取样点	实验结果				
		Fe	C	N	H	O
国家标准	—	0.20	0.08	0.03	0.015	0.18
TA1	头部	0.096	0.012	0.014	0.001	0.027
	中部	0.098	0.015	0.012	0.002	0.035
	尾部	0.093	0.013	0.008	0.003	0.031
	平均值	0.096	0.013	0.011	0.002	0.03

最后再由扩展后的各二元合金的参数进行等量处理再加和，扩展后的模型包括有：

$$c_0 = \sum c_i \qquad (7.2)$$

$$m = \sum (m_i c_i)/c_0 \qquad (7.3)$$

$$k = \sum (m_i c_i k_i)/(mc_0) \qquad (7.4)$$

式中，c_i、m_i、k_i分别为各溶质元素在 TA1 中的质量分数、液相线斜率和溶质平衡分配系数。

根据实际生产出的 TA1 扁锭元素含量，用 ProCAST 计算 TA1 物性参数时提取两个不同温度的各溶质元素的浓度，求出各元素的溶质平衡分配系数和液相线斜率，见表 7.2。其中溶质扩散系数 D 为 $3.4\times10^{-4}m^2/s$，Gibbs-Thompson 系数 Γ 为 1×10^{-7}，经过计算，TA1 纯钛凝固组织模拟的生长动力学参数分别为 $\alpha = 1.64\times10^{-6}$、$\beta = 1.03\times10^{-7}$。

表 7.2　TA1 纯钛各溶质元素生长模型参数

溶质元素	初始浓度 c_0/%	液相线斜率 m	溶质平衡分配系数 k
C	0.096	-1.64	0.26
Fe	0.013	-49.48	0.45
N	0.011	-0.3	0.03
O	0.03	-22.27	0.84

7.1.2　不同体形核参数对超长超薄 TA1 扁锭凝固组织的影响

在连续凝固过程中或凝固结束后的超长超薄 TA1 扁锭的凝固组织可以采用第 3 章建立的 CAFE 模型进行预测并实现可视化。由高斯分布函数可知，CAFE 连续形核模型考虑了在熔体内部和型壁表面非自发形核的两套参数，之前研究者发现在其他参数（生长动力学和铸造条件）已知的情况下，这些模拟形核参数是凭借经验的预估值，因为在实验中这些参数的误差总是不可避免的[205]。为了获得更为准确的 TA1 模拟形核参数，采用不同高斯分布参数对超长超薄 TA1 扁锭的组织进行分析研究。从高斯分布函数中可以看出，调整 $\Delta T_{v,max}$、$\Delta T_{v,\sigma}$、$n_{v,max}$ 和 $\Delta T_{s,max}$、$\Delta T_{s,\sigma}$、$n_{s,max}$ 6 个参数的相互匹配关系是很困难的。为了简化计算，对凝固组织形貌影响较小的三个面形核参数 $\Delta T_{s,max}$、$\Delta T_{s,\sigma}$、$n_{s,max}$ 保持不变[257-258]，只研究另外 3 个体形核参数对超长超薄 TA1 扁锭凝固组织的影响。

7.1.2.1　平均体形核过冷度对超长超薄 TA1 扁锭凝固组织的影响

为了研究形核参数中平均体形核过冷度 $\Delta T_{v,\ max}$ 对超长超薄 TA1 扁锭凝固组织的影响，分别设定 20K、15K、10K 和 5K 4 种不同的平均体形核参数对超长超薄 TA1 扁锭的凝固组织进行模拟计算，其他形核参数的设置见表 7.3。分别选取不同凝固时间（t=1160s、1380s、1580s）的扁锭组织模拟结果图，图 7.2 所示为不同平均体形核过冷度下的凝固组织随时间演变模拟图，凝固的浇注温度为 2123K、拉锭速度为 $2.35\times10^{-4}m/s$，选择模拟结果切片图为距离扁锭底部 800mm 处的横截面（210mm×1250mm）。

表7.3 模拟不同形核参数的TA1凝固组织

形核参数	结晶器壁形核			液体中的形核		
	$\Delta T_{s,\max}$/K	$\Delta T_{s,\sigma}$/K	$n_{s,\max}/m^{-2}$	$\Delta T_{v,\max}$/K	$\Delta T_{v,\sigma}$/K	$n_{v,\max}/m^{-3}$
a	0.5	0.1	2×10^6	20	1	2×10^8
b	0.5	0.1	2×10^6	15	1	2×10^8
c	0.5	0.1	2×10^6	10	1	2×10^8
d	0.5	0.1	2×10^6	5	1	2×10^8

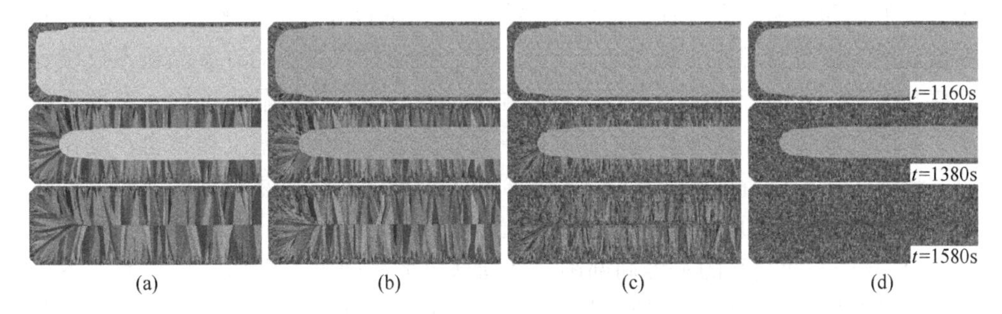

图7.2 不同平均体形核过冷度下的凝固组织随着时间演变模拟图

(a) 20K；(b) 15K；(c) 10K；(d) 5K

从图7.2中可以观察到，晶粒的整体形貌及柱状晶的生长方向是垂直于结晶器型壁生长的，这样的结晶组织有利于后续扁锭的轧制。图中中心的灰色部分为没有凝固区域，即仍处于液相。在凝固开始阶段，凝固时间为$t=1160s$，图中很明显可以看出晶粒在扁锭的外围开始大量形核，这是由于其与水冷结晶器接触，具有较大的过冷度，导致在型壁表面分布较大的形核质点，该部分晶粒细小并且结晶取向随机分配，在组织模拟结果切片图中表现为许多不同的颜色。

在图7.2（b）中，从激冷形核区开始的柱状晶能够生长到扁锭的中心部分，中心部分仅有少量的形核，这说明该凝固条件下TA1扁锭截面处枝晶尖端的平均形核过冷度小于15K。从图7.2（a）可以看出，如果扁锭中心部分过冷度没有达到20K，形核数量很少甚至晶粒不能形核。从平均体形核过冷度设置为20K（见图7.2（a））和15K（见图7.2（b））的模拟结果显示，中心没有出现晶粒形核，只有从扁锭周围形核的晶粒开始生长形成的柱状晶区。一旦平均体形核过冷度设置小于15K，等轴晶能够形核并生长从而减少柱状晶区。因此，只有当平均体形核过冷度小于15K时，TA1扁锭中心会出现等轴晶。这种趋势能够在图7.2（d）中很好说明，当平均体形核过冷度为5K时，模拟结果正如所预测的一般，在熔体内形成的全部为等轴晶。从整体模拟结果来看，平均体形核过冷度对凝固组织的不同晶区具有显著影响。很显然，平均体形核过冷度越大，则TA1

扁锭横截面凝固组织中柱状晶区所占比例越大。当 $\Delta T_{v,max}$ 大于 15K 时，扁锭横截面处的晶粒类型全部为柱状晶。这是因为晶粒的生长速度与过冷度的平方成正比，如果内部形核需要的过冷度增大，相同时间内，形核的数目就会增多，壁面上的晶粒，尤其是平行热流方向的枝晶因为凝固前端缺少足够的晶粒阻挡，得到迅速的生长，进而获得的柱状晶区比例增大。另外，模拟结果的数据统计显示，平均体形核过冷度从 5K 提高到 20K，所选截面处的晶粒数从 32200 减少到 3998，平均晶粒半径从 0.17cm 增加到 0.42cm。

结晶过程中形核和长大的过程是交错在一起的，对单个晶粒而言，可以严格区分为形核和长大两个过程，但对于整体来说，形核和长大过程是相互交错的。在微观组织横截面切片（见图 7.2（c））中，位于柱状晶中的许多晶粒不仅没有直接与扁锭的外围相连接，而且这些晶粒的形状与中心等轴晶也不同，有的更细小，有的更加细长。这种类型的晶粒既不是在所选界面的型壁上形核也不是在熔体内形核，而是在所截取切片以下或截面以上形核，然后以某种结晶取向生长并穿过所观察的横截面。如图 7.3 所示，选取了中间一小部分的纵截面（高度为 20mm）与横截面交叉的三维局部图，从局部放大图中可以看出，纵截面有不同取向的晶粒生长穿过所选取的横截面。那么，在实际生产中要获得与结晶器壁平行的柱状晶，就是横截面上平均晶粒半径较小的凝固组织。这种生长方向近似于轴向平行的凝固柱状晶组织，对扁锭的后续压力加工非常有利。

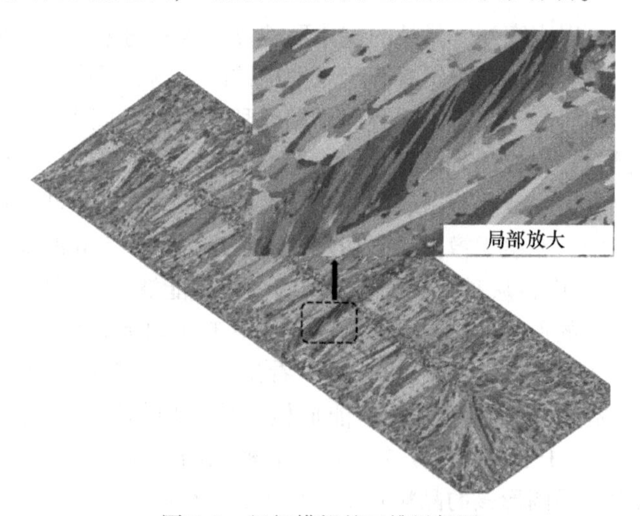

图 7.3　组织模拟的三维局部图

7.1.2.2　最大体形核密度对超长超薄 TA1 扁锭凝固组织的影响

为了研究不同最大体形核密度对 TA1 扁锭凝固组织模拟结果的影响，选取同一横截面（距离扁锭底面 800mm 处）进行研究，分别设置 4 种不同的最大体形核密度（$2\times10^{7}m^{-3}$、$2\times10^{8}m^{-3}$、$2\times10^{9}m^{-3}$、$2\times10^{10}m^{-3}$），其他形核参数和工艺参数保持不变。图 7.4 所示为同一横截面不同最大体形核密度下的 TA1 扁锭晶粒结构模拟结，最大体形核过冷度的值越大代表形核质点越多，形核越容易。

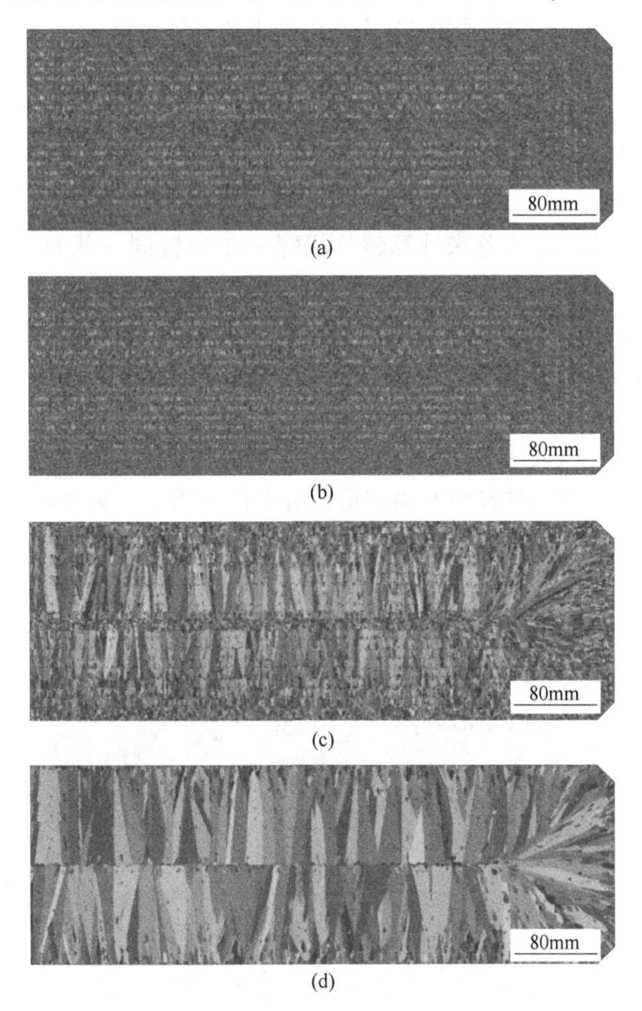

图 7.4 TA1 扁锭同一横截面不同最大体形核密度晶粒结构模拟图
（a）$2\times10^{10}m^{-3}$；（b）$2\times10^{9}m^{-3}$；（c）$2\times10^{8}m^{-3}$；（d）$2\times10^{7}m^{-3}$

从模拟结果可以明显看出，随着最大体形核密度的增加，熔体中等轴晶从无到有明显增多，从而抑制柱状晶的生长，直至柱状晶区逐渐消失。因为熔体内晶粒形核密度越大，在一定的横截面内晶粒尺寸就越小，并且这些晶粒本质上都是由初生枝晶组成。从模拟结果的统计数据可以得到，当最大体形核密度由 $2\times10^{7}m^{-3}$增加到$2\times10^{10}m^{-3}$时，TA1 扁锭所选界面的晶粒数从 3913 急剧增加到 53547，而平均晶粒半径由 0.47cm 减小到 0.34cm。由模拟数据分析可知，当熔体的最大形核密度增大到 $2\times10^{9}m^{-3}$ 时，所观察截面的晶粒数几乎不再发生变化，并且最大形核密度 $n_{v,\ max}$ 为 $2\times10^{9}m^{-3}$，与 $2\times10^{10}m^{-3}$ 时晶粒形貌也是类似的，说明 $n_{v,\ max}$ 大于 $2\times10^{9}m^{-3}$ 后 TA1 扁锭的凝固组织就完全由细小的等轴晶组成。

7.1.2.3　体形核标准方差对超长超薄 TA1 扁锭凝固组织的影响

由形核分布函数图可知，微观组织形貌并不是单一的只受形核过冷度和形核密度的影响，还会受到形核标准方差 $\Delta T_{v,\sigma}$ 的影响。因此保持其他参数不变（$\Delta T_{v,\ max}$ 取 10K、$n_{v,\ max}$ 取 $2\times10^{8}m^{-3}$），分别设置 $\Delta T_{v,\sigma}$ 为 1K、2K、4K、8K 4 种不同的体形核标准方差来计算超长超薄 TA1 扁锭同一截面的凝固组织。图 7.5 所示为 TA1 扁锭同一横截面不同形核标准方差晶粒结构的模拟结果。从晶粒宏观形貌来看，当体形核标准方差从 1K 增加到 4K 时并没有明显的差异。从统计数据结果来看，晶粒数目和平均晶粒半径均分别为 19702 和 0.23cm，当增加达到 8K 时，晶粒数目和平均晶粒半径分别为 18189 和 0.24cm。因此体平均形核方差对晶粒结构影响较小，随着体形核标准方差的变化，凝固组织变化不明显。从图 7.6 型壁和熔体内的晶粒非均匀形核分布曲线可知，体平均形核方差 $\Delta T_{v,\sigma}$ 是指形核过冷度范围的宽窄，仅决定的是熔体内的晶核达到体最大形核密度 $n_{v,max}$ 的快慢，因此体平均形核方差 $\Delta T_{v,\sigma}$ 对晶粒数目和形貌的影响在一定程度上不敏感。

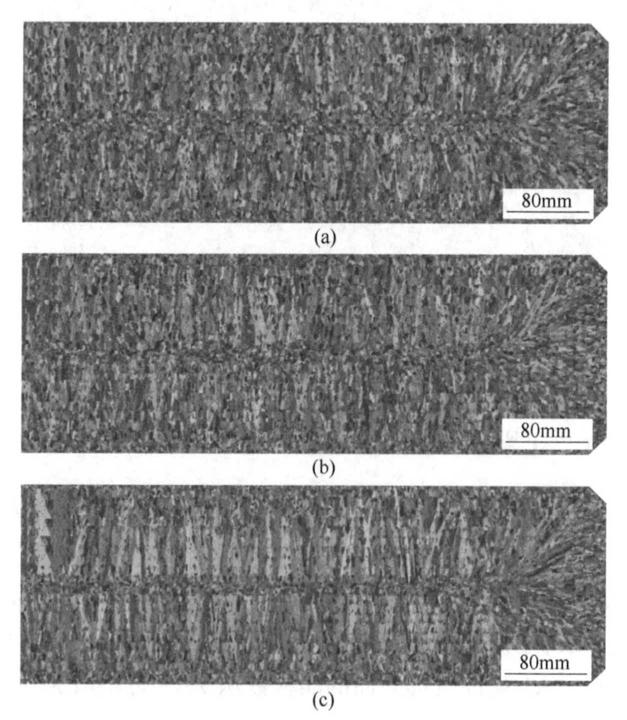

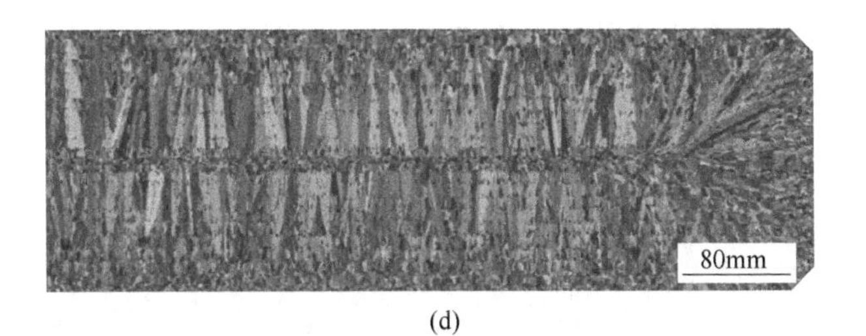

(d)

图 7.5　TA1 扁锭同一横截面不同形核标准方差的晶粒结构模拟图

(a) 8K；(b) 4K；(c) 2K；(d) 1K

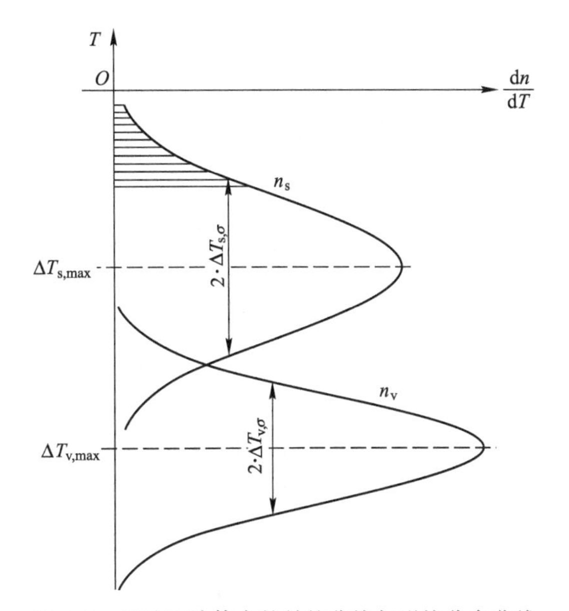

图 7.6　型壁和熔体内的晶粒非均匀形核分布曲线

7.1.2.4　超长超薄 TA1 扁锭凝固组织模拟与实验结果对比

为了确定超长超薄 TA1 扁锭凝固组织模拟的体形核参数，需要对模拟结果进行分析并与实验结果进行验证。实验采用第 2 章中相同工艺条件下的电子束冷床炉实际熔铸生产出的超长超薄 TA1 扁锭，通过线切割进行不同位置取样（见图 7.7）。为了与模拟结果进行对比，选取距离扁锭底面 800mm 处的扁锭横截面的扁锭一半（625mm×210mm）作为研究对象，低倍组织形貌图与模拟结果对比如图 7.8 所示。为了更清楚与实验结果对比，又在距离扁锭 800mm 处选取局部横截面进行研究，局部小试样的横截面大小为 40mm×210mm，经过电解抛光和化学侵蚀之后的小试样金相组织清晰可见，制取的组织金相图与模拟结果对比如图 7.9 所示。其中 TA1 扁锭凝固组织基于 CAFE 方法模拟所采用的体形核参数为 $\Delta T_{v,max}=10\text{K}$、$\Delta T_{v,\sigma}=1\text{K}$、$n_{v,max}=2\times10^{8}\ \text{m}^{-3}$。显然，采用该体形核过冷度的凝固组织模拟结果与实验结果对比很好地吻合，能够较为准确地反映出等轴晶和柱状晶的分布位置、比例和大小等。

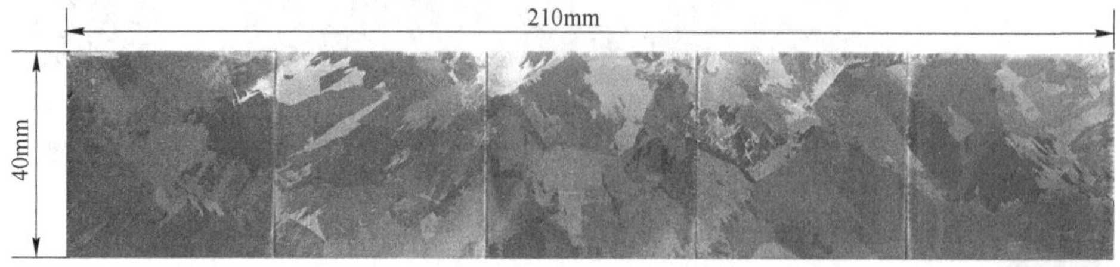

图 7.7 横截面为 40mm×210mm 的试样金相图

扫描二维码
查看彩图

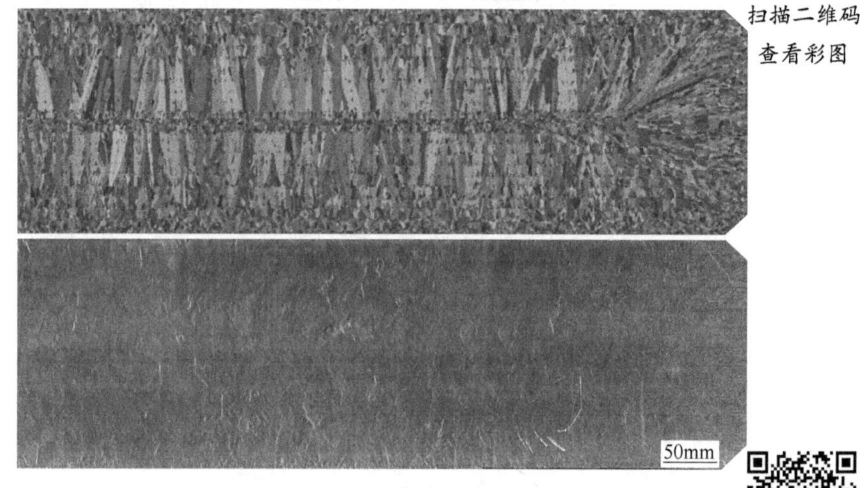

图 7.8 宏观组织形貌与模拟结果对比

扫描二维码
查看彩图

图 7.9 扁锭局部横截面实验结果与凝固组织模拟对比图

扫描二维码
查看彩图

7.1.3 TA1 扁锭非稳态过渡区不同横截面的凝固组织演变

由第 4 章温度场模拟结果可知，超长超薄 TA1 扁锭非稳态过渡区的组织不均匀，本节采用确定后的体形核参数对该区域的不同截面进行凝固组织研究。通过在不同位置线切割取小试样（40mm×210mm），分别距离扁锭底面 100mm、200mm、600mm、800mm 和 1000mm。如图 7.10 所示，经过电解抛光和化学侵蚀制取的组织金相图与模拟结果进行对比，图的下方和左右侧部分靠近水冷结晶器内壁。从图 7.10（a）可以看出，扁锭横截面由外向内方向（图中由左右两边向中间方向）包括细小晶粒组成的激冷区、柱状晶区和中心较大的等轴晶区 3 种不同的结晶晶区。在组织切片图中可以观察到柱状晶向等轴晶转变即 CET 转变区域。在图 7.11 同一距离处不同位置横截面的扁锭实际组织图可以看出，不管是靠近溢流口一侧还是溢流口的对侧或扁锭中间位置，扁锭在该位置处整个截面的组织形貌相似且分布均匀。根据第 4 章的非稳态过渡区长度计算结果可知，该工艺条件下的过渡区长度为 0.79m，由于该截面均距离扁锭底部 1000mm，已经处于稳态区，因此整个截面组织分布均匀。另外，从图 7.10 不同位置的组织对比可以明显看出，随着距离扁锭底面高度增加，柱状晶区所占比例增大，随之中心等轴晶区所占比例逐渐减少。由于扁锭锭头部分靠近通有冷却水的拉锭杆，因此距离扁锭底面 100mm（见图 7.10（e））和 200mm（见图 7.10（d））位置的横截面几乎全部为粗大的等轴晶。

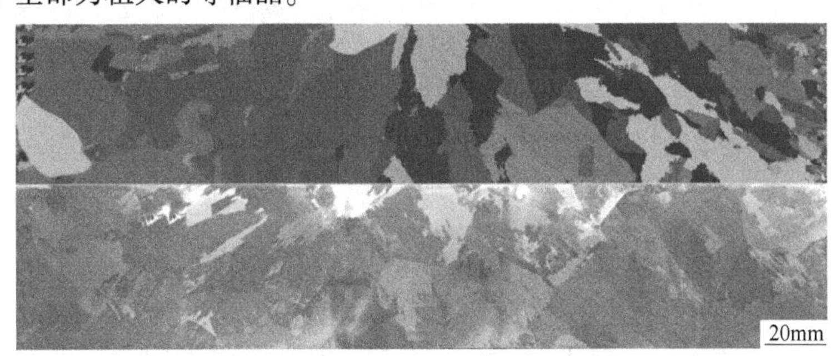

(a)

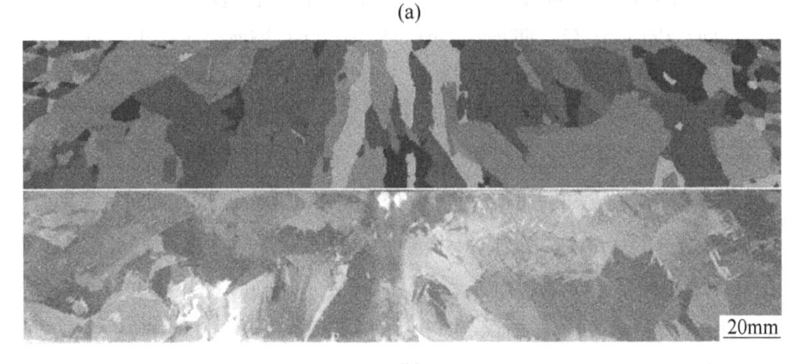

(b)

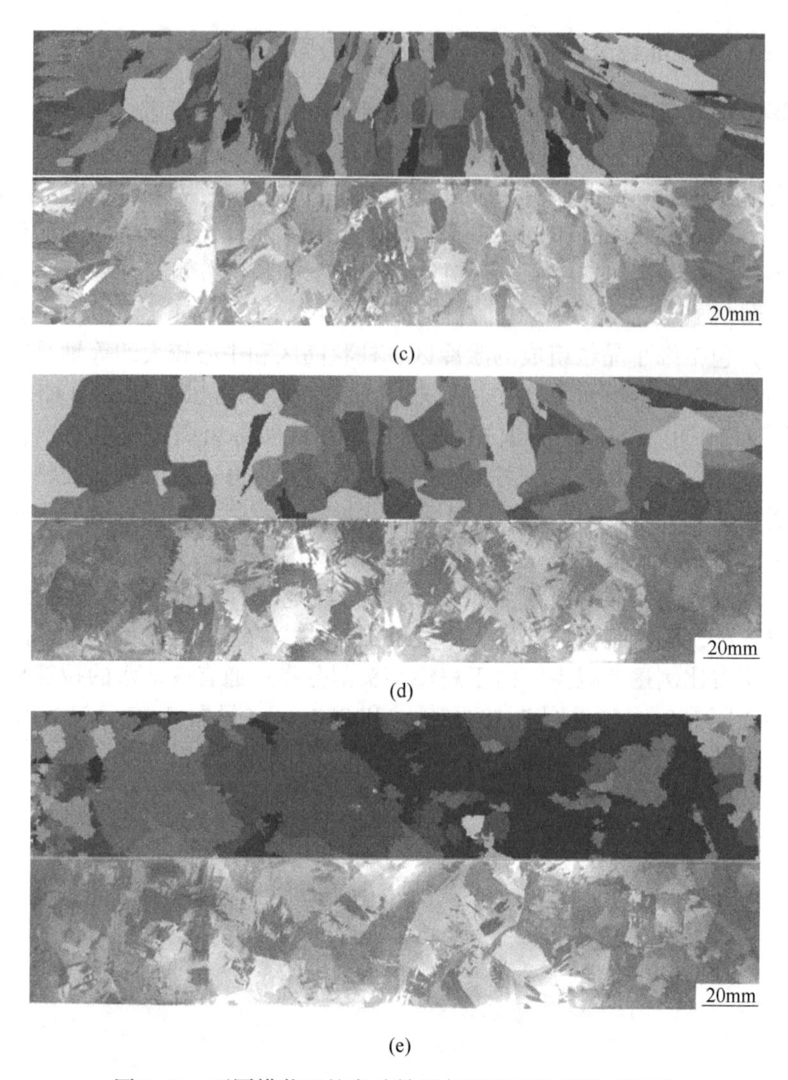

图 7.10　不同横截面的实验结果与凝固组织模拟对比图
（a）1000mm；（b）800mm；（c）600mm；（d）200mm；（e）100mm

为了进一步验证所建立的凝固模型和所选体形核参数的可行性和准确性，另外又对不同横截面处的扁锭整个横截面的一半进行模拟，并与实验结果对比。图 7.12 所示为距离扁锭底面 200mm、400mm 和 800mm 高度处，选取扁锭整个横截面一半（625mm×210mm）的组织形貌与模拟结果对比。从图 7.12（a）中的模拟结果及实际凝固组织形貌可以看出，首先在扁锭的外表面有大量的晶核产生，形成了一个区域很窄的细晶区。近邻细晶区的是由粗大的长柱晶粒所组成的柱状晶区，长轴几乎与结晶器内壁垂直，而扁锭中心是由许多细小均匀、各方向

图 7.11 距离扁锭底面 1000mm 距离处不同位置横截面的实验结果

（a）靠近溢流口一侧；（b）扁锭中间；（c）溢流口对面一侧

尺寸近乎一致的等轴晶粒组成的等轴晶区。由整体对比图可以看出，在晶粒形貌、结晶取向和等轴晶与柱状晶比例等方向，模拟结果与实际组织晶粒结构基本吻合。因此，基于 CAFE 法选取该组体形核参数（$\Delta T_{v,max}=10K$、$\Delta T_{v,\sigma}=1K$、$n_{v,max}=2\times10^{8}\,m^{-3}$）对超长超薄 TA1 扁锭的凝固组织进行模拟，可以较为准确地预测凝固组织演变。而且从不同位置处整个截面上的晶粒形貌对比可以得出，在非稳态过渡区内，随着距离扁锭底面距离的增加，柱状晶区所占比例明显增加。

7.1.4 TA1 扁锭稳态区不同工艺参数的凝固组织预测

确定了超长超薄 TA1 扁锭凝固组织模拟的合适体形核参数之后，本节对不同工艺参数情况下的 TA1 扁锭稳态区的凝固组织进行预测。在第 4 章中计算了超长超薄 TA1 扁锭的非稳态过渡区长度，为了研究不同工艺参数对凝固组织演变的影响，本节选取稳态区的横截面进行凝固组织模拟计算。图 7.13 所示为距离扁锭底面 3000mm 处不同拉锭速度下的凝固组织模拟图。在模拟 8000mm 长的超长超薄 TA1 扁锭半连续凝固过程中，分别设置 1×10^{-4}m/s、2×10^{-4}m/s、2.35×10^{-4}m/s、3×10^{-4}m/s 4 种不同的拉锭速度进行计算，其中浇注温度为 2123K。从组织模拟结果图分析可得，随着拉锭速度的提高，柱状晶区在扁锭横截面所占比例增加。

图 7.14 所示为横截面晶粒数和平均晶粒半径随拉锭速度的变化关系，从晶粒结构来看，在相同浇注温度条件下，随着拉锭速度的提高，TA1 扁锭稳态区横

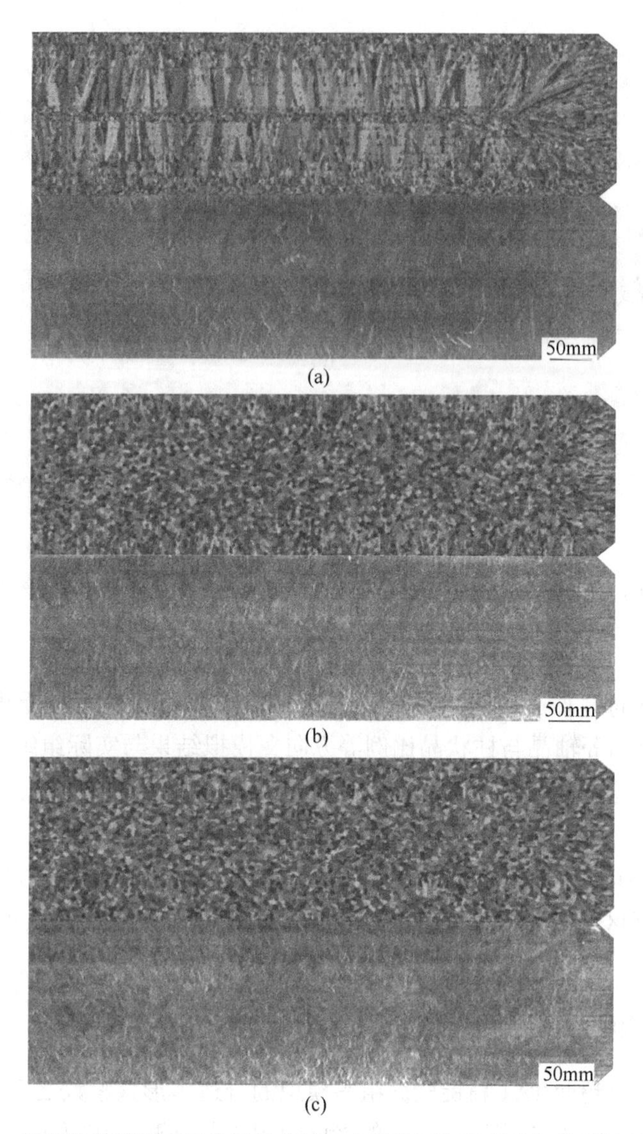

图 7. 12　距离扁锭底面不同位置的扁锭一半横截面组织形貌与模拟结果的对比
（a）800mm；（b）400mm；（c）200mm

截面处的平均晶粒半径整体的趋势是在不断增大。从模拟结果的统计数据分析，当拉锭速度从 1×10^{-4}m/s 增加到 3×10^{-4}m/s 时，平均晶粒半径从 1. 97cm 增大到 2. 55cm。由于在结晶器冷却能力一定的前提下，随着拉锭速度的提高结晶器内扁锭冷却率降低，因此随着拉锭速度的降低，结晶器内熔体停留时间较长，熔体过冷度增加，导致大量晶粒形核。熔体内形核数量的增加反而限制了柱状枝晶的生长，因而导致在较小的拉锭速度下获得较细小的晶粒（见图 7. 13（a））。因此，

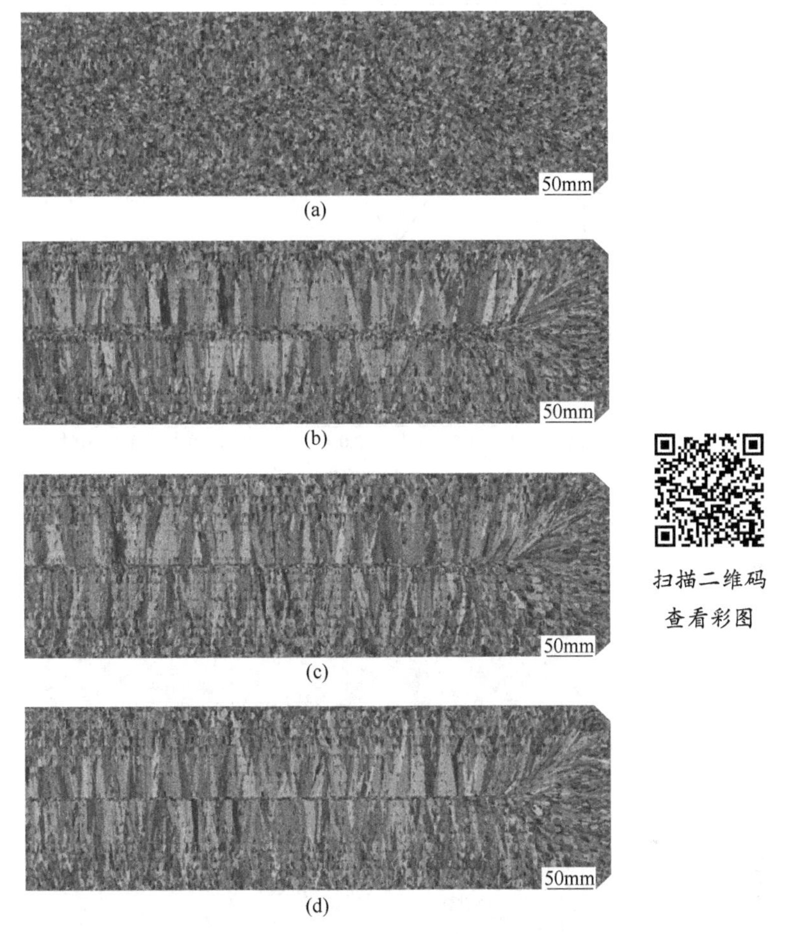

图 7.13 相同位置处不同拉锭速度下 TA1 扁锭横截面晶粒结构的预测

(a) 1×10^{-4}m/s；(b) 2×10^{-4}m/s；(c) 2.35×10^{-4}m/s；(d) 3×10^{-4}m/s

在保证一定的生产效率的同时，为获得较细晶粒组织，在实际熔铸超长超薄 TA1 扁锭过程应适当降低扁锭的拉锭速度。

图 7.15 所示为相同距离的扁锭稳态区横截面不同浇注温度下的凝固组织模拟结果，浇注温度分别设定为 2023K、2073K、2123K、2173K，其中拉锭速度为 2.35×10^{-4}m/s，选取的横截面均距扁锭底面 3000mm 处。在较低的浇注温度条件下，扁锭四周出现大量细小的晶粒（见图 7.15（a））。从组织的宏观形貌来看，不同的浇注温度下并没有明显的区别。但是从图 7.16 的模拟结果统计数据来看，当浇注温度从 2023K 增加到 2173K 时，所选扁锭横截面的晶粒数目从 22397 减少到 16941，平均晶粒半径从 2.15cm 增加到 2.58cm。随着钛熔液过热度的增加，导致晶粒形核率减少，温度梯度的增大促进了柱状晶的生长，并且在熔体内形核

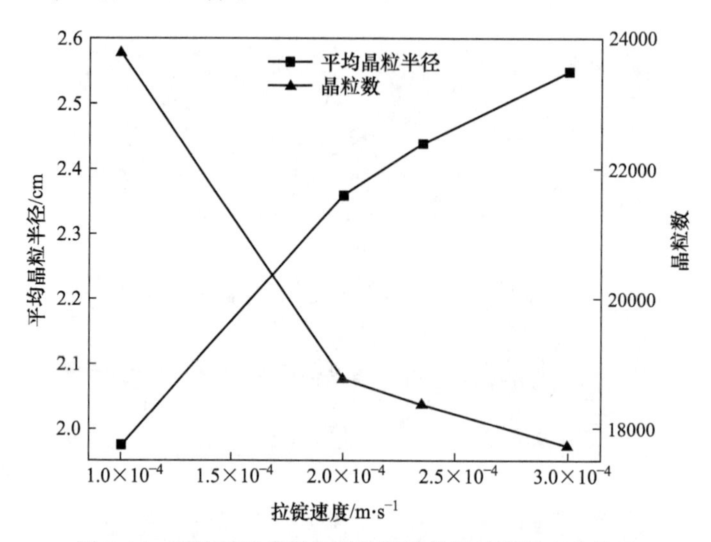

图 7.14　平均晶粒半径和晶粒数随拉锭速度的变化关系

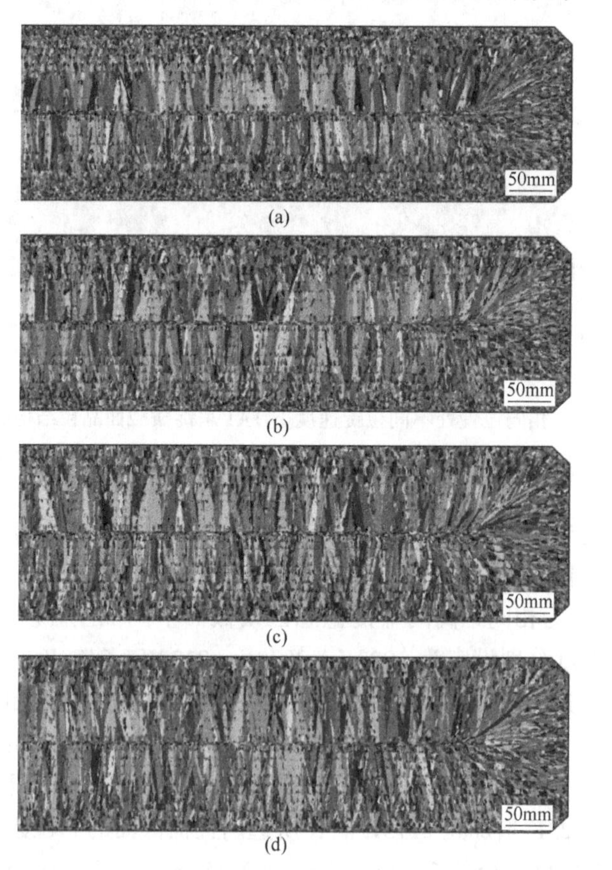

图 7.15　相同位置处不同浇注温度下 TA1 扁锭横截面晶粒结构的预测

（a）2023K；（b）2073K；（c）2123K；（d）2173K

的晶粒在热流的反方向上延长，伸长率是随着函数 G/v_s 增长（其中，v_s 为局部凝固速率[259]）。因此温度梯度 G 越高，晶粒延伸越长（见图 7.15（d））。由此也可以看出，相对于浇注温度来说，拉锭速度对 TA1 扁锭凝固组织的影响较为显著，这也与第 3 章中温度场的分析结果所一致。所以在超长超薄 TA1 扁锭凝固过程中降低钛扁锭的拉锭速度是提高等轴晶比例和细化晶粒尺寸最有效的方式。

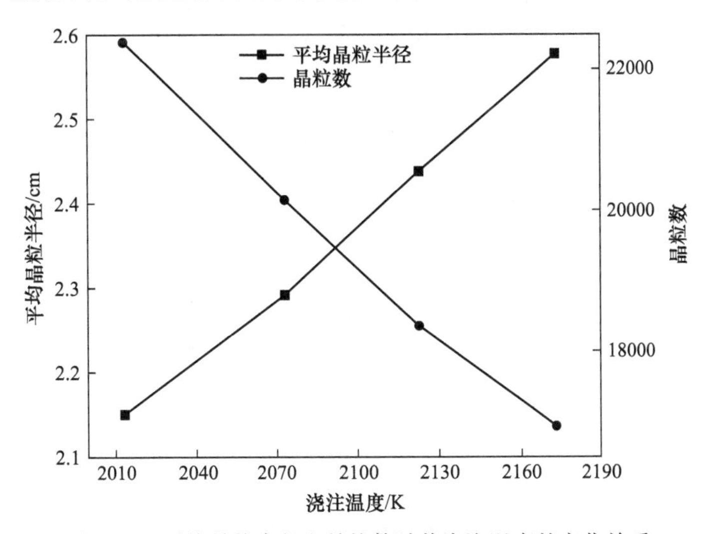

图 7.16 平均晶粒半径和晶粒数随着浇注温度的变化关系

7.1.5 超长超薄 TC4 扁锭横截面的凝固组织模拟

采用 CAFE 全耦合的方法预测模拟超长超薄 TC4 钛合金扁锭的凝固组织，为电子束冷床炉熔铸生产超长超薄 TC4 钛合金扁锭提供一定的理论依据和前期准备。本节模拟在 TC4 钛合金的动力学生长系数和形核生长参数来自于文献[209，211，257，258]。TC4 扁锭钛合金生长系数为 $\alpha = 5.85 \times 10^{-6}$、$\beta = 0$，模拟时高斯分布函数的形核参数为 $\Delta T_{v,max} = 7K$、$\Delta T_{v,\sigma} = 0.5K$、$n_{v,max} = 2 \times 10^9 m^{-3}$、$\Delta T_{s,max} = 0.5K$、$\Delta T_{s,\sigma} = 0.1K$、$n_{s,max} = 5 \times 10^7 m^{-2}$。

7.1.5.1 TC4 扁锭非稳态过渡区内不同横截面的凝固组织演变

由第 3 章温度场模拟计算结果可知，在 1973K 的浇注温度、$2.844 \times 10^{-4} m/s$ 的拉锭速度时超长超薄 TC4 扁锭的非稳态过渡区长度为 1.30m，为了研究非稳态过渡区内凝固组织的演变规律，选取距离扁锭底面 20mm、300mm 和 800mm 处横截面进行研究。图 7.17 所示为在 1973K 的浇注温度、$2.844 \times 10^{-4} m/s$ 的拉锭速度下，扁锭非稳态过渡区内不同横截面的微观组织演变。考虑到扁锭的对称性，模拟结果显示为几何体横截面的 1/4。可以看出，在整个过渡区内组织不均匀，随着横截面到扁锭底面的距离增加，等轴晶比例不断减小，枝晶所占比例不断增大。这是由于扁锭底部开始凝固时，不仅四周与水冷结晶器接触，而且扁锭底部与同样通有冷却水的拉锭机构接触，因此越靠近铸锭底部，冷却强度越大，从而形成大量细小的晶粒。

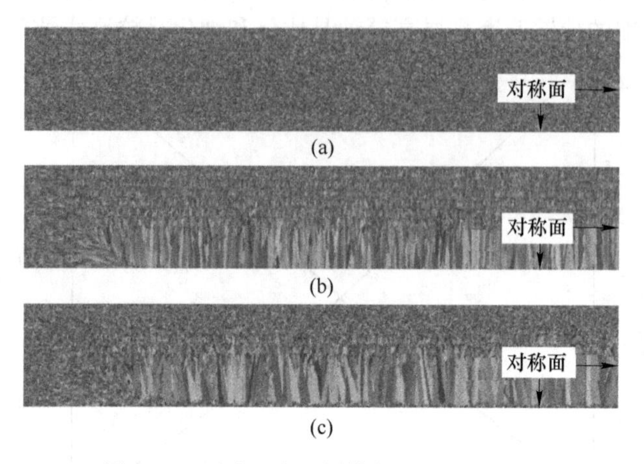

图 7.17　过渡区内不同横截面的晶粒结构

（a）20mm；（b）300mm；（c）800mm

7.1.5.2　TC4 扁锭稳态区不同工艺参数的凝固组织预测

为了有效预测扁锭在不同工艺条件下凝固组织的演变，现取 TC4 扁锭稳态区的横截面作为研究对象。由第 3 章温度场分析结果可知，距离铸锭底面 3000mm 处的扁锭已从非稳态转向稳态，因此 CAFE 计算域选定在该区域。图 7.18 为不同浇注温度下横截面的晶粒结构，其中拉锭速度为 2.844×10^{-4} m/s。可以看出，随着浇注温度的增加，相同横截面位置处的凝固组织变化并不明显，这是由于温度梯度的变化并不显著。图 7.19 为不同拉锭速度下横截面的晶粒结构，其中浇注温度为 1973K。可以看出，当浇注温度不变，在扁锭稳态区的同一横截面处，随着拉锭速度的提高，晶粒平均半径在不断增加，树枝晶所占的比例也在随之增大。由于外部冷却条件是一定的，随着拉锭速度增加，扁锭在结晶器内冷却时间减小，那么熔体过冷度减小，从而减少了形核数量，促进了树枝晶的生长。因此，为了获得细小的晶粒及减小锭头的去除量，实际生产超长超薄 TC4 钛合金扁锭时应适当减小拉锭速度。

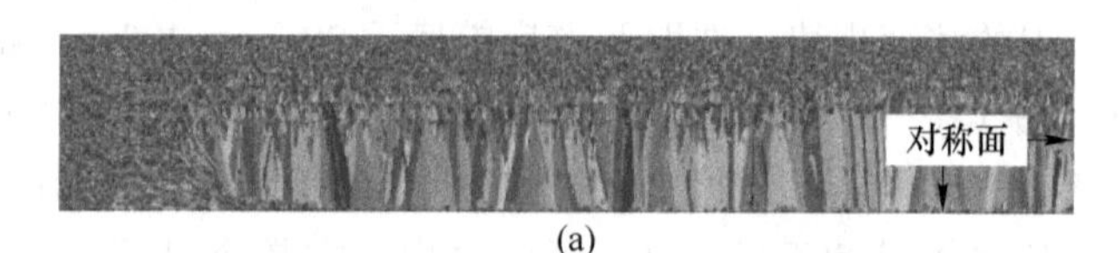

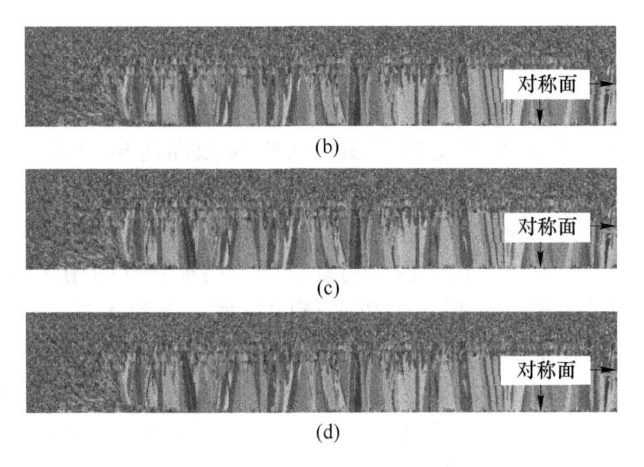

图7.18 不同浇注温度下扁锭稳态区内横截面的晶粒结构
(a) 1953K; (b) 1973K; (c) 1993K; (d) 2013K

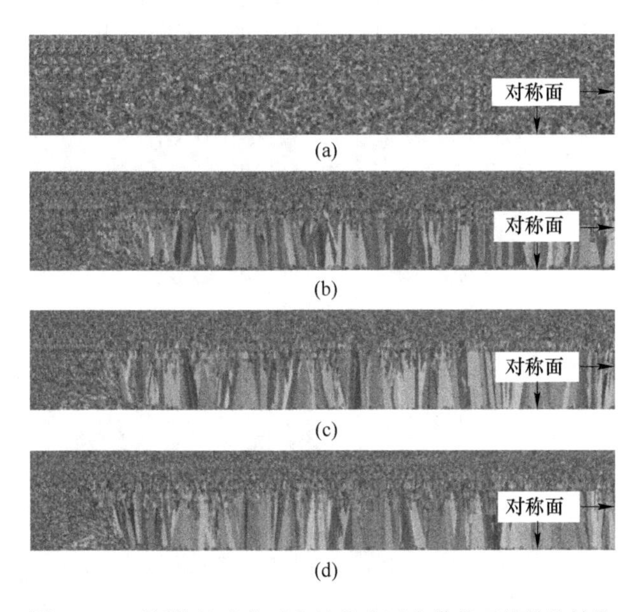

图7.19 不同拉锭速度下扁锭稳态区内横截面的晶粒结构
(a) 1×10^{-4}m/s; (b) 2×10^{-4}m/s; (c) 2.844×10^{-4}m/s; (d) 3×10^{-4}m/s

7.2 TC4钛合金圆锭凝固组织分析

利用与7.1节相类似的方法，本节重点讨论TC4钛合金圆锭凝固组织的形成及其影响因素。

7.2.1　TC4 钛合金圆锭凝固组织模拟

图 7.20 为 TC4 钛合金圆锭在浇注温度为 1700℃，拉锭速度为 1.66×10^{-4}m/s 条件下的凝固组织随时间演变模拟图。图中横截面选取位置为距离铸锭底部 250mm 处，纵截面切片从底部开始且经过圆心。图中不同颜色表示不同的晶粒取向，中心灰色区域为未凝固部分。从图 7.20（a）中可以看出，凝固开始后晶粒最先在铸锭外围大量形核，这是因为铸锭表面与结晶器壁面相接触，产生较大的过冷度，同时结晶器壁面提供了可供形核的衬底，导致大量晶粒在铸锭表面形成，这时形成的晶粒细小且取向随机分布。随着凝固过程的不断进行，紧邻细晶区开始形成晶粒比较粗大的柱状晶区，最后在中心区域形成晶粒细小等轴晶区。从图 7.20（b）中可以看出，在铸锭纵截面上晶粒是由外向内生长，在距离铸锭底部 180mm 以下时，晶粒比较细小，在铸锭底部晶粒倾向于与铸锭平行生长，铸锭侧面晶粒倾向于与铸锭垂直生长，在距离铸锭底部大于 180mm 时，晶粒开始由下到上倾斜生长。这是因为开始结晶时由于铸锭底部和拉锭杆相接触，产生的过冷度最大，形成的晶粒比较细小，随着铸锭的不断拉出，拉锭杆对铸锭冷却

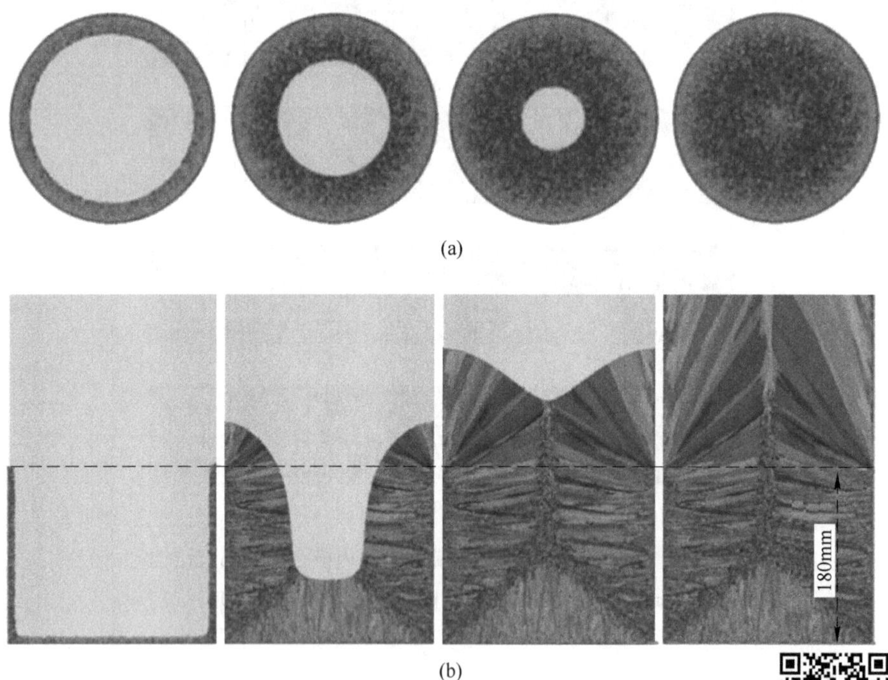

图 7.20　TC4 钛合金圆锭凝固组织演变过程示意图
（a）横截面；（b）纵截面

速率的影响逐渐变小，铸锭的凝固组织也趋于稳定。从图7.20可以看出，在距离铸锭底部大于180mm以后，晶粒生长趋于稳定。所以在研究横截面上晶粒变化情况时，所选取的截面位置应大于180mm。本节中所选取横截面位置均为距离铸锭底部250mm处。

为验证模型的可行性和可靠性，参考文献[56]设置了相同边界条件对TC4钛合金圆锭进行凝固组织模拟。图7.21为实验结果与组织模拟结果对比图。从图7.21（a）可以看出，实验结果与模拟结果都包括典型的铸锭三区：在结晶器壁的急冷作用下铸锭表层形成一层细晶区1、中间区域形成粗大的柱状晶区2、中心区域形成细小的等轴晶区3。从图7.21（b）可以看出，晶粒组织都是从下表面向上表面中心位置倾斜生长，在中心区域形成细小的等轴晶，模拟结果与实验组织结果基本吻合。

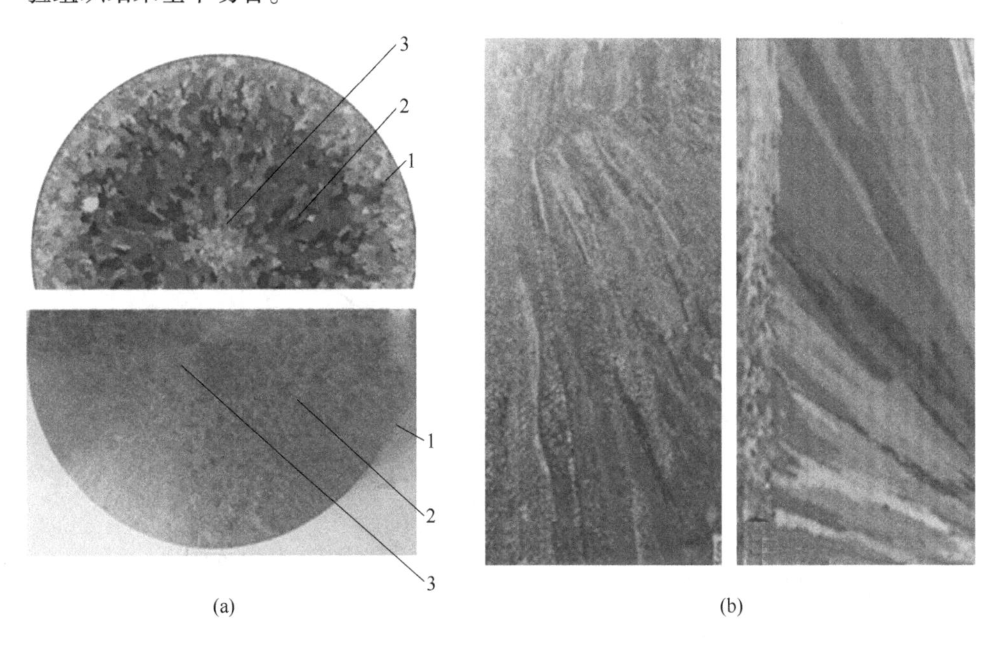

图7.21 凝固组织模拟与实验结果对比图
（a）横截面；（b）纵截面

7.2.2 浇注温度对TC4钛合金圆锭凝固组织的影响

图7.22为工况一条件下，TC4钛合金圆锭相同横截面处的凝固组织图。从图中可以看出，随着浇注温度升高表层细晶区所占比例逐渐减小，柱状晶区比例不断增大，中心等轴晶区变化不明显。为了更直观地观察晶粒数量和平均晶粒半径随浇注温度的变化规律，经ProCAST有限元软件统计并绘制了横截面处晶粒数

和平均晶粒半径随浇注温度的变化关系，如图 7. 23 所示。从图中可以看出，随着浇注温度的升高，晶粒数量逐渐减小，平均晶粒半径不断增加。这是因为当拉锭速度一定时，同一结晶器的冷却能力是固定的，随着浇注温度升高熔体过冷度逐渐下降，形核率降低，柱状晶生长得到促进，所以，凝固组织的晶粒数量减少，平均晶粒半径增大。因此，降低浇注温度能起到细化晶粒的效果。

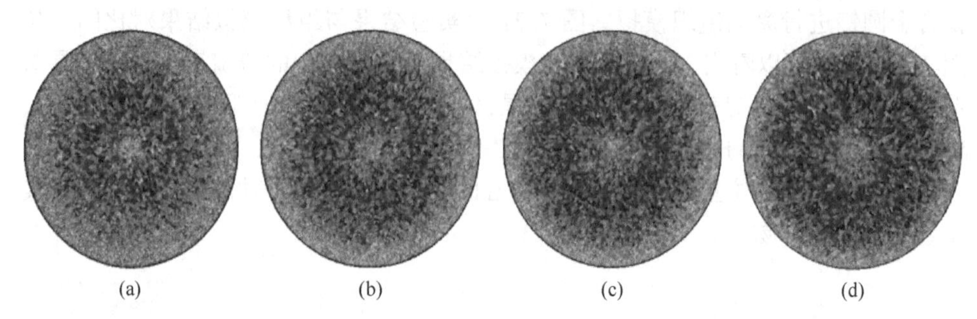

图 7. 22　不同浇注温度下相同横截面处的晶粒结构

(a) 1700℃；(b) 1760℃；(c) 1860℃；(d) 1960℃

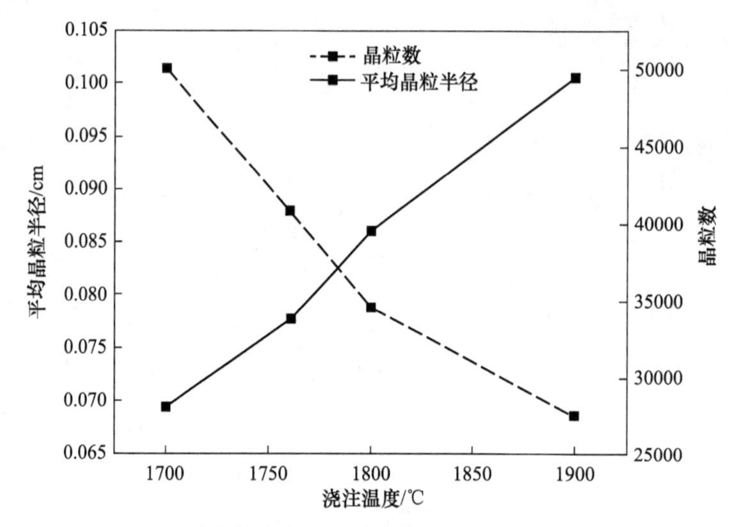

图 7. 23　平均晶粒半径和晶粒数随浇注温度的变化关系

7. 2. 3　拉锭速度对 TC4 钛合金圆锭凝固组织的影响

图 7. 24 为工况二条件下，TC4 钛合金圆锭相同横截面处的凝固组织图。从图中可以看出，当拉锭速度为 1×10^{-4}m/s 时，形成的晶粒几乎都是等轴晶，且平均尺寸较大；当拉锭速度大于 1.66×10^{-4}m/s 时，横截面上开始形成典型的铸锭三区，且随着拉锭速度不断增加表面细晶区的晶粒变得越来越细，柱状晶区越来

越明显。这是因为当拉锭速度为 1×10^{-4}m/s 时，由于拉锭速度过慢，熔体内过冷度急剧增大同时形成大量晶核，几乎全部形成了平均晶粒面积较大的等轴晶。随着拉锭速度的增加，熔体过冷度逐渐降低，铸锭表面开始形成细晶区，内部开始有柱状晶形成，且细晶区晶粒越来越细，柱状晶越来越明显。

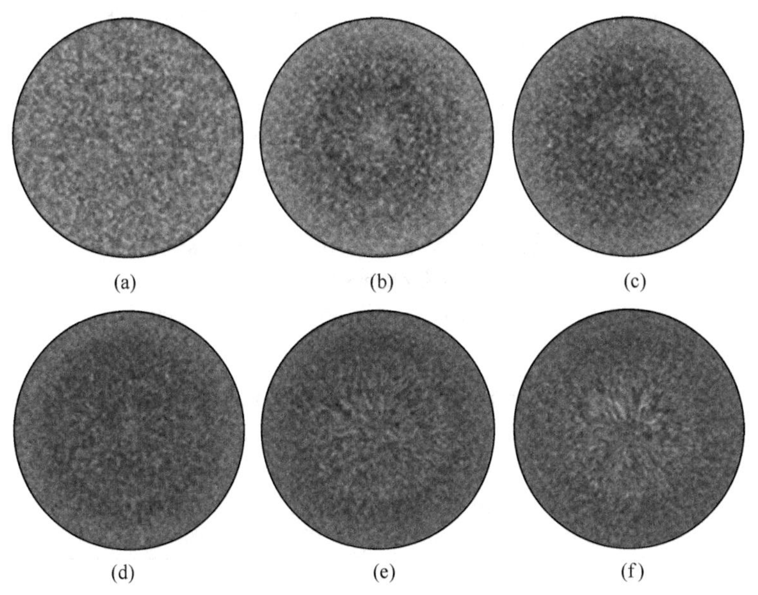

图 7.24 不同拉锭速度下相同横截面处的晶粒结构

(a) 1×10^{-4}m/s；(b) 1.66×10^{-4}m/s；(c) 2×10^{-4}m/s；(d) 3×10^{-4}m/s；(e) 4×10^{-4}m/s；(f) 6×10^{-4}m/s

为了更直观地观察晶粒数量及晶粒尺寸随拉锭速度的变化情况，提取相关数据绘制相同横截面处晶粒数量与平均晶粒半径随拉锭速度变化，如图 7.25 所示。从图中可以看出，随着拉锭速度增加，平均晶粒半径先减小后增大，晶粒数量先增大后减小。同时，为了更好地反映晶粒变化情况，对晶粒其他情况进行统计，见表 7.4。从表 7.4 可以看出，随着拉锭速度增加，最大晶粒面积先减小后增大，平均晶粒面积先减小后增加，但增大幅度很小。这是因为虽然拉锭速度增大，促进了柱状晶的生长，但在一定拉锭速度范围内柱状晶的生长速率赶不上表层晶粒细化的程度，所以出现晶粒数量增加，平均晶粒半径减小的情况。当拉锭速度进一步提高到 4×10^{-4}m/s 时，熔体过冷度进一步下降，形成的柱状晶区也越来越明显，晶粒数量开始下降，平均晶粒半径增大。综上，拉锭速度变化对圆锭晶粒结构影响要比浇注温度变化影响大，在本节模拟条件下拉锭速度设置为 2×10^{-4}m/s 时，可以获得最大晶粒面积且最小的凝固组织。

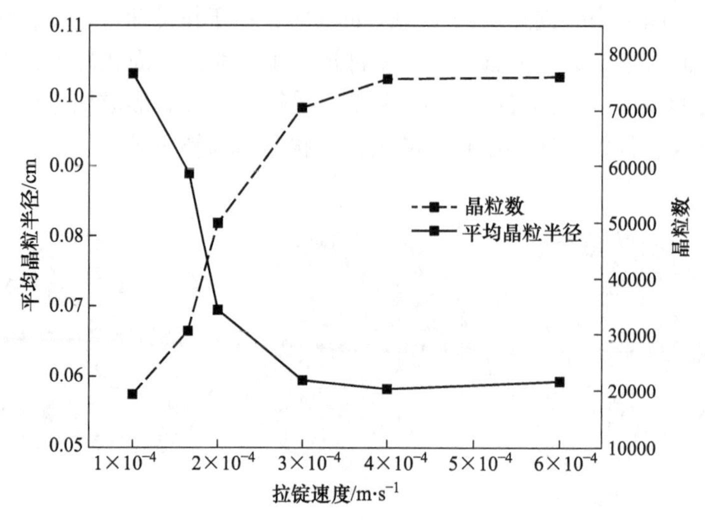

图 7.25　平均晶粒半径和晶粒数与拉锭速度变化关系

表 7.4　不同拉锭速度下相同横截面处的晶粒情况

拉锭速度/m·s^{-1}	1×10^{-4}	1.66×10^{-4}	2×10^{-4}	3×10^{-4}	4×10^{-4}	6×10^{-4}
最大晶粒面积/cm^2	0.416	0.322	0.267	0.371	0.430	0.464
平均晶粒面积/cm^2	0.02345	0.01463	0.00898	0.00636	0.00592	0.00598

7.3　TA10 钛合金扁锭凝固组织分析

在电子束冷床熔炼 TA10 钛合金工艺中，浇注温度和速度对熔池的形状和深度起着至关重要的作用。基于凝固理论可知，熔池的形状和深度决定了铸锭的温度场分布和微观结构。合理的温度场分布可以减少宏观偏析并提高铸锭质量，细晶粒结构可以提高铸锭的强度和韧性，并影响后续产品的加工性能。本节基于第 2 章建立的 CAFE 模型进行组织模拟，研究不同工艺参数对于 TA10 钛合金扁锭凝固组织的影响。

7.3.1　拉锭速度对 TA10 钛合金扁锭凝固组织的影响

为研究拉锭速度对 TA10 钛合金扁锭凝固组织的影响，控制浇注温度为 1800℃，拉锭速度分别设置为 1×10^{-4}m/s、2×10^{-4}m/s、2.844×10^{-4}m/s、3×10^{-4}m/s 4 种，图 7.26 为不同拉锭速度下相同位置处的 TA10 钛合金横截面晶粒组织对比图。从图中可以看出，当拉锭速度为 1×10^{-4}m/s 时，凝固组织主要为等轴晶及少量的表面细晶区，且晶粒尺寸较大。当拉锭速度增加时，柱状晶开始出现，此时横截面上出现了铸锭典型的 3 个区域：表面细晶区、柱状晶区及中心等轴晶区。随着拉锭速度的增大，柱状晶区越来越明显且区域越来越大。这是因为当拉锭速度处在较慢水平时，熔体停留在结晶器内的时间较长，此时熔体内的过冷度处在一个较大的水平，从而导致熔体内大量的晶粒开始形核。由于形核数量增加，柱状晶的生长受到了限制，进而导致晶粒较小。当拉锭速度增加时，熔体内过冷度降低，柱状晶开始出现且越来越明显，同时中心等轴晶的数量减少，表面细晶区的晶粒也越来越细。为了更直观地观察晶粒数量及尺寸的变化情况，对不同拉锭速度下相同横截面晶粒情况结果进行统计，见表 7.5。从表中可以看出，随着拉锭速度的增加，晶粒数是逐渐减少的，同时平均晶粒半径是逐渐增大的。

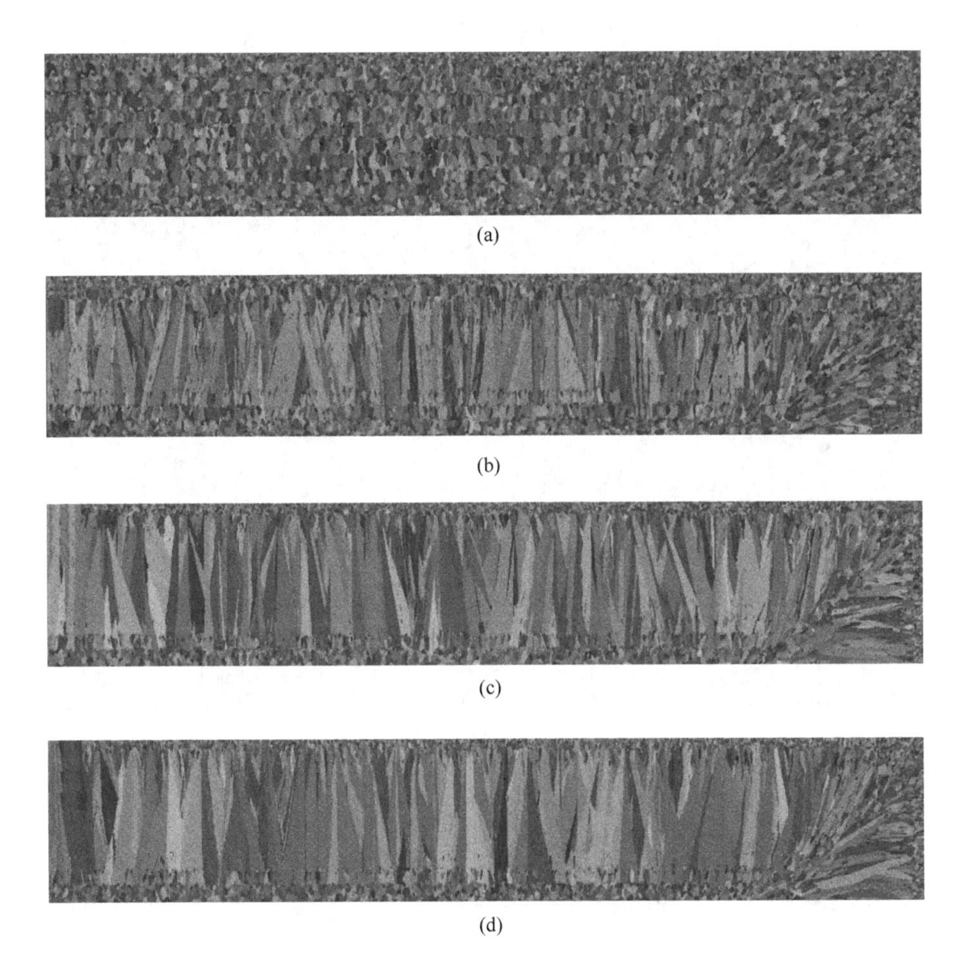

(a)

(b)

(c)

(d)

图 7.26 不同拉锭速度下相同位置处的 TA10 钛合金横截面晶粒组织

(a) 1×10^{-4}m/s；(b) 2×10^{-4}m/s；(c) 2.844×10^{-4}m/s；(d) 3×10^{-4}m/s

表 7.5　不同拉锭速度下相同横截面处的晶粒情况

拉锭速度/m · s^{-1}	1×10^{-4}	2×10^{-4}	2.844×10^{-4}	3×10^{-4}
晶粒数	14756	13078	11391	10663
平均晶粒半径/cm	0.1592	0.1696	0.1716	0.1755

7.3.2　浇注温度对 TA10 钛合金扁锭凝固组织的影响

为研究浇注温度对 TA10 钛合金扁锭凝固组织的影响，控制拉锭速度为 2.844×10^{-4}m/s，浇注温度分别设置为 1700℃、1800℃、1900℃及 2000℃ 4 种，图 7.27 为不同浇注温度下相同位置处的 TA10 钛合金横截面晶粒组织对比图。从图中可以看出，当浇注温度为 1700℃时，凝固组织基本都为等轴晶；当浇注温度升高时开始出现柱状晶区，且越来越明显。这是因为当拉锭速度保持不变

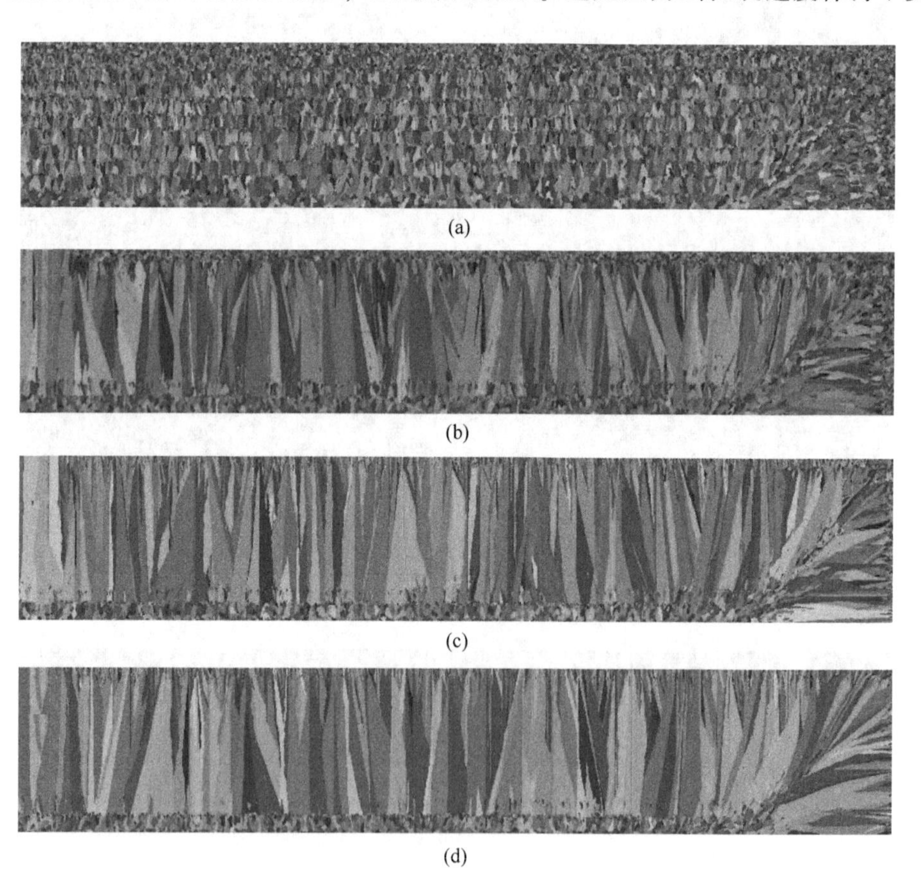

图 7.27　不同浇注温度下相同位置处的 TA10 钛合金横截面晶粒组织
(a) 1700℃；(b) 1800℃；(c) 1900℃；(d) 2000℃

时，结晶器的冷却能力也是固定的，因此当浇注温度升高时，熔体的过冷度随之降低，这导致了形核数量的降低，柱状晶生长不再受到抑制。为了更直观地观察晶粒数量及尺寸的变化情况，对不同浇注温度下相同横截面晶粒情况结果进行统计，见表7.6，随着浇注温度的升高，晶粒数随之减少，晶粒的平均半径增大。因此，降低浇注温度可以起到细化晶粒的效果。

表7.6 不同浇注温度下相同横截面处的晶粒情况

浇注温度/℃	1700	1800	1900	2000
晶粒数	14756	13078	11391	10663
平均晶粒半径/cm	0.1592	0.1696	0.1716	0.1755

7.4 TC4钛合金扁锭凝固过程应力场研究

本节在热模拟及凝固过程模拟的基础上，重点讨论了TC4钛合金扁锭凝固过程应力场的分布情况，为分析铸锭在冷却过程中出现的表面缺陷提供理论依据。

7.4.1 TC4钛合金扁锭应力场分布及热裂倾向分析

图7.28所示为TC4钛合金扁锭在浇注温度为1700℃、拉锭速度为2.844×10^{-4}m/s工艺条件下的温度场分布、等效应力分布和结晶器内等效应力大于900MPa处的分布。从图7.28（a）中可以看出，扁锭表面的热量传输主要在结晶器内完成，结晶器内铸坯表面温度梯度最大，铸坯拉出结晶器时表面平均温度可下降到100℃以下，在空冷区铸坯表面温度又有所恢复。从图7.28（b）和（c）可以看出铸锭表面等效应力基本处于633~696MPa之间，最大值出现在结晶器内铸锭窄面角部、弯液面下方，最高可达940MPa。这是因为铸坯在结晶器内散热最快，温度梯度最大，使得应力梯度也最大。而对于结晶器内角部属于二维散热，所以等效应力最大值出现在窄面角部。等效应力第二大的地方出现在锭头处，这是因为锭头受到结晶器和拉锭杆双重散热作用，且锭头在结晶器内停留时间较长，散热速率快。实际生产中，锭头通常需要进行切除处理，这主要因为锭头处于过渡区，凝固组织均匀性不好，其次锭头处表面等效应力较大造成表面质量也较差（见图7.29）。图中也可以看出铸锭表面等效应力基本在结晶器内形成，这说明铸锭表面裂纹主要在结晶器内产生，空冷区对铸坯表面质量影响不大。

为了直观地观察扁锭表面温度和等效应力随时间的变化关系，在$z=4000$mm处选取窄面和宽面上均等分的3个点作温度与等效应力随时间的变化关系曲线，如图7.30所示。从图中可以直观地看出，扁锭表面在结晶器内时温度下降最快，

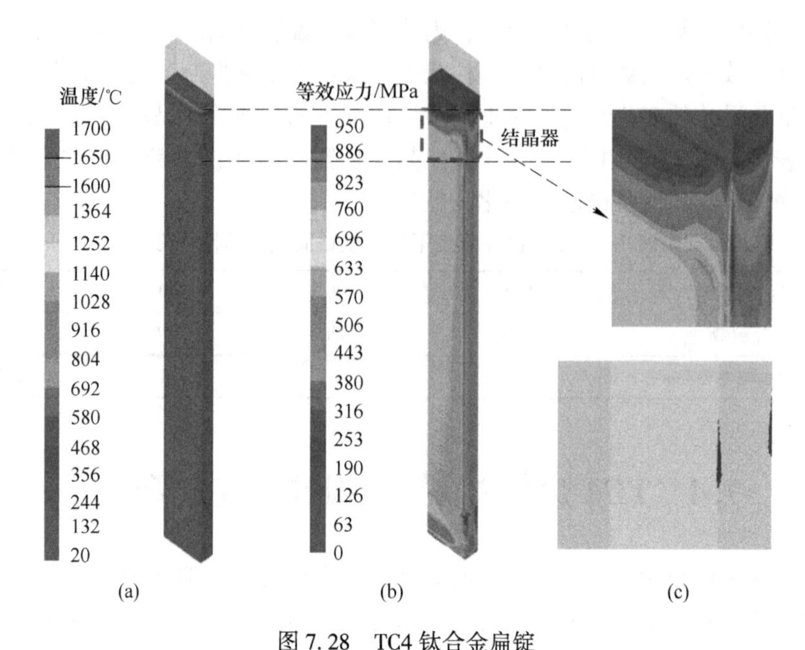

图 7.28　TC4 钛合金扁锭

（a）温度场分布；（b）等效应力分布；（c）等效应力大于 900MPa 处的分布

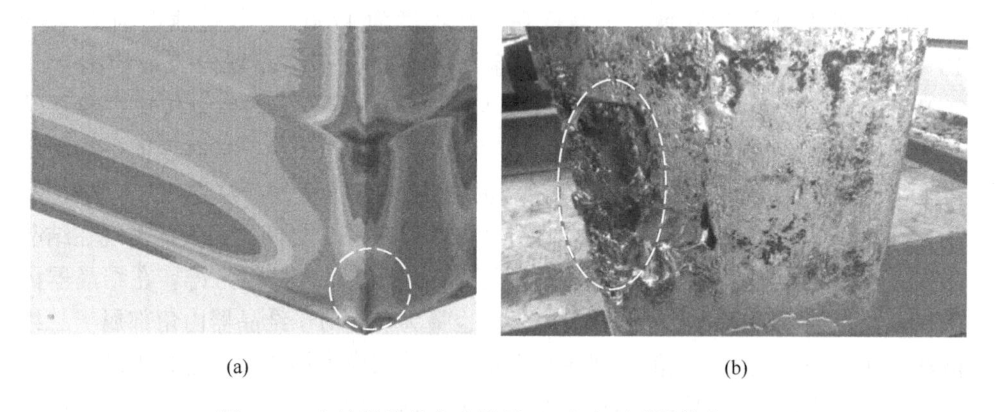

图 7.29　扁锭锭头处应力模拟(a)和表面质量缺陷(b)

扁锭被拉锭杆拉出结晶器时温度达到最低点，之后有所回升后下降。在此过程中扁锭表面的有效应力变化趋势与温度变化相反。说明温度回升有利于减小扁锭表面的等效应力。同时，从图 7.30（c）也可以看出，宽面中心处最开始产生的等效应力最大，然后又下降到与角部等效应力相等。图 7.30（b）中等效应力最大点则出现在角部。综合来看，可以发现窄面的总体等效应力要比宽面的大。所以在连铸过程中等效应力最大点并不总是出现在角部，其他位置也有可能出现，只是角部出现的概率最大，其次是窄面，最后是宽面。

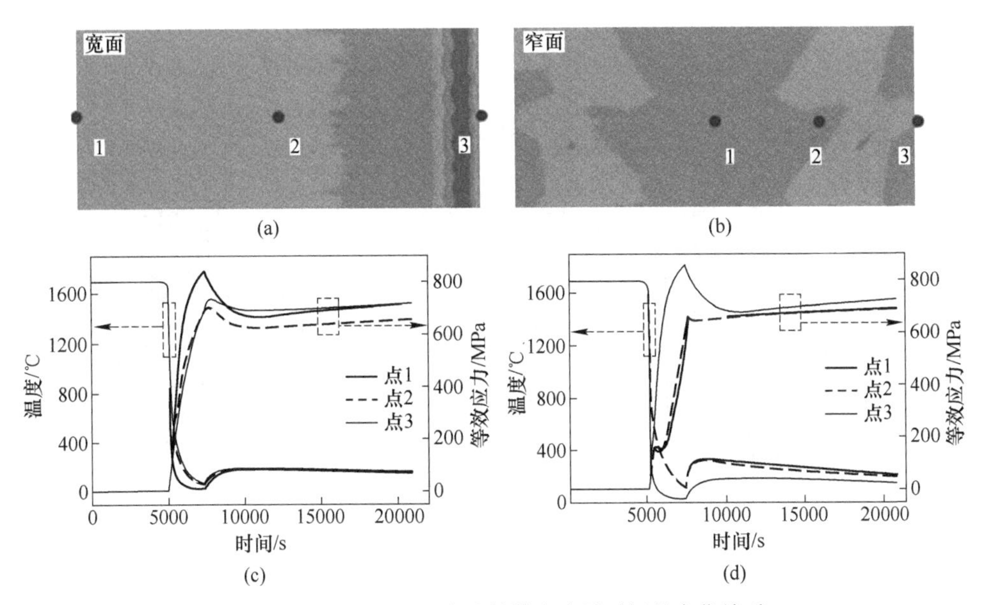

图 7.30 扁锭表面温度及等效应力随时间的变化关系

(a) 宽面取点位置；(b) 窄面取点位置；(c) 宽面温度随等效应力变化；(d) 窄面温度随等效应力变化

经上述分析发现，结晶器对扁锭表面质量影响最大。为更好地研究结晶器内扁锭温度场、应力场及热裂指数变化情况，把扁锭在结晶器内的部分三等分，并绘制三维切片图，如图 7.31 所示。从图 7.31（a）可以看出，结晶器内扁锭从外向内开始凝固，且扁锭角部温度下降最快，其次是窄边，最后是宽边。从图 7.31（b）可以看出，扁锭外表面最先出现应力的位置在窄边角部，其次在窄边和宽边。图中角部等效应力在距离上表面 400mm 处出现最大值，达到 791MPa，此时角部的温度为 100℃左右，屈服强度为 820MPa 左右，两个值非常接近很容易出现拉裂和拉漏危险。在距离上表面 400mm 处，在铸锭中部距离窄边 92mm 的地方开始有应力产生，且随着连铸过程的进行等效应力逐步加大。图中可以看出扁锭表面等效应力主要在结晶器内产生，内部等效应力的形成则主要在空冷区，这也说明结晶器主要影响扁锭表面的裂纹，对扁锭内部裂纹影响不大。从图 7.31（c）可以看出，在距离上表面大于 200mm 后，扁锭切片热裂指数分布大体相同，说明热裂指数预测的是扁锭最终状态，且预测的是完全凝固部分。但连铸过程中扁锭自身所处环境温度是不断变化的，所以不同部位热裂指数又有差异。从图中也可以看出热裂指数较大值出现在铸锭表面窄面的角部和靠近窄边 92mm 的中心区域处。这与图 7.31（b）中扁锭应力极大值分布规律基本一致。说明热裂指数能够基本预测扁锭可能出现裂纹的位置。

为了比较相同扁锭不同横截面上的应力场分布及热裂指数分布，分别在距离

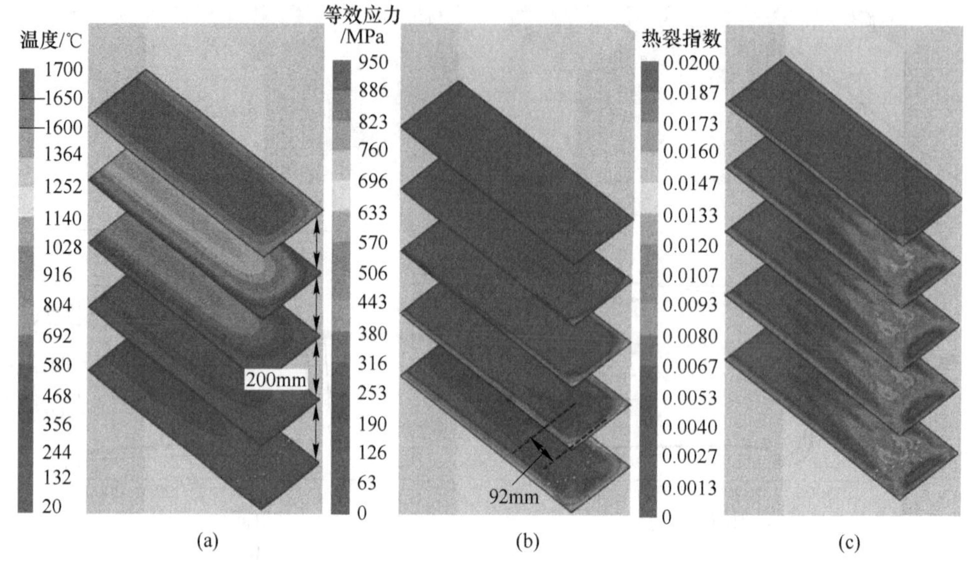

图 7.31　TC4 钛合金扁锭不同情况的分布

（a）温度场分布；（b）等效应力分布；（c）热裂指数分布

扁锭底部 500mm、2000mm、4000mm、7600mm（结晶器内）处进行切片并作图，如图 7.32 所示。从图 7.32（a）中可以看出，不同横截面上扁锭表层等效应力均远大于扁锭内部。这是因为凝固开始时，扁锭表层冷却速度最快，温度下降也最快，收缩量最大，且扁锭表面与结晶器相接触产生摩擦应力。而对于扁锭内部来说，发现随着截面与扁锭底部距离的增加，扁锭内部应力逐渐减小。从图 7.32（b）中可以看出，在 $z=500$mm 处热裂指数分布与等效应力分布不符合，其余部位热裂指数分布与等效应力分布基本吻合。这表明热裂指数不能有效预测锭头处裂纹可能产生的位置，但可以预测其余部位。从图中可以发现扁锭内部等效应力虽然比较小，但相对温度也比表面高，所以在距离扁锭窄边 92mm 处容易产生内部裂纹，热裂指数值也比较大。

同时，为了更直观地观察同一横截面不同位置的温度及等效应力随时间的变化关系，选取 $z=4000$mm 处的 4 个点（见图 7.32（a））绘制曲线，如图 7.33 所示。图中可以直观地看出，铸锭表层的等效应力远大于铸锭内部。

7.4.2　浇注温度对 TC4 钛合金扁锭应力场分布的影响

为了研究浇注温度对扁锭应力场分布的影响，控制拉锭速度为 2.844×10^{-4}m/s，分别在 1680℃、1700℃、1720℃、1740℃ 4 种不同浇注温度条件下对 TC4 钛合金扁锭进行热应力模拟计算。图 7.34 为结晶器部位 TC4 钛合金扁锭等效应力分

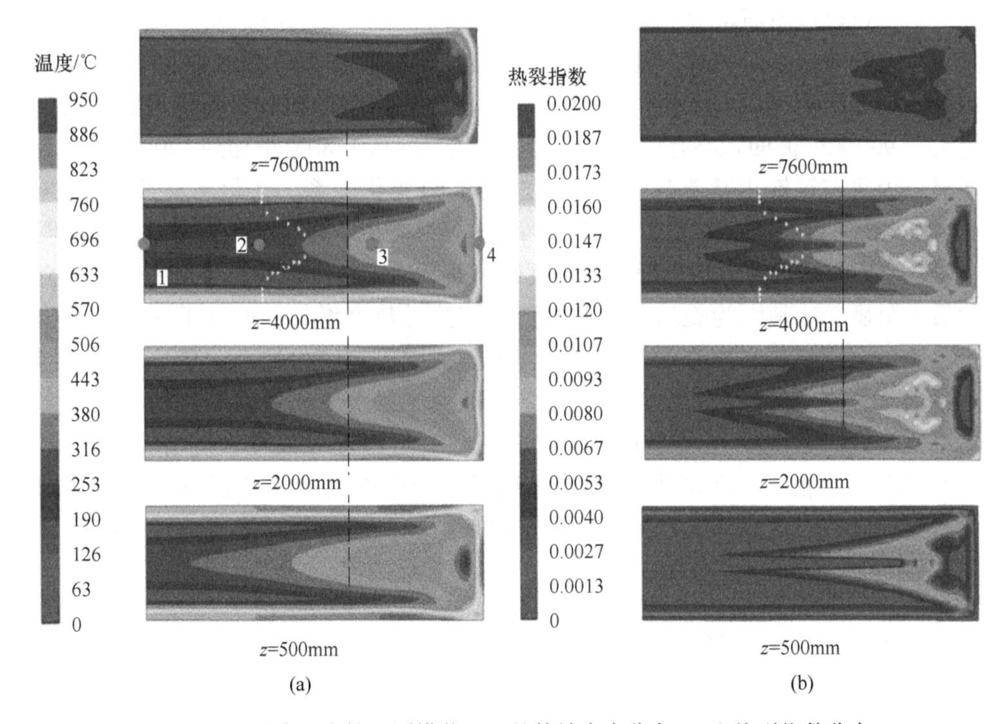

图7.32 TC4钛合金扁锭不同横截面上的等效应力分布(a)和热裂指数分布(b)

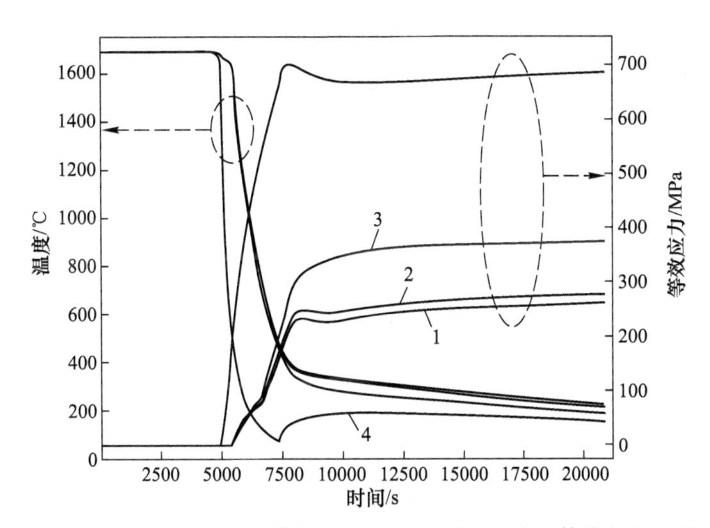

图7.33 TC4钛合金扁锭在$z=4000$mm横截面上选取4个点的温度及等效应力随时间的变化关系

1—点1；2—点2；3—点3；4—点4

布图。由图7.34可以看出，浇注温度对扁锭表面等效应力的影响较小，随着浇注温度不断增大，熔池处的等效应力是逐渐减小的。这是因为随着浇注温度升高，熔体过热度不断增大，熔池温度梯度逐渐减小，导致凝固坯壳变薄，受到等效应力也相应减小。同时，显示不同浇注温度下扁锭表面等效应力大于 900MPa 的位置如图 7.35 所示。图中可以看出，随着浇注温度的增加，扁锭表面等效应力大于 900MPa 的面积略有增加，特别是浇注温度从 1680℃增加到 1700℃时最为明显。为研究铸锭内部等效应力随浇注温度的变化关系，在距离扁锭底部 $z=$ 4000mm 处作切面图，如图 7.36 所示。从图可以看出，扁锭横截面等效应力无明显变化，但纵切面等效应力随浇注温度升高逐渐增大，特别是纵切面中心区域变化最为明显。这是因为提高了浇注温度，熔池过热度增加，促进了柱状晶的生长，产生凝固搭桥，中心产生疏松，使中心区域等效应力增大，导致扁锭可能产生内部裂纹。总的来说，在该模拟条件下浇注温度变化对扁锭表面等效应力的影响不大。这主要有两方面的原因造成：一是铸锭表面等效应力与固-液界面处曲率息息相关，而浇注温度对固-液界面处曲率影响本来就不大；二是因为该模拟没有考虑熔体流动的影响，扁锭在结晶器内凝固时形成的坯壳厚度较为均匀。

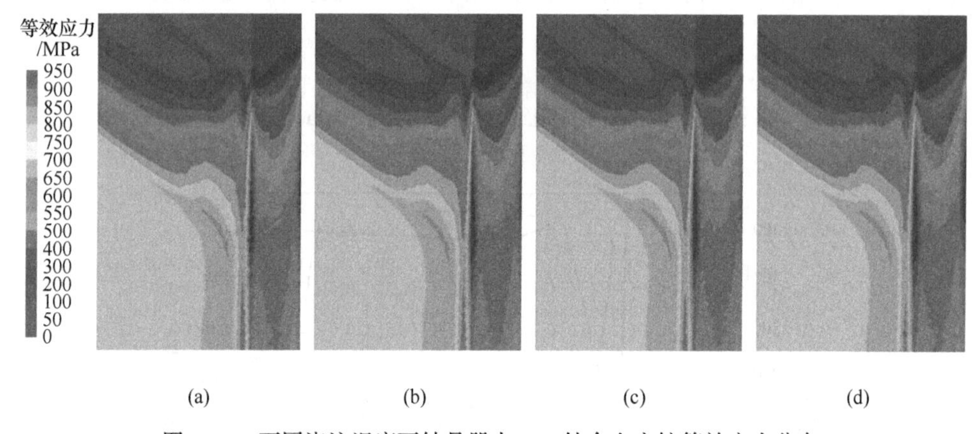

图 7.34　不同浇注温度下结晶器内 TC4 钛合金扁锭等效应力分布

（a）1680℃；（b）1700℃；（c）1720℃；（d）1740℃

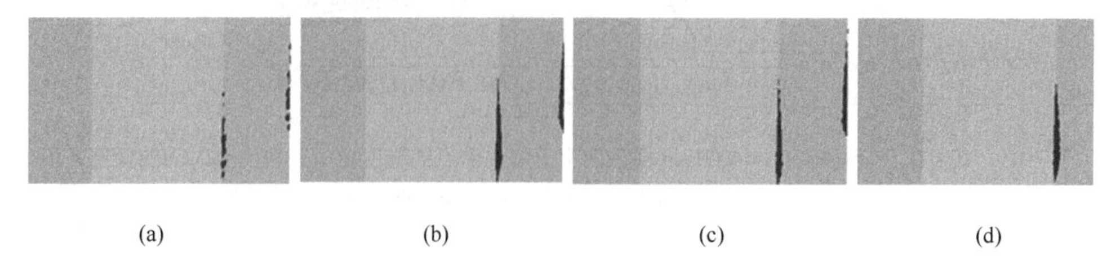

图 7.35　不同浇注温度下结晶器内 TC4 钛合金扁锭表面等效应力大于 900MPa 的位置

（a）1680℃；（b）1700℃；（c）1720℃；（d）1740℃

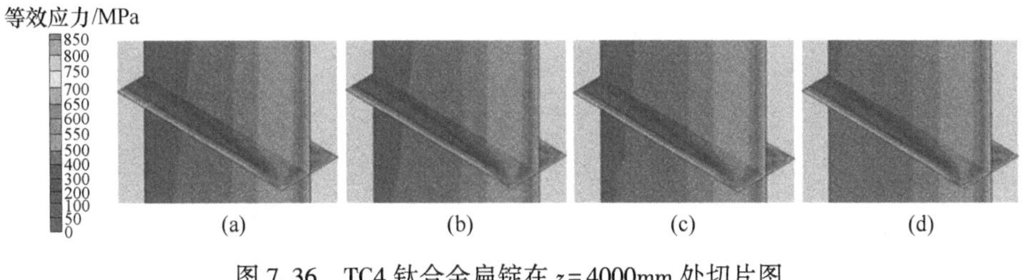

图 7.36 TC4 钛合金扁锭在 $z=4000$mm 处切片图

(a) 1680℃；(b) 1700℃；(c) 1720℃；(d) 1740℃

7.4.3 拉锭速度对 TC4 钛合金扁锭应力场分布的影响

图 7.37 为不同拉锭速度下结晶器内 TC4 钛合金扁锭表面等效应力分布图，浇注温度为 1700℃，拉锭速度分别设置为 2×10^{-4}m/s、2.844×10^{-4}m/s、3×10^{-4}m/s、3.5×10^{-4}m/s。从图可以看出，随着拉锭速度的增加，扁锭表面总体等效应力逐渐减小。这是因为在电子束冷床熔炼大规格 TC4 钛合金扁锭的过程中，散热主要发生在结晶器内，当拉锭速度增加，扁锭在结晶器内停留时间缩短，减少了扁锭热量散失。扁锭内部还处于较高温度，产生的热应力相对较小。

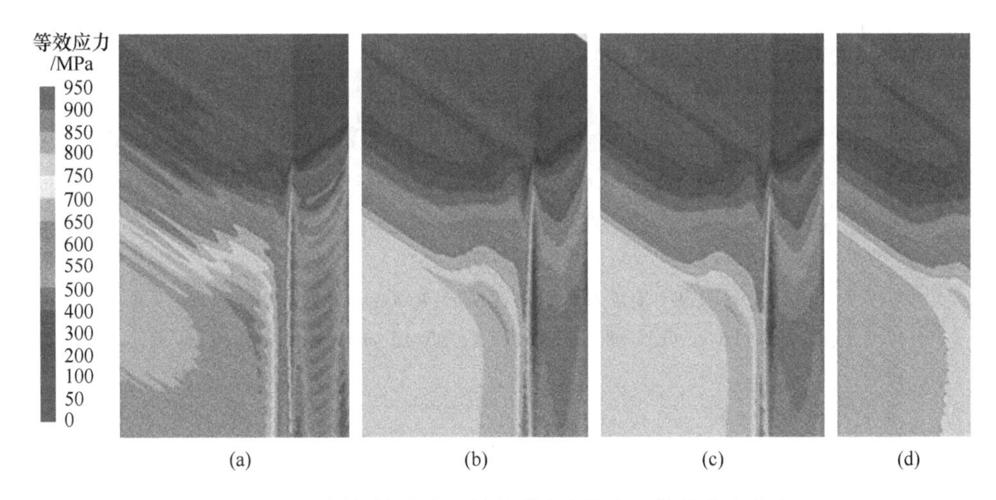

图 7.37 不同拉锭速度下结晶器内扁锭表面等效应力分布

(a) 2×10^{-4}m/s；(b) 2.844×10^{-4}m/s；(c) 3×10^{-4}m/s；(d) 3.5×10^{-4}m/s

同时，显示结晶器内扁锭表面等效应力大于 900MPa 的位置如图 7.38 所示。图中可以看出，当拉锭速度大于 2.844×10^{-4}m/s 后，扁锭表面才有大于 900MPa 的等效应力在窄面角部产生。具体原因还需进一步分析研究。总的来说，在该模拟条件下提高拉锭速度虽能降低铸锭表面等效应力，但却增大了角部裂纹出现的

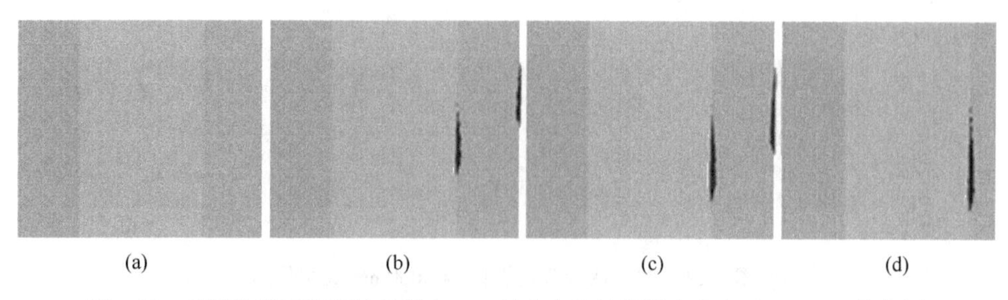

图 7.38　不同拉锭速度下结晶器内 TC4 钛合金扁锭等效应力大于 900MPa 的位置
（a）2×10^{-4}m/s；（b）2.844×10^{-4}m/s；（c）3×10^{-4}m/s；（d）3.5×10^{-4}m/s

概率，因此，在实际生产中应合理控制拉锭速度。

在研究扁锭内部等效应力随拉锭速度变化时，同样在距离扁锭底部 $z=4000$mm 处进行切片并作图，如图 7.39 所示。图中可以看出，随着拉锭速度的提高，扁锭内部等效应力不断减小。这是因为影响扁锭等效应力最主要的因素是散热速率。拉锭速度越快，扁锭在结晶器内散失的热量就越小，在扁锭被拉出结晶器时内部温度就越高，而在氩气中扁锭热量散失缓慢，温度下降慢，从而扁锭内部产生的等效应力也就越小。

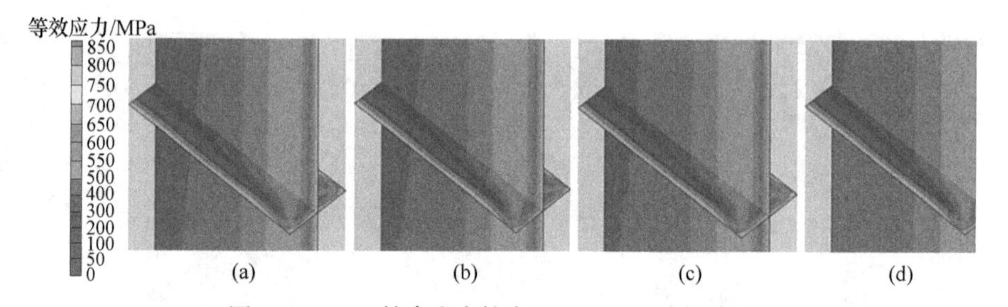

图 7.39　TC4 钛合金扁锭在 $z=4000$mm 处切片图
（a）2×10^{-4}m/s；（b）2.844×10^{-4}m/s；（c）3×10^{-4}m/s；（d）3.5×10^{-4}m/s

参 考 文 献

[1] PATON N E, MAHONEY M W. Creep of titanium-silicon alloys [J]. Metallurgical Transactions A, 1996, 7 (11): 1685-1694.

[2] LEYENS C, PETERS M. Titanium and titanium alloys [M]. Darmastadt: Wiley-VCH, 2005: 419-427.

[3] MILLS K C. Recommended values of thermophysical properties for selected commercial alloys-Woodhead publishing series in metals and surface engineering [M]. Cambridge: Woodhead Publishing, 2002.

[4] ARES GG, PARANJAYEE M, DIEGO G, et al. Studies on titanium alloys for aerospace application [J]. Defect and Diffusion Forum, 2018, 385: 419-423.

[5] EYLON D, FUJISHIRO S, POSTANS P J, et al. High-temperature titanium alloys-a review [J]. JOM, 1984, 36 (11): 55-62.

[6] LUTJERING G, WILLIAMS J C. 钛 [M]. 2 版. 雷霆, 杨晓源, 等译. 北京: 冶金工业出版社, 2011: 14-15.

[7] 莫畏. 钛 [M]. 北京: 冶金工业出版社, 2008.

[8] 蔡建明, 李臻熙, 等. 航空发动机用 600℃ 高温钛合金的研究与发展 [J]. 材料导报, 2005, 19 (1): 50-53.

[9] 赵永庆. 国内钛合金研究的现状 [J]. 中国材料进展. 2010, 29 (9): 1-8.

[10] 李欣, 赵军, 刘时兵, 等. 航空用高温钛合金的研究进展 [C]//2020 中国铸造活动周论文集, 2022.

[11] LÜTJERING G, WILLIAMS J C. Titanium (Engineering Materials and Processes) [M]. Manchest: 2003.

[12] 刘风雷. 我国航空钛合金紧固件的发展 [J]. 航空制造技术, 2000, 6: 39-40.

[13] 中国航空材料手册委员会. 中国航空材料手册 [M]. 北京: 中国标准出版社, 2002.

[14] 李明利, 舒滢, 冯毅江, 等. 我国钛及钛合金板带材应用现状分析 [J]. 钛工业进展, 2011, 28 (6): 14-17.

[15] 杨健. 钛合金在飞机上的应用 [J]. 航空制造技术, 2006 (11): 32-34.

[16] 毛小南, 赵永庆, 杨冠军. 国外航空发动机用钛合金的发展现状 [J]. 中国材料进展, 2007, 26 (5): 1-7.

[17] 黄旭, 李臻熙, 黄浩. 高推重比航空发动机用新型高温钛合金研究进展 [J]. 中国材料进展, 2011, 30 (6): 21-27.

[18] 沙爱学, 王庆如, 李兴无. 航空用高强度结构钛合金的研究及应用 [J]. 稀有金属, 2004 (1): 239-242.

[19] 刘世锋, 宋玺, 薛彤, 等. 钛合金及钛基复合材料在航空航天的应用和发展 [J]. 航空材料学报, 2020, 40 (3): 77-94.

[20] 张小明. 钛在 F-22 先进战术战斗机上的应用 [J]. 钛工业进展, 1997 (1): 22-24.

[21] 李晓红. 一代材料、一代装备——浅谈航空新材料与飞机、发动机的发展 [J]. 中国军转民, 2008 (10): 4-11.

［22］何丹琪，石颢．钛合金在航空航天领域中的应用探讨［J］．中国高新技术企业，2016（27）：50-51.

［23］朱知寿，王庆如．TB8钛合金板材冷成形工艺及其应用研究［J］．金属学报，2002，38（z1）：414-416.

［24］GEETHA M，SINGH A K，ASOKAMANI R，et al. Ti based biomaterials，the ultimate choice for orthopaedic implants-A review［J］. Progress in Materials Science，2009，54（3）：397-425.

［25］蔡丹丹，陈铟，张龚敏，等．医用钛合金研究进展［J］．中国医疗器械信息，2019（9）：43-45.

［26］缪卫东，吕保国．生物医用钛合金应用研究进展与产业现状［J］．新材料产业，2008（1）：45-49.

［27］BLOMBERG S. Rehabilitation with intra-osseous anchorage of dental prosthesis［J］. Tandlkartidningen，1972，64（20）：669-675.

［28］PARK J B，FUNG Y C. Biomaterials，an Introduction［J］. Journal of Biomechanical Engineering，1980，102（2）：161-165.

［29］何宝明，王玉林，戴正宏．生物医用钛及其合金材料的开发应用进展、市场状况及问题分析［J］．钛工业进展，2003（5）：82-87.

［30］于杰，朱明康，闻明，等．新型医用钛合金材料的研究进展［J］．昆明理工大学学报（自然科学版），2017，42（3）：16-22.

［31］SEMLITSCH M，STAUB F，WEBEER H，et al. Titanium-Aluminium-Niobium alloy，development for biocompatible，high strength surgical Implants-Titan-Aluminium-Niob-Legierung，entwickelt für körperverträgliche，hochfeste implantate in der chirurgie［J］. Biomedical Engineering，1985，30（12）：334-339.

［32］ZHENG C Y，LI S J，TAO X J，et al. Calcium phosphate coating of Ti-Nb-Zr-Sn titanium alloy［J］. Materials Science & Engineering C，2007，27（4）：824-831.

［33］袁德鑫．钛在化学工业中的应用［J］．稀有金属材料与工程，1983（4）：83-85.

［34］鲜宁，荣明，李天雷，等．钛合金在高温高压酸性油气井的应用研究进展［J］．天然气与石油，2020，38（5）：96-102.

［35］UEDA M，KUDO T，KITAYAMA S，et al. Corrosion behavior of titanium alloys in a sulfur-containing H_2S-CO_2-Cl- environment［J］. Corrosion Houston Tx，1992，48（1）：79-86.

［36］THOMAS D E，SEAGL S R. Stress corrosion cracking behavior of Ti-38-6-44 in sour gas environment，titanium scienceand technology［C］//Munich，Germany：Deutsche Gesellschaft Fur Metallkunde E. V.，1984.

［37］KITAYAMA S，SHIDA Y，UEDA M. Effect of small Pd addition on corrosion resistance Ti and Ti alloys in sever gas and oil environment［C］//Houston：NACE International，1992.

［38］SCHUTZ R. Performance of ruthenium-enhanced alpha-beta titanium alloys in aggressive sour gas and geothermal well produced-fluid brines［J］. Nace International Houston Tx，1997（35）：201-211.

[39] 毛仲高．钛材在真空制盐设备上的应用［J］．中国井矿盐，1992（6）：33-35.
[40] 朱孝钦，郜华萍．钛和钛合金在化学工业中的应用［J］．云南化工，1997（3）：50-52.
[41] 江洪，陈亚．钛合金在舰船上的研究及应用进展［J］．新材料产业，2018（12）：11-14.
[42] 王方，高敬．世界非航空钛市场现状及发展趋势［J］．钛工业进展，2009，26（6）：5-10.
[43] 于宇，李嘉琪．国内外钛合金在海洋工程中的应用现状与展望［J］．材料开发与应用，2018，33（3）：111-116.
[44] 李中，雷让岐．钛材在滨海电站的应用［J］．钛工业进展，2003，20（4/5）：101-104.
[45] 潘家柱，王向东．钛工业现状及发展趋势［C］//首届中国，2010.
[46] 韩永奇．当前我国钛工业面临的机遇和挑战［J］．钛工业进展，2006，23（1）：16-20.
[47] 吴引江，段庆文．汽车用低成本钛合金及其制品的研究进展［J］．新材料产业，2003（2）：14-18.
[48] 刘莹，曲周德，王本贤．钛合金 TC4 的研究开发与应用［J］．兵器材料科学与工程，2005（1）：53-56.
[49] FALLER K，FROES F H. The use of titanium in family automobiles：Current trends［J］. JOM，2001，53（4）：27-28.
[50] FROES F H，FRIEDRICH H，KIESE J，et al. Titanium in the family automobile：The cost challenge［J］. JOM，2004，56（2）：40-44.
[51] SCHAUERTE O. Titanium in automotive production［J］. Advanced Engineering Materials，2003，5（6）：411-418.
[52] HANSON B H. Present and future uses of titanium in engineering［J］. Materials and Design，1986，7（6）：301-307.
[53] SHERMAN A M，SOMMER C J，FROES F H. The use of titanium in production automobiles：Potential and challenges［J］. JOM，1997，49（5）：38-41.
[54] 何蕾．基于专利分析的我国钛及钛合金材料发展研究［J］．新材料产业，2018（8）：34-38.
[55] 赵永庆，葛鹏，辛社伟．近五年钛合金材料研发进展［J］．中国材料进展，2020，39（z1）：527-534.
[56] DONACHIE M J. Titanium：A technical guide［J］. ASM International，2000：216.
[57] 邹武装．钛手册［M］．北京：化学工业出版社，2012.
[58] MITCHELL A. Melting，casting and forging problems in titanium alloys［J］. Materials Science & Engineering A，1997，49（6）：40-42.
[59] GHAZAL G，CHAPELLE P，JARDY A，et al. Dissolution of high density inclusions in titanium alloys［J］. ISIJ International，2012，52（1）：1-9.
[60] COTTON J D，CLARK L，REINHART T，et al. Inclusions in Ti-6Al-4V investment castings［J］. Structures，Structural Dynamics，& Materials Conference & Exhibit，2013，4：1-9.
[61] VICKI F J. Non-destructive inspection of titanium jet engine disks［J］. Titanium Science and Technology，1973：733-741.

[62] FUKUMOTO S, NAKAO R, FUJI M, et al. Composition control of refractory and reactive metals in electron beam melting [J]. ISIJ International, 1992, 32 (5): 664-672.

[63] 张延东. TA15 钛合金熔炼工艺及成分优化 [J]. 西安: 西安建筑科技大学, 2006.

[64] 张英明, 周廉, 孙军, 等. 钛合金冷床炉熔炼技术进展 [J]. 钛工业进展, 2007, 24 (4): 27-30.

[65] 田世藩, 马济民. 电子束冷炉床熔炼 (EBCHM) 技术的发展与应用 [J]. 材料工程, 2012 (2): 77-85.

[66] 国斌, 陈战乾, 陈峰, 等. 电子束冷床炉 (EBCHM) 熔化纯钛扁锭 [J]. 中国有色金属工业协会钛锆铪分会会, 2010: 145-150.

[67] MITCHELL A. The electron beam melting and refining of titanium alloys [J]. Materials Science and Engineering A, 1999, 2213 (2): 217-223.

[68] Patel A D, Lee P D, Mitchell A. et al. Liquid metal processing and casting [J]. Metall Mater Trans B, 2009, 40 (3): 247.

[69] 岳旭, 杨国庆, 李渭清, 等. 熔炼方式对 TC17 钛合金化学成分及棒材组织均匀性的影响研究 [J]. 工艺技术研究, 2017 (2): 18-23.

[70] 岳旭, 杨国庆, 李渭清, 等. 熔炼方式对 TC17 钛合金化学成分及棒材组织均匀性的影响研究 [J]. 中国钛业, 2017 (2): 20-25.

[71] BELLOT J P, ABLITZER D, FOSTER B, et al. Dissolution of hard-alpha inclusions in liquid titanium alloys [J]. Metallurgical and Meterials Transactions, 1997, 28B: 1001-1004.

[72] BELLOT J P, FOSTER B, HANS S, et al. Dissolution of hard-alpha inclusions in liquid titanium alloys [J]. Metall Mater Trans B, 1997, 28 (6): 1001-1010.

[73] KOU H C, ZHANG Y G, YANG Z J, et al. Liquid metal flow behavior during vacuum consumable arc remelting process for titanium [J]. International Journal of Engineering & Technology, 2014, 12 (1): 50-56.

[74] LEE P D, MITCHELL A. JARDY A. et al. Liquid metal processing and casting [J]. Journal of Materials Science, 2004, 39 (24): 7123-7133.

[75] 蔡建明, 马济民, 曹春晓. 钛合金高密度夹杂物缺陷的性质与预防 [C] // 全国航空航天装备失效分析研讨会, 2006.

[76] 韩明臣, 张英明, 周义刚, 等. TC4 合金电子束冷床熔炼过程中 LDI 和 HDI 的去除 [J]. 稀有金属材料与工程, 2008, 37 (4): 665-669.

[77] 李雄, 庞克昌, 郭华, 等. 变形钛及钛合金熔炼技术 [C] // 第十四届全国钛及钛合金学术交流会论文集, 2010.

[78] BLACKBURN M J, MALLEY D R. Plasma arc melting of titanium alloys [J]. Materials and Design, 1993, 14 (1): 19-27.

[79] JI S, DUAN J, YAO L, et al. Quantification of the heat transfer during the plasma arc remelting of titanium alloys [J]. Int. J. Heat Mass Transf, 2018, 119: 271-281.

[80] BAKISH R. Electronbeam processing refines metal purity [J]. Advanced Materials and Processes, 1992, 142 (6): 25-32.

[81] BAKISH R. The substance of a technology: Electron-beam melting and refining [J]. JOM, 1998, 50 (11): 28-30.

[82] 曲银化，刘茵琪，张俊旭．钛及钛合金熔炼技术的发展现状 [C]//全国钛及钛合金学术交流会，2008.

[83] WOOD J R. Producing Ti-6Al-4V plate from single-melt EBCHM ingot [J]. JOM, 2002, 54 (2): 56-58.

[84] 李育贤，杨丽春．3150KWB BMO-01 型大功率电子束冷床炉熔炼 TC4 钛合金 [J]. 有色金属，2017 (3): 58-61.

[85] 冯秋元，庞洪，乔璐，等．低成本 TC4 钛合金板材研制 [J]. 中国钛业，2014 (3): 20-22.

[86] FOX S, PATEL A, DAVID T, et al. Recent development in melting and casting technologies for titanium alloys [J]. Proceedings of the 13th World Conference on Titanium, 2016: 347-358.

[87] 赵永庆，葛鹏．我国自主研发钛合金现状与进展 [J]. 航空材料学报，2014, 34 (4): 51-61.

[88] TRANTOLO D J, LEWANDROWSKI K U, GRESSER J D. Biomaterials engineering and devices: human applications [M]. Totow, NJ: Humana Press, 2000.

[89] 陈玉良，刘建良，黄子良，等．国内钛带卷生产现状及发展前景 [J]. 钛工业进展，2010, 27 (5): 6-9.

[90] 刘路．电子束冷床熔炼超长超薄纯钛扁锭的缺陷及其影响因素研究 [D]. 昆明：昆明理工大学，2015.

[91] 黄晓艳，刘波，李雪．钛合金在军事上的应用 [J]. 轻金属，2005 (9): 51-53.

[92] 汪建林，徐恒，蒋斌．焊管用高精度钛带的研究 [J]. 上海钢研，1998 (1): 3-10.

[93] PATON B E, AKHONIN S V, BEREZOS V A. Production of titanium alloys ingots by ebchm technology [M]. Proceedings of the 13th world conference on titanium, 2016.

[94] HUTCHINSON E. Physical chemistry [J]. Science, 1962, 137 (3530): 596.

[95] HANKS C W. Electron Beam Gun System: US, US 05/465087 [P]. 1975.

[96] 马宏声．钛及难熔金属真空熔炼 [M]. 湖南：中南大学出版社，2010.

[97] HIEMENZ J. Electron beam melting [J]. Advanced Materials & Processes, 2007, 165 (3): 45-46.

[98] FRANK E N. Electron Beam Furnaces: US, US 3265801A [P]. 1966.

[99] 陈峰，陈丽，国斌，等．电子束冷床熔炼的优与劣 [J]. 中国有色金属学报，2010, 20 (s1): 896-899.

[100] 高敬．美国钛金属公司的主要钛生产设备 [J]. 世界有色金属，1999 (11): 27-28.

[101] 马荣宝，陈峰，国斌．电子束冷床炉发展简况及熔炼工艺探讨 [J]. 钛工业进展，2016 (5): 42-45.

[102] 杨欢，杨晓康，杜晨，等．钛及钛合金真空熔炼技术研究进展 [J]. 世界有色金属，2019 (8): 1-4.

[103] 雷文光，赵永庆，韩栋，等．钛及钛合金熔炼技术发展现状［J］．材料导报，2016，30（5）：101-106.

[104] LÜTJERING G，WILLIAMS J C. Titanium，Seconded［M］. Spinger：Berlim，Germany，2007.

[105] LEI G，LI X M，HUANG H G，et al. Numerical study of aluminum segregation during electron beam cold hearth melting for large-scale Ti-6%Al-4%V alloy slab ingots［J］. International Journal of Heat and Mass Transfer，2020，147：118-125.

[106] 王晓君，陈战乾，陈峰，等．电子束冷床炉熔炼技术［C］//中国有色金属工业协会钛锆铪分会 2007 年年会．中国有色金属工业协会，2007.

[107] 刘贵仲，苏彦庆，郭景杰，等．Ti-13Al-29Nb-2. 5Mo 合金 ISM 熔炼过程中多组元挥发损失［J］．稀有金属材料与工程，2003，32（2）：108-112.

[108] 赵金钱．高质量大尺寸钛铝基合金锭熔铸技术［D］．哈尔滨：哈尔滨工业大学，2004.

[109] ZHANG Y M，ZHOU L，SUN J，et al. An investigation on electron beam cold hearth melting of Ti64 alloy［J］. Rare Metal Materials & Engineering，2008，37（11）：1973-1977.

[110] 张英明，周廉，孙军，等．电子束冷床熔炼 TC4 合金的热平衡分析［J］．钛工业进展，2008，25（6）：34-37.

[111] 张英明，孙军，韩明臣，等．TC4 合金的电子束冷床熔炼研究［J］．宇航材料工艺，2005（5）：54-56.

[112] 刘如斌，包淑娟，王非，等．电子束冷床熔炼 TC4 合金工艺路线的优化选择［J］．材料开发与应用，2018，33（2）：68-72.

[113] 唐增辉，辛社伟，洪权，等．电子束冷床（EB）炉熔炼 TC4 合金组织与性能研究［J］．中国材料进展，2018，37（3）：204-209.

[114] 常化强，朱俊杰，刘茵琪，等．电子束冷床熔炼钛扁锭真空冷却时间对平直度的影响［J］．材料开发与应用，2017，31（1）：58-61.

[115] 张英明，周廉，孙军．TC4 合金电子束冷床熔炼过程中 Al 元素的挥发计算［J］．稀有金属材料与工程，2008，37（z3）：99-101.

[116] 罗雷，毛小南，雷文光．电子束冷床熔炼 TC4 合金温度场模拟［J］．中国有色金属学报，2010（s1）：404-409.

[117] 雷文光，于兰兰，毛小南．电子束冷床熔炼 TC4 钛合金连铸凝固过程数值模拟［J］．中国有色金属学报，2010（s1）：381-386.

[118] 李依依，李殿中，朱苗勇，等．金属材料制备工艺的计算机模拟［M］．北京：科学出版社，2006.

[119] FROES F H，MITCHELL A，SENKOV O N. Non-aerospace applications of titanium［C］// Pensylvania：The Minerals，Metals & Materials Society，1998：135.

[120] 李辉，曲恒磊，赵永庆．热处理对 Ti-6Al-4V ELI 合金厚板组织与性能的影响［J］．稀有金属，2005，29（6）：841-844.

[121] NAKAMURA H，MITCHELL A. The effect of beam oscillation rate on Al evaporation from a Ti-6Al-4V alloy in electron beam melting process［J］. ISJJ International，1992，32（5）：583-592.

[122] 韩明臣．TC4 合金的电子束冷床熔炼研究［D］．西安：西北工业大学，2005.

[123] 韩明臣，周义刚，赵铁夫，等．电子束冷床熔炼参数对熔池表面温度的影响［J］．稀有金属，2006，30（2）：55-59.

[124] ABLITZER D. Transport phenomena and modelling in melting and refining processes [J]. Journal De Physique Ⅳ, 1993, 3 (C7): 873-882.

[125] WARD R, BLENKINSOP B, EVANS E, et al. Temperature sensing for cold-hearth melting process [J]. Titanium Science & Technology, 1995: 1478.

[126] OLDFIELD W. A quatitative approach to casting solidification [J]. Freezing of Cast Iron ASM Trans, 1966, 59 (2): 945-960.

[127] THÉVOZ P H, DESBIOLLES J L, RAPPAZ M. Modeling of equiaxed microstructure formation in casting [J]. Metallurgical Transactions A, 1989, 20 (2): 311-322.

[128] WANG C Y, BECKERMANN C. Prediction of columnar to equiaxed transition during diffusion-controlled dendritic alloy solidification [J]. Metall Mater Trans A, 1994, 25A: 1081-1093.

[129] 柳百成, 荆涛. 铸造工程的模拟仿真与质量控制 [M]. 北京: 机械工业出版社, 2001.

[130] BASTIAN K M A. Look back at the 20th century casting process simulatio [J]. Modem Casting, 2000 (12): 43-45.

[131] HENZEL J G, KEVERIAN J. The theory and application of a digital computer in predicting solidification patterns [J]. JOM, 1965, 17 (5): 561-568.

[132] HO K, PEHLKE R D. Transient methods for determination of metal/mold interfacial heat transfer [J]. AFS Trans, 1983: 689-698.

[133] 李殿中, 张玉妥, 刘实, 等. 材料制备工艺的计算机模拟 [J]. 金属学报, 2007, 37 (5): 449-452.

[134] 荆涛. 凝固过程数值模拟 [M]. 北京: 电子工业出版社, 2002.

[135] 徐达鸣, 李庆春. 铸件/铸锭凝固传输现象及宏观偏析计算机模拟研究的进展 [J]. 铸造, 1997 (4): 44-49.

[136] 贾浩敏, 尹析明, 唐建新. 铸件凝固过程中缩松、缩孔预测及数值模拟优化 [J]. 热加工工艺, 2008, 37 (17): 51-53.

[137] 柳百成. 面向 21 世纪的铸造技术 [J]. 特种铸造及有色合金, 2003 (7): 38-40.

[138] 张毅. 铸件凝固数值模拟及铸造工艺 CAD 现代进展 [J]. 铸造, 1987 (6): 11-16.

[139] 郭可讱, 金俊泽, 高钦. 大型铸件凝固进程的数值模拟 [J]. 大连工学院学报, 1980, 19 (2): 1-16.

[140] FERNANDO C L, GEIGER G E. An analysis of the temperature distribution and the location of the solidus, mushy, and liquidus zones for binary alloys in remelting processes [J]. Metallurgical & Materials Transactions B, 1971, 2 (8): 2087-2092.

[141] EISEN W B, CAMPAGNA A. Computer simulation of consumable melted slabs [J]. Metallurgical and Materials Transactions B, 1970, 1 (4): 849-856.

[142] MITCHELL A, JOSHI S. The thermal characteristics of the electroslag process [J]. Metallurgical Transactions, 1973, 4 (3): 631-642.

[143] VUTOVA K, VASSILEVA V, MLADENOV G. Simulation of the heat transfer process through treated metal melted in a water-cooled crucible by an electron beam [J]. Vacuum, 1997, 48: 143-148.

[144] VUTOVA K, MLADENOV G. Computer simulation of the heat transfer during electron beam melting and refining [J]. Vacuum, 1999, 53: 87-91.

[145] VUTOVA K, MLADENOV G, VASSILEVA V. Computer simulation of the heat processes at electron beam melting of copper [J]. Proc Nat Conf "Electronica'96", 1996, 173-177 (in Bulgarian).

[146] SHUSTER R E. Modeling of aluminum evaporation during electron beam cold hearth melting of titanium alloy ingots [J]. UBC, PhD thesis, 1961 (3): 291-230.

[147] SHYY W, Pang Y, Hunter G B, et al. Modeling of turbulent transport and solidification during continuous ingot casting [J]. International Journal of Heat & Mass Transfer, 1992, 35 (5): 1229-1245.

[148] SHYY W, PANG Y, HUNTER G B, et al. Effect of turbulent heat transfer on continuous ingot solidification [J]. Journal of Engineering Materials and Technology, 1993, 115 (1): 8-16.

[149] ZHAO X. Mathematical modeling of electron beam cold hearth casting of titanium alloy ingots [J]. UBC, Master thesis, 2006, 121: 101-120.

[150] WU M, SCHÄDLICH S J, AUGTHUN M, et al. Computer aided prediction and control of shrinkage porosity in titanium dental castings [J]. Dental Materials, 1998, 14 (5): 321.

[151] WU M, WAGNER I, SAHM P R, et al. Numerical simulation of the casting process of titanium removable partial denture frameworks [J]. Journal of Materials Science Materials in Medicine, 2002, 13 (3): 301-306.

[152] 梁作俭，李俊涛．γ-TiAl 增压涡轮近净形铸造过程实验研究 [J]. 稀有金属材料与工程，2002，31 (5)：353-357.

[153] 吴士平，郭景杰，贾均．TiAl 基合金排气阀立式离心铸造充型及凝固过程数值模拟 [J]. 金属学报，2004，40 (3)：326-330.

[154] 盛文斌，郭景杰，苏彦庆，等．TiAl 基合金排气阀金属型离心铸造过程内部缺陷分析 [J]. 航空材料学报，2000，20 (2)：40-45.

[155] 盛文斌．TiAl 基合金排气阀金属型离心铸造过程研究 [D]. 哈尔滨：哈尔滨工业大学，2000.

[156] 吴士平，郭景杰，苏彦庆，等．TiAl 基合金排气阀离心铸造充型过程数值模拟的试验验证 [J]. 铸造，2001，50 (9)：561-563.

[157] SHIPING W, JINGJIE G, YANQING S, et al. Numerical simulation of off-centred porosity formation of TiAl-based alloy exhaust valve during vertical centrifugal casting [J]. Modelling & Simulation in Materials Science & Engineering, 2003, 11 (4): 599.

[158] LI C, WU S, GUO J, et al. Model experiment of mold filling process in vertical centrifugal casting [J]. Journal of Materials Processing Technology, 2006, 176 (1/2/3): 268-272.

[159] 王狂飞，历长云，崔红保，等．钛合金成形过程数值模拟 [M]. 北京：冶金工业出版社，2009.

[160] 雷文光，于兰兰，毛小南，等．电子束冷床熔炼 TC4 钛合金铸锭凝固过程有限元模拟

[J]. 铸造，2010，59（9）：912-916.

[161] LUO L，MAO X N，YANG G J. Research on composition uniformity of TC4 alloys during electron beam cold hearth melting [J]. Metallurgical Engineering，2014，1：28-34.

[162] 罗雷 . TC4 钛合金电子束冷床熔炼技术研究 [D]. 西安：西安建筑科技大学，2010.

[163] 毛小南，罗雷，于兰兰，等 . 电子束冷床熔炼工艺参数对 TC4 钛合金 Al 元素挥发的影响 [J]. 中国有色金属学报，2010，20（S1）：419-424.

[164] LEI W G，YU L L，MAO X N，et al. Numerical simulation of continuous casting solidification process of TC4 titanium alloy during EBCHM [J]. Chinese Journal of Nonferrous Metals，2010.

[165] KLASSEN A，SCHAROWSKY T，KÖRNER C. Evaporation model for beam based additive manufacturing using free surface lattice Boltzmann methods [J]. Journal of Physics D：Applied Physics，2014，47（27）：1-10.

[166] KLASSEN A，FORSTER V E，JUECHTER V，et al. Numerical simulation of multi-component evaporation during selective electron beam melting of TiAl [J]. Journal of Materials Processing Technology，2017（247）：280-288.

[167] NAKAMURA H. The effect of beam oscillation rate on Al evaporation behavior in the electron beam melting process [J]. UBC，Master thesis，1961，7：35-42.

[168] POWELL A. Transport phenomena in electron beam melting and evaporation [J]. Massachusetts Institute of Technology，1997（2）：15-20.

[169] ZHAO X，REILLY C，YAO L，et al. A three-dimensional steady state thermal fluid model of jumbo ingot casting during electron beam re-melting of Ti-6Al-4V [J]. Applied Mathematical Modelling，2014，38（14）：3607-3623.

[170] MENG T. Factors influencing the fluid flow and heat transfer in electron beam melting of Ti-6Al-4V [J]. UBC，Master thesis，2009：3512-3520.

[171] VUTOVA K，KOLEVA E，MLADENOV G. Simulation of thermal transfer process in cast ingot at electron beam melting [J]. International Review of Mechanical Engineering，2011，5（2）：257-265.

[172] LIPTON J，GLICKSMAN M E，KURZ W. Equiaxed dendrite growth in alloys at small supercooling [J]. Metallurgical & Materials Transactions A，1987，18（2）：341-345.

[173] WANG C Y，BECKERMANN C. Equiaxed dendritic solidification with convection numerical simulations for an Al-4wtpct Cu alloy [J]. Metall. Mater. Trans. A，1996，27（9）：2765-2783.

[174] SPITTLE J A，BROWN S G R. Computer aimulation of the effects of alloy variables on the grain structures of casting [J]. Acta Metall.，1989，37（7）：1803-1810.

[175] LEE H N，RYCO H S. Monte carlo simulation of microstruetnre evolution based on grain boundary character distribution [J]. Mater. Sci. Enging.，2000，281：176-188.

[176] MORON C，MORA M. Computer simulation of grain growth kinetics [M]. J Magn：Mater，2000.

[177] NASTACY L, STEFANESCU D M. Stochastic modelling of microstructure formation in solidification processes [J]. Modelling Simul. Mater. Sci. Eng., 1997 (5): 391-420.

[178] BELTRAN S I, STEFANESCU D M. Growth of solutal dendrites-A cellular automaton model and its quantitative capabilities [J]. Metal. Mater. Trans., 2003 (34): 367-382.

[179] SEO S M, KIM I S, JO C Y, et al. Grain structure prediction of Ni-base superalloy casting using the cellular automaton-finite element method [J]. Materials Science and Engineering A, 2007 (449/450/451): 713-716.

[180] RAABE D. Mesoscale simulation of spherulite growth during polymer crystallization by use of a cellular automaton [J]. Acta Mat, 2004, 52 (9): 2653-2664.

[181] BROWN S G R, SPITTLE J A. Computer simulation of grain growth and macrostructure development during solidification [J]. Metal Science Journal, 2014, 5 (4): 362-368.

[182] LIU D R, GUO E J, WANG L P, et al. Modelling of dendritic growth under forced convection in solidification of Al-Si alloy [J]. Cast Metals, 2013, 20 (5): 254-264.

[183] MÜLLER R, WARNECKE G. Numerical simulation of dendritic crystal growth [J]. Pamm, 2006, 6 (1): 751-752.

[184] 李依依，李殿中，黄成江，等. 金属材料的计算机模拟 [C]//中国科学院技术科学论坛学术报告会，2004.

[185] DU Q, ESKIN D G, KATGERMAN L. The effect of ramping casting speed and casting temperature on temperature distribution and melt flow patterns in the sump of a DC cast billet [J]. Materials Science & Engineering A, 2005, 413 (6): 144-150.

[186] ZHANG L, SHEN H F, RONG Y, et al. Numerical simulation on solidification and thermal stress of continuous casting billet in mold based on meshless methods [J]. Materials Science & Engineering A, 2007, 466 (1): 71-78.

[187] KHOSRAVIFARD A, HEMATIYAN M R, MARIN L. Determination of optimum cooling conditions for continuous casting by a meshless method [J]. Proceedings of Institution of Mechanical Engineers Part C Journal of Mechanical Engineering Science, 2013, 227 (5): 1022-1035.

[188] LIU B C, KANG J W, XIONG S M. A study on the numerical simulation of thermal stress during the solidification of shaped castings [J]. Science & Technology of Advanced Materials, 2001, 2 (1): 157-164.

[189] 马维策. 7050铝合金大圆锭半连铸凝固过程数值模拟及裂纹倾向性分析 [D]. 长沙：中南大学，2008.

[190] 王同敏，王学成. 铸件凝固过程微观模拟研究进展 [J]. 铸造，1999 (5): 13-19.

[191] 柳百成. 铸件凝固过程的宏观及微观模拟仿真研究进展 [J]. 中国工程科学，2000, 2 (9): 29-37.

[192] 赵九洲，李璐，张显飞. 合金凝固过程元胞自动机模型及模拟方法的发展 [J]. 金属学报，2014, 50 (6): 641-651.

[193] 何燕，姜海洋，高明. 材料微观组织CA法模拟的研究现状 [J]. 沈阳师范大学学报，

2011，29（4）：506-509.

[194] 单博炜，魏雷，林鑫，等．采用元胞自动机法模拟凝固微观组织的研究进展［J］．铸造，2006，55（5）：439-443.

[195] TIAN F，LI Z，SONG J. Solidification of laser deposition shaping for TC4 alloy based on cellular automation［J］. Journal of Alloys & Compounds，2016，676：542-550.

[196] 李新中．定向凝固包晶合金相选择理论及其微观组织模拟［D］．哈尔滨：哈尔滨工业大学，2006.

[197] CAGINALP G，FIFE P C. Phase field methods for interfacial boundaries［J］. Physical Review B，1986，33（11）：7792-7794.

[198] RAABE D，GODARA A. Mesoscale simulation of the kinetics and topology of spherulite growth during crystallization of isotactic polypropylene（1PP）by using a cellular automaton［J］. Modeling and Simulation in Materials Science and Engineering，2005，13（5）：751.

[199] 胡坤太，仇圣桃，张慧，等．用蒙特卡罗法模拟连铸坯的凝固组织［J］．钢铁研究学报，2004，16（2）：27-32.

[200] 张林，王元明，张彩碚．Ni 基耐热合金凝固过程的元胞自动机方法模拟［J］．金属学报，2002，37（8）：882-888.

[201] ZHANG L，ZHANG C B，LIU X H，et al. Modeling recrystallization of austenite for C-Mn steels during hot deformation by cellular automaton［J］. Journal of Materials Science and Technology，2002，18（2）：163-166.

[202] BROWN S G R，SPITTLE J A. Applications of monte carlo procedures in computer simulations of grain structure evolution during solidification［J］. Cast Metals，1990，3（1）：18-22.

[203] GANDIN C A，RAPPAZ M，TINTILLIER R. Three-dimensional probabilistic simulation of solidification grain structures：Application to superalloy precision castings［J］. Metallurgical and Materials Transactions A，1993（24）：467-479.

[204] GANDIN C A，RAPPAZ M. A coupled finite element-cellular automaton model for the prediction of dendritic grain structures in solidification processes［J］. Acta Metallurgica Et Materialia，1994，42（7）：2233-2246.

[205] RAPPAZ M，GANDIN C A，DESBIOLLES J L，et al. Prediction of grain structures in various solidification processes［J］. Metallurgical and Materials Transactions A，1996（27）：695-705.

[206] GANDIN C A，RAPPAZ M. A 3D cellular automaton algorithm for the prediction of dendritic grain growth［J］. Acta Materialia，2017，45（5）：2187-2195.

[207] GANDIN C A，DESBIOLLES J L，RAPPAZ M，et al. A three-dimensional cellular automation-finite element model for the prediction of solidification grain structures［J］. Metallurgical & Materials Transactions A，1999，30（12）：3153-3165.

[208] BURBELKO A，FALKUS J，KAPTURKIEWICZ W，et al. Modeling of the grain structure formation in the steel continuous ingot by cafe method［J］. Archives of Metallurgy & Materials，2012，57（1）：379-384.

[209] 张颖娟，寇宏超，李鹏飞，等．真空自耗电弧熔炼 TC4 铸锭的凝固组织和缩松缩孔的模拟［J］．特种铸造及有色合金，2012，32（5）：418-421.

[210] GÜNNEMANN S，KREMER H. Simulation on solidification structure and shrinkage porosity（Hole）in TC4 ingot during vacuum arc remelting process［J］. Special Casting & Nonferrous Alloys，2012，32（5）：418-421.

[211] ATWOOD R C，LEE P D，MINISANDRAM R S，et al. Multiscale modelling of microstructure formation during vacuum arc remelting of titanium 6-4［J］. Journal of Materials Science，2004，39（24）：7193-7197.

[212] LIU D R，GUO J E，WANG P L，et al. Modeling of 'banding' microstructure formation in centrifugally solidified Ti-6Al-4V alloy［J］．金属学报（英文版），2008，21（6）：399-408.

[213] 陈峰，陈丽，国斌，等．电子束冷床熔炼的优与劣［J］．中国有色金属学报，2010，20（S1）：873-876.

[214] POWELL A，PAL U，AVYLE J V D，et al. Analysis of multicomponent evaporation in electron beam melting and refining of titanium alloys［J］. Metallurgical & Materials Transactions B，1997，28（6）：1227-1239.

[215] FORMANOIR C D，MICHOTTE S，RIGO O，et al. Electron beam melted Ti-6Al-4V：Microstructure，texture and mechanical behavior of the as-built and heat-treated material［J］. Materials Science & Engineering A，2016，652：105-119.

[216] KUSAMICHI T，KANAYAMA H，MATSUZAKI H，et al. Fundamental study on the making of titanium alloy ingot by electron beam melting［J］. Bakish Materials Corporation，1989：137-143.

[217] 刘千里，耿乃涛，李向明，等．结晶器溢流口位置对电子束熔炼钛锭凝固过程的影响．铸造，2016，65（6）：533-537.

[218] LIU Q，LI X，JIANG Y. Microstructure evolution of large-scale titanium slab ingot based on CAFE method during EBCHM［J］. Journal of Materials Research，2017：1-8.

[219] LIU Q，LI X，JIANG Y. Numerical simulation of EBCHM for the large-scale TC4 alloy slab ingot during the solidification process［J］. Vacuum，2017，141：1-9.

[220] MITCHELL A. The electron beam melting and refining of titanium alloy［J］. Titanium'98，1998：91-103.

[221] MITCHELL A. Composition control in hearth melting processes［J］. Titanium 2003，2003：181-196.

[222] BLUM M，CHOUDHURY A，HUGO F. Results of electron beam remelting of super alloys and titanium alloys with a high-freqency EB gun. Processings of the conference electron beam melting and refining state of the art，1996：245.

[223] ISAWA T，NAKAMURA H，MURAKAMI K. Aluminum evaporation from titanium alloys in EB hearth melting process［J］. ISIJ International，1992，32（5）：607-615.

[224] WESTERBERG K W，MERIER T C，MCCLELLAND M A，et al. Analysis of the e-beam evaporation of titanium and Ti-6Al-4V［J］. Office of Scientific & Technical Information

Technical Reports，1998（2）：2-17.

[225] LANGMUIR I. The vapor pressure of metallic tungsten [J]. Physical Review，1913，2（5）：329-342.

[226] AKHONIN S V，TRIGUB N P，ZAMKOV V N，et al. Mathematical modeling of aluminum evaporation during electron-beam cold-hearth melting of Ti-6Al-4V ingots [J]. Metallurgical & Materials Transactions B，2003，34（4）：447-454.

[227] IVANCHENKO V G，IVASISHIN O M，SEMIATIN S L. Evaluation of evaporation losses during electron beam melting of Ti-Al alloys [J]. Metallurgical and Materials Transactions B，2003，34：911-915.

[228] SEMIATIN S L，IVANCHENKO V G，IVASISHIN O M. Diffusion models for evaporation losses during electron-beam melting of alpha/beta-titanium alloys [J]. Metallurgical and Materials Transactions B（Process Metallurgy and，Materials Processing Science），2004，35（2）：235-245.

[229] ZHANG Y，ZHOU L，SUN J，et al. Evaporation mechanism of aluminum during electron beam cold hearth melting of Ti64 alloy [J]. International Journal of Materials Research，2009，100：248-253.

[230] 高平，赵永庆，毛小南，等．钛合金铸锭偏析规律的研究进展 [J]. 钛工业进展，2009，26（1）：1-5.

[231] 罗雷，于兰兰，雷文光，等．电子束冷床熔炼 TC4 合金元素挥发机制研究 [J]. 稀有金属材料与工程，2011，40（4）：625-629.

[232] 郑亚波，陈峰，乔璐，等．电子束冷床炉单次熔炼 TA10 钛合金 [J]. 中国钛业，2014（3）：36-47.

[233] 王轩．高能束熔化 TC4 合金微熔池内元素挥发的研究 [D]. 哈尔滨：哈尔滨工业大学，2014.

[234] ZHANG Z. Modeling of Al evaporation and marangoni flow in electron beam button melting of Ti-6Al-4V [J]. UBC，Master Thesis，2013.

[235] KURZ W，FISHER D J. Fundamentals of Solidification [D]. Trans Tech Publication，1998.

[236] 胡汉起．金属凝固原理 [M]. 北京：机械工业出版社，2000.

[237] DESBIOLLS J L，DROUX J J，RAPPAZ J，et al. Simulation of solidification of alloys by the finite element method [J]. Computer Physics Reports 6，1987：371-383.

[238] KOLEVA E，VUTOVA K，MLADENOV G. The role of ingot-crucible thermal contact in mathematical modelling of the heat transfer during electron beam melting [J]. Vacuum，2001，62（2/3）：189-196.

[239] 段军伟．冷床炉熔炼钛及钛合金技术及其应用 [J]. 有色金属加工，2011，40（2）：42-57.

[240] AVARE C，FAUTRELLE Y，GILLON P. Numerical modeling of thermocapillary convection in electron beam melting [C]//11th international conference on vacuum metallurgy，ICVM11，Paris：Society Francaise du vide，1992：131-133.

[241] CLARK K R, DILLARD A B, HENDRIXETAL B C. The role of melt related defects in fatigue of Ti-6Al-4V [A]. Edited by F. H. Froes and I. Caplan. Ti92: Science and Technology [C]. USA: The Minerals, Metals & Materials Society, 1993: 2867-2874.

[242] BUTTRILL W H, SHAMBLEN C E, HUNTER G B. Hearth melting of titanium alloys for aircraft engine applications [C]//Pensylvania: The Minerals, Metals and Materials Society, 1994: 209-217.

[243] GANDIN C A, RAPPAZ M. Probabilistic modelling of microstructure formation in solidification processes [J]. Acta Metallurgica et Materialia, 1993, 41 (2): 345-360.

[244] TRIVEDI R, KURZ W. Theory of microstructural development during rapid solidification [J]. Acta Metallurgica, 1986, 34 (5): 823-830.

[245] KOBRYN P A, SEMIATIN S L. Determination of interface heat-transfer coefficients for permanent-mold casting of Ti-6Al-4V [J]. Metallurgical & Materials Transactions B, 2001, 32 (4): 685-695.

[246] ZHUK H V, KOBRYN P A, SEMIATIN S L. Influence of heating and solidification conditions on the structure and surface quality of electron-beam melted Ti-6Al-4V ingots [J]. Journal of Materials Processing Technology, 2007, 190 (1/2/3): 387-392.

[247] 库尔兹. 凝固原理 [M]. 北京: 高等教育出版社, 2010.

[248] 贾帅. 连铸 H 型异型坯二冷配水及凝固规律的研究 [D]. 秦皇岛: 燕山大学, 2013.

[249] GAO L, HUANG H G, ZHANG Y Q, et al. Numerical Modeling of EBCHM for Large-Scale TC4 Alloy Round Ingots [J]. JOM, 2018, 70 (12): 2934-2942.

[250] WU S, LIU D, SU Y, et al. Modeling of microstructure formation of Ti-6Al-4V alloy in a cold crucible under electromagnetic field [J]. Journal of Alloys & Compounds, 2008, 456 (1/2): 1-9.

[251] SIWIEC G, MIZERA J, JAMA D, et al. The effects of temperature on the kinetics of aluminium evaporation from the Ti-6Al-4V alloy [J]. Metalurgija, 2014, 53 (2): 225-227.

[252] SIWIEC G. The kinetics of aluminium evaporation from the Ti-6Al-4V alloy [J]. Archives of Metallurgy and Materials, 2013, 58 (4): 1155-1160.

[253] 彭鹏. 定向凝固 Sn-Ni 包晶合金糊状区熔化与凝固行为 [D]. 哈尔滨: 哈尔滨工业大学, 2013.

[254] KATZ R F, WORSTER M G. Simulation of directional solidification, thermochemical convection, and chimney formation in a Hele-Shaw cell [J]. Journal of Computational Physics, 2008, 227 (23): 9823-9840.

[255] OKABE T, ECKHARDT B, THIFFEAULT J, et al. Mixing effectiveness depends on the source-sink structure: simulation results [J]. Journal of Statistical Mechanics: Theory and Experiment, 2008, 7: 1-13.

[256] 涂武涛, 沈厚发, 柳百成. 铸造凝固过程宏观偏析数值模拟研究 [J]. 大型铸锻件, 2014 (2): 1-3.

[257] KOU H, ZHANG Y, LI P, et al. Numerical simulation of titanium alloy ingot solidification

structure during VAR process based on three-dimensional CAFE method [J]. Rare Metal Materials & Engineering, 2014, 43 (7): 1537-1542.

[258] JIN L, WANG F M, et al. Numerical simulation of 3D-microstructures in solidification processes based on the CAFE method [J]. 矿物冶金与材料学报, 2009, 16 (6): 640-645.

[259] RAPPAZ M, CHARBON C, SASIKUMAR R. About the shape of eutectic grains solidifying in a thermal gradient [J]. Acta Metallurgica Et Materialia, 1994, 42 (7): 2365-2374.